智能建造应用系列丛书

智能建造概论

杜修力 刘占省 赵 研 主 编
张建伟 金 浏 王 琦 刘红波 副主编

中国建筑工业出版社

图书在版编目(CIP)数据

智能建造概论 / 杜修力, 刘占省, 赵研主编. — 北京 : 中国建筑工业出版社, 2020.11 (2024.8重印)
(智能建造应用系列丛书)
ISBN 978-7-112-25562-7

Ⅰ. ①智… Ⅱ. ①杜… ②刘… ③赵… Ⅲ. ①智能技术－应用－土木工程－概论 Ⅳ. ①TU

中国版本图书馆 CIP 数据核字(2020)第 185869 号

本书主要以土木工程专业为主线,介绍智能建造基本知识,包含以下几个方面:智能建造相关概念、智能建造与传统建造的区别与联系、国内外智能建造的发展;智能建造应用的基本知识包含智能建造应用相关概念、智能建造在工程领域的应用;智能建造应用的发展趋势包含智能建造技术应用发展趋势、智能建造管理应用发展趋势;智能建造管理应用包含智能建造的作用与价值、智能建造在项目各方的应用(业主单位、勘察设计单位、施工单位、监理咨询单、供货单位、运维单位);智能建造在智能设计与规划中的应用包含相关概念、作用及价值;智能建造在智能装备与施工中的应用包含相关概念、作用及价值;智能建造在智能运维与管理中的应用包含相关概念、作用及价值。

本书在思路上详细解读智能建造的概念、特点、作用及价值、发展前景;在内容上着重介绍了智能建造在项目各阶段,各参与方的具体应用和效果。

责任编辑:毕凤鸣　封　毅
责任校对:李美娜

智能建造应用系列丛书

智能建造概论

杜修力　刘占省　赵　研　主　编

张建伟　金　浏　王　琦　刘红波　副主编

*

中国建筑工业出版社出版、发行(北京海淀三里河路9号)
各地新华书店、建筑书店经销
北京红光制版公司制版
建工社(河北)印刷有限公司印刷

*

开本:787毫米×1092毫米　1/16　印张:21½　字数:506千字
2021年1月第一版　　2024年8月第十次印刷
定价:49.00元
ISBN 978-7-112-25562-7
(36576)

本书编委会

主　编：杜修力　刘占省　赵　研
副主编：张建伟　金　浏　王　琦　刘红波
编　委：（按姓氏笔画排序）

卫佳佳	王　帅	王乃强	王宇波	王其明	王京京
方宏伟	史国梁	白文燕	司晓文	邢泽众	曲秀姝
乔文涛	向　敏	刘子圣	刘习美	刘文锋	刘占利
刘亚龙	关书安	许有俊	孙佳佳	孙啸涛	严任章
李　浩	李文杰	李安修	李明柱	李梦璇	杨希温
杨晓毅	杨震卿	吴承霞	何　阳	张　可	张　杰
张　琨	张广峻	张中文	张安山	张建江	张冠涛
张银会	陈　飞	陈会品	陈凌辉	林佳瑞	周黎光
郑朝灿	孟凡贵	孟鑫桐	线登洲	赵　静	赵林林
赵雪锋	钟　炜	侯　笑	侯钢领	袁　超	都　浩
耿晓伟	夏　源	徐锡权	郭　勤	黄　春	黄明奇
曹少卫	曹存发	矫悦悦	葛　杰	蒋安桐	鲁丽萍
曾　涛	薛　洁	霍红元			

前　　言

当今建筑业，以 BIM、数字孪生、人工智能、物联网、大数据和云计算等为代表的新一代信息技术正与传统生产管理方式形成互助交融之势，也催生新一轮的科研、技术、生产管理方式的创新革命。习近平总书记曾指出"中国制造、中国创造、中国建造共同发力，继续改变着中国的面貌"。伴建着基建强国成为中国的名片，中国建筑的品质、建设效率、设备智能化成度也不断的提升。在此过程中工程建造技术不断探索与新技术的融合，相继运用各种先进信息化技术来解决可持续建造中的各类问题的尝试越来越多，建造技术多学科交叉融合，实现现代化、工业化、智能化的需求也越来越迫切。

当前，我国建筑产业正经历着深化改革、转型升级和科技跨越同步推进的发展过程。第四次工业革命的历史机遇、党的十九大建设数字中国的战略目标、百年不遇的大疫情催生的管理方式变革、新基建政策的引导、住房和城乡建设部、科技部 13 部委联合印发的《关于推动智能建造与建筑工业化协同发展的指导意见》等等，带给智能建造行业前所未有的利好，智能建造行业正迎来发展的春天。可见的未来，智能建造将从产品形态、建造方式、经营理念、市场形态以及行业管理等方面引发传统建筑业的变革。在工程建设各环节终将形成涵盖科研、设计、生产加工、施工装配、运营等全产业链融合一体的智能建造产业体系。大变革催生大机遇，大机遇催生大发展，智能建造专业正处于机遇与挑战并存的可为阶段。

"创新之道，唯在得人"，科技人才是振兴发展的中坚力量已经成为全社会的共识。当前，在智能建造领域，迫切需要培养能支撑行业发展和变革的科研人才和工程技术人才。为满足新工科建设需求，教育部批准并设立了智能建造专业，自 2018 年同济大学首次设立智能建造专业以来，东南大学、北京工业大学、华中科技大学等国内多所院校相继开设了智能建造专业。涵盖智能建造专业知识体系的教材需求应运而生。

本书以智能建造相关理论作为依据，介绍了智能建造的基本概念、理论体系、关键技术和智能建造专业人才培养等，以 BIM、GIS、物联网、数字孪生、云计算、大数据、5G、区块链、人工智能和扩展现实技术为基础，融合多种信息技术，从更广阔的科技领域、更贴和的专业角度，更合理的教学培养方式，面向各层级的建筑从业者详细的阐释了智能建造技术。

本书共分为 16 章，第 1 章介绍了智能建造的由来、背景、概念和理论体系，以及智能建造的特点、形式和发展情况；第 2 章介绍了智能建造专业与人才培养需求，以及智能建造工程师岗位分类和基本能力要求；第 3 章介绍了智能建造技术在全生命周期应用和智能建造技术优势；第 4 章介绍了智能建造与新兴现代信息化技术的融合应用；第 5 章至第 14 章分别介绍了 BIM、GIS、物联网、数字孪生、云计算、大数据、5G、区块链、人工智能和扩展现实等技术的定义、特点、优势、国内外发展情况以及在智能建造中的作用与价值；第 15 章介绍了智能建造常用的智能传感器、三维扫描仪、3D 打印机、建筑机器人和智能穿戴设备的功能、场景和应用；第 16 章介绍了智能建造发展趋势、行业变革及发展前景。

在本书编写过程中，参考并引用了丁烈云院士、聂建国院士、肖绪文院士和岳清瑞院士等国内外专家的论文、报告，也参考了国内外智能建造相关领域的公众号、宣传报道、政策和文献等，在此一并感谢，不当之处，恳请指正。

本书内容精练、语言通顺、实用性强，可作为高校智能建造专业的教材使用，也可为建筑领域和智能建造领域的从业者提供理论参考。

目　　录

第1章 绪 论

导语：智能建造是新一代信息技术与工程建造融合形成的工程建造创新模式，是实现建筑业高质量发展的重要抓手。本章主要对智能建造进行了较为全面的概述，介绍了智能建造的概念、智能建造的特点以及其发展概况。本章首先介绍了相关传统工科的基本情况，阐述了智能建造的由来和时代背景，然后总结了其概念定义、特点和实现形式，便于读者对智能建造有较全面的了解；最后从智能建造相关技术发展历程的角度，总结智能建造的发展概况。

1.1　相关传统工科基本情况

1.1.1　土木工程

1. 土木工程概述

土木工程，也就是各种建造工程的总称，包括道路、桥梁等。可以说，土木工程是科学技术在工程方面的具体体现，因此土木工程的发展与科学技术的进步息息相关。土木工程不仅涵盖的领域广泛，包括各种设备的运用，还包括施工前地势地质的勘测等；而且层次多样、内容丰富、构造及类别都非常复杂。恰恰是由于土木工程的发展，人们的生活才有了保障，比如，城市的下水道能够顺畅排除污水，农村的麦田可以顺利灌溉，从这个层面说土木工程是人们的生活必不可少的一部分。从更高的层面来说，土木工程还是一个伟大的艺术品，像鸟巢、水立方等这些伟大的作品都是土木工程心血的结晶，这些都可以成为中国建筑史上的艺术品。综上所述，土木工程是我们现如今生活的必需品和保障。土木工程还具有明显的时代特征，不同的时代土木工程具有不同的特色，这些特征对于我们研究土木工程还是极为有用的。

2. 土木工程现状

（1）引进新型建筑材料

科技的进步研究出了很多先进的生产材料，众多新型建筑材料的出现已经被源源不断的运用到土木工程当中。这些在科学技术推动下诞生的新型材料大大提高了土木工程的质量，也节省了资本，为土木工程的建设和发展奠定了良好的基础。

（2）完善结构设计

土木工程的核心就是结构设计。当前，风荷载荷和地震载荷日益成为土木工程结构设计的关键，结构设计的方向也开始成为增加长度、高度和韧性。

（3）发展高层建筑

我国的人口众多，而土地是有限的，这就意味着我们必须在有限的土地面积基础上建造出更多的居住空间。这是一个棘手的问题，也是困扰我们国民经济发展的重要问题之一。要解决这一问题，唯一可行的解决办法就是必须增加建筑的高度。可以说，未来国民经济的发展必然趋势就是高层建筑的发展。高层建筑的发展可以有效地解决人口众多和土地短缺的矛盾，高层建筑用地少、容纳人口多，成为未来城市发展的必然选择。

（4）发展运输事业

运输好比一个国家的血管，通过公路、铁路这些运输事业的发展才能推动国家经济的发展。只有运输事业发展了，经济建设事业才能跟得上脚步。俗语说："要致富，先修路"，可以看出运输事业对于经济建设的重要性。对于大部分地区来说，运输事业促进了经济建设，但是对于一些偏远地区来说，公路、铁路的建设还跟不上经济建设的步伐。

3. 土木工程发展趋势

（1）信息化

随着信息技术的发展，我们国家各个领域都已经走向了信息化，在土木工程领域也不例外。信息技术在土木工程的发展上起到了重大的推动作用，在土木工程中，工作人员可以通过信息技术把人和物联系在一起，并且通过信息化来控制一些比较难的工作环节，形成智能化的管理模式，通过这样的工作模式不仅可以大大提高工作效率，更重要的是可以一定程度上解放人力，减少施工安全事故的出现，这样就可以有效地提高工作效率。

（2）科技化

伴随着国家经济的不断发展，人们的经济生活水平有了极大地提高，这就使得人们对社会设施有了更高的希望和要求。人们不仅希望有某种设施的出现，还希望这个设施的质量要好，这样就无形中给土木工程带来了更高的挑战。面对这种现状，土木工程的专业人员就应该逐渐丢弃传统的工作理念和工作方法，不断进行创新，研究新的技术，把土木工程和其他领域的技术不断结合和创新，逐渐走向科技化道路。

（3）生态化

说到底，土木工程就是对自然环境进行改造和利用。随着社会的进步和发展，人们对自然环境有了更多的关注，环保意识也不断提高，这就为我们土木工程的发展指明了道路和发展方向，土木工程逐渐向生态化靠拢，节能环保材料的大力推广就是很好的例子。

1.1.2 机械设计制造及其自动化

1. 机械设计制造及其自动化概述

作为一门极具综合性的技术学科，机械设计及其自动化主要研究机械电子产品和各类机械设备的设计，范围不仅涵盖产品设计，还包括制造、质量控制和运营控制。机械设计制造及其自动化的发展基础是机械的设计和制造，发展的主要推手是计算机技术和自动化技术，主要的发展目标是充分发挥自动化技术的优势，解决现代工业机械设计和制造过程中的各类难题，推动机械设计和制造的现代化和智能化发展。

2. 机械设计制造及其自动化现状

机械设计制造，其主要用于研发各类工业机械装备以及机电类的产品，同时还对机械装备与机电类产品的设计和生产制造以及其运行进行管理。机械自动化是运用自动化技术在产品的生产过程中进行持续性的生产，并改善生产落后的现状以及产品质量低下的情况。为此，自动化机械设计制造是集结了多个学科发展成果的一种新学科，在自动化机械设计制造形成的过程中，对其随时进行改良与完善，从而形成了目前以自动化为主的生产技术体系。随着自动化机械制造的不断发展，使得其产品更加具备安全可靠的性能，也使得人们的生产生活变得更加便利。由于当前国内的机械制造生产水平还处在发展中，远远低于发达国家的科技领先水平，对于新兴技术的使用情况也不太乐观，机械设计水平较为落后，因而不能满足社会发展的需要。在一些发达国家，微型机械已经开始大规模的使用，其很多的微细加工、微米加工以及高精密加工等先进的技术方法已被广泛运用，而这些技术在国内机械制造行业中还没有全面地普及推广，很多高难度的精密技术仍然在研发之中，这就大大降低了机械制造行业的生产效率。

3. 机械设计制造及其自动化发展趋势

（1）人工智能化

在接下来的时间里，机械设计制造及其自动化必然会朝着人工智能的方向发展。和传统的机械设计制造方式相比较而言，人工智能技术是建立在自动化技术、信息技术等多项技术基础之上的。机械制造设计制造及其自动化的人工智能化发展，能够极大的提升机械生产效率，同时也加快了机械设计制造业的转型升级发展。当前越来越多的工业企业纷纷借助人工智能技术改革机械设计制造，旨在降低生产操作差错概率，实现智能化生产操作。

（2）网络化

当前随着互联网的快速发展，为人们的生产生活带来了极大的便利，同时也为工业生产与发展提供了重要的推动力。在工业生产制造环节中，借助网络技术能够实现对生产的网络化控制，能够达到整体控制的目的，一旦发现其中某个生产环节出现差错，能够及时的进行调整，最终实现对生产全过程的网络化管控。在互联网技术的支撑下，工作人员能够及时的发现并处理生产过程当中所出现的一系列问题，保障生产线高精尖生产，进而有效降低所造成的损失，保障整个生产操作流程的高效进行。

（3）虚拟化

在过去的一段时间里，机械设计制造图样大多是手绘的，以手绘图样来展示产品实际情况，整个过程非常的繁琐复杂，如果发现图样存在问题，则需要进行全部修改，因此需要消耗大量的时间与精力。并且在修改的过程当中，无法很好的明确图样是否适用于实际生产，无法很好的保障图样质量。在接下来的时间里，机械设计制造及其自动化的虚拟化发展，则成为社会发展的必然趋势，借助先进的虚拟技术来整合处理海量的设计图样及数据，整个操作过程呈现虚拟化状态，能够及时的发现其中所潜在的问题，以便于在及时的做好更新完善工作，这样一来，能够极大的降低对于人力、物力以及财力方面的投入，同时也能够有效缩短产品的设计时间，使得机械设计制造更加符合时代发展需求。

（4）绿色环保化

当前机械设计制造业快速发展的背景下，不仅消耗了大量的资源，同时也给自然环境、水质以及土壤环境造成了一定的影响。绿色、节能、环保理念的提出，对于智能机械设计制造及其自动化技术的发展提出了更高的要求，绿色环保化发展成为必然趋势。不仅如此，习近平总书记在多次会议上明确指出，在社会发展的整个过程当中，我们既要金山银山又要绿水青山，禁止社会发展以牺牲环境为代价。基于此，在接下来的时间里，工业生产与制造行业应树立良好的绿色环保理念和意识，进一步加强对于绿色技术、清洁能源的应用与优化。特别是在应用一些原材料的时候，要尽可能的应用可回收再利用的材料，在节约资源的基础之上，降低于自然生态环境和土壤、水质所带来的污染，落实绿色节能环保工作，实现人与自然的协调发展。

1.1.3　计算机科学与技术

1. 计算机科学与技术概述

计算机的发明与应用，标志着人类社会一个新的里程碑。计算机的发明与应用将人类社会带入了以信息科技为主导的第三次科技革命，并使人类步入了"知识经济时代"。计算机科学技术在将人类生活日益信息化的更新改进中，也实现了其自身逐渐向多元化的转变。

从世界上第一台计算机的诞生到当今计算机的发展历史已经超过了半个多世纪的时间，最初的计算机具有体积庞大、速度慢以及成本高等特点。计算机在 20 世纪 60 年代至 80 年代之间出现了跨越式发展的阶段，主要是由于世界很多国家的政府部门重视对计算机的研究和应用，尤其是英特尔处理器的出现可以说将计算机推向了更多更广的发展层面。从 20 世纪 90 年代开始，计算机的发展出现了明显的两极化的趋势：一是计算机朝着微型计算机的方向发展，开始受到各种企业以及家庭的青睐，二是计算机在国家层面开始广泛运用于国防、军事以及科研等重要的领域。

现如今，计算机的飞速发展主要是为了适应政府机关、企事业单位以及家庭的不断需求，因此，不难发现计算机每一次的革新和发展都是朝着更加具有生命力和发展前景的方向的，无论在计算的运行速度还是运用成本以及使用性能方面都得到了质的飞跃。计算机现如今已经渗透到人的生活的方方面面，从最初的一元化向未来的多元化发展，极大地方便了人们的生活，促进了人类社会文明的进步。

2. 计算机科学与技术现状

（1）普及型与深入发展性

首先，现代计算机科学与技术具有普及性与深入发展性的特点。普及性是指随着计算机科学与技术的逐步发展，其已经逐渐的被运用在了我国的各个领域之中。首先，在日常办公的过程中，计算机科学与技术中的 office 可以有效帮助企业的员工提高工作效率。其次，在通信领域中，计算机科学与技术的运用不但可以方便人们之间进行沟通、交流，同时还可以拉近人与人之间的距离。而计算机科学与技术的深入发展性则主要体现在随着科技的不断进步，计算机科学与技术逐渐的融入进了一些尚未融入的领域中。例如，随着计算机科学与技术的不断发展，计算机科学与技术已经逐步融入智能计算器以及电钢琴等设计中。通过使用计算机科学与技术对计算方式进行优化，不但可以有效降低计算过程中所使用的步骤，从而降低计算时间，同时还可以降低计算资源的浪费。在传统计算器的计算过程中，其乘法设计方式大致为：

```
#include<stdio. h>
main()
{
chara，b，c；
printf("请依次输入乘数与被乘数")；
scanf("%c"，&a)；
scanf("%c"，&b)；
c=a * b；
printf("该乘法的结果为：")；
printf("%c"，c)；
return0；
}
```

这种计算方式虽然可以完成乘法计算，但若乘数与被乘数较大时，则会耗费较长的时间与较多的计算资源。但通过计算机科学与技术的不断发展后，我们逐渐发现可以通过多个加法运算进而实现乘法运算，这将可以降低计算资源的损耗，并大幅度提高计算效率。通过计算机科学与技术运用后乘法运算的设计方式为：

```
#include<stdio. h>
main()
{
```

```
chara，b，c；
printf（"请一次输入乘法与被乘数"）；
scanf（"%c"，&a）；
scanf（"%c"，&b）；
while(i＜＝n)
{
c＝a＋1/n＊b；
}
printf（"该乘法的结果为："）；
printf（"%c"，c）；
return0；
}
```

（2）专门化与综合化

其次，现代计算机科学与技术的发展还具有专门化与综合化。其中专门化是指随着计算机科学与技术的逐步发展，许多电器与家用设施中均大范围运用了计算机科学与技术，从而形成了智能化电器与智能化房间。智能化电器设备产生不但可以方便人们的日常使用，同时还可以从一定程度上提高电器设备的安全性。例如，智能化烤箱、微波炉等设备的产生，既可以方便人们进行远程操作，从而节省使用时间，同时还可以方便用户随时对微波炉与烤箱的运行状况进行检测，从而大幅度降低其引发事故的可能性。而计算机科学与技术的综合性则是指通过计算机科学与技术的不断发展，现阶段计算机科学与技术不但可以大幅度优化系统运行效率，同时还可以有效扩展系统性能。

（3）突破性与深入性

最后，现代计算机科学与技术的发展也具有突破性和深入性。这里的突破性是指，随着社会的不断发展以及人们对计算机科学与技术认识的不断加深，现今计算机科学与技术运用以及发展均得到了突破性的进展。而深入性则是指，随着人们对计算机科学与技术的不断运用，其对于计算机科学与技术的发展目标与如何应用均有了更加深入的了解，而这则进一步促进了计算机科学与技术的深入性发展。例如，随着计算机科学与技术在现代生活中与工作中的运用，人们逐渐发觉计算机应当更加轻薄、便捷，于是人们便逐渐的向计算机的轻薄与便捷性展开了深入性的研究。最终通过坚持不懈的研究，现代计算机终于实现了集轻便与快捷于一身的现代计算机。

3. 计算机科学与技术发展趋势

（1）智能化

科学技术发展的最终目标是计算机智能，它模拟感知和思考过程，帮助人们解决实际问题。例如，清洁机器人可以代替我们打扫房间，帮助我们保持房间清洁，云计算和海量数据可以帮助我们处理复杂数据，提高生产力。智能是计算机技术发展的主要趋势，其发展主要体现在智能工业生产和智能日常生活中。信息技术可以帮助人们有效地应对日常生活中的挑战，从而节省家务劳动的时间，将时间用于娱乐、通信等活动。此外，随着中国逐渐步入人口老龄化的时代，老年人需要帮助以智能技术为支撑的电子宠物也是信息技术智能发展的主要体现。

（2）多元化

在社会稳定繁荣的时代，人民生活水平提高，生活质量越来越受到重视。电脑不仅给人们的生活增添了些许色彩，而且成为日常购物和网上购物的基本必需品。另一个例子是在教学中使用计算机，这不仅使课堂气氛更加活跃，而且使教师的解释更加生动具体。从这个角度来看，我们可以看到，信息和通信技术涉及许多领域，在这些领域需要全面合作与协调，才能实现双赢的全面发展。信息技术还可以与其他先进技术相结合，从而在科学和技术领域取得决定性进展。例如，生物技术领域的信息和技术应用可以有效地利用DNA序列对信息进行编码，并通过生物物理科学和技术改变DNA含量。爱因斯坦、霍金等认为量子科学还可以应用于计算机技术的发展，以提高计算机的计算速度，提高计算机的内存操作和存储容量，提高计算机的性能。

（3）人性化

计算机与技术和人类之间最大的区别在于计算机是一个完全理性的机器，没有丰富的人类感情，也没有人性。只有把计算机技术和人类思维结合起来，随着人工智能的增加，我们会适应和适应智能的趋势。在现阶段，智能手机、智能手镯等许多智能产品，结合了计算机技术和人类的逻辑思维能力，应运而生。因此，随着时代的发展和进步，计算机科学和技术必将走向人性化的发展，这将有助于人类社会的现代化。伴随着计算机人工智能的发展，未来的计算机技术将更加人性化，满足现代人的心理需求。例如，在建筑隧道等领域应用虚拟现实技术大大提高了测量和实地工作的准确性。与此同时，避免了不安全的风险，减少了事故数量。计算机也用于儿童的教育和学习领域。设计了一个反上瘾系统，根据学生的学习情况控制学生的游戏时间此外，智能计算机学习软件可以为学生提供关于他们在学习过程中所犯错误的智能建议，并在互动部分智能地与老师沟通。

（4）引导科技跨越式进步

信息技术还可以与其他先进技术相结合，在技术发展领域取得突破。例如，生物技术领域的信息和技术应用可以有效地利用DNA序列来编码信息，并通过生物物理科学和技术改变DNA含量。爱因斯坦、霍金等认为，量子物理还可以应用于计算机技术的发展，以提高计算机的速度、内存运行和存储容量，提高计算机性能。

1.1.4 工程管理

1. 工程管理概述

工程管理是指为实现预期目标，有效地利用资源，对工程所进行的决策、计划、组织、指挥、协调与控制。一般来说，工程管理具有系统性、综合性、复杂性。需要进一步说明的是，工程管理领域既包括重大工程建设实施中的管理，譬如，工程规划与论证、工程勘察与设计、工程施工与运行管理等，也包括重要和复杂的新型产品的开发管理、制造管理和生产管理，还包括技术创新、技术改造的管理，而企业转型发展的管理，产业、工程和科技的重大布局与战略发展的研究与管理等，也是工程管理工作的基本领域。

2. 工程管理现状

（1）管理制度待完善

虽然建设工程管理尤为重要，但目前一部分工程管理人员没有重视建筑工程管理工作。部分工程管理人员只是为了应付上级的命令，未将管理工作有效落实。由于管理人员的综合素质不足，缺乏全寿命周期管理意识，甚至一部分管理人员片面认为技术可以解决建筑的所有问题，缺乏管理目标和管理细则，导致建筑过程中出现管理不当引发各类问题。同时，我国建筑工程管理管理制度标准规范有待进一步完善，从而无法全面推进工程管理实现标准化、规范化、科学化的状态，制约建筑企业的可持续发展。

（2）管理方法落后

时代在不停的发展，任何一个行业需要紧跟时代发展的脚步。目前，我国建筑工程管理理念较为落后与发达国家相比差距较大，甚至一部分建筑企业管理理念停留在传统的社会中，方法较为单一和老套。陈旧的管理方法无法适应时代的发展需求，制约了建筑工程管理的有序性、科学性。工程管理必须站在全寿命周期管理的角度去执行。从开发管理、项目管理、设施管理三方面着手，项目从项目策划、市场调研、投资机会、项目建议书、可行性研究报告开始，就应该考虑优化工艺流程，考虑后期运营和维护的费用。项目的建设费用可能只占全寿命周期费用的一小部分，如 20% 等，所以要通过优化设计，优化工艺流程等，达到全寿命周期费用的最优化，达到项目的最优性价比。同时要按照基本建设程序，一步一步做好项目的市场调研、投资机会研究、项目建议书、可行性研究报告、初步设计、设计概算、施工图设计、施工图预算、招标工程量清单、招标控制价、招投标、合同谈判、合同签订、施工单位进场、现场管理、技术管理、协调控制、竣工验收、项目结算、工程决算等纵向程序。横向控制上，要做好项目策划、规划设计、工程施工等各阶段的管控工作，做好"三控三管一协调"工作，即做好投资控制、进度控制、质量控制、安全管理、合同管理、信息管理、组织和协调工作。组织协调工作要做好五个方面的工作，即对上协调、对下协调、对外协调、对内协调、平行协调。可以通过工作例会、技术交底、会议纪要、工作联系函、BIM、工程管理 APP 等方式进行。要重视互联网、大数据等现代先进技术手段在工程管理中的应用。例如疫情期间建立"火神山""雷神山"使用的"云监工"现代技术。与时俱进、更新工程管理观念及其重要，思想和观念决定行动，只有管理理念及方法与时代同步，才能更好地做好工程管理，从而支持整体建筑业和城市建设能够良性、绿色、可持续、高质量发展。

（3）监管力度不够

建筑工程管理需要进行实时监督，发现问题及时调整。由于建筑工程在实际施工过程中会受到多种因素影响而发生变化，当出现问题是需要立即整改。目前，我国建筑工程的监管力度不够，问题出现后得不到及时有效的处理。建筑工程管理过程中出现安全管理问题则会降低管理的质量和水平，长期以来形成混乱的管理模式，降低了工程建设的质量。

（4）优化进程缓慢

目前，我国建筑工程管理有了新的认识，结合信息时代的先进技术提升建筑工程管理的效率和质量。但我国建筑工程管理过程中依然以传统管理模式为主，没有采用信息技术进行优化管理模式。先进管理模式的发展速度较为缓慢，导致我国建筑工程管理长期处于低水平的状态，无法实现我国建筑工程管理的目标。

3. 工程管理发展趋势

（1）树立创新意识，调整管理理念

意识是一个企业的行为导向。首先需要企业树立创新的意识才能改变和调整管理理念，实现建筑工程管理的创新。我们需要认识创新的重要性，了解时代的真正需求，根据现实需求以及市场动向,提高创新的意识。当我们拥有了创新的意识,才能更好地实现管理理念的转变和管理模式的革新。与此同时,我们需要一批高素质、高思想的管理人才融入建筑工程的管理中,加强管理人员的培训,让每一个管理人员都拥有良好的综合素质、具备创新意识。这样一来,就可以为建筑工程的管理提供一个良好氛围和优质的管理团队,最终实现建筑工程管理的创新。管理理念的调整、转变、创新能够直接影响工程管理的进行,强化管理工作,更加明确工程控制目标,处理好进度、质量、成本之间的关系,实现优化配置在不影响每个目标的同时让整体目标最优。

(2)发展创新管理技术

目前,时代的要求需要管理技术的创新。科学技术在不断进步,高科技的产品也在不断的应用。那么建筑管理技术的创新也是建筑工程管理的发展趋势。建筑规模随着时代的发展在不断壮大、施工的技术也在相应的进步,因此管理人员面对的信息量也在随之增加。那么,在处理信息比较繁杂的前提下,加快管理技术的创新,才可以更好地完成建造工程的建设目标。通过利用信息技术建立管理信息系统平台,实现计算机软件处理信息数据和资源实时共享,减轻工作人员工作负担的同时提高管理效率。此外,建筑企业也可以利用网络手段对市场形势、经济动态、政策变动做到及时了解,做出相应调整;也可以获得国内外相关信息为管理技术更新创造良好条件。为了实现管理信息化、科技化要加强对管理人员的技术培训,让管理人员掌握先进的管理技术,接受现代化管理的知识,拥有操作新型设备的能力,从而提高工作效率,增强创新。

(3)改变调整管理方式

在改变管理理念拥有了创新意识之后,我们还需要改变传统的管理模式,建立一套适用于时代发展的建筑工程管理体系。新型的管理要满足于建筑施工的要求,然后就是符合市场的需求,最后就是在保证质量和安全的前提下减少成本。与此同时还需要建立一套比较完善的管理制度。传统的管理制度中没有清楚的划分职责,因此就导致了制约力不足。那么创新管理制度,就需要明确权责关系,建立一套完善的管理制度。极大程度的限制不良行为造成的管理问题。明确奖赏制度,提高管理人员的工作积极性。

(4)强化内部管理

企业内部管理人员需要明确建筑工程管理的目标,在根本上杜绝建筑工程施工浪费现象的发生,保证建筑工程管理更为规范,对各个施工人员进行合理安排,提升施工人员的操作技术,严格根据法律规定达到物尽其用的效果。此外,重视优秀管理经验,将传统建筑工程管理中优秀经验为指导,加入现代建筑工程管理过程中。将优秀经验与信息化技术有效整合,提升建筑工程管理水平,降低建筑工程管理中出现的问题,创新工作方式。同时也需要考虑到施工成本,树立良好的经济意识,在保证安全的前提下合理控制成本,推动我国建筑工程管理顺利开展提升企业的社会经济效益。

1.2 智能建造的由来

习近平总书记在2019年新年贺词中指出"中国制造、中国创造、中国建造共同发力,继续改变着中国的面貌"。中国经历了史无前例的大规模基础设施建设,为我国土木工程的科技创新提供了前所未有的机遇。过去三十多年,我国的工程建造取得了巨大成就。根据阿卡迪全球建筑资产财富指数，我国建筑资产规模已超过美国成为全球建筑规模最大的国家。

在工程建造技术领域，我国重大工程建造科技总体上已经达到国际先进水平。在超高层建筑、大跨度空间结构、跨江跨海超长桥隧等领域，我国工程设计建造和集成技术应用已居于世界领先水平，创造了多项世界第一；高铁建设更是我国一张靓丽的名片。我国自主研发了以钢-混凝土组合结构、大跨空间结构、预应力结构等为代表的系列结构新技术，其综合指标居于世界先进水平；在节约资源、提高安全水平、改善居住品质、减少劳动用工等方面优势显著。我国在大型复杂结构和超高层建筑结构设计、分析和施工关键技术方面取得了一系列具有自主知识产权、国际先进的核心技术成果，在材料、设计、施工、运维等方面解决了一系列关键的技术难题，实现了技术极限与传统认知的不断突破，有力地保障了中国重大标志性工程的建设水平。

尽管我国是建造大国，但还不是建造强国。碎片化、粗放式的建造方式带来一系列问题，如产品性能欠佳、资源浪费较大、安全问题突出、环境污染严重和生产效率较低等。同时，社会经济发展的新需求使得工程建造活动日趋复杂，建筑行业亟待转型升级。我国工业、物流、交通等行业已经逐步走向智能化的道路，多有智能化的应用，而作为传统行业的建筑业，信息化和智能化程度较低并与上述行业有明显差距。图1.2是我国不同行业智能化应用比例。

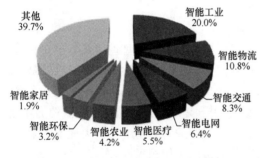

图1.2 我国不同行业智能化应用比例

近年来，随着我国土木工程建设规模空前扩大，资源能源消耗大、环境污染严重、使用寿命短、安全可靠性低、抗灾能力弱等问题已成为我国土木工程领域面临的重大挑战，严重制约着我国经济社会的可持续发展。老龄化问题日益突出、劳动力持续减少、人力资本显著提高，这些趋势将对土木工程产业形态产生极其深远的影响。传统的土木工程产业模式将愈发无所适从，破解难题的核心在于提升土木工程产业的劳动生产率。随着劳动力价格的不断攀升，劳动力缺口将逼迫土木工程产业持续转型升级，向工业化和智能化方向发展。

土木工程技术是一项古老的传统工程技术，其大规模、粗放式、以消耗大量人力资源为特征的运作模式将愈发与世界经济社会的发展模式和需求格格不入，未来土木工程产业结构必将发生翻天覆地的变化，并将以崭新的面貌展现在世人面前。随着社会发展和科技的进步，土木工程技术将表现出显著的精细化与智能化特征，多学科的交叉融合将为古老的土木工程技术注入新的活力。

土木工程建造技术将逐步展现出现代化、工业化、智能化的特征。随着信息化技术、3D打印技术以及大数据、互联网等手段的不断涌入，土木工程将实现高水平智能化的建造过程，并由此带来节水、节能、节时、节材、节地等一系列效益，绿色建造以及可持续建造理念也将得到普及。

建筑业是我国国民经济的支柱产业和重要引擎。但是，当前建筑业的发展水平，还无法满足我国国民经济与社会高质量发展战略需求。以物联网、大数据、云计算、人工智能为代表的新一代信息技术，正在催生新一轮的产业革命，为产业变革与升级提供了历史性机遇。全球主要工业化国家均因地制宜地制定了以智能制造为核心的制造业变革战略，我国建筑业也迫切需要制定工业化与信息化相融合的智能建造发展战略，彻底改变碎片化、粗放式的工程建造模式。

智能建造是新一代信息技术与工程建造融合形成的工程建造创新模式，是实现建筑业高质量发展的重要抓手。智能建造不仅仅是工程建造技术的变革创新，更将从产品形态、建造方式、经营理念、市场形态以及行业管理等方面重塑建筑业。

1.3 智能建造时代背景

习近平总书记在中国科学院第十九次院士大会、中国工程院第十四次院士大会指出：世界正在进入以信息产业为主导的经济发展时期。我们要把数字化、网络化、智能化融合发展的契机，以信息化、智能化为杠杆培育新动能。要推进互联网、大数据、人工智能同实体经济深度融合，做大做强数字经济。2020年开年，中央密集部署"新基建"，发力于科技端和战略新兴领域，打造集约高效、经济适用、智能绿色、安全可靠的现代化建筑基础设施体系。新型基础设施是以新发展理念为引领，以技术创新为驱动，以信息网络为基础，面向高质量发展需要，提供数字转型、智能升级、融合创新等服务的基础设施体系。建筑业作为国民经济的支柱性产业，其落后的生产方式，粗放式的管理水平已经远远不能满足日益发展的需求，因此建筑业信息化转型升级、节能减排、降本增效迫在眉睫。在建筑行业以往的不断探索以及最新的新基建政策形势推动下，促进了智能建造的孕育诞生和发展壮大。

1.3.1 发展新技术

新基建的技术是通用技术，要应用于建筑领域，必须开发建筑领域相关技术。

一是数字孪生技术。数字孪生是虚实之间双向映射、动态交互和实时联系，是与物理系统对应的数字化表达。简单来说，就是在一个设备或系统的基础上，创造一个数字版的"克隆体"，其目的是形成与实物资产相对应的数字资产，从而实现资产价值的增值。

二是数字主线技术。目前的数字孪生多为逆向生成，是先有实物再将其进行数字化表达。数字孪生应该是一个动态过程，实体工程在建造之前和在建造中，就应建立动态的数字孪生，通过动态的数字孪生模型优化和指导实体工程建造，这一技术就是数字主线技术。例如一个工程项目从设计到施工再到运维、拆解，可以利用数字主线技术，由模型驱动，实现各阶段无缝对接，让全过程产生的数据流、各环节信息实现双向同步沟通。这是目前建筑业应该大力发展的技术。

三是模型定义工程产品。建筑设计是一种形式逻辑的表达，与形式逻辑相对应的是数理逻辑。找到数理逻辑规律，就可以采用模型定义工程产品。例如在北京大兴机场建设中，机场核心区18万平方米采用8根C型柱支撑。这8根C型柱顶的采光结构，就是通过数字模型计算出来的。

四是智能感知技术。如何综合运用云计算、大数据、物联网、移动技术和智能设备等信息技术手段，聚焦施工现场管理，紧紧围绕"人机料法环"等关键要素，建立信息智能采集、管理高效协同、数据科学分析、过程准确控制的施工现场立体化信息网络，实现对工地的智能管理。如何在运维中引入人工智能，实现"事前智能预警、事后快速定位、夜间无人值守、远程集中管理"等一系列智能运维目标，是当前需要解决的课题。

五是工程大数据驱动的智能决策。要综合利用工程环境数据、工程过程数据、工程要素数据、工程产品数据等，通过对大数据的管理与分析，助力行业治理精准化，帮助企业准确把握市场需求变动、提高产品设计与生产效率和供应链的敏捷性、准确性，提升施工管理水平，帮助业主提高运维能力。

六是自动化、智能化工程机械与设备。要加大建筑机器人等自动化、智能化工程机械与设备的研发应用，有效替代人工，进行安全、高效、精确的建筑部品部件生产和施工作业。

1.3.2　培育新业态

在融合基建背景下，建筑业应着力培育 3 种业态。

一是建筑工业化。新型建筑工业化特征是信息技术与工业化深度融合、智能技术与专业化深度融合。目前，推动新型建造工业化发展，要建立完善的工业化建筑设计、施工标准化技术体系，研制关键技术标准。发展新型建筑工业化，要实现基于柔性生产线的工厂化生产、基于数字化的机械化装配施工。但目前建筑业工厂化生产特征还不明显，没有形成多品种流水线生产，应当建立部品部件柔性生产线特别是智能化柔性生产线。通过智能物流把部品部件运到施工现场，现场施工实现数字化、机械化，改善施工环境、提高建设效率。

二是建造服务化。建造服务化包括建造过程和使用过程的专业化服务，如搭建开放式的设计平台，为施工生产提供设备、技术支持，为质量安全提供保障。通过拉长产业链，提供智能节能、智慧养老、智能健康住宅等使用过程的专业化服务。

三是建造平台化。搭建平台，可以减少产品供给者与需求者之间的中间环节，交易效率更高、成本更低。平台化是今后企业发展的大趋势。新形势下，建筑企业应当做好战略决策。一是选择好商业模式。二是在转变建造方式中发展新业态。如今，建筑业转型升级的主要方向是智能建造与建筑工业化协同发展的新型建筑工业化，建筑企业应当在转型中找到并提升新的核心竞争力。三是技术成熟度高的产品更容易实现价值。四是注重社会伦理。技术很重要，但社会伦理在某种程度上比技术更重要，这就要求提供服务的企业家和专业技术人员一定要有情怀。

1.3.3　贯彻新政策

近年来，我国建筑业持续快速发展，产业规模不断扩大，建造能力不断增强，BIM 等信息技术迅速推广，特种施工机械和装备自主研发取得积极进展，工程设计、施工和运行维护信息化水平不断提升。但是，长期以来，建筑业主要依赖要素投入、大规模投资拉动发展，工业化、信息化程度较低，企业科技研发投入比重不高，建筑业与先进制造技术、信息技术、节能技术融合不够，机器人和智能化施工装备能力不强，迫切需要利用 5G、人工智能、物联网等新技术，升级传统建造方式。为加快推进建筑工业化、数字化、智能化升级，推动建筑业高质量发展，住房和城乡建设部等 13 部门在广泛调研基础上，制定出台了《关于推动智能建造与建筑工业化协同发展的指导意见》（以下简称《指导意见》)。《指导意见》提出，要大力发展装配式建筑，推动建立以标准部品为基础的专业化、规模化、信息化生产体系。推动智能建造和建筑工业化基础共性技术和关键核心技术研发、转移扩散和商业化应用，加快突破部品部件现代工艺制造、智能控制和优化等一批核心技术。推进数字化设计体系建设，统筹建筑结构、机电设备、部品部件等环节，推行一体化集成设计。探索适用于智能建造与建筑工业化协同发展的新型组织方式、流程和管理模式。实行工程建设项目全生命周期内的绿色建造，提高资源利用效率，减少建筑垃圾的产生。加强智能建造及建筑工业化应用场景建设，推动科技成果转化、重大产品集成创新和示范应用。推动各地加快研发适用于政府服务和决策的信息系统，探索建立大数据辅助科学决策和市场监管的机制，完善数字化成果交付、审查和存档管理体系。《指导意见》强调，各地要建立智能建造和建筑工业化协同发展的体系框架，因地制宜制定具体实施方案，明确时间表、路线图及实施路径，强化部门联动，建立协同推进机制，落实属地管理责任。要将现有各类产业支持政策进一步向智能建造领域倾斜，加大对智能建造关键技术研究、基础软硬件开发、智能系统和设备研制、项目应用示范等的支持力度。要制定智能建造人才培育相关政策措施，明确目标任务，建立智能建造人才培养和发展的长效机制。要适时对智能建造与建筑工业化协同发展相关政策的实施情况进行评估，重点评估智能建造发展目标落实与完成情况、产业发展情况、政策出台情况、标准规范编制情况等。要充分发挥相关企事业单位、行业学协会的作用，开展智能建造的政策宣传贯彻、技术指导、交流合作、成果推广。《指导意见》明确，到2025年，我国智能建造与建筑工业化协同发展的政策体系和产业体系基本建立，建筑工业化、数字化、智能化水平显著提高，建筑产业互联网平台初步建立，产业基础、技术装备、科技创新能力以及建筑质量安全水平全面提升，劳动生产率明显提高，能源资源消耗及污染排放大幅下降，环境保护效应显著。推动形成一批智能建造龙头企业，引领并带动广大中小企业向智能建造转型升级，打造"中国建造"升级版。到2035年，我国智能建造与建筑工业化协同发展取得显著进展，企业创新能力大幅提升，产业整体优势明显增强，"中国建造"核心竞争力世界领先，建筑工业化全面实现，迈入智能建造世界强国行列。

从市场角度而言，新基建智慧建筑体系的搭建完善，也会迎来新一轮的产业调整，带动新一轮产业的业态模式创新，催生一系列新的建筑产品。新基建背景下，对于建筑业而言，在5G、人工智能、大数据时代，如何打造集约高效、经济适用、智能绿色、安全可靠的现代化建筑，既是新挑战，也是新契机和新机遇。2020年是"十三五"规划的收官之年，也是"十四五"规划的谋篇之年，国家经济进入高质量、高效益发展新阶段，未来智慧建筑将迎来新的发展高峰。

1.3.4 新政策解读

建筑业是国民经济的支柱产业，为我国经济持续健康发展提供了有力支撑。但建筑业生产方式仍然比较粗放，与高质量发展要求相比还有很大差距。为推进建筑工业化、数字化、智能化升级，加快建造方式转变，推动建筑业高质量发展，制定指导意见。

1. 指导思想

以习近平新时代中国特色社会主义思想为指导，全面贯彻党的十九大和十九届二中、三中、四中全会精神，增强"四个意识"，坚定"四个自信"，做到"两个维护"，坚持稳中求进工作总基调，坚持新发展理念，坚持以供给侧结构性改革为主线，围绕建筑业高质量发展总体目标，以大力发展建筑工业化为载体，以数字化、智能化升级为动力，创新突破相关核心技术，加大智能建造在工程建设各环节应用，形成涵盖科研、设计、生产加工、施工装配、运营等全产业链融合一体的智能建造产业体系，提升工程质量安全、效益和品质，有效拉动内需，培育国民经济新的增长点，实现建筑业转型升级和持续健康发展。

2. 基本原则

市场主导，政府引导。充分发挥市场在资源配置中的决定性作用，强化企业市场主体地位，积极探索智能建造与建筑工业化协同发展路径和模式，更好发挥政府在顶层设计、规划布局、政策制定等方面的引导作用，营造良好发展环境。

立足当前，着眼长远。准确把握新一轮科技革命和产业变革趋势，加强战略谋划和前瞻部署，引导各类要素有效聚集，加快推进建筑业转型升级和提质增效，全面提升智能建造水平。

跨界融合，协同创新。建立健全跨领域跨行业协同创新体系，推动智能建造核心技术联合攻关与示范应用，促进科技成果转化应用。激发企业创新创业活力，支持龙头企业与上下游中小企业加强协作，构建良好的产业创新生态。

节能环保，绿色发展。在建筑工业化、数字化、智能化升级过程中，注重能源资源节约和生态环境保护，严格标准规范，提高能源资源利用效率。

自主研发，开放合作。大力提升企业自主研发能力，掌握智能建造关键核心技术，完善产业链条，强化网络和信息安全管理，加强信息基础设施安全保障，促进国际交流合作，形成新的比较优势，提升建筑业开放发展水平。

3. 发展目标

到2025年，我国智能建造与建筑工业化协同发展的政策体系和产业体系基本建立，建筑工业化、数字化、智能化水平显著提高，建筑产业互联网平台初步建立，产业基础、技术装备、科技创新能力以及建筑安全质量水平全面提升，劳动生产率明显提高，能源资源消耗及污染排放大幅下降，环境保护效应显著。推动形成一批智能建造龙头企业，引领并带动广大中小企业向智能建造转型升级，打造"中国建造"升级版。

到2035年，我国智能建造与建筑工业化协同发展取得显著进展，企业创新能力大幅提升，产业整体优势明显增强，"中国建造"核心竞争力世界领先，建筑工业化全面实现，迈入智能建造世界强国行列。

4. 重点任务

（1）加快建筑工业化升级

大力发展装配式建筑，推动建立以标准部品为基础的专业化、规模化、信息化生产体系。加快推动新一代信息技术与建筑工业化技术协同发展，在建造全过程加大建筑信息模型（BIM）、互联网、物联网、大数据、云计算、移动通信、人工智能、区块链等新技术的集成与创新应用。大力推进先进制造设备、智能设备及智慧工地相关装备的研发、制造和推广应用，提升各类施工机具的性能和效率，提高机械化施工程度。

加快传感器、高速移动通讯、无线射频、近场通讯及二维码识别等建筑物联网技术应用，提升数据资源利用水平和信息服务能力。加快打造建筑产业互联网平台，推广应用钢结构构件智能制造生产线和预制混凝土构件智能生产线。

（2）加强技术创新

加强技术攻关，推动智能建造和建筑工业化基础共性技术和关键核心技术研发、转移扩散和商业化应用，加快突破部品部件现代工艺制造、智能控制和优化、新型传感感知、工程质量检测监测、数据采集与分析、故障诊断与维护、专用软件等一批核心技术。探索具备人机协调、自然交互、自主学习功能的建筑机器人批量应用。研发自主知识产权的系统性软件与数据平台、集成建造平台。推进工业互联网平台在建筑领域的融合应用，建设建筑产业互联网平台，开发面向建筑领域的应用程序。加快智能建造科技成果转化应用，培育一批技术创新中心、重点实验室等科技创新基地。围绕数字设计、智能生产、智能施工，构建先进适用的智能建造及建筑工业化标准体系，开展基础共性标准、关键技术标准、行业应用标准研究。

（3）提升信息化水平

推进数字化设计体系建设，统筹建筑结构、机电设备、部品部件、装配施工、装饰装修，推行一体化集成设计。

积极应用自主可控的 BIM 技术，加快构建数字设计基础平台和集成系统，实现设计、工艺、制造协同。加快部品部件生产数字化、智能化升级，推广应用数字化技术、系统集成技术、智能化装备和建筑机器人，实现少人甚至无人工厂。加快人机智能交互、智能物流管理、增材制造等技术和智能装备的应用。

以钢筋制作安装、模具安拆、混凝土浇筑、钢构件下料焊接、隔墙板和集成厨卫加工等工厂生产关键工艺环节为重点，推进工艺流程数字化和建筑机器人应用。以企业资源计划（ERP）平台为基础，进一步推动向生产管理子系统的延伸，实现工厂生产的信息化管理。推动在材料配送、钢筋加工、喷涂、铺贴地砖、安装隔墙板、高空焊接等现场施工环节，加强建筑机器人和智能控制造楼机等一体化施工设备的应用。

（4）培育产业体系

探索适用于智能建造与建筑工业化协同发展的新型组织方式、流程和管理模式。加快培育具有智能建造系统解决方案能力的工程总承包企业，统筹建造活动全产业链，推动企业以多种形式紧密合作、协同创新，逐步形成以工程总承包企业为核心、相关领先企业深度参与的开放型产业体系。鼓励企业建立工程总承包项目多方协同智能建造工作平台，强化智能建造上下游协同工作，形成涵盖设计、生产、施工、技术服务的产业链。

（5）积极推行绿色建造

实行工程建设项目全生命周期内的绿色建造，以节约资源、保护环境为核心，通过智能建造与建筑工业化协同发展，提高资源利用效率，减少建筑垃圾的产生，大幅降低能耗、物耗和水耗水平。推动建立建筑业绿色供应链，推行循环生产方式，提高建筑垃圾的综合利用水平。加大先进节能环保技术、工艺和装备的研发力度，提高能效水平，加快淘汰落后装备设备和技术，促进建筑业绿色改造升级。

（6）开放拓展应用场景

加强智能建造及建筑工业化应用场景建设，推动科技成果转化、重大产品集成创新和示范应用。发挥重点项目以及大型项目示范引领作用，加大应用推广力度，拓宽各类技术的应用范围，初步形成集研发设计、数据训练、中试应用、科技金融于一体的综合应用模式。发挥龙头企业示范引领作用，在装配式建筑工厂打造"机器代人"应用场景，推动建立智能建造基地。梳理已经成熟应用的智能建造相关技术，定期发布成熟技术目录，并在基础条件较好、需求迫切的地区，率先推广应用。

（7）创新行业监管与服务模式

推动各地加快研发适用于政府服务和决策的信息系统，探索建立大数据辅助科学决策和市场监管的机制，完善数字化成果交付、审查和存档管理体系。通过融合遥感信息、城市多维地理信息、建筑及地上地下设施的 BIM、城市感知信息等多源信息，探索建立表达和管理城市三维空间全要素的城市信息模型（CIM）基础平台。建立健全与智能建造相适应的工程质量、安全监管模式与机制。引导大型总承包企业采购平台向行业电子商务平台转型，实现与供应链上下游企业间的互联互通，提高供应链协同水平。

5. 保障措施

（1）加强组织实施。各地要建立智能建造和建筑工业化协同发展的体系框架，因地制宜制定具体实施方案，明确时间表、路线图及实施路径，强化部门联动，建立协同推进机制，落实属地管理责任，确保目标完成和任务落地。

（2）加大政策支持。各地要将现有各类产业支持政策进一步向智能建造领域倾斜，加大对智能建造关键技术研究、基础软硬件开发、智能系统和设备研制、项目应用示范等的支持力度。对经认定并取得高新技术企业资格的智能建造企业可按规定享受相关优惠政策。企业购置使用智能建造重大技术装备可按规定享受企业所得税、进口税收优惠等政策。推动建立和完善企业投入为主体的智能建造多元化投融资体系，鼓励创业投资和产业投资投向智能建造领域。各相关部门要加强跨部门、跨层级统筹协调，推动解决智能建造发展遇到的瓶颈问题。

（3）加大人才培育力度。各地要制定智能建造人才培育相关政策措施，明确目标任务，建立智能建造人才培养和发展的长效机制，打造多种形式的高层次人才培养平台。鼓励骨干企业和科研单位依托重大科研项目和示范应用工程，培养一批领军人才、专业技术人员、经营管理人员和产业工人队伍。加强后备人才培养，鼓励企业和高等院校深化合作，为智能建造发展提供人才后备保障。

（4）建立评估机制。各地要适时对智能建造与建筑工业化协同发展相关政策的实施情况进行评估，重点评估智能建造发展目标落实与完成情况、产业发展情况、政策出台情况、标准规范编制情况等，并通报结果。

（5）营造良好环境。要加强宣传推广，充分发挥相关企事业单位、行业学协会的作用，开展智能建造的政策宣传贯彻、技术指导、交流合作、成果推广。构建国际化创新合作机制，加强国际交流，推进开放合作，营造智能建造健康发展的良好环境。

1.4　智能建造概念

丁烈云院士提到，所谓智能建造，是新一代信息技术与工程建造融合形成的工程建造创新模式：即利用以"三化"（数字化、网络化和智能化）和"三算"（算据、算力、算法）为特征的新一代信息技术，在实现工程建造要素资源数字化的基础上，通过规范化建模、网络化交互、可视化认知、高性能计算以及智能化决策支持，实现数字链驱动下的工程立项策划、规划设计、施（加）工生产、运维服务一体化集成与高效率协同，不断拓展工程建造价值链、改造产业结构形态，向用户交付以人为本、绿色可持续的智能化工程产品与服务。

智能建造是一种有别于传统建造的新的理念，它以项目信息门户为共享平台，以建造技术、人工智能和数据技术为手段，面向项目全生命周期，构建项目建设和运营的智能化环境，通过技术集成、信息集成和管理创新，对项目建设全过程实施有效管理。智能建造是信息化与工业化深度融合的一种新型工业形态，体现了项目建设从机械化、自动化向数字化、智能化的转变趋势。

智能建造需要贯彻可持续发展的理念，保障工程各参与方能够有统一的平台协同合作、信息共享，由 BIM 技术、云计算技术、物联网技术、大数据技术等信息技术手段提供支持，能够实现传统建造手段与信息化技术相结合；智能建造意味着在建造过程中充分利用智能技术和相关技术，通过应用智能化系统，提高建造过程的智能化水平，减少对人的依赖，实现安全建造，并实现性能价格比更好、质量更优的建筑。

智能建造的含义主要有：

1. 智能建造以工程信息平台为基础，集成了建筑工程项目各种相关信息的工程数据模型，可以对施工过程以及各项功能进行智能化实现。

2. 智能建造通过对多项先进技术的互联、集成，把解决建设工程项目各阶段的重难点以及满足业主方的需求作为主要目标。

3. 智能建造是推动建筑业数字化转型的重要途径，随着经济结构模式不断优化，依靠钢筋混凝土等资源消耗、环境污染和劳动密集型的传统建造模式面临着转型升级的压力，智能建造作为新型现代化的建造模式，是建造行业实现跨越和发展的必经之路。

从内涵讲，智能建造是结合全生命周期和精益建造理念，利用先进的信息技术和建造技术，对建造的全过程进行技术和管理的创新，实现建设过程数字化、自动化向集成化、智慧化的变革，进而实现优质、高效、低碳、安全的工程建造模式和管理模式。但是，智能建造的概念不是一成不变的，随着人工智能、VR、5G、区块链等新兴信息技术的涌现并应用至工程实践，将会产生更多创新应用成果，不断丰富智能建造的内涵。

1.5　智能建造体系

1.5.1　智能建造基本体系

中国工程院院士、华中科技大学教授、博士生导师丁烈云指出，智能建造是以现代通用的信息技术为基础，建造领域的数字化技术为支撑，实现建造过程一体化和协同化，并推动工程建造工业化、服务化和平台化变革。智能建造的基础是现代通用信息技术，包括云计算、大数据、人工智能、物联网，概括来说就是"三化"和"三算"。"三化"即数字化、网络化、智能化；"三算"是指算据、算力和算法。

"三算"是人工智能的基础，一是"算据"；二是"算力"；三是"算法"（图 1.5.1）。"算法"主要基于深度学习，所以必须要有"算据"，包括数字化设计的数据、智能感知的数据等；"算力"是通过计算机，采取"云计算＋边缘计算"的构架来进行计算；"算据"

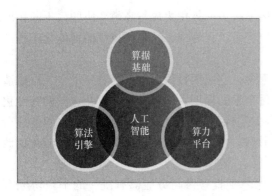

图 1.5.1　人工智能的"三算"基础

要存储，就需要建数据中心，要感知、传输，就要涉及 5G 设施，要计算、超算、云计算等。他强调，算据（工程数据）来自三个方面：一是设计过程产生的数据；二是来自施工过程，也就是人、机、料、法、环、品（在制品和最终的产品），实现泛在感知，自然就有了丰富的数据；三是来自运维过程，如果运维跟不上，根本就谈不上绿色建筑。有了数据，还要有强大的算力。

丁烈云认为，智能技术的核心是人工智能技术，而人工智能是由三算组成。把建筑作为制造业的产品来看待，才能像制造业一样发展。在建筑产品设计方面，建筑是算出来的，而不是画出来的。他举例说，在日本由算法生成的住宅 EAST&WEST，就是用 C 语言按照用户需求的 8 条规则进行编程实现的。而在建造生产方式方面，要实现制造建造一体化、自动化、智能化，"像造汽车一样造房子"将成为可能。美国建筑师 Alastair Parvin 创立了 Wiki House 平台，建立开源平台，可以像组装宜家家具一样建造房屋。

清华大学土木工程系教授马智亮认为，智慧建造是基于智能及其相关技术从城市和建筑向工业项目建造过程的延伸，通过建立和应用智能化系统提高智能化水平，减少对人的依赖，实现更好的建筑。在他看来，智能化系统有七大特征：

（1）灵敏感知。作用是像高级动物一样能够灵敏地感知周围环境的变化，传感器技术可以当此重任。例如，视频传感器可以用于感知并记录周围环境，RFID 可以用于感知预先特定的对象。在实际应用中，视频传感器可以取代人工监视，RFID 扫描器可以快速感知一定范围内预先特定的物体是否存在，从而采集到相应的原始信息。

（2）高速传输。作用是迅速传递通过感知采集到的信息，无线网络，特别是移动无线网络技术可以当此重任。例如，通过无线网络，从 RFID 扫描器得到的信息可以迅速传递至服务器，供服务器进行分析处理。在实际应用中，自动传递附着 RFID 的物料的入库信息，并保存在服务器的数据库内，便于进行信息管理。

（3）精准识别。作用是对采集的原始信息进行识别，确定信息的含义及特定对象的存在，视频识别和音频识别技术可以当此重任。例如，通过对传递过来的视频流进行识别，可以快速确定某人是否出现在某个具体场景中，也可以识别提交物中包含的对象是否符合预期。

（4）快速分析。作用是对大量信息进行快速分析，给出有助于决策的结果，大数据分析技术可以当此重任。例如，可以通过对大量入库信息的分析，发现材料入库规律，如入库量随季节的变化，或已入库的不同材料之间的关联性，并判断当前的入库情况是否符合一般入库规律，如果不符合，立即给出提醒。

（5）优化决策。作用是针对建造过程中的决策环节，给出优化决策方案及其依据，从而辅助决策人员实现建造过程的最大效能。优化技术，或智能化技术可以当此重任。例如，给出最优化的设计方法，最优化的作业进度计划等，取决于优化目标，可以使设计方案做到全生命期成本最低，碳排放最低，性价比最优等。

（6）自动控制。作用是利用智能化系统取代人，根据感知到的环境条件，运用优化决策，自动控制生产过程，自动控制技术可以当此重任。例如，可以根据优化后的作业进度计划，自动控制物料搬运，实现物料搬运自动化和无人化。

（7）替代作业。作用是利用智能化系统替代人从事恶劣环境中的作业，提高工作效率，减少对劳动力的需求，自动化和机器人技术可以当此重任。例如，在建筑工程中，砌砖工作可以应用机器人来完成，从而解决劳动力供应不足、人工成本高等问题。

中国工程院院士钱七虎认为，智能建造首先是全面的透彻感知系统。要通过设备、传感器、信息化的设备去全面感知，摸清情况；第二是物联网、互联网的全面互联实现感知信息（数据）的高速和实时传输；第三是智慧平台的打造，技术人员要通过这个平台对反馈的海量数据进行综合分析、处理、模拟，得出决策，从而及时发布安全预警和处理对策预案。使工程建设的风险更低，施工人员更安全，同时也最大限度地节省材料和减少环境破坏。今后，工程领域的进步要通过数字化向智慧方向迈进。

中国工程院院士肖绪文提出绿色建造、智能建造、精益建造和国家化建造是中国建造地未来发展方向，这几个建造实质上有内在的关系。首先智能建造师中国建造转型升级的必然途径。中国建筑业作为一个古老的产业，要想向枯树发新枝一样再有更大的发展，必须要用信息化来改造传统产业。智能建造就是建造业转型发展的一个非常重要的方向。

中国建筑第四工程局有限公司董事长叶浩文认为，智能建造是有效拉动内需、做好"六稳""六保"工作的重要举措。智能建造将从产品形态、商业模式、生产方式、管理模式和监管方式等方面重塑建筑业；催生新产业、新业态、新模式，为跨领域、全方位、多层次的产业深度融合提供应用场景；既有巨大的投资需求，又能带动庞大的消费市场，乘数效应、边际效应显著，有助于加快形成强大的国内市场；是当前有效应对疫情影响、缓解经济下行压力、壮大发展新动能的重要举措。

中国建筑科学研究院有限公司总经理许杰峰认为，以"新城建"对接"新基建"，引领城市转型升级，推进城市现代化，就要加快推动新一代信息技术与建筑工业化技术协同发展，加快打造建筑产业互联网平台，研发自主知识产权的系统性软件与数据平台、集成建造平台。他表示，建筑产业互联网需要全过程、全要素、全参与方的重构。对建筑产业链上全要素信息进行采集、汇聚和分析，优化建筑行业全要素配置，激发全行业生产力。围绕研发自主知识产权的系统性软件与数据平台、集成建造平台，研发基于 BIM 与物联网的建筑全生命周期协同管理平台。

中建技术中心工程智能化研究所所长邱奎宁在《智能建造与建筑工业化，推动建筑业高质量发展》主题演讲中表示，数字技术重点在于：感知、替代、智慧，"云、大、物、移、智"等信息技术与施工现场生产、管理深入结合，有效的提高了施工现场管理水平，并产生一系列智慧工地创新应用。随着物联网、移动互联网等新的信息技术迅速发展，"云＋网＋端"的应用模式正在逐步形成，这一系列应用正在推动建筑业高质量发展。

同济大学建筑产业创新发展研究院院长王广斌认为，建筑业发展的基本范式，是通过用信息化、工业化的深度融合来追求绿色、可持续发展。其中，智能制造是通过大规模定制建造，满足个性化要求的信息化与工业化深度融合的过程。智能建造集成了整个行业供应链和生产活动，包括了产品、企业、产业的信息化。因此，未来的建筑业变革中应充分重视智能建造，重视数字化模型技术对技术创新的运用。

清华大学土木工程系副研究员胡振中表示，新基建是一个体系，它包括三大方面内容：一是信息基础设施，包括通信网络、新技术和算力及设施；二是融合基础设施，融合不同技术使用新的基础设施比如智能交通，智慧能源、智慧建筑；三是创新基础设施，就是支撑人们进行创新的一系列基础设施平台，比如产业创新基础设施。在我国，大数据支撑了新基建建设，新基建实施全过程也离不开大数据的支持和其提供巨大的潜力。因此，要注重数据挖掘的科学和方法。数据如果挖掘得当，就能提供很好的价值；如果用法不当，数据只是一堆垃圾而已。

1.5.2　智能建造理论体系

1. 智能建造闭环控制理论

基于智能建造定义和近几年国内外的实践可知，在建造过程中涉及建造物、人、设备和环境的共同理论基础是感知、分析、控制和持续优化的闭环控制，即"全面感知、真实分析、实时控制、持续优化"（见图 1.5.2-1），从而确保工程建造全生命期结构工作性态安全及管理活动的可知可控，以提升建筑物的质量、节约成本、确保建造安全。全面感知是指采用感知采集传输技术、移动互联网络、物联网等，全面地实时获取和传输工程建造过程中建造物、智能装备以及与环境之间相互作用的环境、状态、要素特征数据。真实分析是指利用实时数据和智能计算、数值反演数据，全过程分析建造过程中的各类信息和数据，并开展结构真实工作性态仿真，对工程建设质量、安全和进度等要素中涉及的稳定、偏差进行分析、预测、优化并反馈。实时控制就是通过智能设备及软件，围绕关键工艺和业务流程，对照规则和标准，实现管理目标、建造过程和行动的有效控制，达到实时动态调整和预报预警目的。持续优化则相当于"生长"和"发育"，通过对回报（或称为效益、

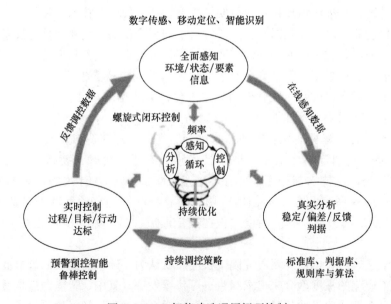

图 1.5.2-1　智能建造通用闭环控制

价值）最大值的计算，智能建造系统可以不断优化自身算法和结构，不断积累"经验"。智能建造闭环控制的核心是建立建造环境、建造物和智能体（智能建造装备）的智能通用驱动系统（包括抗力驱动、荷载驱动、感知驱动和行动驱动），促进监测仿真、智能计算分析一体化，施工全要素管理和运行控制一体化等。

2. 智能建造闭环控制状态表征

结合第三代基于知识的控制方法（knowledge based control method），AI 技术和全周期项目管理方法，依托工程建造实际，提出智能建造闭环学习逻辑流程（见图 1.5.2-2），使建造活动在定量描述和对已有活动进行行为学习的基础上，形成新的建造活动，从而具有一定的智能行为，而不仅仅是传统的依靠纯数学计算和经验设计来保持建造过程可建可控。本节提出的建造过程的闭环学习理论模型是基于时间（t）和空间位置（p）的强化学习的通用智能建造，并通过对建造物、建造环境（物料）、建造装备（智能体）及其构成的建造系统的多状态监测（m）、多状态反馈（f）、来实现多管理内容目标（i）、多管理要素（e）等的优化控制。智能建造过程也可采用其他的先进智能算法和学习方法，本节仅给出了智能建造对时空状态进行通用控制的逻辑流程，如图 1.5.2-2 所示，包含了建造环境、建筑物和智能装备（智能体）3 部分的相互作用机理。在这里智能装备（智能体）即建造过程中所采用的装备，如 3D 打印机、智能机械臂、智能碾压机、智能通水集成柜、智能灌浆机、智能挖掘机等。

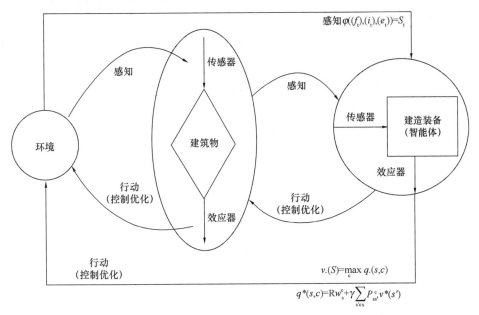

图 1.5.2-2 智能建造闭环学习逻辑

这个时空状态可以针对建筑物或者建造过程中与安全、质量、环保、进度、成本等管理内容相关的资源投入、工艺过程、业务流程、结构性态、实物成本及工程进度等管理要素来建立。状态时空可以用一个四元组表示：(S, C, S_0, G)。其中，S 是状态集合，S 中每一个元素表示某一时刻的一个状态，状态是某种建筑物结构或者管理要素的符号或数据，如状态 S 中包含资源投入（resource，Re）、工艺过程（crafting process，Cp）、业务流程

（business flow，Bf）、结构性态（structural behavior，Sb）、实物成本（direct cost，Dc）、工程进度（schedule，Sc）等要素。S_0 和 G 分别对应初始状态和目标状态的集合，其中 G 可以是具体的状态也可是满足某些性质的路径信息描述。状态 S 为与时间相关的矢量，每一时刻的状态 S_t 为与多管理要素相关的矢量，如式（1.5.2-1）所示；状态 S 表示如式（1.5.2-2）所示，S_t 与 S 关系如式（1.5.2-3）所示。

$$S_t = [Re_t, Cp_t, Bf_t, Sb_t, Dc_t, Sc_t]^T \qquad 1.5.2\text{-}1$$

$$S = \begin{cases} Re_0, Re_1, Re_2, Re_3, \cdots, Re_t \\ Cp_0, Cp_1, Cp_2, Cp_3, \cdots, Cp_t \\ Bf_0, Bf_1, Bf_2, Bf_3, \cdots, Bf_t \\ Sb_0, Sb_1, Sb_2, Sb_3, \cdots, Sb_t \\ Dc_0, Dc_1, Dc_2, Dc_3, \cdots, Dc_t \\ Sc_0, Sc_1, Sc_2, Sc_3, \cdots, Sc_t \end{cases} \qquad 1.5.2\text{-}2$$

$$S_t \in S \qquad 1.5.2\text{-}3$$

如式 1.5.2-4 所示，C 是操作算子的集合，c 代表某个特定动作或者操作算子，利用算子可将环境从一个状态转换为另一个状态，也就是相当于智能装备、建造物在不同状态时做出的行动。操作算子作用于 t 时刻，$p(x, y, z)$ 位置的时空状态得到 $(t+1)$ 时刻的时空状态，如利用 Markov 决策过程（Markov decision process，MDP）来简化强化学习的建模，假设从初始状态 S_0 转化为目标状态 G 仅与上一个状态，即初始状态有关，表示如下：

$$c \in C \qquad 1.5.2\text{-}4$$

$$P_{S_0 G}^c = E(S_{t+1} = G \mid S_t = S_0, C = c) \qquad 1.5.2\text{-}5$$

其中 $P_{S_0 G}^c$ 表示转移概率，即智能体或者建造物采取行动 c，从状态 S_0 转移为 G 的概率。E 为期望函数，同时定义建造环境在某个状态 S_t 时，智能体或者建筑物采取某个行动 c 的概率为智能体或者建筑物执行某个行动的策略 πS_t，表示如下：

$$c = \pi S_t \qquad 1.5.2\text{-}6$$

1.5.3 智能建造技术体系

智慧建造技术的发展在国外已经得到了普遍的推广与应用，在国内也正处在推广应用的火热阶段，这个技术体系分为四个阶层，如图 1.5.3 所示：

（1）第一层是处于底层的是新材料、信息通信技术和生物技术等通用技术，这一层的技术为基础技术，是上层技术的支撑技术，为更高级的技术提供技术支持；

（2）第二个层次是传感器、3D 打印、工业机器人等智能建造装备和方法，该层为设备、设施技术，使建筑在施工过程中更加智能化；

（3）第三层面是广泛应用了智能建造

图 1.5.3 智能建造技术体系

装备的智能工厂，在这一层将建筑的一些构件放到工厂里，通过智能建造技术和智能装备将建筑构件更快更好的制作完成；

（4）第四层是处于智慧建造技术系统最高层次的数字物理系统或产业互联网，这个层面的技术是真正系统层面的应用。

1.6 智能建造特点

智能建造从范围上来讲，包含了建设项目建造的全生命周期，既有勘察、规划、设计，也有施工与运营管理等；从内容上来讲，通过互联网和物联网来传递数据，这些信息与数据往往蕴含着大量的知识，借助于云平台的大数据挖掘和处理能力，建设项目参建方可以实时清晰地了解项目运行的方方面面，对项目的组织协调、计划管理将会有更好地把控作用。从技术上来讲，智能建造中"智能"的根源在于以 BIM、物联网和云计算等为基础和手段的信息技术的应用，智能建造涉及的各个阶段、各个专业领域不再相互独立存在，信息技术将其串联成一个整体。如图 1.6 所示。

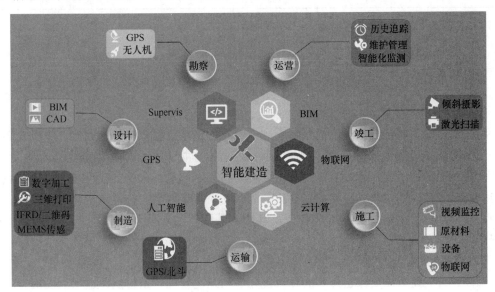

图 1.6 智能建造与各相关要素之间的关系

智能建造充分利用上述先进技术手段使工程项目全生命周期的各个环节高度集成，对不同主体的个性化需求作出智能反应，为不同阶段的使用者提供便利，借助着各项技术发展起来的智能建造技术作为提高建筑项目生产率的新技术，有如下特点，具体见表 1.6。

智能建造的特点   表 1.6

特征	含义
智慧性	主要体现在信息和服务这两个方面，智慧性以信息作为支撑，每个工程项目都包含巨量的信息，需要有感知获取各类信息的能力、储存各类信息的数据库、高速分析数据能力、智慧处理数据能力等，而当具备信息条件后，通过技术手段及时为用户提供高度匹配、高质量的智慧服务

特征	含义
便利性	智能建造以满足用户需求为主要目标，在工程项目建设过程中，需要为各专业参与者提供信息共享以及各类智慧服务，为各专业参与者提供便利、舒适的工作资源和环境，使得工程项目能够顺利完成，也为业主方提供满意的建筑功能需求
集成性	集成性主要将各类信息化技术手段互补的技术集成以及将建设项目各个主体功能集成这两个方面。智能建造的技术支持涵盖了各类信息技术手段，而每种信息技术手段都有独特的功能，需要将每种技术手段联合在一起，实现高度集成化
协同性	通过运用物联网技术，将原本没有联系的个体与个体之间相互关联起来，彼此交错，构建了智慧平台的神经网络，从而能够为不同的参与用户提供共享信息，增进不同用户间的联系，能有效避免信息孤岛情况，达到协同工作的效果
可持续性	智能建造完全切合可持续性发展的理念，将可持续性融入工程项目整个生命周期的每一个环节中。采用信息技术手段，能够有效进行能耗控制、绿色生产、资源回收再利用等方面作业。可持续性不仅满足节能环保方面的要求，还包括了社会发展、城市建设等要求

1.7　智能建造形式

智能建造形式主要有以下几种类型：

1. 离散型智能建造

离散建造的产品往往由多个经过一系列不连续的工作过程最终装备而成。生产此类产品的企业即称为离散建造企业。其特征是在生产过程中物料的材质基本上没有发生变化，只是改变其形状和组合，即最终产品是由各种物料装配而成。此类建造形式一般将功能类似的设备按照空间和行政管理建成一些生产组织，在每个部门，构件从一个工作中心到另一个工作中心进行不同类型的工序加工。其中，装配式建筑的建造过程是典型的离散型建造。

2. 流程型智能建造

流程型智能建造注重建造过程的在线优化和精细化管理，是智能建造重点发展方向之一。流程型建造形式构建智能化联动系统，实现管理、生产、操作协同；建立施工环节生产管控中心，实现连续性生产智能化；搭建内外协同联动系统，实现数据连续性精准传输；构建协同统一化管控模式，实现各流程环节高效管理。

3. 网络协同建造

网络协同建造充分利用 Internet 技术为特征的网络技术、信息技术，实现业内及跨行业的产品设计、施工、管理等的合作，最终通过改变业务经营模式与方式达到资源最充分利用的目的。这种建造形式以快速响应市场为实时的主要目标之一，通过网络化建造提高竞争力；强调企业间的协作与社会范围内的资源共享，提高企业产品创新能力和建造能力，缩短产品开发时间。

4. 大规模个性化建造

大规模个性化建造是一种集企业、客户、员工和环境于一体，在系统思想指导下，用整体优化的观点，充分利用企业已有的各种资源，在标准技术、现代设计方法、信息技术和先进建造技术的支持下，根据客户的个性化需求，以大批量生产的低成本、高质量和高效率提供产品和服务的建造形式。

1.8　智能建造的发展概况

1.8.1　工程建造发展历程

建筑工程建造的发展是循序渐进的，已经经历了机械化建造、数字化建造和信息化建造三大发展阶段，目前正处于信息化到智能化的过渡阶段，如图 1.8.1 所示。

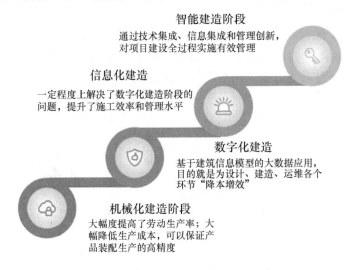

图 1.8.1　工程建造的发展阶段

1. 机械化建造阶段

机械设备在建筑行业的使用极大地解放了劳动力，使得建造方式进入了机械化阶段。在这一阶段大幅度提高了劳动生产率，大幅降低了生产成本。机械化设备上采用了各种高精度的导向、定位、进给、调整、检测、视觉系统或部件，可以保证产品装配生产的高精度。机械自动化使产品的制造周期缩短，能够使企业实现快速交货，提高企业在市场上的竞争力。

2. 数字化建造阶段

建筑工程数字化建造的思想由来已久，伴随着机械化、工业化和信息技术的进步而不断发展。早在 1997 年，美国著名建筑师弗兰克·盖里在西班牙毕尔巴鄂古根海姆博物馆的设计过程中，通过在计算机上建立博物馆的三维建筑表皮模型进行建筑构型，然后将三维模型数据输送到数控机床中加工成各种构件，最后运送到现场组装成建筑物，这一过程已具备数字化建造的基本雏形。

3. 信息化建造阶段

信息化建造阶段是数字化建造阶段的升级，一定程度上解决了数字化建造阶段的问题，提升了施工效率和管理水平。一方面，信息化建造技术促进了建筑工程和建造过程的全面信息化以及基于信息的管理；另一方面，信息化建造技术强调建筑工程全生命期、各参与方之间的信息共享，并注重对于信息的积累、分析和挖掘。但总体来看，在信息技术与工程建造技术的融合、物理信息交互以及绿色化、工业化、信息化"三化"融合等方面需要深入研究与应用。

4. 智能建造阶段

智能建造是工程建造的高级阶段，通过信息技术与建造技术的深度融合以及智能技术的不断更新应用，从项目的全生命周期角度考虑，实现基于大数据的项目管理和决策，以及无处不在的实时感知，最终达到工程建设项目工业化，信息化和绿色化的三化集成与融合，促进建筑产业模式的根本性变革。

1.8.2　信息化建造发展历程

我国信息化建造的进程逐渐由手工化、机械化向智能化、智慧化的阶段发展，如图1.8.2所示。然而，由于我国建造业起步较晚，建造智能化进程缓慢，不管是在基础理论、软硬件还是人才储备等方面，仍与国外有着较大的差距，如表1.8.2所示。

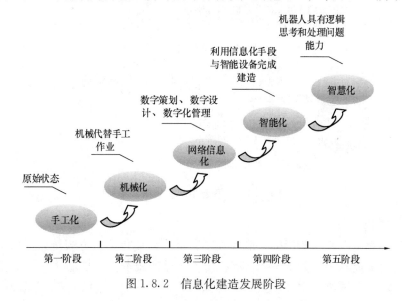

图 1.8.2　信息化建造发展阶段

国内外建造智能化形势对比　　　　　　　　　　　　　　　　　　　表 1. 8. 2

	国内	发达国家
基础理论和技术体系	缺乏基础研究能力和对引进技术的消化吸收力，技术体系不完整	拥有扎实的理论基础和完整的技术体系
中长期发展战略	对我国建筑智能化、信息化的发展提出了明确要求并发布了相关政策，但管控力度尚待加强	众多工业化发达国家将包括智能建造在内的先进建业发展上升为国家战略
智能建造装备	智能建造装备一半以上依赖进口	拥有精密测量技术、智能控制技术等先进技术
软硬件	重硬件轻软件现象突出，智能化建造软件多依赖进口	软件和硬件双向发展
人才储备	缺乏创新型智能建造工程科技人才，正在进行"新工科"建设，加强人才储备	全球顶尖学府的高级复合型研究人才

由信息时代步入智能化时代，BIM、物联网、人工智能、机器人、大数据、区块链等技术的繁荣发展推动了发展的进程。为了缩短与国外的差距，推动我国建造智能化的发展，国家已相继出台了相关政策。2016 年住房和城乡建设部发布的《2016—2020 年建筑业信息化发展纲要》明确提出构建基于 BIM、大数据、智能化等技术的工程安全监管模式与机制，加强新兴信息技术在工程质量安全管理中的应用。2017 年国务院印发的《新一代人工智能发展规划》中指出不久的将来人工智能将驱动我国产业和经济的快速发展，为我国的智慧与安全施工提供了新的政策动力。2019 年北京市发布的《建筑施工安全生产和绿色施工管理工作要点》提出"要利用智能化技术等手段提升施工领域安全生产管理标准化和信息化水平"。何华武院士在 2019 年 4 月《中国建造 2035 战略研究》项目启动会上指出要树立我国工程建造向智能化转型的目标，并建立建造系统理论框架。

智能建造是一种全新的建造和管理方式，它利用智能化技术的交叉融合实现信息融合和全面物联的智能化建造。我国重大基础设施建设与运维必须尽快向"安全智慧"的全寿命可持续发展模式转型升级，这是国家提出的战略要求，作为土建交通规模世界第一的中国，正在迎来新的历史机遇。在新形势下，现代智能化技术的发展推动工科升级改造成为常态，正在实现由传统工科向"新工科"的转变。而智能建造专业的设立符合建筑业转型升级的时代需求，是推进"新工科"建设、培养我国智能建造科技人才、支撑我国迈向科技强国的重要举措。目前，同济大学、东南大学、北京工业大学、北京建筑大学等纷纷开设智能建造专业，以培养一批批智能建造工程师，推进智慧城市发展和智能建造新技术的应用。

1.8.3 智能建造实现方式

工业的制造经历了 5 个阶段：机械化、电气化、自动化、智能化到最后的智慧化，这也就是所谓的从工业 1.0 到工业 5.0。工程的建造也要经历这样的阶段。要实现智能建造，必须先满足以下条件：①要有一个信息化平台驱动；②要实现互联网传输；③要进行数字化设计；④机器人要能够代替人完成全部或部分施工，机器人完成的作业越多，智能建造的水平就越高。

推进智能建造是一项非常复杂的系统化工作，还是一个实践性要求极强的复杂工程，需要我们在实践中不断探索。但是，要改变目前建筑业的形态，就必须推进智能建造。智能建造对降低劳动强度，改善作业条件，最大限度地减少现场工作量，提高工作效率具有重大作用。目前，中国的建筑业已成为我国十大竞争优势行业之一，建筑行业内的信息化水平已得到普及，"一带一路"给我国建筑业的可持续发展提供了广泛空间。因此，可以说我国推进智能建造的条件已经成熟。

智能建造实施目标即在建设项目全生命周期中将要实施的主要价值和相应的应用。这些目标必须是具体的、可衡量的，以及能够促进建设项目的规划、设计、施工和运营成功进行的。智能建造实施的目标可以分为：

1. 集成化。主要是两方面的集成：一个是应用系统一体化，包括应用系统使用单点登录、应用系统数据多应用共享、支持多参与方协同工作；另一个是生产过程一体化，包括设计生产施工一体化，可以采用 EPC 模式、集成化交付模式等。

2. 精细化。精细化也包括两个方面，一方面是管理对象细化到每一个部品部件。可借鉴制造业的材料表，在装配式建筑中也可以形成材料表，根据材料表在现场进行装配即可；另一方面是施工细化到工序，通过严格的流程化、管理前置化降低风险，做到精益建造。

3. 智能化。在管理过程中，既然是智能建造，就要通过系统取代人，至少是部分取代人，包含代替人去决策，或者辅助人的决策。其中，用到的数据包括 BIM 数据、管理数据等。另外就是作业层，可以有类人工厂和现场的作业，实现智慧化，如在现场作业可能用到 3D 打印，在工厂里面普遍采用机器人，人工将会大量减少。

4. 最优化。一是要有最优化的设计方案，设计对于建筑全生命期至关重要；二是最优化的作业计划，无论是进行生产还是施工，构件生产、施工都需要最优化，特别是在构件生产阶段，我们要实现柔性生产，动态调整作业计划；三是最优化的运输计划，以求达到最短运输路径。

智能建造通常由基于 BIM 技术、云计算技术的数字化策划、机器人操作、基于大数据技术的系统化管理和网络化控制组成。要推进智能建造，就应开展以下重点工作：第一，应加快工程项目管理体制、机制的变革，加快推进工程项目总承包模式；第二，加快创建工程项目智能建造的信息流、物资流、资金流和各种资源实时管控和运行的系统化工作平台；第三，加速机器人的研制；第四，强化数字化的集成设计；第五，强化"中国智能建造"技术的研发。

课 后 习 题

1. 什么是智能建造?
2. 简述智能建造的时代背景。
3. 智能建造包括哪些内容?
4. 简述智能建造的特点。
5. 智能建造从范围上来说包括什么?
6. 智能建造从内容上来说包括什么?
7. 智能建造的形式包括哪些类型?
8. 实现智能建造需要满足的条件是什么?
9. 简述传统土木工程的发展趋势?
10. 简述智能建造的技术体系。

第 2 章　智能建造专业与人才培养

导语：智能建造是在土木工程专业基础上融合了大数据、人工智能、物联网等新技术发展起来的新兴学科。本章主要对智能建造专业与人才培养进行了介绍，首先介绍了智能建造专业设立背景，具体阐述了智能建造专业四大模块；然后从人才培养角度，分析了智能建造专业人才社会需求、能力需求以及培养目标；最后从国家战略的角度对智能建造工程师的岗位分类和基本能力提出要求。

2.1 智能建造专业设立背景

习近平总书记指出：大学是立德树人、培养人才的地方，是青年人学习知识、增长才干、放飞梦想的地方。人才培养是大学的最基本职能，面对第四次工业革命和人工智能2.0为代表的新一代信息技术对经济社会发展带来的深刻影响，以及新技术、新业态、新模式和新产业对提升高等教育人才培养质量提出的迫切要求，回归常识、回归本分、回归初心、回归梦想，提升高等教育本科人才培养能力，培养德智体美劳全面发展的社会主义建设者和接班人，是我国高等教育履行新时代使命的必然要求。

2018年10月教育部印发《教育部关于加快建设高水平本科教育全面提高人才培养能力的意见》（"新时代高教40条"）提出，到2035年，要形成中国特色、世界一流的高水平本科教育，实现从教育大国向教育强国的转变，实现教育现代化。贯彻落实"新时代高教40条"，着力提升人才培养能力，是当前和今后相当一段时期高校的重要任务。

智能建造是将战略性新兴产业的数字创意、人工智能、新型材料、3D打印、机器人、智能感知、大数据、物联网、虚拟现实等先进技术与建筑产业相融合，涵盖建筑与基础设施的设计、制造、运输、装配、运营、维护，乃至迁移、分解、重构和再利用的生命周期完整链条，构筑人类绿色、环保、智慧的理想家园。

当前，建筑业正在由劳动密集型正向技术密集型转变，传统的设计方法、建造方式、生产范式需要与战略性新兴技术相结合，最终形成建筑业、制造业、信息产业深入融合的智能建造专业，这对中国的强国战略非常必要且势在必行。与此同时，我国智能建造技术存在深度不够、系统性不强、专业能力不足等问题，智能建造人才数量和知识结构远远不能满足我国经济建设快速发展的需求，智能建造专业型人才、复合型人才、领军型人才明显短缺，制约我国在智能建造领域的快速化发展进程。因此，迫切需要针对智能建造技术知识体系的特点和人才专业属性及培养模式，实施针对性的智能建造技术人才培养工程。

2.2 智能建造专业

新工科建设是新兴工程学科或领域、新范式和新工科教育等综合概念，它是对全球新一轮科技革命和产业变革的回应，是服务国家创新驱动发展、"中国制造2025""互联网＋"等一系列重大战略的使命要求。新工科专业建设包括对传统工科专业改造升级、应用理科向工科延伸以及新建一批新兴工科专业，其中加快建设新兴工科专业是新工科教育改革的重要议题。

智能建造专业是以土木工程专业为基础，面向国家战略需求和建设工程行业的转型升级，融合机械设计制造及其自动化、电子信息及其自动化、工程管理等专业发展而成的新工科专业，体现了智能时代建筑业的发展新动向。

智能建造是在土木工程专业基础上融合了大数据、人工智能、物联网等新技术发展起来的新兴学科。涵盖了整个建筑的生命周期（工厂化构件制作、设计、施工、维护管理等），涉及多个子体系（建筑体系、结构体系、施工装备体系、运维管理体系等），其中工厂化构件与部件制作是智能建造的基础，数字化技术是智能建造的保障，基于感知的施工方案是智能建造的模式。智能建造技术创新综合了多学科的发展成果，代表了国家"互联网＋建筑业"的前沿发展。正因为如此，研究和发展智能建造技术一直受到国家高度重视，引领着建筑业的发展方向。

智能建造专业的设立符合建筑业、制造业的转型升级的时代需求，是推进新工科建设的重要举措。传统建造技术转型升级是全世界关注的热点话题，各国都提出了相应的产业长期发展愿景，如建筑工业化、中国制造 2025、德国的"工业 4.0"、美国的"工业互联网"等。为主动应对新一轮科技革命与产业变革，支撑服务创新驱动发展、"中国制造2025"等一系列国家战略，2017 年 2 月以来，教育部积极推进新工科建设，先后形成了"复旦共识""天大行动"和"北京指南"，并发布了《关于开展新工科研究与实践的通知》和《关于推进新工科研究与实践项目的通知》，全力探索形成领跑全球工程教育的中国模式和中国经验，助力高等教育强国建设。

2.3　智能建造专业模块

智能建造专业主要包括四大模块，如图 2.3 所示。

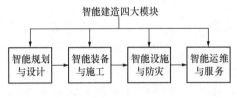

图 2.3　智能建造模块

具体如下：

（1）智能规划与设计，凭借人工智能、数学优化，以计算机模拟人脑进行满足用户友好与特质需求的智能型城市规划和建筑设计。

例如：①通过系统运用理论、方法和技术来模拟、扩展人类智能从而实现机器代替人进行思考和工作。大数据分析、神经网络和深度学习算法的优化，使人工智能在建设工程行业项目管理、结构分析、风险评估和设计等领域中脱颖而出。②建筑信息模型（BIM，Building Information Modeling）：BIM 以电脑辅助设计为基础，对建筑工程的物理特征以及功能特性的数字化承载与可视表达。

（2）智能装备与施工，凭借重载机器人、3D 打印和柔性制造系统研发，使建筑施工从劳动密集型向技术密集型转化。

例如：①智能装备：智能装备拥有感知、分析、推理、决策、控制等功能，是先进的制造技术与信息技术与智能技术的集成的深度融合。先进制造技术和先进核心技术的机械装备智能化是一个工业发达国家的重要标志。②机器人：机器人在智能施工中起着极为重要的作用，对于某些空间复杂与有着表皮渐变特征的建筑设计，可以解决对传统手工建造为主的模式来说的难题。

（3）智能设施与防灾，凭借智能传感设备、自我修复材料研发，实现智能家居、智能基础设施、智慧城市运行与防灾。

例如：①建筑设备自动化系统（BAS，Building Automation System）：BAS 采用现代控制理论与控制技术，利用信息技术对建筑物中的水电、空调、照明、防灾、安保和车库管理等众多设备或系统进行集中式监视、控制与管理的集成系统，从而使建筑物中的设备高效、合理地运行。②通信网络系统（CNS，Communication Network System）：CNS 作为建筑物内语音、数据、图像等数据传输的基础，能为建筑物管理者及建筑物内的各个使用者提供有效的信息服务。CNS 系统能对来自建筑物内外的各种信息进行收发、处理、传输并拥有决策支持的能力。③安防系统（SAS, ecurity protection & alarm system）：根据建筑安全防范管理的需要，综合地运用电子信息技术、计算机网络技术、视频安防监控技术和各种现代安全防范技术，以维护公共安全、预防刑事犯罪及灾害事故为目的。

（4）智能运维与服务，凭借智能传感、大数据、云计算、物联网等技术集成与研发，实现单体建筑和城市基础设施的全寿命智能运维管理。

例如：①城市、园区智能运维。基于云服务、大数据、物联网、BIM、GIS 等技术针对城市或园区中的建筑或设施等的智能运维系统。②建设工程智能运维。利用 BIM、物联网、云计算和大数据等技术对建设工程全周期的智能化运维。

2.4　智能建造专业人才培养

2.4.1　智能建造专业人才社会需求

面对技术引发的建筑行业变革，如何培养满足产业转型升级的智能建造科技人才，支撑我国迈向建造强国，已经成为相关高校人才培养的重要挑战。智能建造技术是建筑业发展过程中出现的新技术、新方向，符合现代社会工业化发展的整体趋势。智能建造技术的推进，离不开各类技术研发和产业化进程急需人才的培养。智能建造人才培养是建设创新型国家、实施科教兴国战略和人才强国战略的关键所在。

目前，我国建造行业从业人员约 4000 万人，居各行业之首，但专业技术和经营管理两类人员只占从业人员总数的 9%，远低于各行业的 18% 的平均水平。专业技术和管理人员中，中专以上学历者占 58%，大学以上学历者占 11%；占从业人员总数 90% 以上的生产一线的操作人员绝大多数未经任何培训直接上岗。

随着城镇化和"一带一路"的推进，对建筑建设与管理方面的技术人才提出了急迫的需求。建造行业市场化加速，智能建造市场潜力巨大、行业优势明显，对智能建造人才提出了迫切需求。此外，随着国际产业格局的调整，建造行业面临着在国际市场中竞争的机遇和挑战，智能建造作为建筑工业化的发展趋势，相关技术必将成为未来建筑业转型升级的核心竞争力，急需大批适应国际市场管理的技术与管理人才。

根据教育部和住房城乡建设部组织的行业资源调查报告，智能建造技术人才短缺突出表现在智能设计、智能装备与施工、智能运维与服务等专业领域，今后 10 年，技术与管理人员占比要达到 20%，高等教育每年至少需培养 30 万人左右。因此，本专业毕业生具有良好的就业前景。

2.4.2　智能建造专业人才能力需求

智能建造促进建筑产业发生深刻的变革，支撑这一变革的关键因素是高水平的专业人才。智能建造背景下，对专业人才的知识结构、知识体系和专业能力等各方面也必然会提出新的要求。

1. 具有 T 形知识结构

智能建造一个显著的特征就是多学科交叉融合，同时要求能够解决具体工程问题。从知识结构看，智能建造背景下要求专业人才具有宽泛的知识面，也就是"一横"要足够宽。建筑 3D 打印、建筑机器人、生物混凝土技术等就体现出材料学科、机械学科、计算机学科、生命学科等与土木学科的交叉融合。因此，从事智能建造必须掌握相关学科的基础理论和知识。各学科之间应该做到有机融合，而不是简单的堆砌。这就要求智能建造专业人才做到融会贯通，真正成为具有复合知识体系的人才。同时，智能建造专业人才知识结构和体系也需要解决"一竖"的问题，即需要具备某一方面足够深入的专业知识。智能建造是在信息技术与工程建造深度融合的背景下提出的，因此其专业人才尤其需要注重掌握信息科学方面的知识和方法，实现信息技术与土木工程知识的融合贯通。

2. 突出工程建造能力

智能建造归根到底是要实现更高质量的工程建造，智能化是实现这一目标的手段。智能建造专业人才培养不能偏离工程建造这个"本"。智能建造专业人才培养必须将满足未来工程建造需要、具备解决工程建造过程中复杂问题的能力作为指导思想，确立人才培养要服务于"工程"的主线。与此同时，智能建造专业人才培养还要突出利用新技术、新方法创造性地解决工程问题的能力。在数字化、网络化、智能化发展趋势下，多学科交叉融合的智能建造将会发展出新的工程建造技术与方法，如数据驱动、模型驱动的工程设计和施工。这就需要智能建造专业人才具有创新思维，能够从独特的视角发现新问题，提出新颖的解决思路，运用新技术和方法实现创新性的成果。在融合相关交叉学科的基础上，智能建造专业人才至少能够掌握一门语言（计算机），驱动一台设备（机械），解决一个工程问题（土木）。

3. 具有工程社会意识

随着工程建设技术的发展，人类改造自然、影响环境的能力也越大。现代工程建设面临的不再是单纯的技术问题，还要考虑工程与环境、社会之间的相互影响。三峡工程财务决算总金额为 2078.73 亿元，其中枢纽工程 873.61 亿元，占总投资的 42%，而用于移民搬迁安置的资金达到 920.29 亿元，占总投资的 44.2%。新技术变革条件下的智能建造工程师应当具有工程伦理意识、强烈的社会责任感和人文情怀，要更加深刻地理解工程实践对社会、环境造成的影响，更加深刻地理解建筑产品对社会、用户带来的价值以及如何去实现这些价值。智能建造应当为用户创造出更绿色、更高品质的建筑产品，这就要求我们不仅要从建造技术上去创新，采用最佳的建造材料和建造方式，还要有强烈的责任心，在建设活动中始终坚持以用户为中心、坚持可持续发展的理念。

2.4.3 智能建造培养目标

智能建造专业，面向未来国家建设需要，适应未来社会发展需求，培养基础理论扎实、专业知识宽广、实践能力突出、科学与人文素养深厚，掌握智能建造的相关原理和基本方法，能胜任土木工程项目的智能规划与设计、智能装备与施工、智能设施与防灾、智能运维与管理等工作，具有可持续学习与创新能力、国际视野及领导意识的复合型工程技术创新人才。

本专业面向建筑业信息化和智能化发展需求,培养适应国家,特别是社会经济发展需要、信念执着、品德优良、基础宽厚、专业精深、视野宽广,实践能力突出,可持续发展能力强的高素质创新型人才。专业培养目标包括:

(1)科学方法及思维能力:掌握数学、力学、物理学等自然科学知识;了解人工智能、信息科学、工程科学、环境科学的基本知识;了解当代科学技术发展的主要趋势和应用前景;在此基础上掌握基本的科学方法,具备基本的逻辑思维能力,能够运用以上知识及方法解决实际问题。

(2)专业知识与能力:掌握智能建造的相关知识,基础知识扎实,专业知识宽厚;掌握解决工程实际问题的方法论,并经历全面的工程实践训练,具备解决复杂工程问题与管理的基本能力。

(3)基本身心素质:具备良好的个人修养及基本职业道德;有责任担当,具有贡献社会、保护环境的意识和价值取向。

(4)表达与沟通能力:具有口头和书面表达能力,能够在团队中与人合作,发挥有效的作用。

(5)学习能力:具备终身学习的能力;能够通过继续教育或其他途径不断提高个人能力,了解和紧跟学科发展。

本专业毕业生能在企业的智能建造中心、技术创新中心,以及科研院所的智能研发中心等部门从事智能建造相关的设计、施工、运维管理、技术开发或研究等方面的工作,并通过自主学习或研究生阶段继续深造学习,在毕业五年左右,具备担任智能建造专业项目技术或管理工作负责人的能力。

2.5 智能建造工程师岗位分类和基本能力要求

2.5.1 智能建造工程师岗位分类

根据应用领域不同可将智能建造工程师主要分为智能建造标准管理类、智能建造工具研发类、智能建造工程应用类及智能建造教育类等(图 2.5.1)。

(1)智能建造标准管理类:即主要负责智能建造标准研究管理的相关工作人员,可分为智能建造基础理论研究人员及智能建造标准研究人员等。

(2)智能建造工具研发类:即主要负责智能建造工具的设计开发工作人员,可分为智能建造产品设计人员及智能建造软件开发人员等。

(3)智能建造工程应用类:即应用智能建造支持和完成工程项目生命周期过程中各种专业任务的专业人员,包括业主和开发商里面的设计、施工、成本、采购、营销管理人员;设计机构里面的建筑、结构、给排水、暖通空调、电气、消防、技术经济等设计人员;施工企业里面的项目管理、施工计划、施工技术、工程造价人员;物业运维机构里面的运营、维护人员,以及各类相关组织里面的专业智能建造应用人员等。智能建造工程师应用类又可分为智能建造模型生产工程师、智能建造专业分析工程师、智能建造信息应用工程师、智能建造系统管理工程师、智能建造数据维护工程师等。

(4)智能建造教育类:即在高校或培训机构从事智能建造教育及培训工作的相关人

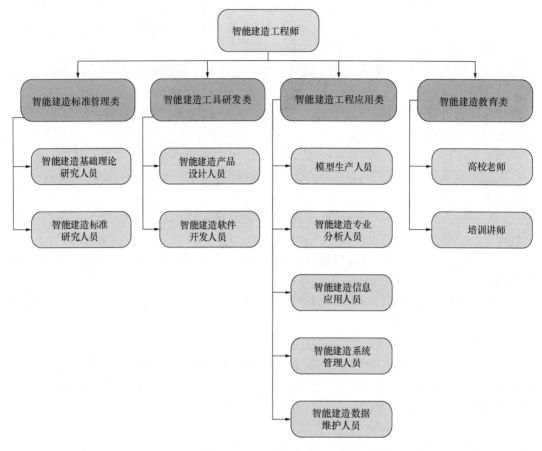

图 2.5.1　智能建造工程师分类图

员，主要可分为高校教师及培训机构讲师等。

2.5.2　智能建造工程师基本能力要求

　　智能建造工程师是为适应不同用户的需求，融合现代计算机技术、现代通信技术、BIM 技术、互联网技术、人工智能技术、虚拟现实等技术的人员。应具有数字化设计、精益化施工、智慧化运维的技术基础及全过程项目管理能力，具备家国情怀、国际视野、创新精神、团队合作的智能建造领域的技术人才。

　　1. 专业素质

　　智能建造工程师的专业知识能力是确保工程师能按要求完成项目的最大依仗，因此智能建造工程师应具备强大的专业业务能力，应该做到如下几点：

　　（1）能运用数学、自然科学、工程科学等基础知识，具备数学思维能力、批判性科学思维能力、工程问题的理论分析能力；掌握智能建造相关领域的专业知识和技能，具备抽象、归纳和分析不同的类型土木工程结构特征并进行表述的能力，能够将所学知识运用于解决领域内的复杂工程问题。

　　（2）具有对智能建造领域复杂工程问题进行资料收集、整理、识别和表达的能力；具有对智能建造领域复杂工程问题进行总体概念分析和获得有效结论的能力。

（3）有智能建造相关的基本设计能力；具有智能建造相关的综合设计能力，设计满足特定需求的工程结构物。

（4）具有从事智能建造及关键问题科学研究的初步能力；能够利用科学理论和科学方法进行研究方案设计、数据分析、结论凝练等工作环节；解决问题过程中能够具有创新意识并将有效结论用于智能建造的工程实践。

（5）能够熟练使用各种文献检索工具和数据库，具有计算机及信息技术应用技能；能够合理选择和充分利用恰当的工具和技术，比如先进的测试技术、数值分析技术和分析软件、信息技术工具等对智能建造相关的复杂工程问题进行模拟、计算和分析，并理解其局限性。

（6）具有基于智能建造相关背景知识评估工程对社会影响的能力；认识智能建造实践对社会、安全、法律以及文化的影响，并理解应承担的责任。

（7）理解环境保护和可持续发展的理念和内涵；能够基于工程、社会、环境和可持续发展等多方面综合要求的角度进行工程实践，避免智能建造工程实践可能对人类和环境造成损害或留下隐患。

（8）了解中国国情，具有基本人文知识、思辨能力和科学精神，能诚实守信，坚守人道主义，维护社会公证，自觉公平竞争；理解工程伦理的核心理念，能尊重职业道德，具有正确的工程职业价值观、法律意识，能够做到有担当、贡献国家和服务社会。

（9）理解和掌握一定的智能建造专业相关的管理、分析和决策方法；能在工程中进行组织、管理和领导相关项目。

（10）能自我反省，能根据需要选用适当方法学习、理解和运用新知识；能自我激励，不断适应社会和智能建造相关的科学技术发展。

2. 基本素质

智能建造工程师基本素质是职业发展的基本要求，同时也是智能建造工程师专业素质的基础。专业素质构成了工程师的主要竞争实力，而基本素质奠定了工程师的发展潜力与空间。智能建造工程师基本素质主要体现在职业道德、健康素质、团队协作及沟通协调等方面。

（1）职业道德

职业道德是指人们在职业生活中应遵循的基本道德，即一般社会道德在职业生活中的具体体现，它是职业品德、职业纪律、专业胜任能力及职业责任等的总称，属于自律范围，通过公约、守则等对职业生活中的某些方面加以规范。职业道德素质对其职业行为产生重大的影响，是职业素质的基础。在实际工作中，只有具备高度职业道德素质，具备高度的责任感，所做工作才能够得到信任。

（2）健康素质

健康素质主要体现在心理健康及身体健康两方面。智能建造工程师在心理健康方面应具有一定的情绪稳定性、较好的社会适应性、和谐的人际关系、心理自控能力、心理耐受力以及健全的个性特征等。在身体健康方面智能建造工程师应满足个人各主要系统、器官功能正常的要求，体质及体力水平良好等。

（3）团队协作能力

团队协作能力，是指建立在团队的基础之上，发挥团队精神、互补互助以达到团队最大工作效率的能力。对于从事智能建造工作的团队成员来说，不仅要有个人利用软件协同作业的能力，更需要有在不同的位置上各尽所能、与其他成员协调合作的能力。

（4）沟通协调能力

沟通协调是指管理者在日常工作中能够妥善处理好上级、同级、下级、内部外部等各种关系，使其减少摩擦，调动各方面的工作积极性的能力。通过沟通协调，人与人相互之间能顺畅传递和交流各种信息、观点、思想感情，建立和巩固稳定的人际关系，维持组织正常运作，调整和改善组织之间，工作之间，人与人之间的关系，促使各种活动和谐运行，最终实现智能建造顺利应用的共同目标。

基本素质对智能建造工程师职业发展具有重要意义，有利于工程师更好地融入职业环境及团队工作中；有利于工程师更加高效、高标准地完成工作任务；有利于工程师在工作中学习、成长及进一步发展，同时为智能建造工程师的更高层次的发展奠定基础。

课 后 习 题

1. 智能建造专业的含义是什么?

2. 智能建造专业包括哪些模块?

3. 智能建造专业培养目标包括哪些内容?

4. 智能建造专业人才需要具备哪些新条件?

5. 智能建造工程师包括哪几类? 每类主要包括哪些人员?

6. 简述智能建造工程师存在的意义。

7. 智能建造工程师的基本能力要求有哪些?

8. 简述智慧城市的要素?

9. 简述智能建造的优势?

10. 智能建造的发展历史包含了哪几个阶段?

第3章　智能建造技术应用及行业变革

导语：本章主要对智能建造的技术应用、智能建造技术优势及其
预期应用效果和智能建造技术亟待解决问题几个方面对智能建造
技术应用及行业变革作出具体介绍，为后几章内容的学习打下基
础。本章首先阐述了智能建造技术在设计与规划、装备与施工、
运维与管理阶段的具体应用；然后提出了智能建造技术的优势；
最后论述了该技术亟待解决的问题。

3.1 智能建造技术在全生命周期应用

随着建筑相关行业及相关学科如智能制造、材料科学、环境技术的迅速发展，特别是目前大数据、云计算、人工智能、互动技术、虚拟及增强现实技术的不断开发，数字建造又无时不在寻求与这些新兴的科学与技术相结合，引领着建筑行业向着新的方向拓展，从而形成新的数字建造产业网链。在这一产业网链中，房屋建筑的全过程及各专业将充分利用数字技术实现建造目标。房屋建筑的全过程包括设计阶段、构件加工阶段、施工阶段、全寿命周期的物业管理阶段等；房屋建筑的各专业包括建筑设计专业、结构设计专业、水暖电设计专业、施工组织管理专业等，以及相关行业如材料配送、构件加工、施工机械、物业管理等。数字建造产业网链的特点在于"全过程"自始至终，以及"各专业"相互之间具有连续且共享的数字流，它从建筑方案设计开始，是经过后续阶段及各专业不断添加、修改、反馈、优化的建筑信息；以此数字流为依据，房屋建筑的物质性建造依靠互联网及物联网、CNC（计算机数字控制机床）数控设备、3D 打印等智能机械，实现高精度、高效率、环保性的房屋建造与运维服务。

3.1.1 智能设计与规划阶段的作用与价值

1. 智能规划与设计的概念

凭借人工智能、BIM 技术，以计算机模拟人脑满足用户友好与特质需求的智能型城市规划和建筑设计，包括以下内容：

（1）通过系统运用理论、方法和技术来模拟、扩展人类智能从而实现机器代替人进行思考和工作。大数据分析、神经网络和深度学习算法的优化，使人工智能在建设工程行业项目管理、结构分析、风险评估和设计等领域中脱颖而出。

（2）建筑信息模型（BIM）：BIM 以电脑辅助设计为基础，对建筑工程的物理特征以及功能特性的数字化承载与可视表达。

2. 智能规划与设计的应用

（1）智能化工程勘测设计数据库。通过建立"工程勘测设计数据库"，完善勘测设计"一体化、智能化"的应用模式；将成果数字化，实现数据共享；建立专家经验知识数据库、钻井分析中心数据库等；参照专家知识，节约人力物力成本，减少勘测风险。

（2）智能规划和设计。城市规划中的人工智能应用是城市规划学科的时代标志性变革，人工智能将改变传统的城市规划方法，通过深度学习现有城市的环境、灾害、人与交通等行为大数据，结合虚拟现实情境再现技术，实现城市的智能规划。人工智能辅助土木工程的设计目前正在起步阶段，但已经展示了很好的前景。基于深度学习和强化学习的结构拓扑优化设计方法，利用深度神经网络来预测在给定边界和优化参数下拓扑优化结构的方法。利用机器学习建立了单位垂直荷载和拓扑优化结构之间的映射，使用该映射可以在给定外部荷载下直接得到拓扑优化结构。

（3）数字化建模技术。西班牙建筑师高迪在 18 世纪开始巴塞罗那圣家族大教堂的设计施工时，一直通过绘制图纸并配合手工制作石膏模型来推敲方案并指导建设，前后共40 余年，只建成了一个耳堂和四个塔楼之一，相当于整个工程量的五分之一。20 世纪 70

41

年代末开始，圣家族大教堂的建设运用了数字技术，将数字测量、数字建模、传统工艺与机器臂数字建造技术相结合，大大加快了建设进度。在构件设计、加工、建造过程中，先用 3D 打印构件的小比例石膏模型作为参考，经设计师确认打印出的参考模型无误后，再将构件模型设计文件输入到数控设备系统中，然后操纵机械臂对复杂的石材构件进行切割或雕刻加工，该建筑的大部分石材构件都是在工厂通过数控机器臂进行加工完成。

（4）基于 BIM 的协同设计。在设计阶段凭借人工智能、BIM 技术，以计算机模拟人脑满足用户友好与特质需求的建筑设计，包括以下内容：

1）通过系统运用理论、方法和技术来模拟、扩展人类智能从而实现机器代替人进行思考和工作。大数据分析、神经网络和深度学习算法的优化，使人工智能在建设工程行业项目管理、结构分析、风险评估和设计等领域中脱颖而出。

2）建筑信息模型（BIM）：BIM 以电脑辅助设计为基础，对建筑工程的物理特征以及功能特性的数字化承载与可视表达。在设计阶段结合 VR、云计算等功能将机电管线综合排布、幕墙工程、钢结构构件以及室内精装修等进行深化优化设计。依托网络实现工程多专业间协同设计，实现施工过程模拟仿真，使设计过程更加立体化、形象化，及时发现施工进程中的相互链接以及管理中的质量、安全等方面存在的隐患，优化工艺布置，可极大提高设计质量和水平、减少设计返工、提高工作效率。设计阶段的应用主要包括四个方面：

第一，在概念设计阶段，设计师充分利用 BIM 技术平台集成 GIS 及相关物联网技术，结合相应分析软件对设计条件进行判断、整理、分析，保证在设计最初就能够充分考虑现场环境等条件下，进行各种面积分析、地形分析、场地通风条件及潜力分析、体形系数分析、收益分析、可视度分析和日照轨迹分析及设计条件整合管理等。

第二，在方案设计阶段。充分利用 BIM 技术实现方案的设计优化、方案对比和方案可行性分析等。BIM 模型集成了建筑物完整的几何、物理和性能等信息，通过软件自动提取各种分析、模拟和优化所需要的数据进行计算，BIM 软件平台可以实现建筑物性能分析、能耗分析、采光分析、日照分析和、通风模拟和疏散分析等，有效的提高了建筑物的宜居和智能化水平。

第三，在施工图设计阶段，将 BIM 模型应如何设计之后，BIM 模型作为一个信息平台能够将和专业设计的数据进行统筹管理，实现各种建筑构件被实时调用、统计分析、管理和共享。BIM 模型应用主要包括建模和计算，规范校核、三维可视化辅助设计、工程造价信息统计、施工图文档、其他相关信息管理等。

第四，在设备专业设计中的应用。建筑机电设备专业属于交叉 学科，在设计中既要考虑管线设备的安装顺序，还要保证足够的安装空间，以及设备和管线的维修和更换要求。传统的二维设计很难解决管线综合问题，引入 BIM 模型进行设计，有效地解决了空间管线综合及碰撞问题，同时还能够充分利用 BIM 模型的参数化特征，进行管线路径自动创建和自动计算，具有很高的智能型。

（5）3D 打印技术在规划与设计中的应用。对建筑工程而言，设计工作永远占有主要的地位，并且会对后续的建造、验收、使用等，产生持续的影响。3D 打印技术在建筑领域的设计阶段应用后，整体上取得了非常好的成绩。首先，设计工作结合 3D 打印技术后，能够对很多的创意想法进行分析，提高了多种不同建筑类型的可行性，对现实的施工产生了较强的指导作用。其次，在运用该项技术后，能够对部分特殊设计，提前做出有效的预估，获得最直观的感受，设定好相应的辅助措施，弥补不足与缺失，确保建筑工程在最终可以得到较高的成绩。

（6）虚拟现实技术在工程测量设计方面的应用

传统土木工程学中的工程测量包括高程测量、角度测量和距离测量等，具体工作十分繁琐，无论是数据记录、数据分析还是图纸绘制工作都需要耗费大量的人力物力和时间。而虚拟现实技术则能提供高效的测量模式，只需要数位工作人员就可以通过计算机模拟平台操作，全面高效地管理测量数据，并作出分析通过数据分析，系统能够发现测量中的错误，并纠正误差，大大提高了测量的效率，为企业节约了时间成本和人工成本。

（7）智能设计在大型铁路建设中的应用。山岭铁路隧道横断面设计主要包括隧道衬砌设计图、配筋设计图、钢架设计图等，主要由 AutoCAD 绘制完成。这些图在不同围岩级别的形式基本相同，只是参数有一定差别，整个绘图过程模式基本固定，适合程序化。为此对 AuotCAD 进行二次开发，研发山岭铁路隧道横断面辅助设计软件，将隧道结构内轮廓图、衬砌设计图、配筋设计图、钢架设计图等参数化，实现山岭铁路隧道横断面的智能设计。

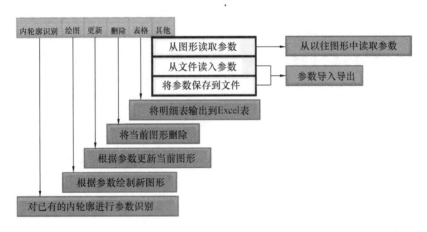

图 3.1.1　软件主菜单功能

山岭铁路隧道横断面辅助设计软件结合隧道专业设计理论，将隧道横断面归结为双线复合衬砌、双线偏压、双线单压、单线复合衬砌、单线偏压、单线单压共 6 种形式，将参数划分为绘图位置、内轮廓、外轮廓、钢筋、开挖轮廓、钢架表格共 6 类。根据设置好的参数，只需点击菜单，软件便可完成相应功能，全自动绘制所需图形和自动生成工程量统计表，生成图表过程无需人工干预，提高软件的易用性和快捷性。软件主菜单功能如图3.1.1 所示。

3.1.2　智能装备与施工阶段的作用与价值

1. 智能装备和施工的概念

凭借重载机器人、3D 打印和柔性制造系统研发，使建筑施工从劳动密集型向技术密集型转化，从而提高效率和减少实施成本，主要包括以下几个方面：

（1）智能装备：智能装备拥有感知、分析、推理、决策、控制等功能，是先进的制造技术与信息技术与智能技术的集成的深度融合。先进制造技术和先进核心技术的机械装备智能化是一个工业发达国家的重要标志。

（2）机器人：机器人在智能施工中起着极为重要的作用，对于某些空间复杂与有着表皮渐变特征的建筑设计，可以解决对传统手工建造为主的模式来说的难题。

2. 智能装备和施工的应用

（1）智能机器臂研发。使用工业机器臂进行建筑构件加工及建筑现场施工，包括机器臂切削各种材料成型、机器臂叠层或空间打印构件、机器臂热线切割泡沫作为模具、机器臂多臂协同编织物件。在施工现场，机械臂自动砌筑墙体、机械臂绑扎钢筋、机械臂焊接作业、机械臂喷抹工作等，这些自动或智能加工和建造项目可以提升建筑质量，可以大大节省加工及建造过程中人力成本的付出，可以提高复杂形体加工的精度和效率。更重要的是智能建造可以把工人从繁重的体力劳动中解放出来，进一步实现社会的平等与公平。

（2）机器臂自动砌筑系统。清华大学等机构首次把机器臂自动砌砖与砂浆打印结合在一起，形成全自动砌砖及 3D 打印砂浆一体化智能建造系统；并在世界上首次把"自动砌筑系统"运用于实际施工现场，建成一座"砖艺迷宫花园"。在迷宫花园的设计及砌筑打印过程中，首先在软件里生成曲面墙体并布置砖块，接着设计出机械臂运动轨迹，并使用语言将其导出为机械臂可识别的程序语句；机械臂的动作包括用真空吸盘取砖、在指定位置放砖、翻转机械臂前端、根据砖块排布在砖面上打印砂浆等几个操作，运动轨迹命令中整合了机械臂对气泵等外部设备发出的控制指令，并经过避障设计；在程序中模拟后，导出程序用于机械臂执行，从而实现从数字模型到实际建造物的精确转化；这一自动砌筑系统的实际工作过程只需两人进行操作，一人控制键盘及程序输入，另一人准备砖块及砂浆材料，可大大减少人工的投入。

（3）基于 BIM 的数字化施工。通过将信息封装在 BIM 模型，随着施工过程推进，实时增减信息量，在信息产生源头采集—传输—分析—应用—反馈这一信息流的大闭环过程中，依托 BIM 模型的流转，使施工过程可视化、信息透明化。数字化施工将拓展管理维度，从二维到三维、四维、五维，是智能建造发展的必然方向。在建造阶段通过 4D 施工模拟，结合智能测绘、IoT 等技术可以针对施工现场进行精准定位，预演复杂的形体放样，利用自动安装机器人可以高效完成复杂施工作业，同时还可以实现对施工期的实时动态监测等。

（4）智能算法在建筑施工的应用。智能算法在建筑施工中的应用主要集中在混凝土强度分析的工作中。一般来说，28 天抗压强度是衡量混凝土自身性能的重要指标，如果能够提前对混凝土的 28 天强度值进行预测，工作人员就可以采取相应的措施对其进行控制，进而提高混凝土的质量。

在人工神经网络技术应用于混凝土性能预测方面，我国天津大学的张胜利将传统的 BP 网络模型的预测结果与 3 种不同输入模型的 RBF 网络预测结果进行了比较和分析，最终证明了 RBF 网络模型具有较强的泛化能力和极高的预测精确度，是一种新型的、有效的分析商品混凝土性能的方法。

（5）虚拟现实技术在施工过程中的应用。工程项目施工是一个动态过程，涉及工序甚多，并且工序间环环相扣，某一环节间始料未及的错误往往牵连整个工程效率和质量，因此在正式施工启动之前，模拟工程工作显得至关重要。模拟施工过程不仅可以给出生产环节的物料使用量，同时也对施工人员提前了解相关操作避免危险发生有重要的意义。

（6）基于人工智能的生产设备。近年来，随着政策的支持，建筑领域的信息化手段、智能化设备的研发和利用不断增加，建筑 3D 打印机、三维激光扫描仪、智能放线机器人、拆/布模机器人相继投入使用，在装配式建筑领域也发挥着重要作用，智能设备的投入使用，整体提升了行业水平和建设品质。

以拆/布模机器人为例如图 3.1.2-1 所示，传统的 PC 构件生产，作业人员多，劳动强度大，效率低，产品质量受作业人员技术水平影响波动大，一套工序需要 1～2 人，划线 1 人以上，布模 2～3 人，拆模、清理、划线、布模需要 4 个工作面积，而一台机器人就能完成 5～6 个人全套的工作量，且运行速度快，产品一致性高。

（7）基本物联网的智能传感技术。物联网对智能建筑的影响几乎无处不在，设备通过传感器联网技术可以连接大部分子系统。目前很多施工项目通过传感器、监控设备、无人机等收集各类有效信息，建立起各种满足管理要求的子系统，已经是准物联网形态或物联网形态。在装配式建筑施工生产过程中也可以植入传感器或扫码的方式，将获取的信息进行关联，形成各个环节所需的子管理系统。如无线射频识别技术，可以将构件在工厂加工时，将 RFID 芯片植入构件中，借

图 3.1.2-1 拆/布模机器人

助 GIS（地理信息系统）实现构件的定位、跟踪，也可以对特别定目标构件利用物联网条码技术对物料进行统一标识，通过对材料"收、发、存、领、用、退"全过程的管理，实现可视化的仓储堆垛管理和多维度的质量追溯管理。统一人员、工序、设备等编码，按产品类型建立自动化生产线，对设备进行联网管理，能按工艺参数执行制造工艺，并反馈生产状态，实现生产状态的可视化管理。当预制构件产品进出场时，可利用物联网条码技术可实现产品质量的全过程追溯，可在 BIM 模型当中按产品批次查看产品进场进度，实现可视化管理。

（8）智能建造技术在隧道施工中的应用。隧道智能建造的核心是以数字化资源为核心和基础，以智能化施工装备为工具，以网络化信息传输、信息化经营管理为抓手，以现代化监控量测为辅助，实现建造运维全过程的信息化、自动化、无人化或少人化智能理念。在工程施工方面，依托协同管理平台，指挥智能化施工装备进行隧道修建及四电工程施工，基于物联网的智能管理平台自动传输检测信息、自动评价施工质量、自动评估安全性、自动反馈工程对策、自动记录物料信息，实施动态反馈施工过程。

（9）智能养护台车。在国内铁路隧道施工中各种养护方法受外界环境以及人为因素影响较大，难以保证衬砌的养护质量。国内铁路隧道施工研究团队研发出一种用于隧道衬砌养护的专用机械设备如图 3.1.2-2 所示。隧道衬砌智能养护台车设备包含 2 组台车，施工时紧跟衬砌浇筑模板台车，前端第一台具备加升温、保温、保湿功能，第二台具备保温、加湿功能。

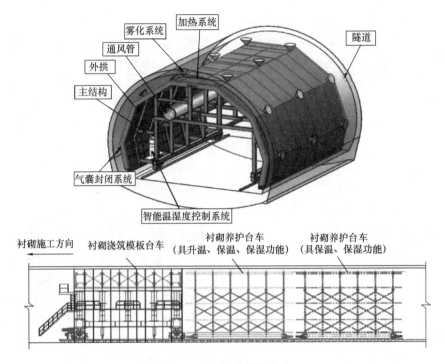

图 3.1.2-2　智能养护台车

智能养护台车主要由门架形式结构、雾化系统、电加热系统、气囊密封系统、智能温湿度控制系统等组成。衬砌台车脱模行走后,智能养护台车同轨行走就位,密封气囊隔绝封闭,根据实时测量的混凝土芯部温度及变化趋势设定好加热系统的温度及时间,保证对衬砌混凝土芯部与外表的温差进行弥补;同时,根据养护传感器监控养护湿度是否超设定值,加湿系统对混凝土表面进行实时补湿。

智能养护台车弥补了以往养护台车的不足,可以进行养护温度曲线设定,自动控制养护温度,衬砌养护台车自动化程度高,减少人工操作的难度,提高了二衬养护技术的机械化和自动化,提高了衬砌混凝土的施工质量。隧道衬砌智能养护台车的推广应用,将终结长期以来国内隧道衬砌养护不规范的历史,大大提高隧道衬砌混凝土的质量。

3.1.3　智能运维与管理阶段的作用与价值

1. 智能运维与服务的概念

凭借智能传感、大数据、云计算、物联网等技术集成与研发,实现单体建筑和城市设施的全寿命智能运维管理。该模块大致分为以下几个部分:

(1) 城市、园区智能运维。基于云服务、大数据、物联网、BIM、GIS 等技术针对城市或园区中的建筑或设施等的智能运维系统。

(2) 建设工程智能运维。利用 BIM、物联网、云计算和大数据等技术对建设工程全周期的智能化运维。工智能在建设工程行业项目管理、结构分析、风险评估和设计等领域中脱颖而出。

2. 智能运维与服务的应用

（1）施工现场智能管理。在施工现场管理领域中，人工智能有着广泛的应用。使用增强现实技术，令现场人员轻松访问项目的计划、图表、进度和预算等信息。通过一种智能调度系统（ISS），帮助项目经理根据项目目标和项目约束找到近似最优的进度计划。在施工智能监控领域，通过计算机视觉中的深度学习目标检测算法，对施工现场监控视频进行自动预警，自动识别现场人员有无佩戴安全帽。基于计算机视觉的施工现场人体姿态估计辅助的安全帽佩戴检测方法，可以准确识别施工人员安全帽佩戴情况。

（2）可视化运维。目前，传统的运维管理阶段存在的问题主要有：一是目前竣工图纸、材料设备信息、合同信息、管理信息分离，设备信息往往以不同格式和形式存在于不同位置，信息的凌乱造成运营管理的难度；二是设备管理维护没有科学的计划性，仅仅是根据经验不定期进行维护保养，难以避免设备故障的发生带来的损失，处于被动式地管理维护；三是资产运营缺少合理的工具支撑，没有对资产进行统筹管理统计，造成很多资产的闲置浪费。

（3）人工智能技术在工程管理的应用。人工智能技术已应用于施工图生成和施工现场安排、建筑工程预算、建筑效益分析等。工作人员在以往开展建筑工程施工管理工作的时候，主要是依靠手写、手绘的方式来完成有关施工档案的记录和施工平面图的绘制，而随着人工智能技术在建筑领域里应用范围的不断扩大，综合采用数理逻辑学、运筹学、人工智能等手段来进行施工管理已经得到了认可和普及。目前比较流行的基于 C/S 环境开发的建筑施工管理系统，已经涵盖了包括分包合同管理、施工人员管理、原材料供应商管理、固定资产管理、企业财务管理、员工考勤管理、施工进度管理等方方面面，使对供应商和分包商的管理工作得到了进一步的细化，从而使原材料的进离场、分包商及员工管理工作更加科学、准确、快捷，实现了资金流、物资流、业务流的有机结合。另外，建筑施工管理系统的数据库也非常强大，具有极为强劲的数据处理和储存能力，不仅性能稳定，升级和日常维护也非常快捷方便。另外，针对建筑施工人流复杂、密集的特点，系统还相应设置了权限管理功能，保障了施工管理数据的安全和准确性。

（4）基于智能运维的管理平台技术。大部分的施工资料都由承建单位进行收集、归档，工程竣工后，移交建设单位，目前，这些资料的存储、查阅、管理及有效资料的利用并不尽如人意。对装配式建筑尤其是楼号较多的住宅工程，项目产生的各类资料不仅要支撑设计、承建、监理等各方管理需要，还要考虑验收和后期物业管理需要。而传统的信息化管理不能协同各方，不能集成融合，更不能实现动态化、可视化。利用 BIM、GIS、物联网、大数据搭建的可视化管理平台，可以实现"一网打尽"。通过可视化平台，不仅能集成工程要求，尤其对装配式建筑的后期物业管理，发挥了重要的作用，如在可视化管理平台上，可以看到建筑物中每一个用户即时信息，包括温度、湿度、环境舒适度、水、电、气用量变化，安防人员位置信息，进行灾害感知预警，人员、车辆出入统计，垃圾分类追溯等工作，真正实现项目从设计到交付管理的全生命周期管理。

智能建造技术可以保证建筑产品的信息创建便捷、信息存储高效、信息错误率低、信息传递过程高精度等，解决传统运营管理过程中最严重的两大问题：数据之间的"信息孤岛"和运营阶段与前期的"信息断流"问题,整合设计阶段和施工阶段的关联基础数据,形成完整的信息数据库,能够方便运维信息的管理、修改、查询和调用,同时结合可视化技术,使得项目的运维管理更具操作性和可控性。在运维管控阶段结合物联网和云计算等技术可以实现建筑的健康监测,利用大数据技术分析建筑的运行服役情况,为后续的加固、检修提出指导。在运维阶段应用具有数据存储可借鉴、设备维护高效、物流信息丰富、数据关联同步等优势。在未来的发展中,运维领域的 BIM 技术运用成为一个重要方向和趋势,可视化运维将围绕设备管理、安防管理、健康监测、应急管理、能耗管理等开展。

3.2　智能建造技术优势及预期应用效果

3.2.1　智能建造技术优势

智能建造技术相比传统建造技术,优势主要体现以下几个方面:

（1）更高的产量

智能建造通过更好的控制方法来控制生产施工,效率比传统制造业更高。另外,智能建造中大数据的应用可以帮助各参与方更有效了解生产流程,也有利于改进生产运营。因此,智能建造会带来更高的产量。

（2）更高的精度

在施工流程上,利用机器视觉等方式能够带来更高精度的辨别能力;另外,整个施工流程中,传统建造业一般通过使用更好的设备、定期培训操作人员等方式来减少失败率,而智造建造的大数据技术能够通过数据分析来减少失误率。

（3）更好的自定义和个性化

自定义和个性化是智能建造的一大魅力所在,传统建造业的工作流程难以实现客户的自定义或个性化定制,而智能建造的工作流程能够实现实时控制,根据客户需求随时调整工作进程从而让自定义和个性化的操作更为容易。与传统建造模式相比,智能建造的自定义和个性化能够利用大数据整理工作数据,带来新的自定义和个性化产品,也可以帮助参与方采取逆向工程,为熟悉的问题提出新的解决方案。

（4）更高的盈利回报

更高的产量能够更好满足生产需求,更高的精度能够保证产品的质量,更好的自定义和个性化则会扩大市场。利用智能建造的大数据技术,可以更好地了解建造运营的效率,同时也可以统计智能升级转型过程的投资回报率（ROI）,建造业可以更好地制定未来建造计划。

我国建筑业规模约占全球 50%,建筑用钢材水泥约占全世界 50%,建筑业是资源能耗、能源消耗和污染产业最大的行业。建筑业高速发展了 20 余年,传统建造模式带来的工程腐败、质量事故、利润低、拖欠款、管理粗放等问题却难以改善,严重制约产业发展;而推动行业进入智能建造模式,是改善产业发展环境的关键举措。对比传统建造模式,智能建造模式在以下几个方面有了明显的改进（图 3.2.1）。

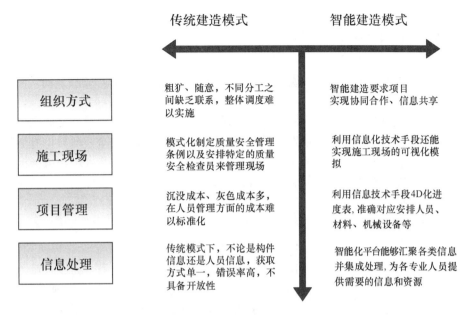

图 3.2.1　两种建造模式的对比

3.2.2　智能建造技术预期应用效果

1. 设计阶段预期应用效果

在未来，计算机全面梳理所有设计规则，根据周边环境、功能等输入条件并自动生成推荐设计方案，同时人工指定有限条件来自动优化设计模型，实现参数快速化修改。基于海量 BIM 数据和算法为基础的机器学习，通过构件库数量增加、设计案例推演学习，不断优化设计模型；根据现场实际施工数据反馈，自动调整模型，保证模型与现场实体一致，得出后续更优设计模型；最大限度将设计工作由设计人员转变为软件，根据相关设计规则进行智能分析设计，大大减少人力劳动，提高设计效率和设计质量。

2. 施工阶段预期应用效果

智能建造在施工阶段可以产生以下效果：

① 通过智能建造的应用可以做到 3D 施工工况展示；4D 虚拟建造为施工进度提供依据。

② 实现施工作业的系统管理。施工任务往往由不同专业的施工单位和不同工种的工人、使用各种不同的建筑材料和施工机械来共同完成。

③ 提高施工质量。运用智能建造技术能够把各种机械、材料、建筑体通过传感网和局域网进行系统处理和控制，同步监控土建施工的各个分项工程，保障了施工质量。

④ 保证施工安全。通过射频识别技术对人员和车辆的出入进行控制，保证人员和车辆出入的安全；通过对人员和机械的网络管理，使之各就其位、各尽其用，防止安全事故的发生。

⑤ 提高施工的经济效益。通过采用 RFID 技术对材料进行编码，实现建筑原材料的供应链的透明管理，可以便于消费单位选取最合适的材料，省去中间环节，减少材料的浪费。在物联网技术的支持下，材料成本可以达到最大限度的控制。物联网技术可以实现对

人和机械的系统化管理，使得施工过程井井有条，有效地缩短了工期。

3. 运维管理阶段预期应用效果

打造出基于 BIM 模型信息＋物联网、大数据、云计算的运维管理平台，构建完善的可视化智慧管理运维体系。为结构安全检测、设备维护、管理决策、空间管理提供技术支持和保障。

在结构安全检测方面，以物联网为基础，结构安全监测为行业依托，互联网融合建立"结构安全监测云"。从客户角度出发，使非专业用户能够对结构安全监测数据有更深入的理解，全方位地了解各个结构物的安全状态。站在企业的角度，有了这种全方位的服务平台，既能提供结构安全数据分析与维护，同时也解决企业无专业安全监测分析队伍的后顾之忧，更为客户带来便捷。

在设备维护方面，将实现设备管理集成化、全员化、计算机化、网络化、智能化，设备维修社会化、专业化、规范化，设备要素市场化、信息化。在现今企业转换经营机制、建立现代企业制度的形势下，机构在改革，人员在减少，要求在提高，克服困难与迎接挑战的重要工作之一，是使用现代化的管理工具与技术手段，增强自身的管理实力与水平。因此，建立设备集成化管理体系具有重要的现实意义和社会经济效益（图 3.2.2）。

图 3.2.2　智能建造预期效果

3.3　智能建造技术亟待解决问题

随着智能建造的提出和智能建造技术在建筑领域应用的不断探索，已有许多学者在建造过程中智能建造的各个关键应用中作出了突破。通过对建筑工地上人员、材料、机械设备以及动态复杂的室内建筑环境的定位，可准确获取各个对象的实时位置，实现管理中心对项目宏观上的整体把控管理与微观上的精准控制；施工现场布局优化提高了现场布局的合理性和科学性，极大地提升了施工过程中工作与管理的效率，节省成本并加快进度；动态监测是获取施工过程信息的重要途径，管理者通过动态监测及时了解和掌握项目全局变化情况，作出高效决策；项目信息化管理使工程信息资源得到开发和充分利用，可以使资金、人员、材料等得到合理配置，从而提高项目决策与管理水平。

尽管智能建造表现出巨大的应用潜力，智能建造的相关技术也发展迅猛，但相关研究总体上还处于初级阶段，上述研究多是理论架构或小规模试验验证，少见工程的大规模普及应用。总结相关原因如下：

（1）基础理论、标准、体系不完善。由于智能建造是一个新兴的概念，从智能建造的概念内涵到应用标准再到框架体系多由个别学者自行建立，在业内还没有形成一套标准化实施流程；另外，政府方面也缺少出台相关的针对性标准规范，如基础性标准、技术标准、评价标准等。这在一定程度上导致了智能建造发展缓慢。

（2）以单点应用为主，缺乏技术的集成化应用。尽管新兴信息技术发展迅速，建造技术也日渐成熟，但就目前的建造过程来看，多是单一技术的研究应用，缺乏多种技术的相互融合或信息技术与建造技术的集成应用；目前的信息化技术往往针对建造过程的某一环节，或参与建造的某一专业，或项目运行周期的某一阶段进行应用，缺乏从单点应用到整体应用的过渡。

（3）以局部的系统为主，缺乏子系统间的集成。目前已经出现了一些局部化的智能建造系统，如智慧工地平台、安全监控平台、信息化管理平台等，但是各个系统之间的数据资源得不到及时的沟通传递共享，无法形成完整、可靠的数据集，进而制约着工程项目的整体信息化水平。

针对上述问题，展望智能建造的发展，将包括但不限于以下几点：

（1）基础理论和框架体系的突破。智能建造涉及全生命周期理论、项目管理理论、精益建造理论等，需要在以上理论的基础上形成针对智能建造的理论创新，并搭建包含BIM技术、物联网、大数据、云计算、移动互联网相互渗透融合的智能建造整体框架。虽然随着科技的发展智能建造的内涵不会是一成不变的，但相关基础理论和框架体系的突破会为后续研究提供理论依据。

（2）新兴信息技术一体化集成应用。各项新兴信息技术之间既相互独立又相互联系，BIM技术是工程建造信息最佳的传递载体，物联网通过感知获得丰富的数据源，大数据对工程建造过程产生的海量数据进行分析处理，云计算提供便捷的访问共享资源池的计算模式，移动互联网提供了实时交换信息的途径。在未来，5G技术、人工智能、区块链等技术也将为智能建造提供技术支撑。各项技术的交叉融合可以真正实现建造过程数字化、自动化向集成化、智慧化的变革。

（3）形成智能建造一体化系统。未来将有更多的局部化系统涌现出来，从而提高对整个建造过程的覆盖度；各个系统之间通过相关数据接口可实现资源的共享与系统之间的集成，进而形成智能建造一体化系统。

课 后 习 题

1. 简述智能规划与设计的概念。
2. 智能规划与设计的应用主要体现在哪几个方面。
3. 简述智能装备和施工的概念。
4. 简述机器人在智能施工中的应用。
5. 简述人工智能技术在工程管理的应用。
6. 相比传统建造技术，智能建造技术的优势体现在哪些方面？
7. 简述智能建造技术在设计阶段的预期应用效果。
8. 简述智能建造技术如何提高施工的经济效益。
9. 智能建造技术亟待解决问题有哪些？
10. 简述智能建造技术的未来发展概况。

第4章　智能建造融合现代化技术

导语：本章将具体介绍智能建造与新兴现代信息化技术的融合应用，探索多学科交叉融合的可能性，为后面章节内容的学习打下基础。本章首先介绍了智能建造支撑；然后分别阐述了智能建造与 BIM 技术、GIS 技术、物联网技术、数字孪生技术、云计算技术、大数据技术、5G 技术、区块链技术、人工智能技术、扩展现实技术和智能设备的融合应用，这些新兴现代化技术为智能建造提供了技术支撑。

4.1　智能建造技术支撑

智能建造在产品形态、生产方式、形态理念等方面驱动着产业变革的同时，离不开新兴信息技术的支撑，随着 BIM、计算机视觉、人工智能、物联网、大数据、GIS、云计算、数字孪生、区块链等新兴技术的涌现并应用至工程实践，不同技术之间相互独立又相互联系，且关键应用往往不依赖于单一技术手段，智能建造与各新兴技术的融合更加紧密，不断推动智能建造的发展。

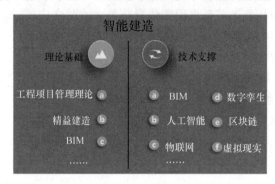

图 4.1　智能建造的理论基础和技术支撑

智能建造是以 BIM、区块链、物联网等技术的应用为实现基础，面向项目全生命周期，实现项目信息的集成化、系统化、智慧化管理，以满足项目参与方的个性化信息管理需求，如图 4.1 所示，传统项目管理理论、工程全生命周期理论（BLM）及精益建造理论是理论基础。BIM、建造技术、区块链、物联网、人工智能等技术则是智能建造的具体实现方式。

4.2　智能建造与 BIM 技术

在《建筑信息模型应用统一标准》GB/T 51212—2016 中，将 BIM 定义如下：建筑信息模型（building information modeling，BIM），是指在建设工程及设施全生命期内，对其物理和功能特性进行数字化表达，并依此设计、施工、运营的过程和结果的总称，简称模型。BIM 设计模型如图 4.2 所示。

通过建筑全寿命周期内进行的信息共享，建筑信息模型实现了对建筑详细的物理和功能特点的数字化呈现，同时作为信息可视化的载体，为智能建造过程与管理平台搭建桥梁。BIM 在智能建造中的应用如下：

（1）信息整合。BIM 技术是智能建造的核心技术，以信息技术作为载体，建立完整过程的数据流与数据库，从而提升整个项目周期的整合度，为项目的广泛意义上的"管理"提升效率。

图 4.2　BIM 设计模型

（2）协同工作。在设计阶段采用 BIM 技术，各个设计专业可以协同设计，可以减少缺漏碰缺等设计缺陷。施工阶段管理阶段，各个专业经由 BIM 平台进行协同工作，实现智能建造。

4.3 智能建造与 GIS 技术

GIS（Geographic Information System 或 Geo-Information system）又称为地理信息系统，它是一种空间信息系统，是对整个或部分表层空间中有关空间分布的数据信息进行采集、运算、分析和显示等功能的系统，它为我们提供了客观定性的原始数据。

GIS 技术在区域规划、环境管理、城市管理、辅助决策等方面发挥巨大的作用。在区域规划方面，GIS 进行信息筛选并转换为可用形式，成为规划人员的强大工具；在环境管理方面，GIS 可进行环境监测和数据收集，建立基础数据库和环境动态数据库，建立环境污染模型等，为环境评价、环境规划管理提供有力支持；在城市管理方面，GIS 帮助管理人员查询设施管线、管网的分布，追踪流量信息和运行质量监控；在辅助决策方面，GIS 利用特有数据库，通过一系列决策模型的构建和比较分析，为国家的宏观决策提供依据。

随着近些年来两项技术的不断进步，BIM＋GIS 技术为建筑业的信息化、智能化发展提供了良好的支撑，将 GIS 与 BIM 进行技术融合，用 BIM 构建精细的三维建筑模型，对建筑物的内部信息进行分析和管理，这些高精度的 BIM 模型是 GIS 的重要数据来源，也为后期运营维护管理提供基本的模型数据及所属的多维信息数据，如图 4.3 所示。GIS 可作为智慧校园的神经中枢，能够管理区域空间，分析空间地理信息数据，从而使宏观的 GIS 数据和微观的 BIM 信息相结合，这样可实现两者之间的优势互补，再加以当前的物联网技术，可为智能建造构建一个很好的基础平台。

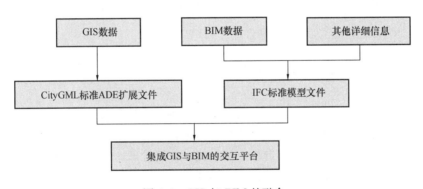

图 4.3 GIS 与 BIM 的融合

GIS 技术在智能建造中的应用如下：

（1）GIS 侧重于对建筑物地理信息的表达，多用于建筑物的地理位置定位和空间信息分析，能很好地展示建筑物的外部环境，确保信息的完整性，运用 GIS 技术可以呈现清晰的地理信息。

（2）运用 GIS 技术对信息进行管理、分析与处理。GIS 可以提供整个空间的三维可视化分析功能，改善了建设空间上的数据表达与性能分析，为建造设计人员提供更加直观、科学的设计方式。

4.4　智能建造与物联网技术

物联网（Internet of Things，IOT）这个概念是 1999 年 MIT Auto-ID 中心的 Ashton 教授在研究 RFID 时最早提出来的。物联网指的是将各种信息传感设备，如射频识别（RFID）装置、红外感应器、全球定位系统、激光扫描器等种种装置与互联网结合起来而形成的一个巨大网络。将物-物与互联网连接起来，进行物体与网络间的信息交换和通信，以实现物体智能识别、定位、跟踪、监控和管理。

物联网技术在智能建造中起着感知建造观景、生产和传递数据的关键作用。应用物联网技术可实现人机料法环的精确定位，从而提高施工质量；通过生产管理系统化和安防监控与自动报警保证施工安全；通过降低材料成本和提高工作效率降低施工成本，具有可观的经济效益。物联网技术的优势在于感知和互联，在物联网技术支持下，智能建设各阶段的工程信息，以及单个智慧建设项目之间将实现互联，使用者就可以及时、准确地掌握和了解智慧建设过程中人员、设备、结构、资产等关键信息，实现信息处理、聚类、分析和响应过程，提供辅助决策方案，物联网的后台支撑技术还可以实现智能建设流程整合、虚拟化应用与调节控制、业务流程优化等工作。

物联网在智能建造中的应用如下：

（1）物联网是一个高度互联的信息网络，为使用者提供施工过程中各个施工对象的个体信息（包括人员、设备、结构、资产等）。

（2）物联网是一个精确的管理平台，通过点对点式的信息获取，能够实现对整个网络内的个体进行全周期、全要素、迅速反馈等管理，提高了资源利用率和生产力水平，改善人与物的关系。

4.5　智能建造与数字孪生技术

数字孪生是一种集成多物理、多尺度、多学科属性，具有实时同步、忠实映射、高保真度特性，能够实现物理世界与信息世界交互与融合的技术手段。

数字孪生技术通过对物理实体进行数据采集、数据处理、数据传输后，建立高保真度的数字孪生模型，实现对物理世界的描述、诊断、决策、预测等一系列功能，目前，数字孪生技术已在智能工厂、车联网、智慧城市、智慧医疗等领域发挥重要作用，数字孪生在智能建造领域正处于理论体系与工程应用相结合的关键阶段，数字孪生技术在智能建造中的应用框架如图 4.5 所示。

数字孪生在建筑物建造过程中，能使物理世界的建筑产品与虚拟空间中的数字建筑信息模型同步生产、更新，形成完全一致的交付成果。数字孪生作为实现智能建造的关键前提，它能够提供数字化模型、实时的管理信息、覆盖全面的智能感知网络，更重要的是能够实现虚拟空间与物理空间的实时信息融合与交互反馈。

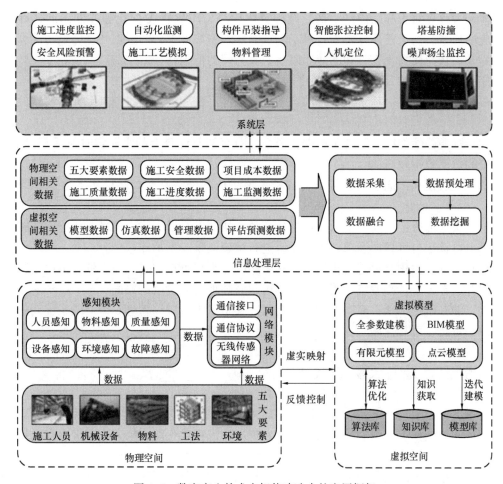

图 4.5 数字孪生技术在智能建造中的应用框架

4.6 智能建造与云计算技术

云计算（cloud computing）是分布式计算的一种，指的是通过网络"云"将巨大的数据计算处理程序分解成无数个小程序，然后，通过多部服务器组成的系统进行处理和分析这些小程序得到结果并返回给用户。

利用云计算技术赋予用户前所未有的计算能力和高可靠性、通用性、高可扩展性能，可以在智能建造过程中监测数据造假行为，提供质量监管体系；处理建造检测之外，云计算还提供了高效率、智能化、信息化的管理平台，满足用户的各种需要。云计算概念图如图 4.6 所示。

云计算对于建筑行业具有很大的作用和价值。在目前的科技进展与研究中，建筑行业由

图 4.6 云计算概念图

于其本身复杂的特点，在对整个施工建造过程的控制十分粗糙，由于建筑物是个十分复杂的整体，云计算对于施工建造控制、结构健康检测、BIM 模型优化等各方面都具有广阔的的应用前景。基于云计算技术，对于复杂的建筑物施工平台的数据处理可以使计算能力大大提升，从而提高现场管理的速度以及扩大管理的范围。

应用于智能化的云计算具有以下技术特点：

（1）服务虚拟化：基于云平台的各子系统软件平台和运行于各独立服务器的软件完全相同。

（2）资源弹性伸缩：系统可根据各子系统对存储及计算力的需要实时灵活配置资源，使系统的负荷效率较高。

（3）集成便利：通过软件接口将各子系统集成到统一平台，轻松实现数据和信息的共享。

（4）快速部署：借助云平台，可构建高效、快捷、灵活、稳定的新一代建筑智能节能管理平台，该平台可根据需求对各子系统进行快速调整、增加或减少。

（5）桌面虚拟化：只需提供给客户一个终端，客户可按需定制所需的云桌面，所有数据资料存放在云端，方便统一管理，并且可随时随地登录自己的桌面。

（6）业务统一部署：现有的应用平台可迁移至云平台统一管理，今后的系统调整和升级可统一进行，可靠性高。

4.7　智能建造与大数据技术

对于"大数据"（big data），研究机构 Gartner 给出了这样的定义："大数据"是需要新处理模式才能具有更强的决策力、洞察发现力和流程优化能力来适应海量、高增长率和多样化的信息资产。

大数据技术对结构化数据、非结构化数据和半结构化数据进行数据采集与预处理、数据存储与管理，运用各种计算模式对数据进行分析和挖掘，从而保证大数据的隐私与安全。大数据技术在智能建造的施工智能预警、健康诊断、建构等过程中都发挥着巨大的价值，如图 4.7 所示。

因为土木工程涉及建筑物的很多方面，数据量涉及面广，现在的互联网技术更新快，变化比较多，在土木工程的研究中可以放置更多地传感器在其研究对象上，土木工程的研

图 4.7　大数据技术应用架构

究对象可以涉及土木工程中的一砖一瓦、一草一木,在研究土木工程时需要尽可能地多采集一些数据信息,利用大数据技术对数据进行加以分析和处理,找到相应数据的规律,从而可以更好地把握土木工程未来的设计方向和发展趋势,利用监测的数据可以对工程建设、施工以及后期的维护工作打下坚实的基础,大大地降低工程建设成本。

大数据技术有如下四个方面的特点:

(1)体量大:指大数据技术的集体量比较大,一般其单位都是 TB 或者 PB 级别的,远远的超出了传统数据的处理能力。

(2)多样性:指大数据的来源比较广泛,大数据库中的数据包含了结构化、半结构化和非结构化形式的数据。

(3)高速性:指在处理信息的速度很快,同时能够实时的更新数据库中的信息。

(4)价值性:大数据中的价值是指通过挖掘大数据中的数据可以发现隐藏在数据中有价值的信息,这些信息的价值是通过传统分析数据的手段得不到的。

4.8 智能建造与5G技术

5G 作为移动通信领域的重大变革点,是当前"智能建造"的领衔领域,此前 5G 也已经被高层定调为"经济发展的新动能"。不管是从未来承接的产业规模,还是对新兴产业所起的技术作用来看,5G 都是最值得期待的。在于智能建造结合方面,依托于 5G 技术高传输速率、低延迟的特点融合 BIM 和云计算、大数据、物联网、移动互联网、人工智能等信息技术引领,集成人员、流程、数据、技术和业务系统,实现项目施工全过程的监控与管理。

5G 技术能够极大的促进人与建筑体的交互距离,人与建筑体不再是生硬的载物和载体的关系,建筑体也可以具备更多的生命力,更好的与人类生活结合。5G 技术能更方便、更广泛的推广智能建造的特点和业务,在这个爆发的信息时代,5G 技术无疑是信息传播最合适、最广泛的传播方式,5G 速度示意图如图 4.8 所示。

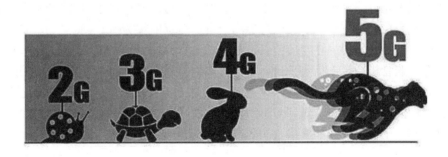

图 4.8 5G 速度示意图

5G 技术还可以促进跨平台、跨产业的互通互联,不管是 PC 平台、移动平台之间,还是移动设备、建筑体硬件设施和人之间的联系都可以紧密融合,顺应互联网互通互联的精神。在产业融合和演进的过程中,建造业原有的运作机制和资源配置方式都会发生改变,能产生更多的新的市场空间和发展机遇。

5G 技术有如下特点:

（1）5G 网络具有数据传输速率高、延迟低、节能和支持大规模组网的特点。

（2）5G 网络更方便、更广泛的推广智慧建造的功能实现，对建筑物全生命周期及施工过程都提供了动态智能的辅助办法。

4.9　智能建造与区块链技术

区块链（Blockchain）是比特币的一个重要概念，它本质上是一个去中心化的数据库，同时作为比特币的底层技术，是一串使用密码学方法相关联产生的数据块，每一个数据块中包含了一批次比特币网络交易的信息，用于验证其信息的有效性（防伪）和生成下一个区块。区块链是分布式数据存储、点对点传输、共识机制、加密算法等计算机技术的新型应用模式。

区块链装置可以将获取的第一手基础建造数据实时上链，当区块链上的节点完成了数据同步后，该数据就实现了不可篡改性，并且永久可验真。对于过程中的电子文档，形成具有法律公信力的基础电子资料，有效解决项目实施过程中的信任问题，同时实现文件的防伪和永久存储。将商品有关生产、交易、中间加工和流转的信息实时记录在区块链上，最重要的是由于验证信息一直是同步上链的，使得篡改验证信息的可能性几乎为零。

区块链技术为建造行业提供了产品以及产品运输、贮存的动态信息，让每个产品有安全、易传输的信息。基于区块链技术的供应链信息智能集成平台技术架构自上而下分为四层：实体层、感知层、区块链层、交互层。其中，实体层是项目供应链信息平台的必要层级，涵盖建材供应方、采购方、运输方等参与主体。感知层是实现捕获、存储、处理信息的根本来源，是向区块链层实现信息传导的枢纽。经过捕获、存储、处理后的项目信息传递至交互层，项目终端信息交互主要通过该层实现。

区块链在智能建造中的应用可以总结为如下几点：

（1）区块链技术作为一种信息储存方式区具有去中心化、可溯源、信任度高等特点。区块链技术的透明、公平及可追溯性与工程项目信息集成管理理念相吻合。建立以区块链技术为核心的供应链信息平台为产品进行信息追溯与防伪识别，通过该平台可以解决交易过程中各参与方信息不对称、产品信息追溯及事后追责困难等问题。

（2）区块链技术能解决在当前监管机制下，监管机构无法实时掌握供应链交易的实时情况的问题，监管机构接入信息平台，把监管条例写入智能合约，并向监管部门开放特定信息查阅权限。监管部门就能实现供应链上的信息流、物流与资金流的动态监管。如此，不仅能够提高法律的约束力，做到防患于未然，而且在供应链出现问题时，监管机构也能通过信息追溯，迅速查找问题源头，实现取证便捷、问责可靠。

4.10　智能建造与人工智能技术

人工智能（Artificial Intelligence，缩写为 AI）亦称智械、机器智能，指由人制造出来的机器所表现出来的智能。通常人工智能是指通过普通计算机程序来呈现人类智能的技术。人工智能技术主要是运用计算机手段模拟仿真人的思维模式、反射等相关智能系统，未来生产的智能系统将承载着人类的智慧，人工智能架构如图 4.10 所示。

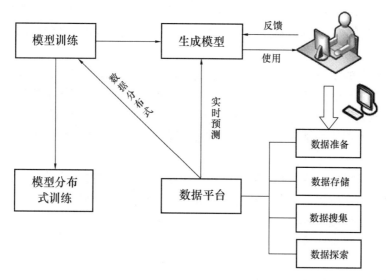

图 4.10 人工智能架构

人工智能领域的研究包括机器人、语言识别、图像识别、自然语言处理和专家系统等。人工神经网络、决策支持系统、专家系统、机器深化学习等技术都可应用于智能建造。研发的建筑工地管理系统，综合运筹学、数理逻辑学及人工智能等技术手段，涵盖了工地管理的方方面面。模糊神经网络技术可用于结构振动控制与健康诊断中，能精确地预测结构在任意动力荷载作用下的动力响应，同时还可随时加入其他辨识方法总结出的规则，具有很强的可扩展性与实用性。采用改进的 BP 神经网络建立建筑电气节能评估模型，利用人工神经网络进行训练，网络泛化性能好，评估正确率高，为节能改造的实施提供了科学依据。人工智能技术在智能建造领域已经取得了一定的进展，特别在工程造价估算、施工现场管理、施工现场风险识别和结构损伤识别方面已经取得较好的实际应用效果。

人工智能技术对智能建造的提升作用：

（1）重大建筑结构故障诊断方法普遍存在受到结构复杂、信号微弱等因素影响导致其精度与准确性不高的问题。

（2）新一代人工智能技术在特征挖掘、知识学习与智能程度所表现出显著优势，为智能诊断运维提供了新途径。

（3）新一代人工智能运维技术是提高设备安全性、可用性和可靠性的重要技术手段，有利于制造项目智能化升级并提高企业效益，得到国际学术界与商业组织的重点投入与密切关注。

4.11 智能建造与扩展现实技术

扩展现实技术包括虚拟现实技术、增强现实技术和混合现实技术。

虚拟现实技术的出现对各行各业的发展都给予了很大的动力。在建筑设计行业中，为了尽可能地降低设计人员的工作强度、减少建筑设计工作的时间周期，并且在降低投资成本的同时还能保证其设计效果的质量，可以借助虚拟现实技术的应用得以实现。虚拟现实技术与建筑智能建造的结合是未来发展方向。随着建筑、工程建设以及设备管理行业逐渐朝着数字化信息管理的方向发展，必须要有更为直观的视觉化平台来有效地使用这些信息。

增强现实技术，这种将相应的数字信息植入到虚拟现实世界界面的技术，可有力地填补可视化管理平台的缺失。例如，工程管理人员试图模拟特定的建造过程并获得反馈，但是实际状况是他们只能够实现在虚拟环境中建造过程的可视化，却无法从现实中得到有效的反馈。而增强现实技术（AR）可以将虚拟的 3D 模型叠加在实时的视频录像当中，提高界面视觉化的程度，增加用户的理解，从而可以帮助工程管理者做出更快速、准确的反应。

混合显示技术可广泛用于智能建造的各个阶段，如用深度摄像头的场景识别进行模型的精确定位虚拟显示管道，虚拟检查管线走向；质量检测或隐蔽工程验收时现场移动端与现实结合观看钢筋、复杂节点、机电管线、装饰装修的三维效果；运营维护时可以直接看到隐藏在内部的管线走向等。

4.12　智能建造与智能设备

智能设备是指在建筑施工过程中应用的智能化建筑设备，包括智能安全帽、智能塔吊、智能施工机器人等，各具体功能如表 4.12 所示。智能设备减轻了在施工过程中工人进行的体力劳动以及在危险区域工作的风险，也是智能建造的前端基础。

依托建设项目，推进标准化管理，创新工装工艺工法，开展精细设计、精益建造、智能建造，将工程智能化信息管理平台应用在建设项目中，将 BIM 技术与大数据、云计算相结合。利用成套机器人设备完成特定施工流水作业，形成机器人管理控制平台，实现项目实施过程数据采集、分析、预警等管控，建设管理效率得以提高。

常用智能设备 表 4.12

智能设备图片	设备名称	功能
	智能安全帽	实现人员定位、视频监控和内部信息储存等功能，利用红外线拍摄，在后台显示晚间巡视场景
	智能塔吊	可以实现防碰撞功能，全程可视化作业，集群化网络模式实现远程同步监控，超载预警，超限预警等

智能设备图片	设备名称	功能
	放样机器人	相较于传统借助 CAD 图纸使用卷尺等工具纯人工现场放样的方式,存在放样误差大且工效低。BIM 放样机器人有快速、精准、智能、操作简便、劳动力需求少的优势,将 BIM 模型中的数据直接转化为现场的精准点位
	无人机扫描	用无人机扫描技术辅助现场管理,设置固定拍摄航线,无人机扫描施工现场,获得每天现场的形象进度。可以将无人机扫描模型与 BIM 施工模型进行对比,分析进度、场布等的偏差,可以实时掌控施工情况,并最终保留项目的影像资料
	三维扫描仪	可以快速、大量的采集空间点位信息,为快速建立物体的三维影像模型。具有快速性,不接触性,实时、动态、主动性,高密度、高精度,数字化、自动化等特性
	3D 打印	3D 打印机以最低的成本,最短的周期,帮助设计师们完成设计,只需一键式操作,即可以轻松自动打印出模型,验证自己的设计

课后习题

1. 智能建造的支持来源有哪些?
2. 简述 BIM 的含义及其在智能建造中的应用。
3. 简述 GIS 的含义及其在智能建造中的应用。
4. 什么是物联网,在智能建造中的应用有哪些?
5. 什么是数字孪生?
6. 简述云计算技术的含义及其技术特点。
7. 简述大数据技术的含义及其特点。
8. 5G 技术的特点有哪些?
9. 人工智能的概念和对智能建造所起到的作用。
10. 智能设备包含哪些?

第 5 章　BIM 技术应用

导语：BIM 既包括建筑物全生命周期的信息模型，同时又包括建筑工程管理行为的模型，它能将两者进行完美的结合来实现集成管理，同时也是智能建造发展过程中不可或缺的技术之一。本章首先介绍了 BIM 技术的定义、特点和优势；然后介绍了 BIM 技术的国内外发展应用情况；最后具体阐述了 BIM 技术在智能建造中是如何应用的，以及其应用价值。

5.1　BIM 技术概述

5.1.1　BIM 技术定义

在《建筑信息模型应用统一标准》GB/T 51212—2016 中，将 BIM 定义如下：建筑信息模型（building information modeling，building information model，BIM），是指在建设工程及设施全生命期内，对其物理和功能特性进行数字化表达，并依此设计、施工、运营的过程和结果的总称。简称建筑信息模型。

BIM 技术是一种多维（三维空间、四维时间、五维成本、N 维更多应用）模型信息集成技术，可以使建设项目的所有参与方（包括政府主管部门、业主、设计、施工、监理、造价、运营管理、项目用户等）在项目从概念产生到完全拆除的整个生命周期内都能够在模型中操作信息和在信息中操作模型，从而从根本上改变从业人员依靠符号文字形式图纸进行项目建设和运营管理的工作方式，实现在建设项目全生命周期内提高工作效率和质量以及减少错误和风险的目标。

5.1.2　BIM 技术的特点

BIM 技术的特点总结为以下三点：

（1）BIM 是以三维数字技术为基础，集成了建筑工程项目各种相关信息的工程数据模型，是对工程项目设施实体与功能特性的数字化表达。

（2）BIM 是一个完善的信息模型，能够连接建筑项目生命期不同阶段的数据、过程和资源，是对工程对象的完整描述，能够提供可自动计算、查询、组合拆分的实时工程数据，可被建设项目各参与方普遍使用。

（3）BIM 具有单一工程数据源，可解决分布式、异构工程数据之间的一致性和全局共享问题，支持建设项目生命期中动态的工程信息创建、管理和共享，是项目实时的共享数据平台。

5.1.3　BIM 技术的优势

CAD 技术将建筑师、工程师们从手工绘图推向计算机辅助制图，实现了工程设计领

图 5.1.3-1　BIM 技术的优势

域的第一次信息革命。但是此信息技术对产业链的支撑作用是断点的，各个领域和环节之间没有关联，从整个产业整体来看，信息化的综合应用明显不足。BIM 是一种技术，一种方法，一种过程，它既包括建筑物全生命周期的信息模型，同时又包括建筑工程管理行为的模型，它将两者进行完美的结合来实现集成管理，它的出现将可能引发整个 A/E/C（Architecture/Engineering/Construction）领域的第二次革命。

BIM 技术较二维 CAD 技术的优势见图 5.1.3-1 和表 5.1.3。

BIM 技术较二维 CAD 技术的优势表　　　　　　　　　　表 5.1.3

类别 ＼ 对象	CAD 技术	BIM 技术
基本元素	基本元素为点、线、面，无专业意义	基本元素如：墙、窗、门等，不但具有几何特性，同时还具有建筑物理特征和功能特征
修改图元位置或大小	需要再次画图，或者通过拉伸命令调整大小	所有图元均为参数化建筑构件，附有建筑属性；在"族"的概念下，只需要更改属性，就可以调节构件的尺寸、样式、材质、颜色等
各建筑元素间的关联性	各个建筑元素之间没有相关性	各个构件是相互关联的，例如删除一面墙，墙上的窗和门跟着自动删除；删除一扇窗，墙上原来窗的位置会自动恢复为完整的墙
建筑物整体修改	需要对建筑物各投影面依次进行人工修改	只需进行一次修改，则与之相关的平面、立面、剖面、三维视图、明细表等都自动修改
建筑信息的表达	提供的建筑信息非常有限，只能将纸质图纸电子化	包含了建筑的全部信息，不仅提供形象可视的二维和三维图纸，而且提供工程量清单、施工管理、虚拟建造、造价估算等更加丰富的信息

5.2　BIM 技术的国内外发展概况

5.2.1　BIM 在国外的发展概况

1. BIM 在美国发展概况

美国是较早启动建筑业信息化研究的国家，发展至今，BIM 研究与应用都走在世界前列，其应用趋势如图 5.2.1-1 所示。

目前，美国大多建筑项目已经开始应用 BIM，BIM 的应用点种类繁多，如图 5.2.1-1 所示，而且存在各种 BIM 协会，也出台了各种 BIM 标准。美国政府自 2003 年起，实行国家级 3D-4D-BIM 计划；自 2007 年起，规定所有重要项目通过 BIM 进行空间规划，见图 5.2.1-2。关于美国 BIM 的发展，有以下几大 BIM 的相关机构：

（1）GSA

2003 年，为了提高建筑领域的生产效率、提升建筑业信息化水平，美国总务署（General Service Administration，GSA）下属的公共建筑服务（Public Building Service）

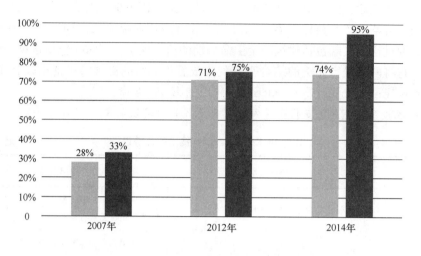

图 5.2.1-1　美国 BIM 应用趋势

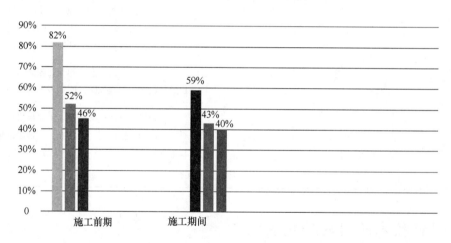

图 5.2.1-2　美国 BIM 应用点

部门的首席设计师办公室（Office of the Chief Architect，OCA）推出了全国 3D-4D-BIM 计划。从 2007 年起，GSA 要求所有大型项目（招标级别）都需要应用 BIM，最低要求是空间规划验证和最终概念展示都需要提交 BIM 模型。所有 GSA 的项目都被鼓励采用 3D-4D-BIM 技术，并且根据采用这些技术的项目承包商的应用程序不同，给予不同程度的资金支持。目前 GSA 正在探讨在项目生命周期中应用 BIM 技术，包括：空间规划验证、4D 模拟、激光扫描、能耗和可持续发展模拟、安全验证等，并陆续发布各领域的系列 BIM 指南，在官网可供下载，对于规范和引导 BIM 在实际项目中的应用起到了重要作用。

（2）USACE

2006 年 10 月，美国陆军工程兵团（the US Army Corps of Engineers，USACE）发布了为期 15 年的 BIM 发展路线规划，为 USACE 采用和实施 BIM 技术制定战略规划，以提升规划、设计和施工质量及效率（图 5.2.1-3）。规划中，USACE 承诺未来所有军事建筑项目都将使用 BIM 技术。

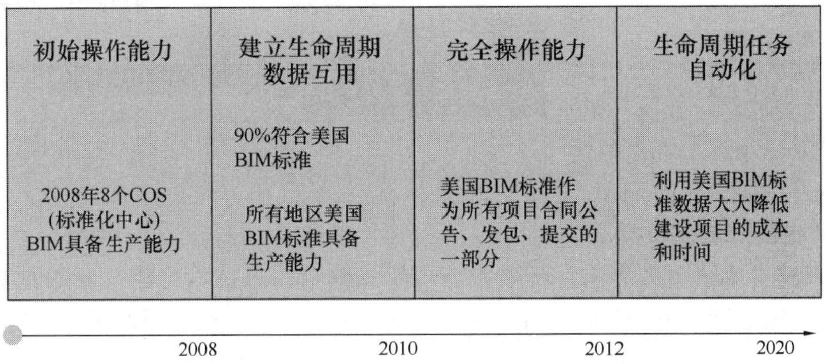

图 5.2.1-3 USACE 的 BIM 发展图

（3）bSa

Building SMART 联盟（building SMART alliance，bSa）致力于 BIM 的推广与研究，使项目所有参与者在项目生命周期阶段能共享准确的项目信息。通过 BIM 收集和共享项目信息与数据，可以有效地节约成本、减少浪费。美国 bSa 的目标是在 2020 年之前，帮助建设部门节约 31% 的浪费或者节约 4 亿美元。bSa 下属的美国国家 BIM 标准项目委员会（the National Building Information Model Standard Project Committee-United States，NBIMS-US），专门负责美国国家 BIM 标准（National Building Information Model Standard，NBIMS）的研究与制定。2007 年 12 月，NBIMS-US 发布了 NBIMS 的第一版的第一部分，主要包括了关于信息交换和开发过程等方面的内容，明确了 BIM 过程和工具的各方定义、相互之间数据交换要求的明细和编码，使不同部门可以开发充分协商一致的 BIM 标准，更好地实现协同。2012 年 5 月，NBIMS-US 发布 NBIMS 的第二版的内容。NBIMS 第二版的编写过程采用了一个开放投稿（各专业 BIM 标准）、民主投票决定标准的内容（Open Consensus Process），因此，也被称为是第一份基于共识的 BIM 标准。

2. BIM 在英国发展概况

与大多数国家不同，英国政府要求强制使用 BIM。2011 年 5 月，英国内阁办公室发布了政府建设战略（Government Construction Strategy）文件，明确要求：到 2016 年，政府要求全面协同的 3D·BIM，并将全部的文件以信息化管理。

政府要求强制使用 BIM 的文件得到了英国建筑业 BIM 标准委员会［AEC（UK）BIM Standard Committee］的支持。迄今为止，英国建筑业 BIM 标准委员会已发布了英国建筑业 BIM 标准［AEC（UK）BIM Standard］、适用于 Revit 的英国建筑业 BIM 标准［AEC（UK）BIM Standard for Revit］、适用于 Bentley 的英国建筑业 BIM 标准［AEC（UK）BIM Standard for Bentley Product］，并还在制定适用于 ArchiACD、Vectorworks 的 BIM 标准，这些标准的制定为英国的 AEC 企业从 CAD 过渡到 BIM 提供切实可行的方案和程序。

英国目前 BIM 技术的使用情况如图 5.2.1-4 所示。

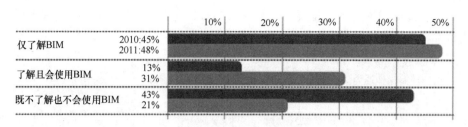

图 5.2.1-4　英国 BIM 使用情况图

3. BIM 在新加坡发展概况

在 BIM 这一术语引进之前，新加坡当局就注意到信息技术对建筑业的重要作用。早在 1982 年，"建筑管理署"（Building and Construction Authority，BCA）就有了人工智能规划审批（artificial intelligence plan checking）的想法，2000—2004 年，发展 CORENET（Construction and Real Estate NETwork）项目，用于电子规划的自动审批和在线提交，是世界首创的自动化审批系统。2011 年，BCA 发布了新加坡 BIM 发展路线规划（BCA′s Building Information Modelling Roadmap），规划明确推动整个建筑业在 2015 年前广泛使用 BIM 技术。为了实现这一目标，BCA 分析了面临的挑战，并制定了相关策略（图 5.2.1-5）。

图 5.2.1-5　新加坡 BIM 发展策略图

在创造需求方面，新加坡政府部门带头在所有新建项目中明确提出 BIM 需求。2011 年，BCA 与一些政府部门合作确立了示范项目。BCA 将强制要求提交建筑 BIM 模型（2013 年起）、结构与机电 BIM 模型（2014 年起），并且最终在 2015 年前实现所有建筑面积大于 5000 平方米的项目都必须提交 BIM 模型的目标。

在建立 BIM 能力与产量方面，BCA 鼓励新加坡的大学开设 BIM 的课程，为毕业学生组织密集的 BIM 培训课程，为行业专业人士建立了 BIM 专业学位。

4. BIM 在北欧国家的发展概况

北欧国家如挪威、丹麦、瑞典和芬兰，是一些主要的建筑业信息技术的软件厂商所在地。因此，这些国家是全球最先一批采用基于模型的设计的国家，也在推动建筑信息技术的互用性和开放标准。北欧国家冬天漫长多雪，这使得建筑的预制化非常重要，这也促进了包含丰富数据、基于模型的 BIM 技术的发展，并导致了这些国家及早地进行了 BIM 的部署。

北欧四国政府并未强制要求全部使用 BIM，由于当地气候的要求以及先进建筑信息技术软件的推动，BIM 技术的发展主要是企业的自觉行为。如 2007 年，Senate Properties 发布了一份建筑设计的 BIM 要求（Senate Properties′ BIM Requirements for Architectural Design，2007），自 2007 年 10 月 1 日起，Senate Properties 的项目仅强制要求建筑设计部分使用 BIM，其他设计部分可根据项目情况自行决定是否采用 BIM 技术，但目标将是全面使用 BIM。该报告还提出，在设计招标将有强制的 BIM 要求，这些 BIM 要求将成为项目合同的一部分，具有法律约束力；建议在项目协作时，建模任务需创建通用的视图，需要准确的定义；需要提交最终 BIM 模型，且建筑结构与模型内部的碰撞需要进行存档；建模流程分为四个阶段：Spatial Group BIM，Spatial BIM，Preliminary Building Element BIM 和 Building Element BIM。

5. BIM 在日本发展概况

在日本，有 2009 年是日本的 BIM 元年之说。大量的日本设计公司、施工企业开始应用 BIM，而日本国土交通省也在 2010 年 3 月表示，已选择一项政府建设项目作为试点，探索 BIM 在设计可视化、信息整合方面的价值及实施流程。

2010 年，日经 BP 社 2010 年调研了 517 位设计院、施工企业及相关建筑行业从业人士，了解他们对于 BIM 的认知度与应用情况。结果显示，BIM 的知晓度从 2007 年的 30％提升至 2010 年的 76％。2008 年的调研显示，采用 BIM 的最主要原因是 BIM 绝佳的展示效果，而 2010 年人们采用 BIM 主要用于提升工作效率，仅有 7％的业主要求施工企业应用 BIM，这也表明日本企业应用 BIM 更多是企业的自身选择与需求。日本 33％的施工企业已经应用 BIM 了，在这些企业当中近 90％是在 2009 年之前开始实施的。

日本 BIM 相关软件厂商认识到，BIM 是需要多个软件来互相配合，这是数据集成的基本前提，因此多家日本 BIM 软件商在 IAI 日本分会的支持下，以福井计算机株式会社为主导，成本了日本国国产解决方案软件联盟。此外，日本建筑学会于 2012 年 7 月发布了日本 BIM 指南，从 BIM 团队建设、BIM 数据处理、BIM 设计流程、应用 BIM 进行预算、模拟等方面为日本的设计院和施工企业应用 BIM 提供了指导。

6. BIM 在韩国发展概况

韩国在运用 BIM 技术上十分领先，多个政府部门都致力制定 BIM 的标准。2010 年 4 月，韩国公共采购服务中心（Public Procurement Service，PPS）发布了 BIM 路线图（图 5.2.1-6），

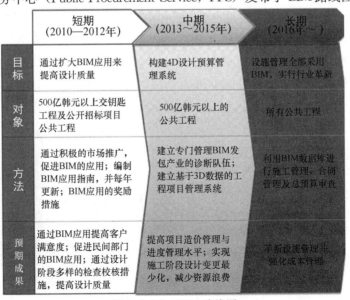

图 5.2.1-6　BIM 路线图

内容包括：2010 年，在 1～2 个大型工程项目应用 BIM；2011 年，在 3～4 个大型工程项目应用 BIM；2012—2015 年，超过 50 亿韩元大型工程项目都采用 4D・BIM 技术（3D＋成本管理）；2016 年前，全部公共工程应用 BIM 技术。2010 年 12 月，PPS 发布了《设施管理 BIM 应用指南》，针对设计、施工图设计、施工等阶段中的 BIM 应用进行指导，并于 2012 年 4 月对其进行了更新。

2010 年 1 月，韩国国土交通海洋部发布了《建筑领域 BIM 应用指南》，该指南为开发商、建筑师和工程师在申请四大行政部门、16 个都市以及 6 个公共机构的项目时，提供采用 BIM 技术时必须注意的方法及要素的指导。指南应该能在公共项目中系统地实施 BIM，同时也为企业建立实用的 BIM 实施标准。

综上所述，BIM 技术在国外的发展情况如表 5.2.1 所示。

BIM 国外发展情况

表 5.2.1

国家	BIM 应用现状
英国	政府明确要求 2016 年前企业实现 3D-BIM 的全面协同
美国	政府自 2003 年起，实行国家级 3D-4D-BIM 计划；自 2007 年起，规定所有重要项目通过 BIM 进行空间规划
韩国	政府计划于 2016 年前实现全部公共工程的 BIM 应用
新加坡	政府成立 BIM 基金；计划于 2015 年前，超八成建筑业企业广泛应用 BIM
北欧国家	已经孕育 Tekla、Solibri 等主要的建筑业信息技术软件厂商
日本	建筑信息技术软件产业成立国家级国产解决方案软件联盟

5.2.2　BIM 在国内的发展概况

近来 BIM 在国内建筑业形成一股热潮，除了前期软件厂商的大声呼吁外，政府相关单位、各行业协会与专家、设计单位、施工企业、科研院校等也开始重视并推广 BIM。2010 与 2011 年，中国房地产业协会商业地产专业委员会、中国建筑业协会工程建设质量管理分会、中国建筑学会工程管理研究分会、中国土木工程学会计算机应用分会组织并发布了《中国商业地产 BIM 应用研究报告 2010》和《中国工程建设 BIM 应用研究报告 2011》，在一定程度上反映了 BIM 在我国工程建设行业的发展现状（图 5.2.2）。根据两

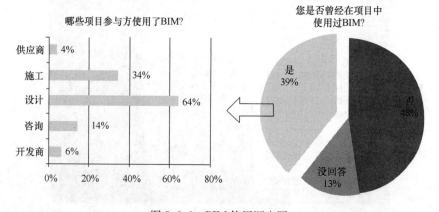

图 5.2.2　BIM 使用调查图

届的报告，关于 BIM 的知晓程度从 2010 年的 60% 提升至 2011 年的 87%。2011 年，共有 39% 的单位表示已经使用了 BIM 相关软件，而其中以设计单位居多。

2011 年 5 月，住房和城乡建设部发布的《2011—2015 年建筑业信息化发展纲要》中，明确指出：在施工阶段开展 BIM 技术的研究与应用，推进 BIM 技术从设计阶段向施工阶段的应用延伸，降低信息在传递过程中的衰减；研究基于 BIM 技术的 4D 项目管理信息系统在大型复杂工程施工过程中的应用，实现对建筑工程有效的可视化管理等。加快建筑信息化建设及促进建筑业技术进步和管理水平提升的指导思想，达到普及 BIM 技术概念和应用的目标，使 BIM 技术初步应用到工程项目中去，并通过住房城乡建设部和各行业协会的引导作用来保障 BIM 技术的推广。这拉开了 BIM 在中国应用的序幕。

2012 年 1 月，住房城乡建设部《关于印发 2012 年工程建设标准规范制订、修订计划的通知》宣告了中国 BIM 标准制定工作的正式启动，其中包含五项 BIM 相关标准：《建筑信息模型应用统一标准》《建筑工程信息模型存储标准》《建筑信息模型设计交付标准》《建筑信息模型分类和编码标准》《制造工业工程设计信息模型应用标准》。其中，《建筑工程信息模型应用统一标准》的编制采取"千人千标准"的模式，邀请行业内相关软件厂商、设计院、施工单位、科研院所等近百家单位参与标准研究项目、课题、子课题的研究。至此，工程建设行业的 BIM 热度日益高涨。

2013 年 8 月，住房城乡建设部发布了《关于征求关于推荐 BIM 技术在建筑领域应用的指导意见（征求意见稿）的意见函》，首次提出了工程项目全生命期质量安全和工作效率的思想，并要求确保工程建设安全、优质、经济、环保，确立了近期（至 2016 年）和中长期（至 2020 年）的目标，明确指出，2016 年以前政府投资的 2 万平方米以上大型公共建筑以及申报绿色建筑项目的设计、施工采用 BIM 技术；截至 2020 年，完善 BIM 技术应用标准、实施指南，形成 BIM 技术应用标准和政策体系。

2014 年度，《关于推进建筑业发展和改革的若干意见》再次强调了 BIM 技术工程设计、施工和运行维护等全过程应用重要性。各地方政府关于 BIM 的讨论与关注更加活跃，上海、北京、广东、山东、陕西等各地区相继出台了各类具体的政策推动和指导 BIM 的应用与发展。

2015 年 6 月，住房城乡建设部《关于推进建筑信息模型应用的指导意见》中，明确发展目标：到 2020 年末，建筑行业甲级勘察、设计单位以及特级、一级房屋建筑工程施工企业应掌握并实现 BIM 与企业管理系统和其他信息技术的一体化集成应用；并首次引入全寿命期集成应用 BIM 的项目比率，要求以国有资金投资为主的大中型建筑、申报绿色建筑的公共建筑和绿色生态示范小区的比率达到 90%，该项目标在后期成为地方政策的参照目标；保障措施方面添加了市场化应用 BIM 费用标准，搭建公共建筑构件资源数据中心及服务平台以及 BIM 应用水平考核评价机制，使得 BIM 技术的应用更加规范化，做到有据可依，不再是空泛的技术推广。

2016 年，住房城乡建设部发布了"十三五"纲要——《2016—2020 年建筑业信息化发展纲要》，相比于"十二五"纲要，引入了"互联网＋"概念，以 BIM 技术与建筑业发展深度融合，塑造建筑业新业态为指导思想，实现企业信息化、行业监管与服务信息化、专项信息技术应用及信息化标准体系的建立，达到基于"互联网＋"的建筑业信息化水平升级。

2017 年 1 月，交通运输部发布了《推进智慧交通发展行动计划（2017－2020 年）》，其中明确目标：到 2020 年末在基础设置智能化方面，推进建筑信息模型（BIM）技术在重大交通基础设施项目规划、设计、建设、施工、运营、检测维护管理全生命周期的应用。

2017 年 2 月，国务院发布了《关于促进建筑业持续健康发展的意见》，提出要加快推进建筑信息模型（BIM）技术在规划、勘察、设计、施工和运营维护全过程的集成应用。

2018 年，住建部在《城市轨道交通工程 BIM 应用指南》中指出，城市轨道交通应结合实际制定 BIM 发展规划，建立全生命技术标准与管理体系，开展示范应用，逐步普及推广，推动各参建方共享多维 BIM 信息，实施工程管理。

2019 年 2 月，住建部在《住房和城乡建设部工程质量安全监管司 2019 年工作要点》中，要推进 BIM 技术集成应用，支持推动 BIM 自主知识产权底层平台软件的研发，进一步推动 BIM 技术在设计、施工和运营维护全过程的集成应用。

2019 年住建部在《关于印发 2019 年部机关及直属单位培训计划的通知》中，规定要将 BIM 技术列入面向领导干部到设计院、施工单位人员、监理等不同人员的培训内容。

2020 年，湖南省住房和城乡建设厅发布关于公开征求《湖南省住房和城乡建设厅关于开展全省房屋建筑工程施工图 BIM 审查工作的通知（试行）（征求意见稿）》的意见函和相关意见采纳情况。

2020 年，深圳市住房和建设局发布关于征求《深圳市城市轨道交通工程信息模型分类和编码标准（征求意见稿）》和《深圳市城市轨道交通工程信息模型制图及交付标准（征求意见稿）》意见的通知。

2020 年，海南省住房和城乡建设厅与海南省发展和改革委员会发布关于修改《海南省房屋建筑和市政工程工程量清单招标投标评标办法》的通知。

总的来说，国家政策是一个逐步深化、细化的过程，从普及概念到工程项目全过程的深度应用再到相关标准体系的建立完善，由点到面，逐渐完成 BIM 技术应用的推广工作，硬性要求应用比率以及和其他信息技术的一体化集成应用，同时开始上升到管理层面，开发集成、协同工作系统及云平台，提出 BIM 的深层次应用价值，如与绿色建筑、装配式及物联网的结合，BIM＋时代的到来，使 BIM 技术得以深入到建筑业的各个方面。

5.3　BIM 技术在智能建造中的作用与价值

5.3.1　BIM 的技术架构

针对建筑全生命期中 BIM 技术的应用，以软件公司提出的现行 BIM 应用软件分类框架为例做具体说明（图 5.3.1）。图中包含的应用软件类别的名称，绝大多数是传统的非 BIM 应用软件已有的，例如，建筑设计软件、算量软件、钢筋翻样软件等。这些类别的应用软件与传统的非 BIM 应用软件所不同的是，它们均是基于 BIM 技术的。另外，有的应用软件类别的名称与传统的非 BIM 应用软件根本不同，包括 4D 进度管理软件、5D BIM 施工管理软件和 BIM 模型服务器软件。

其中，4D 进度管理软件是在三维几何模型上，附加施工时间信息（例如，某结构构

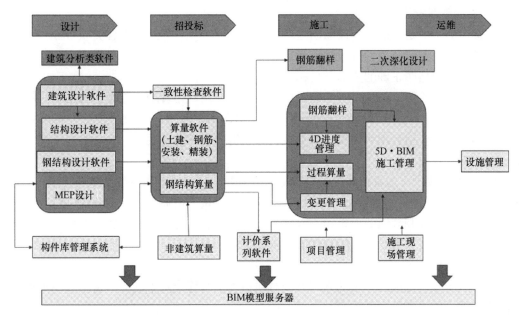

图 5.3.1　现行 BIM 技术应用框架图

件的施工时间为某时间段）形成 4D 模型，进行施工进度管理。这样可以直观地展示随着施工时间三维模型的变化，用于更直观地展示施工进程，从而更好地辅助施工进度管理。5D BIM 施工管理软件则是在 4D 模型的基础上，增加成本信息（例如，某结构构件的建造成本），进行更全面的施工管理。这样一来，施工管理者就可以随着施工过程方便地掌握包括资金在内的施工资源的动态需求，从而可以更好地进行资金计划、分包管理等工作，以确保施工过程的顺利进行。BIM 模型服务器软件即是上述提到的 BIM 平台软件，用于进行 BIM 数据的管理。

5.3.2　具体应用

智能建造的内核就是要实现精细化的管控和精细的设计管理，与 BIM 的理念有共同的诉求。在全球行业管理模式的升级浪潮下，建筑行业必须找到更客观有效的管控手段，基于每一个过程的信息流集成到施工标的成为一整套信息化模型，可能是其中一条有效的道路。

智能建造是一个新型的建造理念，它要求建筑业发展走低消耗、低污染和可持续发展的道路。过去的建造过程主要缺乏较为完备的各阶段计划控制，当前整体的建造水平尚乏有效的计划管控与数量管控，若能从设计阶段开始信息流集合提供可靠依据，在中间过程中以各重点模块进行管控，并在最后的建造过程形成完整的数据链条，进而实现整体建造过程"智慧能化"。所以智能建造的技术内核即信息的整合与应用，即"Building Information Model"的思想内核。BIM 技术的推广及应用在国内已经进行了一段时间，但革新管理思维，改变各方协作方式仍有很长的一段距离。BIM 技术的应用在周期上可以分为三个阶段：设计、建造、运维，旨在以信息技术作为载体，建立完整过程的数据流与数据库，从而提升整个项目周期的整合度，为项目的广泛意义上的"管理"提升效率。

75

1. 方案策划阶段

方案策划指的是在确定建设意图之后，项目管理者需要通过收集各类项目资料，对各类情况进行调查，研究项目的组织、管理、经济和技术等，进而得出科学、合理的项目方案，为项目建设指明正确的方向和目标。

在方案策划阶段，信息是否准确、信息量是否充足成为管理者能否作出正确决策的关键。BIM 技术的引入，使方案阶段所遇到的问题得到了有效的解决。其在方案策划阶段的应用内容主要包括：现状建模、成本核算、场地分析和总体规划。

（1）现状建模

利用 BIM 技术可为管理者提供概要的现状模型，以方便建设项目方案的分析、模拟，从而为整个项目的建设降低成本、缩短工期并提高质量。例如在对周边环境进行建模（包括周边道路、已建和规划的建筑物、园林景观等）之后，将项目的概要模型放入环境模型中，以便于对项目进行场地分析和性能分析等工作。

（2）成本核算

项目成本核算是通过一定的方式方法对项目施工过程中发生的各种费用成本进行逐一统计考核的一种科学管理活动。

目前，市场上主流的工程量计算软件在逼真性及效率方面还存在一些不足，如用户需要将施工蓝图通过数据形式重新输入计算机，相当于人工在计算机上重新绘制一遍工程图纸。这种做法不仅增加了前期工作量，而且没有共享设计过程中的产品设计信息。

利用 BIM 技术提供的参数更改技术能够将针对建筑设计或文档任何部分所做的更改自动反映到其他位置，从而可以帮助工程师们提高工作效率、协同效率以及工作质量。BIM 技术具有强大的信息集成能力和三维可视化图形展示能力，利用 BIM 技术建立起的三维模型可以极尽全面地加入工程建设的所有信息。根据模型能够自动生成符合国家工程量清单计价规范的工程量清单及报表，快速统计和查询各专业工程量，对材料计划使用做精细化控制，避免材料浪费，如利用 BIM 信息化特征可以准确提取整个项目中防火门数量、不同样式、材料的安装日期、出厂型号、尺寸大小等，甚至可以统计防火门的把手等细节。同时，基于 BIM 技术生成的工程量不是简单的长度和面积的统计，专业的BIM 造价软件可以进行精确的 3D 布尔运算和实体减扣，从而获得更符合实际的工程量数据，并且可以自动形成电子文档进行交换、共享、远程传递和永久存档。准确率和速度上都较传统统计方法有很大的提高，有效降低了造价工程师的工作强度，提高了工作效率。

（3）场地分析

场地分析是对建筑物的定位、建筑物的空间方位及外观、建筑物和周边环境的关系、建筑物将来的车流、物流、人流等各方面的因素进行集成数据分析的综合。在方案策划阶段，景观规划、环境现状、施工配套及建成后交通流量等与场地的地貌、植被、气候条件等因素关系较大，传统的场地分析存在诸如定量分析不足、主观因素过重、无法处理大量数据信息等弊端，通过 BIM 结合 GIS 进行场地分析模拟，得出较好的分析数据，能够为设计单位后期设计提供最理想的场地规划、交通流线组织关系、建筑布局等关键决策。如图 5.3.2-1 所示，利用相关软件对日照阴影情况进行模拟分析，帮助管理者更好把握项目的决策。

（4）优化总体规划

通过 BIM 建立模型能够更好地对项目作出总体规
划，并得出大量的直观数据作为方案决策的支撑。例
如，在可行性研究阶段，管理者需要确定出建设项目
方案在满足类型、质量、功能等要求下是否具有技术
与经济可行性，而 BIM 能够帮助提高技术经济可行
性论证结果的准确性和可靠性。通过对项目与周边环
境的关系、朝向可视度、形体、色彩、经济指标等进

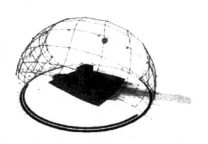

图 5.3.2-1　某项目日照阴影分析图

行分析对比，化解功能与投资之间的矛盾，使策划方案更加合理，为下一步的方案与
设计提供直观、带有数据支撑的依据。

2. 招投标阶段

（1）传统工程招投标过程中的主要问题

针对甲方而言，现在的工程招投标项目时间紧、任务重，甚至还出现边勘测、边设
计、边施工的工程，甲方招标清单的编制质量难以得到保障。而施工过程中的过程支付以
及施工结算是以合同清单为准，直接导致了施工过程中变更难以控制，结算费用一超再
超。为了有效地控制施工过程中的变更多、索赔多、结算超预算等问题，关键是要把控招
标清单的完整性、清单工程量的准确性以及与合同清单价格的合理性。

针对乙方而言，由于投标时间比较紧张，要求投标方高效、灵巧、精确地完成工程量
计算，把更多时间运用在投标报价技巧上。这些单靠手工是很难按时、保质、保量完成
的。而且随着现代建筑造型趋向于复杂化，人工计算工程量的难度越来越大，快速、准确
地形成工程量清单成为招投标阶段工作的难点和瓶颈。这些关键工作的完成也迫切需要信
息化手段来支撑，进一步提高效率，提升准确度。

（2）BIM 在招投标中的应用

BIM 技术的推广与应用，极大地提高了招投标管理的精细化程度和管理水平。在招
投标过程中，招标方根据 BIM 模型可以编制准确的工程量清单，达到清单完整、快速算
量、精确算量，有效地避免漏项和错算等情况，最大限度地减少施工阶段因工程量问题而
引起的纠纷。投标方根据 BIM 模型快速获取正确的工程量信息，与招标文件的工程量清
单比较，可以制定更好的投标策略。

1）BIM 在招标控制中的应用

在招标控制环节，准确和全面的工程量清单是核心关键。而工程量计算是招投标阶段
耗费时间和精力最多的重要工作。BIM 是一个富含工程信息的数据库，可以真实地提供
工程量计算所需要的物理和空间信息。借助这些信息，计算机可以快速对各种构件进行统
计分析，从而大大减少根据图纸统计工程量带来的烦琐的人工操作和潜在错误，在效率和
准确性上得到显著提高。

2）BIM 在投标过程中的应用

首先是基于 BIM 的施工方案模拟。基于 BIM 模型，对施工组织设计方案进行论证，
就施工中的重要环节进行可视化模拟分析，按时间进度进行施工安装方案的模拟和优化。
对于一些重要的施工环节或采用新施工工艺的关键部位、施工现场平面布置等施工指导措
施进行模拟和分析，以提高计划的可行性。在投标过程中，通过对施工方案的模拟，直

观、形象地展示给甲方。

其次是基于 BIM 的 4D 进度模拟。通过将 BIM 与施工进度计划相链接，将空间信息与时间信息整合在一个可视的 4D 模型中，可以直观、精确地反映整个建筑的施工过程和虚拟形象进度。借助 4D 模型，施工企业在工程项目投标中将获得竞标优势，BIM 可以让业主直观地了解投标单位对投标项目主要施工的控制方法、施工安排是否均衡、总体计划是否基本合理等，从而对投标单位的施工经验和实力作出有效评估。

最后是基于 BIM 的资源优化与资金计划。利用 BIM 可以方便、快捷地进行施工进度模拟、资源优化，以及预计产值和编制资金计划。通过进度计划与模型的关联，以及造价数据与进度关联，可以实现不同维度（空间、时间、流水段）的造价管理与分析。通过对 BIM 模型的流水段划分，可以自动关联并快速计算出资源需用量计划，不但有助于投标单位制订合理的施工方案，还能形象地展示给甲方。

总之，利用 BIM 技术可以提高招标投标的质量和效率，有力地保障工程量清单的全面和精确，促进投标报价的科学、合理，加强招投标管理的精细化水平，减少风险，进一步促进招标投标市场的规范化、市场化、标准化的发展。

3. 设计阶段

建设项目的设计阶段是整个生命周期内最为重要的环节，它直接影响着建安成本以及运维成本，对工程质量、工程投资、工程进度，以及建成后的使用效果、经济效益等方面都有着直接的联系。设计阶段可分为方案阶段、初步设计阶段、施工图设计阶段这三个阶段。从初步设计、扩初设计到施工图的设计是一个变化的过程，是建设产品从粗糙到细致的过程，在这个进程中需要对设计进行必要的管理，从性能、质量、功能、成本到设计标准都需要去管控。

BIM 技术在设计阶段的应用主要体现在以下方面。

（1）可视化设计交流

可视化设计交流，是指采用直观的 3D 图形或图像，在设计、业主、政府审批、咨询专家、施工等项目参与方之间，针对设计意图或设计成果进行更有效的沟通，从而使设计人员充分理解业主的建设意图，使设计结果最贴近业主的建设需求，最终使业主能及时看到他们所希望的设计成果，使审批方能清晰地认知他们所审批的设计是否满足审批要求。

可视化设计交流贯穿于整个设计过程中，典型的应用包括三维设计与效果图及动画展示。

1）三维设计

三维设计是新一代数字化、虚拟化、智能化设计平台的基础。它是建立在平面和二维设计的基础上，让设计目标更立体化，更形象化的一种新兴设计方法。

当前，二维图纸是我国建筑设计行业最终交付的设计成果，生产流程的组织与管理也均围绕着二维图纸的形成来进行。然而，二维设计技术对复杂建筑几何形态的表达效率较低。而且，为了照顾兼容和应付各种错漏问题，二维设计往往在结构和表现都处理的非常复杂，效率较低。

BIM 技术引入的参数化设计理念，极大地简化了设计本身的工作量，同时其继承了初代三维设计的形体表现技术，将设计带入一个全新的领域。通过信息的集成，也使得三维设计的设计成品（即三维模型）具备更多的可供读取的信息。对于后期的生产（即建筑的施工阶段）提供更大的支持。基于 BIM 的三维设计能够精确表达建筑的几何特征，相对于二维绘图，三维设计不存在几何表达障碍，对任意复杂的建筑造型均能准确表现。通过进一步将非几何信息集成到三维构件中，如材料特征、物理特征、力学参数、设计属性、价格参数、厂商信息等，使得建筑构件成为智能实体，三维模型升级为 BIM 模型。BIM 模型可以通过图形运算并考虑专业出图规则自动获得二维图纸，并可以提取出其他文档，如工程量统计表等，还可以将模型用于建筑能耗分析、日照分析、结构分析、照明分析、声学分析、客流物流分析等诸多方面。某工程 BIM 三维立体模型表述如图5.3.2-2 所示。

图 5.3.2-2　三维模型

2）效果图及动画展示

BIM 系列软件具有强大的建模、渲染和动画技术，通过 BIM 可以将专业、抽象的二维建筑描述通俗化、三维直观化，使得业主等非专业人员对项目功能性的判断更为明确、高效，决策更为准确，如建筑效果图及动画等。

基于 BIM 技术和虚拟现实技术对真实建筑及环境进行模拟，同时可出具高度仿真的效果图，设计者可以完全按照自己的构思去构建装饰"虚拟"的房间，并可以任意变换自己在房间中的位置，去观察设计的效果，直到满意为止。这样就使设计者各设计意图能够更加直观、真实、详尽地展现出来，既能为建筑的投资方提供直观的感受也能为后面的施工提供很好的依据。

另外，如果设计意图或者使用功能发生改变，基于已有 BIM 模型，可以在短时间内修改完毕，效果图和动画也能及时更新。而且，基于 BIM 能够进行预演，方便业主和设计方进行场地分析、建筑性能预测和成本估算，对不合理或不健全的方案进行及时的更新和补充，某行政服务中心 BIM 规划方案如图 5.3.2-3 所示。

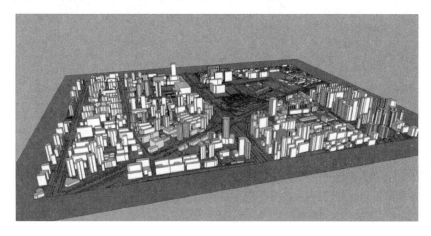

图 5.3.2-3　某行政服务中心 BIM 规划方案

（2）设计分析

设计分析是初步设计阶段主要的工作内容，一般情况下，当初步设计展开之后，每个专业都有各自的设计分析工作，设计分析主要包括结构分析、能耗分析、光照分析、安全疏散分析等。这些设计分析是体现设计在工程安全、节能、节约造价、可实施性方面重要作用的工作过程。在 BIM 概念出现之前，设计分析就是设计的重要工作之一，BIM 的出现使得设计分析更加准确、快捷与全面，例如针对大型公共设施的安全疏散分析，就是在 BIM 概念出现之后逐步被设计方采用的设计分析内容。

1）结构分析

最早使用计算机进行的结构分析包括三个步骤，分别是前处理、内力分析、后处理，其中，前处理是通过人机交互式输入结构简图、荷载、材料参数以及其他结构分析参数的过程，也是整个结构分析中的关键步骤，所以该过程也是比较耗费设计时间的过程；内力分析过程是结构分析软件的自动执行过程，其性能取决于软件和硬件，内力分析过程的结果是结构构件在不同工况下的位移和内力值；后处理过程是将内力值与材料的抗力值进行对比产生安全提示，或者按照相应的设计规范计算出满足内力承载能力要求的钢筋配置数据，这个过程人工干预程度也较低，主要由软件自动执行。在 BIM 模型支持下，结构分析的前处理过程也实现了自动化：BIM 软件可以自动将真实的构件关联关系简化成结构分析所需的简化关联关系，能依据构件的属性自动区分结构构件和非结构构件，并将非结构构件转化成加载于结构构件上的荷载，从而实现了结构分析前处理的自动化。

2）节能分析

节能设计通过两个途径实现节能目的，一个途径是改善建筑围护结构保温和隔热性能，降低室内外空间的能量交换效率，另一个途径是提高暖通、照明、机电设备及其系统的能效，有效地降低暖通空调、照明以及其他机电设备的总能耗。

建设项目的景观可视度、日照、风环境、热环境、声环境等性能指标在开发前期就已经基本确定，但是由于缺少合适的技术手段，一般项目很难有时间和费用对上述各种性能指标进行多方案分析模拟，BIM 技术为建筑性能分析的普及应用提供了可能性。基于 BIM 的建筑性能化分析包含室外风环境模拟、自然采光模拟、室内自然通风模拟、小区热环境模拟分析和建筑环境噪声模拟分析。

3）安全疏散分析

在大型公共建筑设计过程中，室内人员的安全疏散时间是防火设计的一项重要指标。室内人员的安全疏散时间受室内人员数量、密度、人员年龄结构、疏散通道宽度等多方面的影响，简单的计算方法已不能满足现代建筑设计的安全要求，需要通过安全疏散模拟。基于人的行为模拟疏散过程中人员疏散过程，统计疏散时间，这个模拟过程需要数字化的真实空间环境支持，BIM 模型为安全疏散计算和模拟提供了支持，这种应用已在许多大型项目上得到了应用。图 5.3.2-4 是对某办公楼人员安全疏散分析结果的动画模拟，画面中为观察多层楼梯的疏散情况，隐藏了楼梯间的封闭墙，疏散模拟也可以看作可视化设计交流对设计分析结果的一种理想表达方式。

（3）协同设计与冲突检查

在传统的设计项目中，各专业设计人员分别负责其专业内的设计工作，设计项目一般

图 5.3.2-4　某公共建筑楼梯间疏散分析结果的动画模拟图

通过专业协调会议以及相互提交设计资料实现专业设计之间的协调。在许多工程项目中，专业之间因协调不足出现冲突是非常突出的问题。这种协调不足造成了在施工过程中冲突不断、变更不断的现象时有发生。

BIM 为工程设计的专业协调提供了两种途径，一种是在设计过程中通过有效的、适时的专业间协同工作避免产生大量的专业冲突问题，即协同设计；另一种是通过对 3D 模型的冲突进行检查，查找并修改，即冲突检查。至今，冲突检查已成为人们认识 BIM 价值的代名词，实践证明，BIM 的冲突检查已取得良好的效果。

1）协同设计

传统意义上的协同设计很大程度上是指基于网络的一种设计沟通交流手段，以及设计流程的组织管理形式。包括：通过 CAD 文件、视频会议、通过建立网络资源库、借助网络管理软件等。

基于 BIM 技术的协同设计是指建立统一的设计标准，包括图层、颜色、线型、打印样式等，在此基础上，所有设计专业及人员在一个统一的平台上进行设计，从而减少现行各专业之间（以及专业内部）由于沟通不畅或沟通不及时导致的错、漏、碰、缺，真正实现所有图纸信息元的单一性，实现一处修改其他自动修改，提升设计效率和设计质量。协同设计工作是以一种协作的方式，使成本可以降低，可以更快地完成设计同时，也对设计项目的规范化管理起到重要作用。

协同设计由流程、协作和管理三类模块构成。设计、校审和管理等不同角色人员利用该平台中的相关功能实现各自工作。

2）碰撞检测

二维图纸不能用于空间表达，使得图纸中存在许多意想不到的碰撞盲区。并且，目前的设计方式多为"隔断式"设计，各专业分工作业，依赖人工协调项目内容和分段，这也导致设计往往存在专业间碰撞。同时，在机电设备和管道线路的安装方面还存在软碰撞的问题（即实际设备、管线间不存在实际的碰撞，但在安装方面会造成安装人员、机具不能到达安装位置的问题）。

基于 BIM 技术可将两个不同专业的模型集成为两个模型，通过软件提供的空间冲突检查功能查找两个专业构件之间的空间冲突可疑点，软件可以在发现可疑点时向操作者报警，经人工确认该冲突。冲突检查一般从初步设计后期开始进行，随着设计的进展，反复进行"冲突检查——确认修改——更新模型"的 BIM 设计过程，直到所有冲突都被检查出来并修正，最后一次检查所发现的冲突数为零，则标志着设计已达到 100% 的协调。一般情况下，由于不同专业是分别设计、分别建模的，所以，任何两个专业之间都可能产生冲突，因此，冲突检查的工作将覆盖任何两个专业之间的冲突关系，如：①建筑与结构专业，标高、剪力墙、柱等位置不一致，或梁与门冲突；②结构与设备专业，设备管道与梁柱冲突；③设备内部各专业，各专业与管线冲突；④设备与室内装修，管线末端与室内吊顶冲突。冲突检查过程是需要计划与组织管理的过程，冲突检查人员也被称作"BIM 协调工程师"，他们将负责对检查结果进行记录、提交、跟踪提醒与覆盖确认。

（4）设计阶段造价控制

设计阶段是控制造价的关键阶段，在方案设计阶段，设计活动对工程造价影响较大。理论上，我国建设项目在设计阶段的造价控制主要是方案设计阶段的设计估算和初步设计阶段的设计概算，而实际上大量的工程并不重视估算和概算，而将造价控制的重点放在施工阶段，错失了造价控制的有利时机。基于 BIM 模型使进行设计过程的造价控制具有较高的可实施性。由于 BIM 模型中不仅包括建筑空间和建筑构件的几何信息，还包括构件的材料属性，可以将这些信息传递到专业化的工程量统计软件中，由工程量统计软件自动产生符合相应规则的构件工程量。这一过程基于对 BIM 模型的充分利用，避免了在工程量统计软件中为计算工程量而专门建模的工作，可以及时反映与设计对应的工程造价水平，为限额设计和价值工程在优化设计上的应用提供了必要的基础，使适时的造价控制成为可能。

（5）施工图生成

设计成果中最重要的表现形式就是施工图，它是含有大量技术标注的图纸，在建筑工程的施工方法仍然以人工操作为主的技术条件下，2D 施工图有其不可替代的作用。但是，传统的 CAD 方式存在的不足也是非常明显的：当产生了施工图之后，如果工程的某个局部发生设计更新，则会同时影响与该局部相关的多张图纸，如一个柱子的断面尺寸发生变化，则含有该柱的结构平面布置图、柱配筋图、建筑平面图、建筑详图等都需要再次修改，这种问题在一定程度上影响了设计质量的提高。

BIM 模型是完整描述建筑空间与构件的 3D 模型，基于 BIM 模型自动生成 2D 图纸是一种理想的 2D 图纸产出方法，理论上，基于唯一的 BIM 模型数据源，任何对工程设计的实质性修改都将反映在 BIM 模型中，软件可以依据 3D 模型的修改信息自动更新所有与该修改相关的 2D 图纸，由 3D 模型到 2D 图纸的自动更新将为设计人员节省大量的图纸修改时间。

4. 施工阶段

施工阶段是实施贯彻设计意图的过程，是在确保工程各项目标的前提下，建设工程的重要环节，也是周期最长的环节。这阶段旳工作任务是如何保质保量按期地完成建设任务。

BIM 技术在施工阶段具体应用主要体现在以下几方面：

（1）预制加工管理

BIM 技术在预制加工管理方面的应用主要体现在钢筋准确下料、构件信息查询及出具构件加工详图上，具体内容如下：

1）钢筋准确下料

在以往工程中，由于工作面大、现场工人多，工程交底困难而导致的质量问题非常常见，而通过BIM技术能够优化断料组合加工表，将损耗减至最低。某工程通过建立钢筋BIM模型，出具钢筋排列图来进行钢筋准确下料，如图5.3.2-5和图5.3.2-6所示。

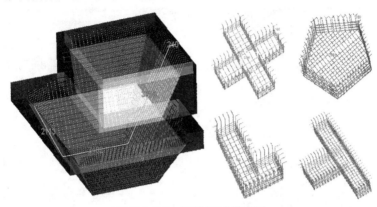

图5.3.2-5 钢筋BIM模型图

序号	构件名称	只数	规格	每只根数	简图	简图说明	搭接说明	单长(mm)	总根数	总长(m)	总重(kg)	备注	构件小计(kg)
1	KZ 32	1	Φ32	2	2720 100			2756	2	5.512	34.7	基础插筋弯锚1,15	194.8
2			Φ28	4	1600 100			1644	4	6.576	31.7	基础插筋弯锚2,14,16,18	
3			Φ25	3	2720 100			2770	3	8.310	32.0	基础插筋弯锚3,13,17	
4			Φ32	2	1600 100			1636	2	3.272	20.6	基础插筋弯锚6,10	
5			Φ25	3	1600 100			1650	3	4.949	19.0	基础插筋弯锚4,8,12	
6			Φ28	4	2720 100			2764	4	11.056	53.4	基础插筋弯锚5,7,9,11	
7			Φ10	2	560 760			2818	2	5.636	3.4	插筋内定位箍	

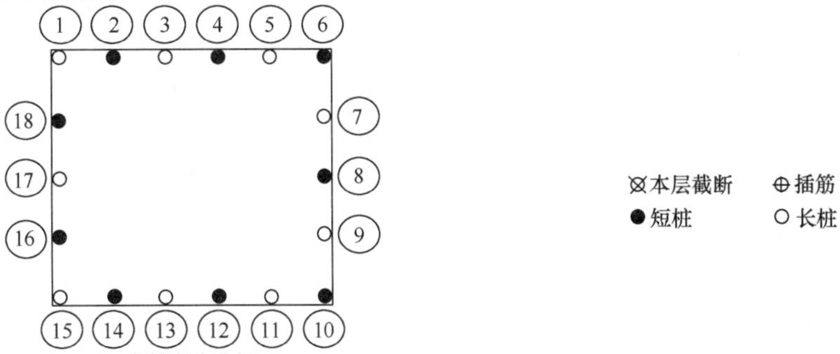

图5.3.2-6 钢筋排列图指导施工图

2）构件详细信息查询

检查和验收信息将被完整地保存在 BIM 模型中，相关单位可快捷地对任意构件进行信息查询和统计分析，在保证施工质量的同时，能使质量信息在运维期有据可循。某工程利用 BIM 模型查询构件详细信息如图 5.3.2-7 所示。

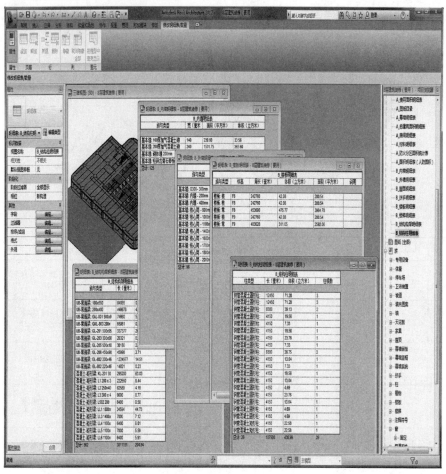

图 5.3.2-7　利用 BIM 模型查询构件详细信息图

3）构件加工详图

BIM 模型可以完成构件加工、制作图纸的深化设计。利用如 Tekla Structures 等深化设计软件真实模拟进行结构深化设计，通过软件自带功能将所有加工详图（包括布置图、构件图、零件图等）利用三视图原理进行投影、剖面生成深化图纸，图纸上的所有尺寸，包括杆件长度、断面尺寸、杆件相交角度均是在杆件模型上直接投影产生的，通过深化设计产生的加工数据清单，直接导入精密数控加工设备进行加工，保证了构件加工的精密性及安装精度。

（2）虚拟施工管理

结合施工方案、施工模拟和现场视频监测进行基于 BIM 技术的虚拟施工，可以根据可视化效果看到并了解施工的过程和结果，可以较大程度地降低返工成本和管理成本，降低风险，增强管理者对施工过程的控制能力。

BIM 在虚拟施工管理中的应用主要有场地布置方案、专项施工方案、关键工艺展示、施工模拟（土建主体及钢结构部分）、装修效果模拟等，下面将分别对其详细介绍。

1）场地布置方案

基于建立的 BIM 三维模型及搭建的各种临时设施，可以对施工场地进行布置，合理安排塔吊、库房、加工厂地和生活区等的位置，解决现场施工场地平面布置问题，解决现场场地划分问题；通过与业主的可视化沟通协调，对施工场地进行优化，选择最优施工路线。

基于 BIM 的施工场地布置方案规划示例如图 5.3.2-8 所示。

2）专项施工方案

通过 BIM 技术指导编制专项施工方案，

图 5.3.2-8 基于 BIM 的场地布置示例图

可以直观地对复杂工序进行分析，将复杂部位简单化、透明化，提前模拟方案编制后的现场施工状态，对现场可能存在的危险源、安全隐患、消防隐患等提前排查，对专项方案的施工工序进行合理排布，有利于提高方案的专项性、合理性。

基于 BIM 的专项施工方案规划示例如图 5.3.2-9 所示。

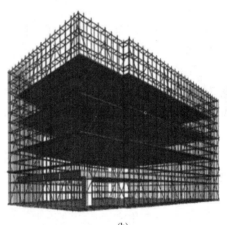

(a)   (b)

图 5.3.2-9 专项施工方案规划图
（a）某工程测量方案演示模拟；（b）某工程施工脚手架方案验证模拟

3）关键工艺展示

基于 BIM 技术，能够提前对重要部位的安装进行动态展示，提供施工方案讨论和技术交流的虚拟现实信息，从而帮助施工人员选择合理的安装方案，同时可视化的动态展示有利于安装人员之间的沟通及协调。

某工程基于 BIM 的关键施工信息工艺展示如图 5.3.2-10 所示。

4）土建主体结构施工模拟

根据拟定的最优施工现场布置和最优施工方案，将由项目管理软件，如 project 编制

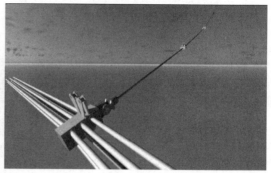

图 5.3.2-10　某关键节点安装方案演示动画截图

而成的施工进度计划与施工现场 3D 模型集成一体，引入时间维度，能够完成对工程主体结构施工过程的 4D 施工模拟。通过 4D 施工模拟，可以使设备材料进场、劳动力配置、机械排班等各项工作安排的更加经济合理，从而加强了对施工进度、施工质量的控制。针对主体结构施工过程，利用已完成的 BIM 模型进行动态施工方案模拟，展示重要施工环节动画，对比分析不同施工方案的可行性，能够对施工方案进行分析，并听从甲方指令对施工方案进行动态调整。

某工程土建主体施工模拟如图 5.3.2-11 所示。

5）装修效果模拟

针对工程技术重难点、样板间、精装修等，完成对窗帘盒、吊顶、木门、地面砖等基础模型的搭建，并基于 BIM 模型，对施工工序的搭接、新型、复杂施工工艺进行模拟，对灯光环境等进行分析，综合考虑相关影响因素，利用三维效果预演的方式有效解决各方协同管理的难题。

某工程室内装修模拟如图 5.3.2-12 所示。

（3）施工进度管理

在传统的项目进度管理过程中事故频发，究其根本在于传统的进度管理模式存在一定的缺陷，如二维 CAD 设计图形象性差不方便各专业之间的协调沟通以及网络计划抽象难以理解和执行等。BIM 技术的引入，可以突破二维的限制，给项目进度控制带来不同的体验，如可减少变更和返工进度损失、加快生产计划及采购计划编制、加快竣工交付资料准备，从而提升了全过程的协同效率。

利用 BIM 技术对项目进行进度控制流程如图 5.3.2-13 所示。

BIM 在工程项目进度管理中的应用主要体现在以下五个方面。

1）BIM 施工进度模拟

通过将 BIM 与施工进度计划相链接，将空间信息与时间信息整合在一个可视的 4D（3D＋Time）模型中，不仅可以直观、精确地反映整个建筑的施工过程，还能够实时追踪当前的进度状态，分析影响进度的因素，协调各专业，制定应对措施，以缩短工期、降低成本、提高质量。

通过 4D 施工进度模拟，能够完成以下内容：①基于 BIM 模型，对工程重点和难点的部位进行分析，制定切实可行的对策；②依据模型，确定方案，排定计划，划分流水段；

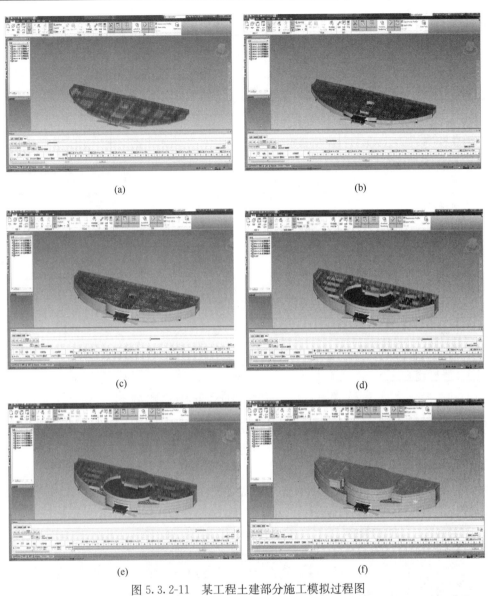

图 5.3.2-11 某工程土建部分施工模拟过程图
（a）一层施工前；（b）一层施工后；（c）二层施工前；（d）二层施工后；（e）顶层施工前；（f）顶层施工完成

图 5.3.2-12 某工程室内装修效果模拟图
（a）灯具效果展示；（b）百叶窗效果展示

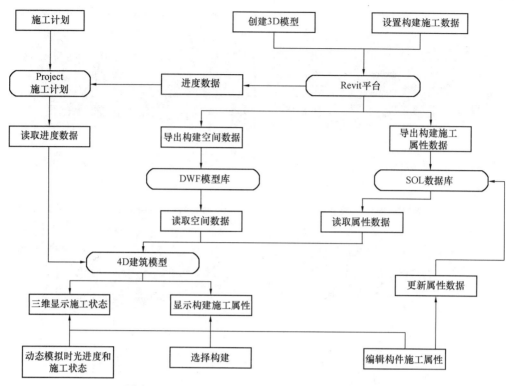

图 5.3.2-13　基于 BIM 的项目进行进度控制流程图

③BIM 施工进度编制用季度卡来编制计划；将周和月结合在一起，假设后期需要任何时间段的计划，只需在这个计划中过滤一下即可自动生成；对现场的施工进度进行每日管理。

　　某工程链接施工进度计划的 4D 施工进度模拟如图 5.3.2-14 所示，在该 4D 施工进度模型中可以看出指定某一天某一刻的施工进度情况，并与施工现场进行对比，对施工进度进行调控。

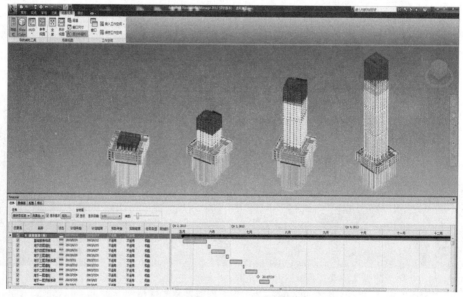

图 5.3.2-14　施工进度模拟图

2）BIM 施工安全与冲突分析系统

BIM 施工安全与冲突分析系统应用主要体现在以下方面：

① 时变结构和支撑体系的安全分析通过模型数据转换机制，自动由 4D 施工信息模型生成结构分析模型，进行施工期时变结构与支撑体系任意时间点的力学分析计算和安全性能评估。

② 施工过程进度/资源/成本的冲突分析通过动态展现各施工段的实际进度与计划的对比关系，实现进度偏差和冲突分析及预警；指定任意日期，自动计算所需人力、材料、机械、成本，进行资源对比分析和预警；根据清单计价和实际进度计算实际费用，动态分析任意时间点的成本及其影响关系。

③ 场地碰撞检测基于施工现场 4D 时空模型和碰撞检测算法，可对构件与管线、设施与结构进行动态碰撞检测和分析。

根据 BIM 模型三维碰撞检查与处理前后如图 5.3.2-15 所示。

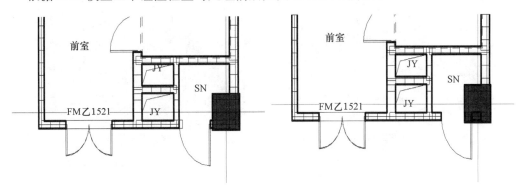

图 5.3.2-15　某工程三维碰撞优化处理前后对比图

3）BIM 建筑施工优化系统

BIM 建筑施工优化系统应用主要体现在以下方面：

①基于 BIM 和离散事件模拟的施工优化通过对各项工序的模拟计算，得出工序工期、人力、机械、场地等资源的占用情况，对施工工期、资源配置以及场地布置进行优化，实现多个施工方案的比选。

②基于过程优化的 4D 施工过程模拟将 4D 施工管理与施工优化进行数据集成，实现了基于过程优化的 4D 施工可视化模拟。

某工程基于 BIM 的建筑施工优化模拟展示如图 5.3.2-16 所示。

4）三维技术交底及安装指导

三维技术交底即通过三维模型让工人直观地了解自己的工作范围及技术要求，主要方法有两种：一种是虚拟施工和实际工程照片对比；另一种是将整个三维模型进行打印输出，用于指导现场的施工，方便现场的施工管理人员拿图纸进行施工指导和现场管理。

某工程特殊工艺三维技术交底如图 5.3.2-17 所示。

5）移动终端现场管理

采用无线移动终端、WED 及 RFID 等技术，全过程参与 BIM 模型集成，实现数据库化、可视化管理，避免任何一个环节出现问题给施工和进度质量带来影响。

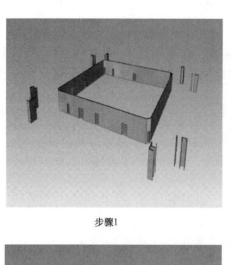

步骤1
步骤2

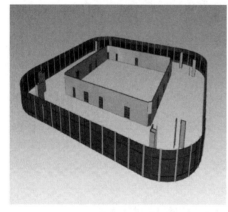

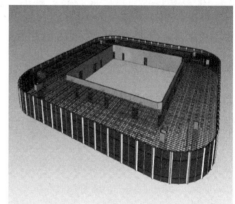

步骤3
步骤4

步骤5
步骤6

图 5.3.2-16 建筑施工优化模拟图

（4）施工质量管理

基于 BIM 的工程项目质量管理包括产品质量管理及技术质量管理。

产品质量管理：BIM 模型储存了大量的建筑构件、设备信息。通过软件平台，可快速查找所需的材料及构配件信息，规格、材质、尺寸要求等，并可根据 BIM 设计模型，

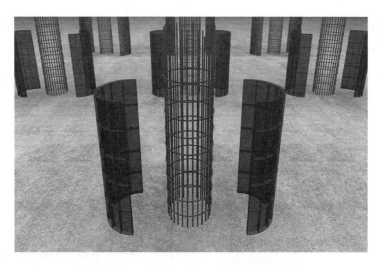

图 5.3.2-17　特殊工艺三维技术交底图

可对现场施工作业产品进行追踪、记录、分析，掌握现场施工的不确定因素，避免不良后果的出现，监控施工质量。

技术质量管理：通过 BIM 的软件平台动态模拟施工技术流程，再由施工人员按照仿真施工流程施工，确保施工技术信息的传递不会出现偏差，避免实际做法和计划做法不一样的情况出现，减少不可预见情况的发生，监控施工质量。

下面仅对 BIM 在工程项目质量管理中的关键应用点进行具体介绍。

1）建模前期协同设计

建模前期协同设计即在建模前期，建筑专业和结构专业的设计人员大致确定吊顶高度及结构梁高度，对于净高要求严格的区域，提前告知机电专业，各专业针对空间狭小、管线复杂的区域，协调出二维局部剖面图。建模前期协同设计的目的是，在建模前期就解决部分潜在的管线碰撞问题，对潜在质量问题提前预知。

2）碰撞检测

碰撞检测即基于 BIM 可视化技术，施工设计人员在建造之前就可以对项目进行碰撞检查，彻底消除硬碰撞、软碰撞，优化工程设计，减少在建筑施工阶段可能存在的错误和返工的可能性，以及对净空和管线排布方案进行优化。最后施工人员可以利用碰撞优化后的三维方案，进行施工交底、施工模拟，提高施工质量、同时也提高了与业主沟通的能力。

某工程碰撞检测及碰撞点显示如图 5.3.2-18 所示。

3）大体积混凝土测温

使用自动化监测管理软件进行大体积混凝土温度的监测，将测温数据无线传输自动汇总到分析平台上，通过对各个测温点的分析，形成动态监测管理。电子传感器按照测温点布置要求，自动直接将温度变化情况输出到计算机，形成温度变化曲线图，随时可以远程动态监测基础大体积混凝土的温度变化。根据温度变化情况，随时加强养护措施，确保大体积混凝土的施工质量，确保在工程基础筏板混凝土浇筑后不出现由于温度变化剧烈引起的温度裂缝。利用基于 BIM 的温度数据分析平台对大体积混凝土进行温度检测如图 5.3.2-19 所示。

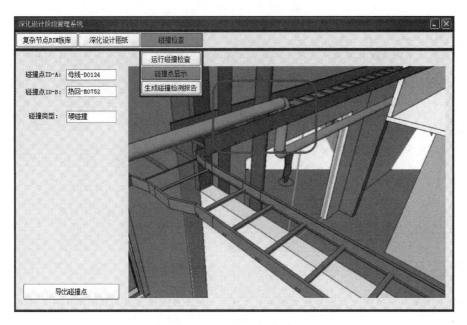

图 5.3.2-18 某工程碰撞检测及碰撞点显示图

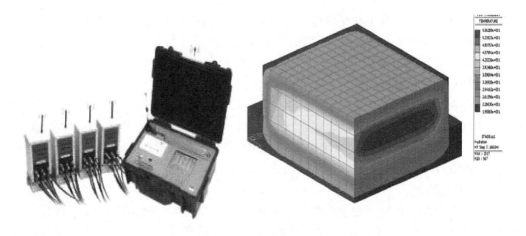

图 5.3.2-19 基于 BIM 的大体积混凝土进行温度检测图

4）施工工序管理

工序质量控制就是对工序活动条件即工序活动投入的质量和工序活动效果的质量及分项工程质量的控制。利用 BIM 技术进行工序质量控制主要体现在以下几方面：

① 利用 BIM 技术能够更好地确定工序质量控制工作计划。

② 利用 BIM 技术主动控制工序活动条件的质量。

③ 能够及时检验工序活动效果的质量。

④ 利用 BIM 技术设置工序质量控制点（工序管理点），实行重点控制。

（5）施工安全管理

采用 BIM 技术可使整个工程项目在设计、施工和运营维护等阶段都能够有效地控制资金风险，实现安全生产。下面将对 BIM 技术在工程项目安全管理中的具体应用进行介绍。

1）施工准备阶段安全控制

在施工准备阶段，利用 BIM 进行与实践相关的安全分析，能够降低施工安全事故发生的可能性，如：4D 模拟与管理和安全表现参数的计算可以在施工准备阶段排除很多建筑安全风险；BIM 虚拟环境划分施工空间，排除安全隐患，如图 5.3.2-20 所示；基于 BIM 及相关信息技术的安全规划可以在施工前的虚拟环境中发现潜在的安全隐患并予以排除；采用 BIM 模型结合有限元分析平台，进行力学计算，保障施工安全；通过模型发现施工过程重大危险源并实现水平洞口危险源自动识别，如图 5.3.2-21 所示。

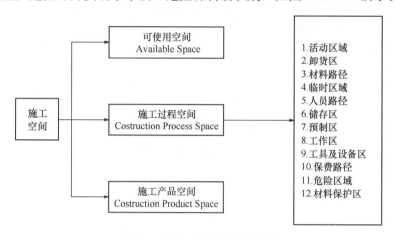

图 5.3.2-20　施工空间划分图

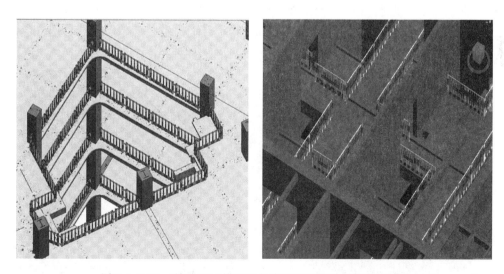

图 5.3.2-21　利用 BIM 模型对危险源进行辨识后自动防护图

2）施工过程仿真模拟

仿真分析技术能够模拟建筑结构在施工过程中不同时段的力学性能和变形状态，为结构安全施工提供保障。在 BIM 模型的基础上，开发相应的有限元软件接口，实现三维模型的传递，再附加材料属性、边界条件和荷载条件，结合先进的时变结构分析方法，便可以将 BIM、4D 技术和时变结构分析方法结合起来，实现基于 BIM 的施工过程结构安全分析，能有效捕捉施工过程中可能存在的危险状态，指导安全维护措施的编制和执行，防止发生安全事故。某体育场 BIM 模型导入有限元分析软件计算如图 5.3.2-22 所示。

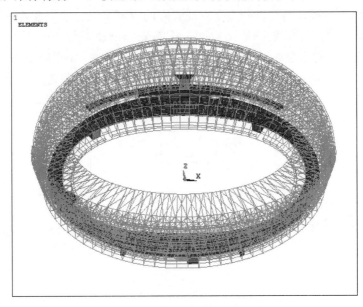

图 5.3.2-22　某体育场有限元计算模型图

3）模型试验

对于结构体系复杂、施工难度大的结构，结构施工方案的合理性与施工技术的安全可靠性都需要验证，为此利用 BIM 技术建立试验模型，对施工方案进行动态展示，从而为试验提供模型基础信息。某体育场结构建立的 BIM 缩尺模型与模型试验现场照片对比如图 5.3.2-23 所示。

图 5.3.2-23　BIM 缩尺模型与模型试验现场照片对比图

4）施工动态监测

对施工过程进行实时施工监测，特别是重要部位和关键工序，可以及时了解施工过程中结构的受力和运行状态。三维可视化动态监测技术较传统的监测手段具有可视化的特点，可以人为操作在三维虚拟环境下漫游来直观、形象地提前发现现场的各类潜在危险源，提供更便捷的方式查看监测位置的应力应变状态，在某一监测点应力或应变超过拟定的范围时，系统将自动采取报警给予提醒。某工程某时刻某环索的应力监测如图 5.3.2-24 所示。

图 5.3.2-24　某时刻环索的应力检测图

5）防坠落管理

坠落危险源包括尚未建造的楼梯井和天窗等，通过在 BIM 模型中的危险源存在部位建立坠落防护栏杆构件模型，研究人员能够清楚地识别多个坠落风险；且可以向承包商提供完整且详细的信息，包括安装或拆卸栏杆的地点和日期等。

6）塔吊安全管理

在整体 BIM 施工模型中布置不同型号的塔吊，能够确保其同电源线和附近建筑物的安全距离，确定哪些员工在哪些时候会使用塔吊。在整体施工模型中，用不同颜色的色块来表明塔吊的回转半径和影响区域，并进行碰撞检测来生成塔吊回转半径计划内的任何非钢安装活动的安全分析报告。某工程基于 BIM 的塔吊安全管理如图 5.3.2-25 所示，图中说明了塔吊管理计划中钢桁架的布置。

图 5.3.2-25　塔吊安全管理图

7）灾害应急管理

利用 BIM 及相应灾害分析模拟软件，可以在灾害发生前，模拟灾害发生的过程，分析灾害发生的原因，制定避免灾害发生的措施，以及发生灾害后人员疏散、救援支持的应急预案，为发生意外时减少损失并赢得宝贵时间。BIM 能够模拟人员疏散时间、疏散距离、有毒气体扩散时间、建筑材料耐燃烧极限、消防作业面等，主要表现为：4D 模拟、3D 漫游和 3D 渲染能够标识各种危险，且 BIM 中生成的 3D 动画、渲染能够用来同工人沟通应急预案计划方案。某工程火灾疏散模拟截图 5.3.2-26 所示。

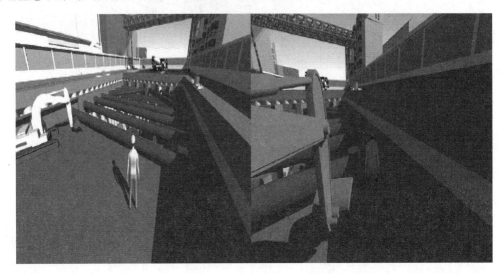

图 5.3.2-26　应急预案图

（6）施工成本管理

基于 BIM 技术，建立成本的 5D（3D 实体、时间、工序）关系数据库，以各 WBS 单位工程量人机料单价为主要数据进入成本 BIM 中，能够快速实行多维度（时间、空间、WBS）成本分析，从而对项目成本进行动态控制。

下面将对 BIM 技术在工程项目成本控制中的应用进行介绍。

1）快速精确的成本核算

BIM 是一个强大的工程信息数据库。进行 BIM 建模所完成的模型包含的二维图纸中所有位置长度等信息，并包含了二维图纸中不包含的材料等信息，计算机通过识别模型中的不同构件及模型的几何物理信息（时间维度，空间维度等），对各种构件的数量进行汇总统计，这种基于 BIM 的算量方法，将算量工作大幅度简化，减少了因为人为原因造成的计算错误，大量节约了人力的工作量和花费时间。

2）预算工程量动态查询与统计

基于 BIM 技术，模型可直接生成所需材料的名称、数量和尺寸等信息，而且这些信息将始终与设计保持一致，在设计出现变更时，该变更将自动反映到所有相关的材料明细表中，预算工程量与统计价工程师使用的所有构件信息也会随之变化。在基本信息模型的基础上增加工程预算信息，即形成了具有资源和成本信息的预算信息模型。

某工程采用 BIM 模型所显示的不同构件的信息如图 5.3.2-27 所示。

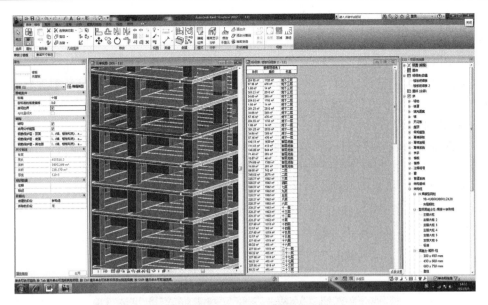

图 5.3.2-27　BIM 模型生成构件数据图

系统根据计划进度和实际进度信息，可以动态计算任意 WBS 节点任意时间段内每日计划工程量、计划工程量累计、每日实际工程量、实际工程量累计，帮助施工管理者实时掌握工程量的计划完工和实际完工情况。在分期结算过程中，每期实际工程量累计数据是结算的重要参考，系统动态计算实际工程量可以为施工阶段工程款结算提供数据支持。

3）限额领料与进度款支付管理

基于 BIM 软件，在管理多专业和多系统数据时，能够采用系统分类和构件类型等方式对整个项目数据进行方便管理，为视图显示和材料统计提供规则。例如，给水排水、电气、暖通专业可以根据设备的型号、外观及各种参数分别显示设备，方便计算材料用量，如图 5.3.2-28 所示。

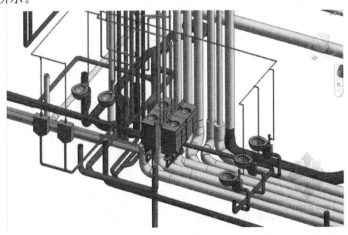

图 5.3.2-28　暖通与给水排水及消防局部综合模型图

传统模式下工程进度款申请和支付结算工作较为繁琐，基于 BIM 能够快速准确的统计出各类构件的数量，减少预算的工作量，且能形象、快速地完成工程量拆分和重新汇总，为工程进度款结算工作提供技术支持。

（7）物料管理

基于 BIM 的物料管理通过建立安装材料 BIM 模型数据库，使项目部各岗位人员及企业不同部门都可以进行数据的查询和分析，为项目部材料管理和决策提供数据支撑，具体表现如下：

1）安装材料 BIM 模型数据库

项目部拿到机电安装各专业施工蓝图后，由 BIM 项目经理组织各专业机电 BIM 工程师进行三维建模，并将各专业模型组合到一起，形成安装材料 BIM 模型数据库，该数据库是以创建的 BIM 机电模型和全过程造价数据为基础，把原来分散在安装各专业手中的工程信息模型汇总到一起，形成一个汇总的项目级基础数据库。安装材料 BIM 数据库建立与应用流程如图 5.3.2-29 所示。

图 5.3.2-29　安装材料 BIM 模型数据库建立与应用流程图

2）安装材料分类控制

材料的合理分类是材料管理的一项重要基础工作，安装材料 BIM 模型数据库的最大优势是包含材料的全部属性信息。在进行数据建模时，各专业建模人员对施工所使用的各种材料属性，按其需用量的大小、占用资金多少及重要程度进行"星级"分类，科学合理的控制。根据安装工程材料的特点，安装材料属性分类及管理原则见表 5.3.2-1。

安装材料属性分类及管理原则 表 5.3.2-1

等级	安 装 材 料	管 理 原 则
★★★	需用量大、占用资金多、专用或备料难度大的材料	严格按照设计施工图及 BIM 机电模型，逐项进行认真仔细的审核，做到规格、型号、数量完全准确
★★	管道、阀门等通用主材	根据 BIM 模型提供的数据，精确控制材料及使用数量
★	资金占用少、需用量小、比较次要的辅助材料	采用一般常规的计算公式及预算定额含量确定

3）用料交底

设备、电气、管道、通风空调等安装专业三维建模并碰撞检查后，BIM 项目经理组织各专业 BIM 项目工程师进行综合优化，提前消除施工过程中各专业可能遇到的碰撞。用 BIM 三维图、CAD 图纸或者表格下料单等书面形式做好用料交底，防止班组"长料短用、整料零用"，做到物尽其用，减少浪费及边角料，把材料消耗降到最低限度。

4）物资材料管理

运用 BIM 模型，结合施工程序及工程形象进度周密安排材料采购计划，不仅能保证工期与施工的连续性，而且能用好用活流动资金、降低库存、减少材料二次搬运。同时，材料员根据工程实际进度，可以方便地提取施工各阶段材料用量，在下达施工任务书中，附上完成该项施工任务的限额领料单，作为发料部门的控制依据，实行对各班组限额发料，防止错发、多发、漏发等无计划用料，从源头上做到材料的"有的放矢"，减少施工班组对材料的浪费。

5）材料变更清单

BIM 模型在动态维护工程中，可以及时的将变更图纸进行三维建模，将变更发生的材料、人工等费用准确、及时地计算出来，便于办理变更签证手续，保证工程变更签证的有效性。

（8）绿色施工管理

绿色施工管理指以绿色为目的、以 BIM 技术为手段，用绿色的观念和方式进行建筑的规划、设计，采用 BIM 技术在施工和运营阶段促进绿色指标的落实，促进整个行业的进一步资源优化整合。

下面将介绍以绿色为目的、以 BIM 技术为手段的施工阶段节地、节水、节材、节能管理。

1）节地与室外环境

节地主要体现在建筑设计前期的场地分析、运营管理中的空间管理以及施工用地的合理利用。BIM 在施工节地中的主要应用内容有场地分析、土方量计算、施工用地管理及空间管理等。

2）节水与水资源利用

BIM 技术在节水方面的应用主要体现在协助土方量的计算、模拟土地沉降、场地排水设计、分析建筑的消防作业面、设置最经济合理的消防器材、设计规划每层排水地漏位置，以及雨水等非传统水源收集循环利用等。

3）节材与材料资源利用

基于 BIM 技术，重点从钢材、混凝土、木材、模板、围护材料、装饰装修材料及生活办公用品材料七个主要方面进行施工节材与材料资源利用控制，通过 5D-BIM 安排材料采购的合理化，建筑垃圾减量化，可循环材料的多次利用化，钢筋配料，钢构件下料以及安装工程的预留、预埋，管线路径的优化等措施；同时根据设计的要求，结合施工模拟，达到节约材料的目的。BIM 在施工节材中的主要应用内容有管线综合设计、复杂工程预加工预拼装、物料跟踪等。

4）节能与能源利用

在方案论证阶段，项目投资方可以使用 BIM 来评估设计方案的布局、视野、照明、安全、人体工程学、声学、纹理、色彩及规范的遵守情况。BIM 甚至可以做到建筑局部的细节推敲，迅速分析设计和施工中可能需要应对的问题。

5）减排措施

利用 BIM 技术可以对施工场地废弃物的排放、放置进行模拟，以达到减排的目的。

5. 竣工交付阶段

竣工验收与移交是建设阶段的最后一道工序，目前在竣工阶段主要存在着以下问题：一是验收人员仅仅从质量方面进行验收，对使用功能方面的验收关注不够；二是验收过程中对整体项目的把控力度不大，譬如整体管线的排布是否满足设计、施工规范要求，是否美观，是否便于后期检修等，缺少直观的依据；三是竣工图纸难以反映现场的实际情况，给后期运维管理带来各种不可预见性，增加运营维护管理难度。

通过完整的、有数据支撑的、可视化竣工 BIM 模型与现场实际建成的建筑进行对比，可以较好地解决以上问题。BIM 技术在竣工阶段的具体应用如下：

（1）检查结算依据

竣工结算的依据一般包含以下几个方面：①《建设工程工程量清单计价规范》GB 50500—2013；②施工合同（工程合同）；③工程竣工图纸及资料；④双方确认的工程量；⑤双方确认追加（减）的工程价款；⑥双方确认的索赔、现场签证事项及价款；⑦投标文件；⑧招标文件；⑨其他依据。

在竣工结算阶段，对于设计变更，传统的办法是从项目开始对所有的变更等依据时间顺序进行编号成表，各专业修改做好相关记录，它的缺陷在于：①无法快速、形象地知道每一张变更单究竟修改了工程项目对应的哪些部位；②结算工程量是否包含设计变更只是依据表格记录，复核费时间；③结算审计往往要随身携带大量的资料。

BIM 的出现将改变以上传统方法的困难和弊端，每一份变更的出现可依据变更修改 BIM 模型而持有相关记录，并且将技术核定单等原始资料"电子化"，将资料与 BIM 模型有机关联，通过 BIM 系统，工程项目变更的位置一览无余，各变更单位置对应的原始技术资料随时从云端调取，查阅资料，对照模型三维尺寸、属性等。在某项目集成于 BIM 系统的含变更的结算模型中，BIM 模型高亮显示部位就是变更位置，结算人员只需要单击高亮位置，相应的变更原始资料即可以调阅。

（2）核对工程数量

在结算阶段，核对工程量是最主要、最核心、最敏感的工作，其主要工程数量核对形式依据先后顺序分为四种：

1）分区核对

分区核对处于核对数据的第一阶段，主要用于总量比对，一般预算员、BIM 工程师按照项目施工段的划分将主要工程量分区列出，形成对比分析表，如预算员采用手工计算则核对速度较慢，碰到参数的改动，往往需要一小时甚至更长的时间才可以完成，但是对于 BIM 工程师来讲，可能就是几分钟完成重新计算，重新得出相关数据。施工实际用量的数据也是结算工程量的一个重要参考依据，但是对于历史数据来说，往往分区统计存在误差，所以往往只存在核对总量的价值，特别是钢筋数据，某项目结算工程量分区对比分析见表 5.3.2-2。

结算工程量分区对比分析表　　　　　　　　　　　　　　　　表 5.3.2-2

| 序号 | 施工阶段 | BIM 数据 | 预算 数据 | 计算偏差 | | BIM 模型扣除钢筋占体积 | 实际 用量 | BIM 模型与现场量差 | | 备注 |
				数值	百分率（%）			数值	百分率（%）	
1	B-4-1	4281.98	4291.40	−9.42	−0.22	4166.37	4050.34	116.03	2.78	
2	B-4-2	3852.83	3852.40	0.43	0.01	3748.80	3675.30	73.50	1.96	
3	B-4-3	3108.18	3141.30	−33.12	−1.07	3024.26	3075.20	−50.94	−1.68	
4	B-4-4	3201.98	3185.30	16.68	0.52	3115.53	3183.80	−68.27	−2.19	
	合计	14444.97	14470.4	−25.43	−0.18	14054.96	13984.64	70.32	0.50	

2）分部分项清单工程量核对

分部分项核对工程量是在分区核对完成以后，确保主要工程量数据在总量上差异较小的前提下进行的。

如果 BIM 数据和手工数据需要比对，可通过 BIM 建模软件的导入外部数据，在 BIM 建模软件中快速形成对比分析表，通过设置偏差百分率警戒值，可自动根据偏差百分率排序，迅速对数据偏差交代的分部分项工程项目进行锁定，再通过 BIM 软件的"反查"定位功能，对所对应的区域构件进行综合分析，确定项目最终划分，从而得出较合理的分部分项子目。而且通过对比分析表亦可以对漏项进行对比检查。

3）BIM 模型综合应用查漏

由于目前项目承包管理模式（土建与机电往往不是同一家单位）和在传统手工计量的模式下，缺少对专业与专业之间的相互影响考虑将对实际结算工程量造成的一定偏差，或者由于相关工作人专业知识局限性，从而造成结算数据的偏差。

通过各专业 BIM 模型的综合应用，大大减少以前由于计算能力不足、预算员施工经验不足造成的经济损失。

4）大数据核对

大数据核对是在前三个阶段完成后的最后一道核对程序。对项目的高层管理人员依据一份大数据对比分析报告，可对项目结算报告作出分析，得出初步结论。BIM 完成后，可直接在云服务器上自动检索高度相似的工程进行云指标对比，查找漏项和偏差较大的项目。

（3）其他方面

BIM 在竣工阶段的应用除工程数量核对以外，还主要包括以下方面：

1）验收人员根据设计、施工阶段的模型，直观、可视化地掌握整个工程的情况，包括建筑、结构、水、暖、电等各专业的设计情况，既有利于对使用功能、整体质量进行把关，同时又可以对局部进行细致地检查验收。

2）验收过程可以借助 BIM 模型对现场实际施工情况进行校核，譬如管线位置是否满足要求、是否有利于后期检修等。

3）通过竣工模型的搭建，可以将建设项目的设计、经济、管理等信息融合到一个模型中，便于后期的运维管理单位使用，更好、更快地检索到建设项目的各类信息，为运维管理提供有力保障。

6. 运维阶段

目前，传统的运营管理阶段存在的问题主要有：一是目前竣工图纸、材料设备信息、合同信息、管理信息分离，设备信息往往以不同格式和形式存在于不同位置，信息的凌乱造成运营管理的难度；二是设备管理维护没有科学的计划性，仅仅是根据经验不定期进行维护保养，难以避免设备故障的发生带来的损失，处于被动式地管理维护；三是资产运营缺少合理的工具支撑，没有对资产进行统筹管理统计，造成很多资产的闲置浪费。

BIM 技术可以保证建筑产品的信息创建便捷、信息存储高效、信息错误率低、信息传递过程高精度等，解决传统运营管理过程中最严重的两大问题：数据之间的"信息孤岛"和运营阶段与前期的"信息断流"问题；整合设计阶段和施工阶段的关联基础数据，形成完整的信息数据库，能够方便运维信息的管理、修改、查询和调用，同时结合可视化技术，使得项目的运维管理更具操作性和可控性。

BIM 在运维阶段应用的四大优势：

1）数据存储借鉴

利用 BIM 模型，提供信息和模型的结合。不仅将运维前期的建筑信息传递到运维阶段，更保证了运维阶段新数据的存储和运转。BIM 模型所储存的建筑物信息，不仅包含建筑物的几何信息，还包含大量的建筑性能信息。

2）设备维护高效

利用 BIM 模型可以储存并同步建筑物设备信息。在设备管理子系统中，设备的档案资料有助于了解各设备可使用年限和性能；设备运行记录有助于了解设备已运行时间和运行状态；设备故障记录是对故障设备进行及时的处理并将故障信息进行记录借鉴；设备维护维修记录有助于确定故障设备的及时反馈以及设备的巡视。同时还可利用 BIM 可视化技术对建筑设施设备进行定点查询，直观地了解项目的全部信息。

3）物流信息丰富

采用 BIM 模型的空间规划和物资管理系统，可以随时获取最新的 3D 设计数据，以帮助协同作业。在数字空间进行模拟现实的物流情况，能显著提升庞大物流管理的直观性和可靠性，使服务者了解庞大的物流管理活动，有效降低了服务者进行物流管理时的操作难度。

4）数据关联同步

BIM 模型的关联性构建和自动化统计特性，对维护运营管理信息的一致性和数据统计的便捷化作出了贡献。

运维管理的范畴主要包括以下五个方面：空间管理、资产管理、维护管理、公共安全管理和能耗管理（图 5.3.2-30）。

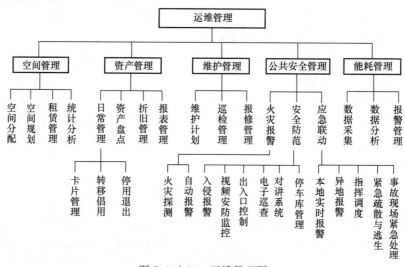

图 5.3.2-30　运维管理图

（1）空间管理

空间管理主要是满足组织在空间方面的各种分析及管理需求，更好地响应组织内各部门对于空间分配的请求及高效处理日常相关事务，计算空间相关成本，执行成本分摊等内部核算，增强企业各部门控制非经营性成本的意识，提高企业收益。

1）空间分配

创建空间分配基准，根据部门功能，确定空间场所类型和面积，使用客观的空间分配方法，消除员工对所分配空间场所的疑虑，同时快速地为新员工分配可用空间。

2）空间规划

将数据库和BIM模型整合在一起的智能系统跟踪空间的使用情况，提供收集和组织空间信息的灵活方法，根据实际需要、成本分摊比率、配套设施和座位容量等参考信息，使用预定空间，进一步优化空间使用效率；并且基于人数、功能用途及后勤服务预测空间占用成本，生成报表、制订空间发展规划。

3）租赁管理

大型商业地产对空间的有效利用和租售是业主实现经济效益的有效手段，也是充分实现商业地产经济价值的表现。应用BIM技术对空间进行可视化管理，分析空间使用状态、收益、成本及租赁情况，业主通过三维可视化直观地查询定位到每个租户的空间位置以及租户的信息，如租户名称、建筑面积、租约区间、租金情况、物业管理情况；还可以实现租户的各种信息的提醒功能。同时根据租户信息的变化，实现对数据的及时调整和更新，从而判断影响不动产财务状况的周期性变化及发展趋势，帮助提高空间的投资回报率，并能够抓住出现的机会及规避潜在的风险。

4）统计分析

开发如成本分摊比例表、成本详细分析、人均标准占用面积、组织占用报表、组别标准分析等报表，方便获取准确的面积和使用情况信息，满足内外部报表需求。

（2）资产管理

资产管理是运用信息化技术增强资产监管力度，降低资产的闲置浪费，减少和避免资产流失，使业主在资产管理上更加全面规范，从整体上提高业主资产管理水平。

1）日常管理

主要包括固定资产的新增、修改、退出、转移、删除、借用、归还、计算折旧率及残值率等日常工作。

2）资产盘点

按照盘点数据与数据库中的数据进行核对，并对正常或异常的数据作出处理，得出资产的实际情况，并可按单位、部门生成盘盈明细表、盘亏明细表、盘亏明细附表、盘点汇总表、盘点汇总附表。

3）折旧管理

包括计提资产月折旧、打印月折旧报表、对折旧信息进行备份，恢复折旧工作、折旧手工录入、折旧调整。

4）报表管理

可以对单条或一批资产的情况进行查询，查询条件包括资产卡片、保管情况、有效资产信息、部门资产统计、退出资产、转移资产、历史资产、名称规格、起始及结束日期、单位或部门。

（3）维护管理

建立设施设备基本信息库与台账，定义设施设备保养周期等属性信息，建立设施设备维护计划；对设施设备运行状态进行巡检管理并生成运行记录、故障记录等信息，根据生成的保养计划自动提示到期需保养的设施设备；对出现故障的设备从维修申请，到派工、维修、完工验收等实现过程化管理。

（4）公共安全管理

公共安全管理包括应对火灾、非法侵入、自然灾害、重大安全事故和公共卫生事故等危害人们生命财产安全的各种突发事件，建立起应急及长效的技术防范保障体系。基于 BIM 技术可存储大量具有空间性质的应急管理所需要数据，可以协助应急响应人员定位和识别潜在的突发事件，并且通过图形界面准确确定其危险发生的位置。并且 BIM 模型中的空间信息也可以用于识别疏散线路和环境危险之间的隐藏关系，从而降低应急决策制定的不确定性。另外，BIM 也可以作为一个模拟工具，来评估突发事件导致的损失，并且对响应计划进行讨论和测试。

（5）能耗管理

对于业主，有效地进行能源的运行管理是业主在运营管理中提高收益的一个主要方面。基于该系统通过 BIM 模型可以更方便地对租户的能源使用情况进行监控与管理，赋予每个能源使用记录表以传感功能，在管理系统中及时做好信息的收集处理，通过能源管理系统对能源消耗情况自动进行统计分析，并且可以对异常使用情况进行警告。

5.3.3　应用价值

1. BIM 在勘察设计阶段的作用与价值

BIM 在勘察设计阶段的主要应用价值见表 5.3.3-1。

BIM 在勘察设计阶段的应用价值表　　　　表 5.3.3-1

勘察设计 BIM 应用内容	勘察设计 BIM 应用价值分析
设计方案论证	设计方案比选与优化，提出性能、品质最优的方案
设计建模	（1）三维模型展示与漫游体验，很直观； （2）建筑、结构、机电各专业协同建模； （3）参数化建模技术实现一处修改，相关联内容智能变更； （4）避免错、漏、碰、缺发生
能耗分析	（1）通过 IFC 或 gbxml 格式输出能耗分析模型； （2）对建筑能耗进行计算、评估，进而开展能耗性能优化； （3）能耗分析结果存储在 BIM 模型或信息管理平台中，便于后续应用
结构分析	（1）通过 IFC 或 Structure Model Center 数据数据计算模型； （2）开展抗震、抗风、抗火等结构性能设计； （3）结构计算结果存储在 BIM 模型或信息管理平台中，便于后续应用
光照分析	（1）建筑、小区日照性能分析； （2）室内光源、采光、景观可视度分析； （3）光照计算结果存储在 BIM 模型或信息管理平台中，便于后续应用

勘察设计 BIM 应用内容	勘察设计 BIM 应用价值分析
设备分析	（1）管道、通风、负荷等机电设计中的计算分析模型输出； （2）冷、热负荷计算分析； （3）舒适度模拟； （4）气流组织模拟； （5）设备分析结果存储在 BIM 模型或信息管理平台中，便于后续应用
绿色评估	（1）通过 IFC 或 gbxml 格式输出绿色评估模型； （2）建筑绿色性能分析，其中包括：规划设计方案分析与优化； （3）节能设计与数据分析；建筑遮阳与太阳能利用； （4）建筑采光与照明分析； （5）建筑室内自然通风分析； （6）建筑室外绿化环境分析； （7）建筑声环境分析； （8）建筑小区雨水采集和利用； （9）绿色分析结果存储在 BIM 模型或信息管理平台中，便于后续应用
工程量统计	（1）BIM 模型输出土建、设备统计报表； （2）输出工程量统计，与概预算专业软件集成计算； （3）概预算分析结果存储在 BIM 模型或信息管理平台中，便于后续应用
其他性能分析	（1）建筑表面参数化设计； （2）建筑曲面幕墙参数化分格、优化与统计
管线综合	各专业模型碰撞检测，提前发现错、漏、碰、缺等问题，减少施工中的返工和浪费
规范验证	BIM 模型与规范、经验相结合，实现智能化的设计，减少错误，提高设计便利性和效率
设计文件编制	从 BIM 模型中出版二维图纸、计算书、统计表单，特别是详图和表达，可以提高施工图的出图效率，并能有效减少二维施工图中的错误

在我国的工程设计领域应用 BIM 的部分项目中，可发现 BIM 技术已获得比较广泛的应用，除上表中的"规范验证"外，其他方面都有应用，应用较多的方面大致如下：

（1）设计中均建立了三维设计模型，各专业设计之间可以共享三维设计模型数据，进行专业协同、碰撞检查，避免数据重复录入。

（2）使用相应的软件直接进行建筑、结构、设备等各专业设计，部分专业的二维设计图纸可以从三维设计模型自动生成。

（3）可以将三维设计模型的数据导入到各种分析软件，例如能耗分析、日照分析、风环境分析等软件中，快速地进行各种分析和模拟，还可以快速计算工程量并进一步进行工程成本的预测。

2. BIM 在施工阶段的作用与价值

（1）BIM 对施工阶段技术提升的价值

BIM 对施工阶段技术提升的价值主要体现在以下四个方面：

1）辅助施工深化设计或生成施工深化图纸；

2）利用 BIM 技术对施工工序的模拟和分析；

3）基于 BIM 模型的错漏碰缺检查；

4）基于 BIM 模型的实时沟通方式。

（2）BIM 对施工阶段管理和综合效益提升的价值

BIM 对施工阶段管理和综合效益提升的价值主要体现在以下两个方面：

1）可提高总包管理和分包协调工作效率；

2）可降低施工成本。

（3）BIM 对工程施工的价值和意义

BIM 对工程施工的价值和意义见表 5.3.3-2。

BIM 对工程施工的价值和意义表　　　　　　　　　　表 5.3.3-2

工程施工 BIM 应用	工程施工 BIM 应用价值分析
支撑施工投标的 BIM 应用	（1）3D 施工工况展示； （2）4D 虚拟建造
支撑施工管理和工艺改进的单项功能 BIM 应用	（1）设计图纸审查和深化设计； （2）4D 虚拟建造，工程可建性模拟（样板对象）； （3）基于 BIM 的可视化技术讨论和简单协同； （4）施工方案论证、优化、展示以及技术交底； （5）工程量自动计算； （6）消除现场施工过程干扰或施工工艺冲突； （7）施工场地科学布置和管理； （8）有助于构配件预制生产、加工及安装
支撑项目、企业和行业管理集成与提升的综合 BIM 应用	（1）4D 计划管理和进度监控； （2）施工方案验证和优化； （3）施工资源管理和协调； （4）施工预算和成本核算； （5）质量安全管理； （6）绿色施工； （7）总承包、分包管理协同工作平台； （8）施工企业服务功能和质量的拓展、提升
支撑基于模型的工程档案数字化和项目运维的 BIM 应用	（1）施工资料数字化管理； （2）工程数字化交付、验收和竣工资料数字化归档； （3）业主项目运维服务

3. BIM 在运营维护阶段的作用与价值

BIM 参数模型可以为业主提供建设项目中所有系统的信息，在施工阶段作出的修改将全部同步更新到 BIM 参数模型中形成最终的 BIM 竣工模型（As-built model），该竣工模型作为各种设备管理的数据库为系统的维护提供依据。

此外，BIM 可同步提供有关建筑使用情况或性能、入住人员与容量、建筑已用时间以及建筑财务方面的信息；同时，BIM 可提供数字更新记录，并改善搬迁规划与管理。BIM 还促进了标准建筑模型对商业场地条件（例如零售业场地，这些场地需要在许多不同地点建造相似的建筑）的适应。有关建筑的物理信息（例如完工情况、承租人或部门分配、家具和设备库存）和关于可出租面积、租赁收入或部门成本分配的重要财务数据都更加易于管理和使用。稳定访问这些类型的信息可以提高建筑运营过程中的收益与成本管理水平。

综合应用 GIS 技术，将 BIM 与维护管理计划相链接，实现建筑物业管理与楼宇设备的实时监控相集成的智能化和可视化管理，及时定位问题来源。结合运营阶段的环境影响和灾害破坏，针对结构损伤、材料劣化及灾害破坏，进行建筑结构安全性、耐久性分析与预测。

4. BIM 在项目全生命周期的作用与价值

在传统的设计－招标－建造模式下，基于图纸的交付模式使得跨阶段时信息损失带来大量价值的损失，导致出错、遗漏，需要花费额外的精力来创建、补充精确的信息。而基于 BIM 模型的协同合作模型下，利用三维可视化、数据信息丰富的模型，各方可以获得更大投入产出比（图 5.3.3-1）。

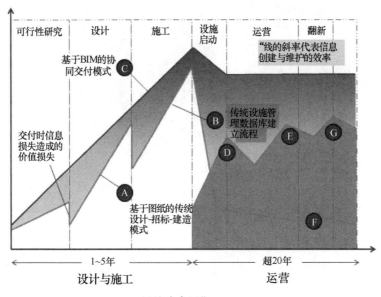

（A）传统单阶段、基于图纸的交付;　　（E）FM 与后台办公系统的整合;
（B）传统设施管理数据库系统;　　　　（F）利用既存图纸进行翻新;
（C）基于 BIM 的一体化交付与运营;　（G）更新设施管理数据库
（D）设施管理数据库的建立;

图 5.3.3-1　设施生命周期中各阶段的信息与效率图

美国 building SMART alliance（bSa）在"BIM Project Execution Planning Guide Version 1.0"中，根据当前美国工程建设领域的 BIM 使用情况总结了 BIM 的 20 多种主要应用（图 5.3.3-2）。从图中可以发现，BIM 应用贯穿了建筑的规划、设计、施工与运营四大阶段，多项应用是跨阶段的，尤其是基于 BIM 的"现状建模"与"成本预算"贯穿了建筑的全生命周期。

基于 BIM 技术无法比拟的优势和活力，现今 BIM 已被愈来愈多的专家应用在各式各

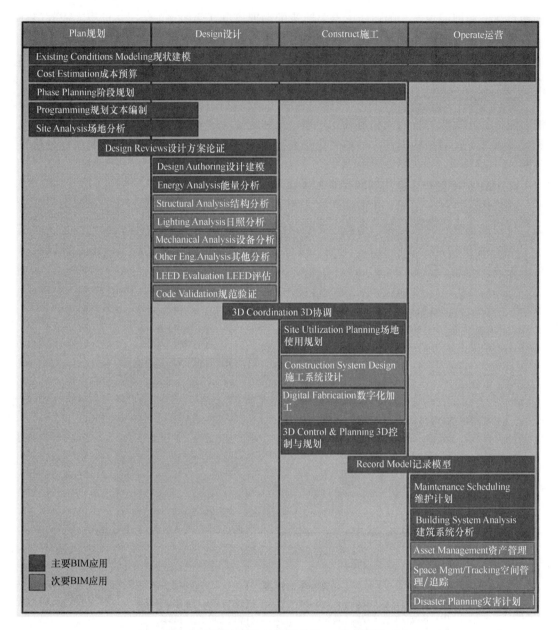

图 5.3.3-2　BIM 在建筑工程行业的 25 种应用图（bSa）

样的工程项目中，涵盖了从简单的仓库到形式最为复杂的新建筑，随着建筑物的设计、施工、运营的推进，BIM 将在建筑的全生命周期管理中不断体现其价值。

课 后 习 题

一、单选题

1. 下列对 BIM 的含义理解不正确的是(　　)。

A. BIM 是以三维数字技术为基础,集成了建筑工程项目各种相关信息的工程数据模型,是对工程项目设施实体与功能特性的数字化表达

B. BIM 是一个完善的信息模型,能够连接建筑项目生命期不同阶段的数据、过程和资源,是对工程对象的完整描述,提供可自动计算、查询、组合拆分的实时工程数据,可被建设项目各参与方普遍使用

C. BIM 具有单一工程数据源,可解决分布式、异构工程数据之间的一致性和全局共享问题,支持建设项目生命期中动态的工程信息创建、管理和共享,是项目实时的共享数据平台

D. BIM 技术是一种仅限于三维的模型信息集成技术,可以使各参与方在项目从概念产生到完全拆除的整个生命周期内都能够在模型中操作信息和在信息中操作模型

2. 下列对 IFC 理解正确的是(　　)。

A. IFC 是一个包含各种建设项目设计、施工、运营各个阶段所需要的全部信息的一种基于对象的、公开的标准文件交换格式

B. IFC 是对某个指定项目以及项目阶段、某个特定项目成员、某个特定业务流程所需要交换的信息以及由该流程产生的信息的定义

C. IFC 是对建筑资产从建成到退出使用整个过程中对环境影响的评估

D. IFC 是一种在建筑的合作性设计施工和运营中基于公共标准和公共工作流程的开放资源的工作方式

3. 施工仿真的应用内容不包括(　　)。

A. 施工方案模拟、优化

B. 施工变更管理

C. 工程量自动计算

D. 消除现场施工过程干扰或施工工艺冲突

4. 运维仿真的应用内容不包括(　　)。

A. 碰撞检查　　　　　　　　　　B. 设备的运行监控

C. 能源运行管理　　　　　　　　D. 建筑空间管理

5. 通过 BIM 三维可视化控件及程序自动检测,可对建筑物内机电管线和设备进行直观布置模拟安装,检查是否碰撞,找出问题所在及冲突矛盾之处,从而提升设计质量,减少后期修改,降低成本及风险。上述特性指的是(　　)。

A. 设计协调　　　　　　　　　　B. 整体进度规划协调

C. 成本预算、工程量估算协调　　D. 运维协调

二、多选题

1. 下列选项属于 BIM 技术的特点的是(　　)。

A. 可视化　　　　　　　　　　　B. 参数化

C. 一体化　　　　　　　　　　　D. 仿真性

E. 全能性

2. 对建筑物进行性能分析主要包括(　　)。

A. 能耗分析　　　　　　　　　　B. 光照分析

C. 结构分析　　　　　　　　　　D. 设备分析

E. 绿色评估

3. 运维管理主要包括(　　)。

A. 空间协调管理　　　　　　　　B. 时间协调管理

C. 设施协调管理　　　　　　　　D. 隐蔽工程协调管理

E. 应急管理协调　　　　　　　　F. 节能减排管理协调

三、简答题

1. BIM 技术的特点体现在哪些方面?

2. BIM 技术可以应用在智能建造中的哪些阶段?

3. BIM 技术在设计阶段的应用主要体现在哪些方面?

第 6 章　GIS 技术应用

导语： GIS 作为一种新型的技术与智能建造技术相融合产生了奇妙的"化学反应"，比如与 BIM 的融合。这项技术的运用不仅提高了生产效率和生产质量，而且为今后智能建造的发展也提供了新的方向。本章首先介绍了 GIS 技术的定义、特点和优势；然后介绍了 GIS 技术的国内外发展应用情况；最后具体阐述了 GIS 技术术在智能建造中是如何应用的，以及其应用价值。

6.1　GIS 技术概述

古往今来，几乎人类所有活动都是发生在地球上，都与地球表面位置（即地理空间位置）息息相关，随着计算机技术的日益发展和普及，地理信息系统以及在此基础上发展起来的"数字地球""数字城市"在人们的生产和生活中起着越来越重要的作用。

地理信息系统（Geographic Information System，简称 GIS）有时又称为"地学信息系统"。它是一种特定的十分重要的空间信息系统。它是在计算机硬、软件系统支持下，对整个或部分地球表层（包括大气层）空间中的有关地理分布数据进行采集、储存、管理、运算、分析、显示和描述的技术系统。

GIS 是一项以计算机为基础的新兴技术，围绕着这项技术的研究、开发和应用形成了一门交叉性、边缘性的学科，它是以地理空间数据库为基础，在计算机硬件的支持下，对空间相关数据进行采集、管理、操作、分析、模拟和显示，并采用地理模型等分析方法，实时提供多种空间和动态的地理信息，为地理研究和地理决策服务而建立起来的计算机技术系统，如图 6.1 所示。它的定义主要包含三个方面的内容：①GIS 使用的工具：计算机软硬件系统；②GIS 研究对象：空间物体的地理分布数据及属性；③GIS 数据建立过程：采集、存贮、管理、处理、检索、分析和显示。

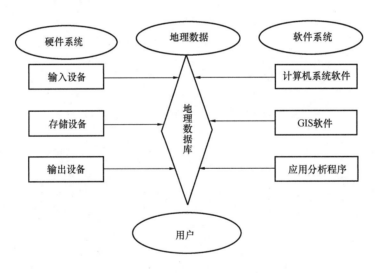

图 6.1　地理信息系统的组成

6.1.1　GIS 技术的定义

地理信息系统是一门综合性学科，结合地理学与地图学以及遥感和计算机科学，已经广泛地应用在不同的领域，是用于输入、存储、查询、分析和显示地理数据的计算机系统，随着 GIS 的发展，也有学者称 GIS 为"地理信息科学"（Geographic Information Science），近年来，也有称 GIS 为"地理信息服务"（Geographic Information Service）。GIS 是一种基于计算机的工具，它可以对空间信息进行分析和处理（简而言之，是对地球上存在的现象和发生的事件进行成图和分析)。
GIS 技术把地图这种独特的视觉化效果和
地理分析功能与一般的数据库操作(例如
查询和统计分析等)集成在一起,地理地
形信息如图 6.1.1 所示。人们对 GIS 理解
在不断深入,其内涵在不断拓展,"GIS"
中,"S"的含义包含四层意思:

图 6.1.1　地理地形信息

1. 系统(System)

是从技术层面的角度论述地理信息系统,即面向区域、资源、环境等规划、管理和分析。是指处理地理数据的计算机技术系统,但更强调其对地理数据的管理和分析能力。地理信息系统从技术层面意味着帮助构建一个地理信息系统工具,如给现有地理信息系统增加新的功能或开发一个新的地理信息系统或利用现有地理信息系统工具解决一定的问题,如一个地理信息系统项目可能包括以下几个阶段:

(1)定义一个问题;

(2)获取软件或硬件;

(3)采集与获取数据;

(4)建立数据库;

(5)实施分析;

(6)解释和展示结果。

这里的地理信息系统技术(Geographic information technologies)是指收集与处理地理信息的技术,包括全球定位系统(GPS)、遥感(Remote Sensing)和 GIS。从这个含义看,GIS 包含两大任务,一是空间数据处理;二是 GIS 应用开发。

2. 科学(Science)

是广义上的地理信息系统,常称之为地理信息科学,是一个具有理论和技术的科学体系,意味着研究存在于 GIS 和其他地理信息技术后面的理论与观念(GIScience)。

3. 服务(Service)

随着遥感等信息技术、互联网技术、计算机技术等的应用和普及,地理信息系统已经从单纯的技术型和研究型逐步向地理信息服务层面转移,如导航需要催生了导航 GIS 的诞生,著名的搜索引擎 Google 也增加了 Google Earth 功能,GIS 成为人们日常生活中的一部分。当同时论述 GIS 技术、GIS 科学或 GIS 服务时,为避免混淆,一般用 GIS 表示技术,GIScience 或 GISci 表示地理信息科学,GIService 或 GISer 表示地理信息服务。

4. 研究(Studies)

即 GIS= Geographic Information Studies,研究有关地理信息技术引起的社会问题(societal context),如法律问题(legal context)、私人或机密主题、地理信息的经济学问题等。

因此,地理信息系统是一种专门用于采集、存储、管理、分析和表达空间数据的信息系统,它既是表达、模拟现实空间世界和进行空间数据处理分析的"工具",也可看作是人们用于解决空间问题的"资源",同时还是一门关于空间信息处理分析的"科学技术"。GIS 属于信息系统的一类,不同在于它能运作和处理地理参照数据。地理参照数据描述地

球表面（包括大气层和较浅的地表下空间）空间要素的位置和属性，在 GIS 中的两种地理数据成分：空间数据，与空间要素几何特性有关；属性数据，提供空间要素的信息。

地理信息系统是以测绘测量为基础，以数据库作为数据储存和使用的数据源，以计算机编程为平台的全球空间分析即时技术。这是 GIS 的本质，也是核心。GIS 还是一个基于数据库管理系统（DBMS）的分析和管理空间对象的信息系统，以地理空间数据为操作对象是地理信息系统与其他信息系统的区别。

地理信息系统作为传统科学与现代信息技术相结合的产物，在发达国家已经成为现代管理决策的重要组成部分，并广泛应用在军事、地质、旅游等不同领域。在我国，虽然地理信息系统得到了较快发展，但是相对于发达国家还存在较大差距，在未来还有广阔的发展空间。

信息与数据既有区别，又有联系。数据是定性、定量描述某一目标的原始资料，包括文字、数字、符号、语言、图像、影像等，它具有可识别性、可存储性、可扩充性、可压缩性、可传递性及可转换性等特点。信息与数据是不可分离的，信息来源于数据，数据是信息的载体。数据是客观对象的表示，而信息则是数据中包含的意义，是数据的内容和解释。对数据进行处理（运算、排序、编码、分类、增强等）就是为了得到数据中包含的信息。数据包含原始事实，信息是数据处理的结果，是把数据处理成有意义的和有用的形式。

6.1.2　GIS 信息的特点

地理信息作为一种特殊的信息，它同样来源于地理数据。地理数据是各种地理特征和现象间关系的符号化表示，是指表征地理环境中要素的数量、质量、分布特征及其规律的数字、文字、图像等的总和。地理数据主要包括空间位置数据、属性特征数据及时域特征数据三个部分。空间位置数据描述地理对象所在的位置，这种位置既包括地理要素的绝对位置（如大地经纬度坐标），也包括地理要素间的相对位置关系（如空间上的相邻、包含等）。属性数据有时又称非空间数据，是描述特定地理要素特征的定性或定量指标，如公路的等级、宽度、起点、终点等。时域特征数据是记录地理数据采集或地理现象发生的时刻或时段。时域特征数据对环境模拟分析非常重要，正受到地理信息系统学界越来越多的重视。空间位置、属性及时域特征构成了地理空间分析的三大基本要素。

地理信息是地理数据中包含的意义，是关于地球表面特定位置的信息，是有关地理实体的性质、特征和运动状态的表征和一切有用的知识。作为一种特殊的信息，地理信息除具备一般信息的基本特征外，还具有区域性、空间层次性和动态性特点。

目前，GIS 软件多达 400 余种。国外较为流行的有 ARC/INFO、MAP/INFO、TIGRIS 等；国内应用较广的有 MAP/GIS、SUPERMAP 等。GIS 当前的发展方向是产业化，并且已经应用在多个领域，具有以下四个方面的特点：

1. 三维 GIS 的出现和应用

随着三维理论和技术的发展成熟，二维 GIS 在描述现实世界时，二维投影的不足为三维 GIS 所克服。当前三维 GIS 已经由以前的科研展示或只能在某一特定领域使用，进步到了全面应用和易用阶段。国内外近年来涌现出了大量三维 GIS 软件，例如，Google Earth、iTelluro、GeoGlobe 等。

2. 组件式 GIS

由于组件式 GIS 采用了组件式软件和面向对象技术，将 GIS 各大功能模块之下的每个组件与非 GIS 组件集成，并由此形成了 GIS 基础平台及应用系统，其功能和使用便捷性得到了进一步的提升和发挥。这一技术上的进步代表了 GIS 当今的发展潮流。在全球较为著名的有：美国环境研究所 ESRI 推出的 MapObjects1.2、美国 MapInfo 公司推出的 MapX3.0 等。除此之外，还有中国科学院地理科学与资源研究所推出的ActiveMap。

3. WebGIS

WebGIS 是通过整合 www 技术、GIS 技术及数据库技术所建立的网络 GIS。WebGIS的优点很多，一是功能多，可以使用通用型的浏览器进行查询和浏览，降低客户的技术与经济负担；二是具备良好的可扩展性，能够在 Web 中与其他信息服务进行集成，可以灵活的进行 GIS 应用；三是可以实现一次编程，多处运行，WebGIS 这种跨平台的特性能够基于 Java 技术之上实现。

4. 移动 GIS

集 GIS、GPS、移动通信技术于一身的系统即为移动 GIS。移动 GIS 基于移动互联网为支撑，以北斗、GPS 或移动基站为定位手段，以平板电脑或者智能手机为移动终端，成为 GIS、WebGIS 之后新的技术热点，其在野外数据采集、定位、移动办公等方面的便利性和高效性，能够满足政府机构、企事业单位或个人的需求。

6.1.3 GIS 技术的优势

1. 大数据 GIS 技术

大数据 GIS 技术是以云 GIS 技术、跨平台 GIS 技术和三维 GIS 技术为支撑（后者为大数据处理提供弹性的计算资源、跨平台的访问与应用能力和三维空间建模与分析能力），在 GIS 内核上与大数据 IT 技术融合，具备分布式存储与管理、流数据处理、分布式空间分析与可视化等基础核心能力。其技术特点可分为以下几个部分。

（1）分布式存储与管理。传统关系数据库的集中存储方式对大数据逐渐失效。如今大规模分布式存储系统被大数据 GIS 综合用于 PB 级矢量数据、文件型数据和百亿级瓦片等异构数据的存储，并在内核上扩展了大数据引擎，提供统一的管理接口。

（2）分布式计算与空间分析。在 Spark 弹性分布式数据集（Resilient Distributed Datasets，RDD）模型上，扩展了适用于空间数据表达的分布式要素数据集，支持各种分布式系统中多源数据的接入。利用 RDD 基础接口从空间、时间、属性多个维度扩展或建立分布式的空间计算与空间分析模型，如属性汇总、要素连接、轨迹重建、热点分析、聚合分析、密度分析等，支持面向大数据的分析与挖掘。分析结果可以通过热力图、格网图、散点图、密度图、OD 图等表达大数据空间分析对象的聚合程度、变化趋势和关联关系等，直观呈现数据隐藏的价值。

（3）流数据处理。在环境监测、车辆位置监控、流动人口行为分析等应用场景下，数据一般持续到达、规模庞大，且状态变化不可预测，要求处理技术具备增量计算、时间窗口、横向扩展且高容错性的处理能力。在 Apache Storm、Apache Spark Streaming 等流数据处理框架上扩展对空间对象和空间算法的支持，是空间流数据处理的有效手段。如采用模型化的方式，在 Spark Streaming 上封装了空间流数据分析模型，如地理围栏、路况计算等，并提供可视化的建模工具进行模型实现。

完整的空间大数据产品框架应该覆盖云和端上的所有产品，包括云上的 GIS 服务器，终端上的组件 GIS、桌面 GIS 等，构成无处不在的大数据 GIS 应用。在空间大数据存储方面，综合关系数据库集群、文件系统、NoSQL 数据库优势，实现多源异构数据的存储和管理。在组件 GIS 层，实现针对空间大数据处理的各种功能组件，诸如数据管理、空间分析和流数据处理等。在服务器 GIS 层，封装成相应的服务，不同的终端通过调用服务，实现大数据处理、分析与可视化。此外，大数据的处理与分析大都是多任务同时分布进行，需要管理调度软件保证容错性和处理的一致性。

2. GIS 与其他技术相联系的有地理信息系统（GIS）与全球定位系统（GPS）、遥感系统（RS）合称 3S 系统

（1）地理信息系统（GIS）

GIS 是一种具有信息系统空间专业形式的数据管理系统。在严格的意义上，这是一个具有集中、存储、操作和显示地理参考信息的计算机系统。例如，根据在数据库中的位置对数据进行识别。实习者通常也认为整个 GIS 系统包括操作人员以及输入系统的数据。GIS 技术能够应用于科学调查、资源管理、财产管理、发展规划、绘图和路线规划。例如，一个地理信息系统能使应急计划者在自然灾害的情况下较容易地计算出应急反应时间，或利用 GIS 系统来发现那些需要保护不受污染的湿地。

（2）全球定位系统（GPS）

图 6.1.3-1　GPS

GPS 又称全球卫星定位系统，是一个中距离圆形轨道卫星导航系统。它可以为地球表面绝大部分地区（98%）提供准确的定位、测速和高精度的时间标准，如图 6.1.3-1 所示。系统由美国国防部研制和维护，可满足位于全球任何地方或近地空间的军事用户连续精确地确定三维位置、三维运动和时间的需要。该系统包括太空中的 24 颗 GPS 卫星；地面上 1 个主控站、3 个数据注入站和 5 个监测站及作为用户端的 GPS 接收机。最少只需其中 3 颗卫星，就能迅速确定用户端在地球上所处的位置及海拔高度；所能连接到的卫星数越多，解码出来的位置就越精确。

全球定位系统由美国政府于 1970 年代开始进行研制并于 1994 年全面建成。使用者只需拥有 GPS 接收机即可使用该服务，无需另外付费。GPS 信号分为民用的标准定位服务（SPS，Standard Positioning Service）和军规的精确定位服务（PPS，Precise Positioning Service）两类。由于 SPS 无须任何授权即可任意使用，原本美国因为担心敌对国家或组织会利用 SPS 对美国发动攻击，故在民用信号中人为地加入选择性误差（即 SA 政策，Selective Availability）以降低其精确度，使其最终定位精度大概在 100m 左右；军规的精度在 10m 以下。2000 年以后，克林顿政府决定取消对民用信号的干扰。因此，现在民用 GPS 也可以达到 10m 左右的定位精度。

GPS 系统拥有如下多种优点：使用低频信号，纵使天候不佳仍能保持相当的信号穿透性；全球覆盖（高达 98％）；三维定速定时高精度；快速、省时、高效率；应用广泛、多功能；可移动定位；不同于双星定位系统，使用过程中接收机不需要发出任何信号增加了隐蔽性，提高了其军事应用效能。

（3）遥感系统（RS）

遥感技术是从人造卫星、飞机或其他飞行器上收集地物目标的电磁辐射信息，判认地球环境和资源的技术。它是 20 世纪 60 年代在航空摄影和判读的基础上随航天技术和电子计算机技术的逐渐发展而形成的综合性感测技术。任何物体都有不同的电磁波反射或辐射特征。航空航天遥感就是利用安装在飞行器上的遥感器感测地物目标的电磁辐射特征，并将特征记录下来，供识别和判断。把遥感器放在高空气球、飞机等航空器上进行遥感，称为航空遥感。把遥感器装在航天器上进行遥感，称为航天遥感。完成遥感任务的整套仪器设备称为遥感系统。航空和航天遥感能从不同高度、大范围、快速和多谱段地进行感测，获取大量信息。航天遥感还能周期性地得到实时地物信息。因此航空和航天遥感技术在国民经济和军事的很多方面获得广泛的应用。例如应用于气象观测、资源考察、地图测绘和军事侦察等。

地理信息系统（GIS）、全球定位系统（GPS）和遥感系统（RS）三者间的关系如图 6.1.3-2 所示。

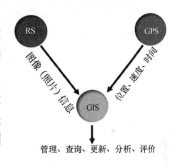

图 6.1.3-2　GIS、GPS、RS 三者间的关系

6.2　GIS 技术的国内外发展概况

6.2.1　GIS 技术国外发展概况

1. GIS 技术在美国发展概况

根据波士顿咨询集团 2012 年发布的研究报告，美国地理信息服务行业年收入为 730 亿美元，并将在未来 5 年保持 10％的增长；从业人员 50 万人，约占美国从业人员的 4％以上。美国主要地理信息企业有数字地球（Digital Earth）、美国环境系统研究所公司（ESRI）、天宝（Trimble）、宾利（Bentley）等。

美国地理信息政策鼓励政府购买公共服务，信息资源共享和商业化程度高。美国是最早向民间资本开放对地观测投资的国家之一。2011 年，美国国会研究院（CRS）在地理信息研究报告中指出，美国地方政府通常通过合约的方式购买民营企业生产的时效性更好、分辨率更高的数据。全球最大商业遥感公司——Digital Earth2015 年财报指出，公司 64.3％的订单来自政府部门采购。2015 年，美国国家地理空间情报局（NGA）发布《商用地理信息情报战略》，提出购买商业公司遥感影像的计划，并与初创影像公司（Planet Labs）签署了 7 个月 2000 万美元的合同，购买其高分辨率影像，以全面提升全球影像的更新频率至 15 天。白宫科学和技术政策办公室（OSTP）2014 年发布的《民用对地观测战略规划》指出，将在法律和财政允许范围内投入经费购买商业对地观测数据，利用商业火箭发射卫星，并列出了购买商业高分辨率卫星影像和商业雷达卫星数据的计划。美国商务部在《地理信息战略规划》中专门将"利用多部门数据获取媒介进行地理信息数据和服务的跨机构和政府间采购"作为提升能力的阶段性目标之一。

2. GIS 技术在加拿大发展概况

加拿大政府近年来多次对其国内地理信息产业规模进行估算，2004 年产值为 12.7 亿美元；2015 年产值为 17 亿美元，对经济的贡献率达到了 158 亿美元（占比 1.1％），创造了约 19000 个工作岗位。

截至 2015 年，加拿大地理信息产业共有 2450 家公司，大多数企业规模较小，有 74％的公司员工少于 50 名，但加拿大拥有诸如 MDA、PCI 等老牌地理信息龙头企业，大多数公司提供能够综合性地理信息服务。

3. GIS 技术在英国发展概况

英国国际咨询和市场分析组织 Consulting Where 发布的《2012 年英国位置市场调查》估算，2012 年英国位置服务市场规模大约为 12.3 亿英镑。截至 2015 年，英国地理信息产业公司超过 2000 家。英国地理信息产业处于成熟稳定阶段，产业高度开放，市场化程度非常高。2016 年，官方测绘行政主管部门军械测量局（OS）从"依靠市场筹集资金的政府机构（Trading Fund and Government Agency）"转型成为政府所有的企业（Governmentowned Company）。

英国地理信息产业规模与其他国家相比虽然不大，却对本国经济产生了数百倍于自身规模的经济价值，影响经济指数远高于美国、加拿大、印度等国家，英国国家地理信息部门每年为超过 1000 亿英镑的经济活动提供信息支撑。

英国有相对优越的地理信息产业发展环境，商业化程度高、空间基础设施建设较为完善、测绘政策环境宽松。作为政府所有的企业，OS 没有固定的国家财政投入，需要提供最优质的服务实现盈利，和其他企业在健全的市场机制下公平竞争。英国 2005 年公布了《政府公共信息再利用规定》（Re-Use of Public Sector Information Regulations），其中指出："除《信息自由法》内列出的豁免公开的信息是不可以提供和再利用的外，其余信息都可以获取"，以此促进信息的再次利用，推动政府地理信息数据走向社会流通。

4. GIS 技术在日本发展概况

日本有着比较坚实的地理信息系统基础，但产业发展起步较晚，尚未形成完整的产业链。日本导航市场发展迅速，由日本独立研发的"准天顶卫星系统"（QZSS）计划的成功实施，大力促进了日本区域经济以及 GPS 相关市场的发展。日本政府预测，"准天顶卫星"系统全面投入使用后，将产生 6 万亿日元以上的经济效益。日本政府积极出台相应政策，促进遥感卫星商业化的发展，现已实现了遥感卫星的整星出口。

日本相关地理信息企业数量少、规模较小，主要集中于导航电子地图行业。全球导航电子地图制造行业的五大制造商中，日本占据了其中三家，包括 Toyota Map Master、IPC 和 Zenrin，日本导航电子地图的生产、研发占据世界领先地位。此外，日本企业所生产的地理信息技术装备，在国际测绘仪器市场中占据领先地位，这在一定程度上带动了日本地理信息产业的发展，成为其主要硬件优势。

日本在发挥企业作用方面非常重视且有比较完善的机制。2007 年发布的《推进地理信息利用基本法》特别强调，要充分考虑到民营企业的发展潜力，充分利用其生产的地理信息数据。日本特别注重产业、学术界、政府之间的合作和科研成果的转化，在 2012 年发布的《推进地理信息利用基本计划》和 2014 年国土地理院（GSI）公布的《基础测绘长期规划》中，专门指出要深化"产、学、官"合作，扩展地理信息应用领域。日本有相对完善的政府购买公共服务机制，在 2011 年日本大地震时期和其他应急测绘情况下，政府就购买了企业生产的影像数据。日本国土地理院通过利用标准化数据、调查用户需求等方式鼓励私人企业利用政府数据，同时专门在规划中提出鼓励倾斜摄影、移动测量系统、无人机等新技术地理信息企业的成立。

5. GIS 技术在俄罗斯发展概况

2000 年以来，随着俄罗斯国家经济的复苏和空间战略的重启，俄罗斯航天与空间产业的重点项目——GLONASS 重新获得政府的大力支持，2001—2011 年共投入 47 亿美元，并计划在 2012—2020 年间投入 100 亿美元。虽然 GLONASS 自 2006 年已经实现全球覆盖，但在商业开发方面却远不及美国的 GPS。为了改善这个局面，俄罗斯政府采取各种手段来推动 GLONASS 进入民用领域，包括推动军民合用、出台不加密的开放政策等。GLONASS 已经打破了美国长期以来在卫星导航定位领域的垄断地位。目前，几个大的芯片制造厂商 Qualcomm、Exynos and Broadcom 的产品都已经同时支持 GPS 和 GLONASS。大部分知名品牌如 Sony Ericsson、Samsung、Apple、HTC、Xiaomi 的智能手机都已经支持 GLONASS 导航。

俄罗斯官方高度关注测绘地理信息发展，总统普京于 2015 年签署了《俄罗斯联邦大地测量、制图和空间数据法》。该项法律对大地测量和制图活动等行为进行了定义，明确了制图活动、国家坐标系、国家海拔系统和国家重力系统、国家大地测量网等方面的有关规定，并对涉及俄罗斯国家信息安全方面的问题作出了规定，为俄罗斯地理信息产业发展提供了法律依据。

6. GIS 技术在印度发展概况

近年来，印度大力发展卫星遥感技术并取得了重要成果，印度遥感卫星系列被认为是世界上最好的民用遥感卫星系列之一，CartoSAT-2 系列卫星空间分辨率已经达到了亚米级别并且已形成成熟的卫星组网。

据统计，2011 年印度地理信息服务产业产值为 30 亿美元，占 2011 年印度 GDP 的 0.17%，提供了约 13.5 万个工作岗位。更为重要的是，地理信息服务产业对经济的带动影响是其自身产值的 15 倍。印度地理信息服务帮助印度商业提升 400 亿～450 亿美元，节约成本 700 亿～750 亿美元，影响百万个工作岗位。2016 年印度地理信息产业产值达到 40 亿美元，2025 年预计达到 200 亿美元，年均复合增长率预期达到 12%～15%。

印度绝大部分地理信息企业从事 GIS 业务，占 86%。印度地理信息产业产值的 85% 是由 20 家大型公司创造的。这些公司前期主要从事 IT 服务，之后不断加入 GIS 相关服务。

印度政府高度关注本国地理信息产业发展。2005 年发布《国家地图政策》，确定了防御地图和开放地图的界线。2011 年发布《遥感数据政策》，开放了 1m 分辨率的遥感影像数据分发。2012 年发布《国家数据共享和获取政策》，规范了数据共享的范围和方式。2016 年底发布了《地理空间信息管理法案》草案，旨在保障国家主权和地理空间信息的安全。该法案规范了地理信息获取、公开、分发以及在国外使用印度本国地理信息资源等各类行为，特别规定在获取、公开出版或分发印度的任何地理信息之前，Google 和 Apple 等公司必须获得政府当局的许可，并明确以上规定同样适用于使用位置服务的个人。对于违法使用地理位置或者非法利用 Ola、Uber、Zomato 以及各类社交平台追踪位置的软件公司，将处以 1000 万卢比的罚款。

7. GIS 技术全球发展概况

15000 年前，在拉斯考克（Lascaux）附近的洞穴墙壁上，法国的 Cro Magnon 猎人画下了他们所捕猎动物的图案，与这些动物图画相关的是一些描述迁移路线和轨迹线条和符号。这些早期记录符合了现代地理资讯系统的二元素结构：一个图形文件对应一个属性数据库。

18 世纪地形图绘制的现代勘测技术得以实现，同时还出现了专题绘图的早期版本，例如：科学方面或人口普查资料。约翰·斯诺在 1854 年，用点来代表个例，描绘了伦敦的霍乱疫情，这可能是最早使用地理方法的位置。

20 世纪初期将图片分成层的"照片石印术"得以发展。它允许地图被分成各图层，例如一个层表示植被和另一层表示水。这技术特别用于印刷轮廓绘制，这是一个劳力集中的任务，但他们有一个单独的图层，意味着他们可以不被其他图层上的工作混淆。这项工作最初是玻璃板上绘制，后来，塑料薄膜被引入，具有更轻，使用较少的存储空间，柔韧等优势。当所有的图层完成，再由一个巨型处理摄像机结合成一个图像。彩色印刷引进后，层的概念也被用于创建每种颜色单独的印版。尽管后来层的使用成为当代地理信息系统的主要典型特征之一，刚才所描述的摄影过程本身并不被认为是一个地理信息系统，因为这个地图只有图像而没有附加的属性数据库。

20 世纪 60 年代早期，在核武器研究的推动下，计算机硬件的发展导致通用计算机"绘图"的应用。

1967 年，世界上第一个真正投入应用的地理信息系统由联邦林业和农村发展部在加拿大安大略省的渥太华研发。罗杰·汤姆林森博士开发的这个系统被称为加拿大地理信息系统（CGIS），用于存储、分析和利用加拿大土地统计局（CLI）使用的 1：50000 比例尺，利用关于土壤、农业、休闲、野生动物、水禽、林业和土地利用的地理信息，以确定加拿大农村的土地能力；并增设了等级分类因素来进行分析收集的数据。

CGIS 是"计算机制图"应用的改进版，它提供了覆盖、资料数字化/扫描功能。它支持一个横跨大陆的国家坐标系统，将线编码为具有真实的嵌入拓扑结构的"弧"，并在单独的文件中存储属性和区位信息。由于这一结果，尤其是因为他在促进收敛地理数据的空间分析中对覆盖的应用，汤姆林森被称为"地理信息系统之父"。

CGIS 一直持续到 20 世纪 70 年代才完成，耗时太长，因此在其发展初期，不能与如 Intergraph 这样的销售各种商业地图应用软件的供应商竞争。CGIS 一直使用到 20 世纪 90

年代，并在加拿大建立了一个庞大的数字化的土地资源数据库。它被开发为基于大型机的系统以支持一个在联邦和省的资源规划和管理。其能力是大陆范围内的复杂数据分析。CGIS 未被应用于商业。微型计算机硬件的发展使得像 ESRI 和 CARIS 那样的供应商成功地兼并了大多数的 CGIS 特征，并结合了对空间和属性信息的分离的第一种世代方法与对组织的属性数据的第二种世代方法入数据库结构。20 世纪 80 年代和 90 年代产业成长，刺激应用了 GIS 的 UNIX 工作站和个人计算机飞速增长。至 20 世纪末，在各种系统中迅速增长使得其在相关的少量平台已经得到了巩固和规范。并且用户开始提出了在互联网上查看 GIS 数据的概念，这要求数据的格式和传输标准化。目前，在全球信息化进程加速和经济形势复杂严峻的大背景下，地理信息产业发展迅速，产业成熟度不断提升，与经济社会发展的联系不断增加；云计算、物联网、自动化机器人、深度学习和人工智能等共同驱动地理信息产业发展模式、发展重点、政策框架等发生了深刻变革。

2013 年，由 Google 公司委托 Oxera 经济咨询公司开展的关于地理信息服务的研究中指出，全球地理信息产业收入达到 2700 亿美元，地理信息服务为全球节省了 11 亿小时的工作时间，创造了约 1000 亿美元的附加价值。据地理信息世界论坛 2017 年出版的《全球地理信息产业展望报告》估计，地理信息产业产值的年复合增长率达到了 15% ~ 20%，全世界范围内地理信息产业为经济社会带来的间接效益超过 5000 亿美元。

放眼全球，地理信息产业发展空间特征与世界经济社会发展状况高度吻合。2017 年《全球地理信息产业展望报告》对全球 50 个主要国家的地理信息综合能力进行了排名，其中在产业能力方面对产品供应商、服务供应商和解决方案供应商的情况进行综合评分，得分最高的前十个国家分别是美国、加拿大、英国、德国、荷兰、日本、西班牙、中国、比利时和俄罗斯。美国、加拿大地理信息产业发展起步早、产业规模较大、市场机制成熟、主导技术和专利拥有量多，组成了地理信息产业发展的第一梯队；欧洲、日本等国家地区快速跟进，核心科学技术带动产业发展理念强、政府扶持产业发展力度大，组成了地理信息产业发展的第二梯队；以中国、俄罗斯、印度为代表的"金砖国家"虽然产业发展起步较晚，但凭借强大的科研实力和价格优势迅速占领了地理信息产业的细分领域，并呈现出快速扩张的势头，组成了地理信息产业发展的第三梯队。

当今社会，人们非常依赖计算机以及计算机处理过的信息。在计算机时代，信息系统部分或全部由计算机系统支持，因此，计算机硬件、软件、数据和用户是信息系统的四大要素。其中，计算机硬件包括各类计算机处理及终端设备；软件是支持数据信息的采集、存贮加工、再现和回答用户问题的计算机程序系统；数据则是系统分析与处理的对象，构成系统的应用基础；用户是信息系统所服务的对象。

从 20 世纪中叶开始，人们就开始开发出许多计算机信息系统，这些系统采用各种技术手段来处理地理信息，它包括：

1. 数字化技术：输入地理数据，将数据转换为数字化形式的技术；

2. 存储技术：将这类信息以压缩的格式存储在磁盘、光盘以及其他数字化存储介质上的技术；

3. 空间分析技术：对地理数据进行空间分析，完成对地理数据的检索、查询，对地理数据的长度、面积、体积等的量算，完成最佳位置的选择和最佳路径的分析以及其他许多相关任务的方法；

4. 环境预测与模拟技术：在不同的情况下，对环境的变化进行预测模拟的方法；

5. 可视化技术：用数字、图像、表格等形式显示、表达地理信息的技术。

这类系统共同的名字就是地理信息系统（GIS，Geographic Information System），它是用于采集、存储、处理、分析、检索和显示空间数据的计算机系统。与地图相比，GIS 具备的先天优势是将数据的存储与数据的表达进行分离，因此基于相同的基础数据能够产生出各种不同的产品。

6.2.2　GIS 技术国内发展概况

在我国，中国科学院院士陈述彭于 1977 年率先提出了开展我国地理信息系统研究的建议。20 世纪 80 年代中期以后，众多院校和科研院所在 GIS 研究方面做了大量工作，推动了 GIS 技术和产品的迅速发展。

1987 年，北京大学遥感所成功研发出中国第一套基于栅格数据处理的 GIS 基础软件 PURSIS，中国地质大学（武汉）研发成功中国第一套基于矢量数据处理的 GIS 基础软件 MapCAD。随后，MapGIS、CityStar、GeoStar、APSIS、WinGIS 等国产 GIS 平台在短短几年内纷纷涌现。经过多年激烈的市场竞争的洗礼，中国 GIS 行业的创新能力大幅增强，技术水平大幅提升。

1992 年，龚健雅教授主持国家"九五"攻关项目——面向对象 GIS 基础软件研究，组织科研团队协同攻关，研发出了吉奥之星（GeoStar）系统原型。

2001 年 863 计划启动"面向网络海量空间信息大型 GIS"科研项目，对企业进行择优支持，最终出现了之后 20 年国产 GIS 软件"双雄"：中地数码（MapGIS）和超图软件（SuperMap）。

2005 年，我国"神舟六号"飞船顺利返航，安全着陆 22 分钟之后，搜救部队直升飞机抵达着陆现场，找到返回舱。其所使用的系统正是基于 MapGIS 开发的"载人航天任务主着落场搜救辅助决策系统"。

目前，中国 GIS 软件紧跟 IT 技术发展的趋势，在云 GIS、三维 GIS、大数据、BIM、虚拟现实/增强现实、室内 GIS 等技术上已开始了一系列的探索和应用，众多传统行业也随着地理信息技术的进步焕发新力量。2017 年，由中国地质调查局主持研发的一套面向社会公众、地质调查技术人员、地学科研机构、政府部门等的"地质云"综合性地质信息服务系统，利用了 MapGIS 的"云"能力，盘活地质大数据，提高了地质调查工作效率和管理水平，建立了智能地质调查工作的新模式。

GIS 技术主要应用内容随着人们对空间信息认识的加深及数字化产品的普及，其应用的深度和广度将进一步加深和拓宽。据不完全统计，现实数据库信息中大约 75％的信息具有空间性，政府部门信息中大约 85％的信息具有空间性。因此，GIS 在众多领域都将扮演重要角色，不仅能帮助人们解决全球环境变化和区域可持续发展等重大问题，而且将呈现社会化的应用趋势，成为人们在科研、生产、生活、学习和工作中不可缺少的工具与手段。

6.3 GIS 技术在智能建造中的应用

6.3.1 GIS 的技术架构

从应用的角度，地理信息系统由硬件、软件、数据、人员和方法五部分组成，如图 6.3.1 所示。硬件和软件为地理信息系统建设提供环境；数据是 GIS 的重要内容；方法为 GIS 建设提供解决方案；人员是系统建设中的关键和能动性因素，直接影响和协调其他几个组成部分。GIS 软件的选型，直接影响其他软件的选择，影响系统解决方案，也影响着系统建设周期和效益。数据是 GIS 的重要内容，也是 GIS 系统的灵魂和生命。数据组织和处理是 GIS 应用系统建设中的关键环节。

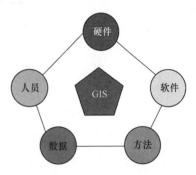

图 6.3.1　GIS 组成

（1）人员，是 GIS 中最重要的组成部分。开发人员必须定义 GIS 中被执行的各种任务，开发处理程序。熟练的操作人员通常可以克服 GIS 软件功能的不足，但是相反的情况就不成立。最好的软件也无法弥补操作人员对 GIS 的一无所知所带来的副作用。GIS 技术如果没有人来管理系统和制定计划应用于实际问题，将会失去价值。GIS 的用户范围包括从设计和维护系统的技术专家到那些使用该系统并完成他们每天工作的人员。

（2）数据，精确的可用的数据可以影响到查询和分析的结果。一个 GIS 系统中最重要的部件就是数据了。地理数据和相关的表格数据可以自己采集或者从商业数据提供者处购买。GIS 将把空间数据和其他数据源的数据集成在一起，而且可以使用那些被大多数公司用来组织和保存数据的数据库管理系统来管理空间数据。

（3）硬件，硬件的性能影响到软件对数据的处理速度，使用是否方便及可能的输出方式。硬件是 GIS 所操作的计算机。今天，GIS 软件可以在很多类型的硬件上运行。从中央计算机服务器到桌面计算机，从单机到网络环境。

（4）软件，不仅包含 GIS 软件，还包括各种数据库，绘图、统计、影像处理及其他程序。GIS 软件提供所需的存储、分析和显示地理信息的功能和工具。主要的软件部件有：

① 输入和处理地理信息的工具；

② 数据库管理系统（DBMS）；

③ 支持地理查询、分析和视觉化的工具；

④ 容易使用这些工具的图形化界面（GUI）。

（5）方法，GIS 要求明确定义、一致的方法来生成正确的可验证的结果。成功的 GIS 系统，应具有好的设计计划和事务规律，且对每一个用户具体的操作实践是独特的。

6.3.2 具体应用

1. 资源清查与管理

资源的清查、管理与分析是 GIS 应用最广泛且趋于成熟的应用领域，也是 GIS 最基

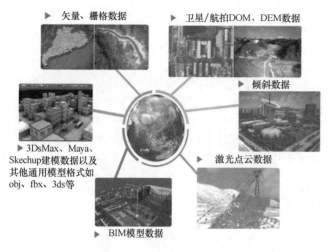

矢量、栅格数据

卫星/航拍DOM、DEM数据

倾斜数据

3DsMax、Maya、Skechup建模数据以及其他通用模型格式如obj、fbx、3ds等

激光点云数据

BIM模型数据

图 6.3.2　GIS 数据种类

本的职能，包括土地资源、森林资源和矿产资源的清查、管理，土地利用规划、野生动植物保护等如图 6.3.2 所示。

GIS 的主要任务是将各种来源的数据和信息有机地汇集在一起，通过 GIS 软件生成一个连续无缝的、功能强大的大型地理数据库。该数据环境允许集成各种应用，如通过系统的统计、叠置分析等功能，按照多种边界和属性条件，提供区域多种条件组合形式的资源统计和资源状况分析，最终用户可通过 GIS 的客户端软件直接对数据库进行查询、显示、统计、制图及提供区域多种组合条件的资源分析，为资源的合理开发利用和规划决策提供依据。

以土地利用类型为例，可输出不同土地利用类型的分布和面积、按不同高程带划分的土地利用类型、不同坡度区内的土地利用现状及不同类型的土地利用变化等，为资源的合理利用、开发和科学管理提供依据。如中国西南地区国土资源信息系统，设置了三个功能子系统，即数据库系统、辅助决策系统和图形系统，存储了 1500 多项 300 多万个资源数据。该系统提供了西南地区的一系列资源分析与评价模型、资源预测预报及资源合理开发配置模型。该系统可绘制草场资源分布图、矿产资源分布图、各地县产值统计图、农作物产量统计图、交通规划图及重大项目规划图等不同的专业图。

2. 区域规划

区域规划具有高度的综合性，涉及资源、环境、人口、交通、经济、教育、文化、通信和金融等众多要素，要把这些信息进行筛选并转换成可用的形式并不容易，规划人员需要切实可行的技术和实时性强的信息，而 GIS 能为规划人员提供功能强大的工具。

规划人员可利用 GIS 对交通流量、土地利用和人口数据进行分析，预测将来的道路等级；工程技术人员利用 GIS 将地质、水文和人文数据结合起来，进行路线和构造设计；GIS 软件的空间搜索算法、多元信息的叠置处理、空间分析方法和网络分析等功能，可帮助政府部门完成道路交通规划、公共设施配置、城市建设用地适宜性评价、商业布局、区位分析、地址选择、总体规则、分区、现有土地利用、分区一致性、空地、开发区和设施位置等分析工作，是实现区域规划科学化和满足城市发展的重要保证。我国大、中城市居多，为保证城市可持续发展，加强城市规划建设，实现管理决策的科学化、现代化，根据加快中心城市规划建设和加强城市建设决策科学化的要求，利用 GIS 作为城市规划管理和分析的工具，具有十分重要的意义。

3. 灾害监测

借助遥感监测数据和 GIS 技术可有效地进行森林火灾的预测预报、洪水灾情监测和洪水淹没损失的估算及抗震救灾等工作，为救灾抢险和决策提供及时准确的信息。如根据对我国大兴安岭地区的研究，通过普查分析森林火灾实况，统计分析十几万个气象数据，从中筛选出气温、风速、降水、温度等气象要素以及春秋两季植被生长情况和积雪覆盖程度等 14 个因子，用模糊数学方法建立数学模型以及模型建立的多因子综合指标森林火险预报方法，预报火险等级的准确率可达 73％以上。又如黄河三角洲地区防洪减灾信息系统，在 Arc/Info GIS 软件支持下，借助大比例尺数字高程模型，加上各种专题地图如土地利用、水系、居民点、油井、工厂和工程设施及社会经济统计信息等，通过各种图形叠加、操作、分析等功能，可计算出若干个泄洪区域及其面积，比较不同泄洪区域内的土地利用、房屋、财产损失等，最后得出最佳的泄洪区域，并制定整个泄洪区域内的人员撤退、财产转移和救灾物资供应等的最佳运输路线。

此外，RS 与 GIS 技术在抗震救灾中也有广泛应用。我国是地震多发国家之一，为了尽可能减少在未来地震中的生命和财产损失，必须建立一套地震应急快速响应信息系统。GIS 技术作为该系统的基础，在平时建立起来的地震重点监视防御区的综合信息数据库和信息系统基础上，一旦发生大地震，就可借助 RS 和 GIS 技术迅速获取震区的各种信息，经过快速处理来获得地震灾害的各种信息，以便实现对破坏性地震的快速响应，防震减灾应急对策建议的即时生成，各种震情、灾情、背景、方案信息的可视化图形展示。这些信息不仅可为抗震救灾的部署提供重要依据，也可为各种救灾措施的实施提供信息支持，以提高抗震救灾的效率，最大限度地减轻地震造成的损失。GIS 技术在地震中的具体应用包括应急指挥、灾害评估、辅助决策、地震灾害预测等。

4. 土地调查和地籍管理

土地调查包括对土地的调查、登记、统计、评价、使用等。土地调查的数据涉及土地的位置、房地界、名称、面积、类型、等级、权属、质量、地价、税收、地理要素及有关设施等项内容。土地调查是地籍管理的基础工作。随着国民经济的发展，地籍管理工作的重要性正变得越来越明显，土地调查的工作量变得越来越大，以往传统的手工方法已不能胜任。GIS 为解决这一问题提供了先进的技术手段。借助 GIS 可以进行地籍数据的管理、更新，开展土地质量评价和经济评价，输出地籍图，同时还可为有关用户提供所需的信息，为土地的科学管理和合理利用提供依据。

5. 环境管理

随着经济的高速发展，环境问题越来越受到人们的重视，环境污染、环境质量退化已成为制约区域经济发展的主要因素之一。环境管理涉及人类的社会活动和经济活动的一切领域。传统的环境管理方式已不断受到挑战，逐渐落后于我国经济发展的要求。而 GIS技术可为环境评价、环境规划管理等工作提供有力工具，如环境监测和数据收集、建立基础数据库和环境动态数据库、建立环境污染的有关模型、提供环境管理的统计数据和报表输出、环境作用分析和环境质量评价、环境信息传输和制图等。为提高我国环境管理的现代化水平，很多新型的环境管理信息系统不断建成。从 1994 年下半年起，在国家环保总局的统一领导下，我国进行了覆盖 27 个省、市、自治区的省级环境信息系统（pEIS）建设。

6. 城市管理

城市管理是一项内容广泛、涉及面宽的复杂管理，不但需要各级政府之间的协调，更需要各部门之间的协作。同时，还需要处理各种统计数据与信息，查阅并分析许多与空间位置相关的信息，如城市自然要素的空间分布，基础设施中管线的布设，公共事业中设施的建设和布局，社会管理中流动人口的来源、分布、就业分布、社会治安因素分析、社区管理设施与服务分布等。这些工作都需要能够专门处理空间数据和进行空间分析的 GIS 作为技术手段。

在城市公共基础设施管理中，GIS 可帮助管理人员查询设施管线、管网（包括供水、排水、供电、供气及电缆系统等）的分布，追踪流量信息和运行质量监控；在城市公共事业管理中，GIS 主要用于公共事业设施的分布及需要公共事业服务的特殊人群的分布分析等；在城市资源与生态环境管理中，GIS 的职能主要体现在资源清查与管理、土地调查和地籍管理、灾害监测和环境管理等方面；在城市经济空间结构管理方面，GIS 主要处理各经济要素的空间分布，如产业空间布局、商贸中心的分布、城市功能区的范围等，并分析其规模、形态和位置是否符合城市空间扩张的规律；在城市社会管理中，GIS 主要进行城市社会因素的空间特征的管理，如人口分布、不同人口密度的地区显示、社区服务设施分布、影响社会治安因素的分布分析及犯罪嫌疑人追踪等。

7. 作战指挥

军事领域中运用 GIS 技术最成功的例子当属 1991 年海湾战争。美国国防制图局为满足战争需要，在工作站上建立了 GIS 与遥感的集成系统，它能用自动影像匹配和自动目标识别技术处理卫星和高低空侦察机实时获得的战场数字影像，及时（不超过 4h）将反映战场现状的正射影像图叠加到数字地图上，并将数据直接传送到海湾前线指挥部和五角大楼，为军事决策提供 24h 的实时服务。通过利用 GPS（全球定位系统）、GIS、RS（遥感）等高新尖端技术迅速集结部队及武器装备，以较低的代价取得了极大的胜利。

8. 辅助决策

GIS 利用特有的数据库，通过一系列决策模型的构建和比较分析，可为国家宏观决策提供依据。例如，系统支持下的土地承载力研究，可解决土地资源与人口容量的规划。在我国三峡地区，通过利用 GIS 和机助制图方法建立的环境监测系统，为三峡宏观决策提供了建库前后环境变化的数量、速度和演变趋势等可靠的数据。美国伊利诺伊州某煤矿区由于采用房柱式开采引起地面沉陷，为避免沉陷对建筑物的破坏，减少经济赔偿和对新建房屋的破坏，煤矿公司通过对该煤矿 GIS 数据库中岩性、构造及开采状况等数据的分析，利用图形叠置功能对地面沉陷的分布和塌陷规律进行了分析与预测，指出地面建筑的危险地段和安全地段，为合理部署地面的房屋建筑提供了依据，取得了较好的经济效果。

此外，GIS 利用数据库和互联网传输技术，已经实现了电子商贸的革命，满足企业决策多维性的需求。当前在全球协作的商业时代，90% 以上的企业决策与地理数据有关，如企业的分布、客货源、市场的地域规律、原料、运输、跨国生产、跨国销售等。利用 GIS 可迅速有效地管理空间数据，进行空间可视化分析，确定商业中心的位置和潜在市场的分布，寻找商业地域规律，研究商机时空变化的趋势，不断为企业创造新的商机。GIS 和互联网已成为最佳的决策支持系统和威力强大的商战武器。

GIS 的辅助决策功能不仅表现在宏观决策和电子商贸等方面，而且 GIS 技术与决策支持系统技术相结合产生的空间决策支持系统已在国家社会、经济生活等众多领域得到了十分广泛的应用，如城市用地选址、最佳路径选取、定位分析、资源分配和机场净空分析等经常与空间数据发生关系的领域。

6.3.3 应用价值

现阶段，地理信息系统（GIS）技术已在园区建筑信息化管理、城市信息化管理等方面取得了广泛应用，例如网格化系统、园区公共信息系统等，在 GIS 技术的基础上对管控区域的公共信息、管理信息进行直观展示，并结合流程、实时监测信息等业务数据，实现直观高效的信息化管理。

GIS 应用于建筑管理工作的优点在于其能够将建筑的地理分布如实直观反映，并通过矢量信息对建筑的各类管理元素进行展现，通过矢量地理信息与业务信息的融合及交互，实现建筑的信息化管理。而传统 GIS 应用以二维形式为主，通过二维地图展示各类元素，包括建筑、道路、绿地、水体、各类设施设备等。其优点是技术已形成多年，较为成熟，各类应用已趋于完善，且加载负担较小，但缺点是相对于实际缺少了高度维度，无法体现建筑的真实面貌，在多楼层的建筑内进行设备管理、空间管理等方面的劣势尤为明显，展示效果较差，在机电设备管理方面，传统基于 GIS 的建筑管理系统缺少建筑内部机电管线、设备的信息。

BIM 技术应用于运营阶段，恰恰可以弥补上述基于 GIS 的建筑管理系统的劣势，补充建筑内部的机电管线、设备的信息，并以三维的方式直观体现建筑的空间及建筑内构件的形状、位置，将 GIS 技术与 BIM 技术结合，可覆盖建筑管理中各类管控对象，通过三维直观可视化的形式真正实现建筑的信息化管理，全方位保障建筑运营。

此外，BIM＋GIS 技术可在建筑的设施设备信息管理、空间管理、应急响应、建筑运营服务等方面提供完善的信息化支撑和直观高效的管理手段。

GIS 技术在智能建造中的应用表现为 BIM 与 GIS 的集成应用，如图 6.3.3 所示。BIM 与 GIS 集成应用，是通过数据集成、系统集成或应用集成来实现的，可在 BIM 应用中集成 GIS，也可以在 GIS 应用中集成 BIM，或是 BIM 与 GIS 深度集成，以发挥各自优势，拓展应用领域。目前，二者集成在城市规划、城市交通分析、城市微环境分析、市政管网管理、住宅小区规划、数字防灾、既有建筑改造等诸多领域有所应用，与各自单独应用相比，在建模质量、分析精度、决策效率、成本控制水平等方面都有明显提高。BIM 与 GIS 集成应用的优势表现在以下几个方面：

（1）提高长线工程和大规模区域性工程的管理能力。BIM 的应用对象往往是单个

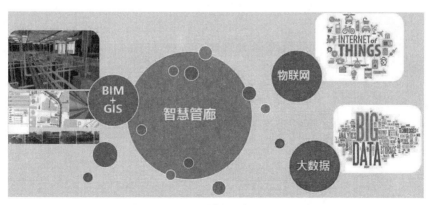

图 6.3.3 GIS 在智能建造中的应用

建筑物，利用 GIS 宏观尺度上的功能，可将 BIM 的应用范围扩展到道路、铁路、隧道、水电、港口等工程领域。如，邢汾高速公路项目开展 BIM 与 GIS 集成应用，实现了基于 GIS 的全线宏观管理、基于 BIM 的标段管理以及桥隧精细管理相结合的多层次施工管理。

（2）增强大规模公共设施的管理能力。现阶段，BIM 应用主要集中在设计、施工阶段，而二者集成应用可解决大型公共建筑、市政及基础设施的 BIM 运维管理，将 BIM 应用延伸到运维阶段。如，昆明新机场项目将二者集成应用，成功开发了机场航站楼运维管理系统，实现了航站楼物业、机电、流程、库存、报修与巡检等日常运维管理和信息动态查询。

（3）拓宽和优化各自的应用功能。导航是 GIS 应用的一个重要功能，但仅限于室外。二者集成应用，不仅可以将 GIS 的导航功能拓展到室内，还可以优化 GIS 已有的功能。如利用 BIM 模型对室内信息的精细描述，可以保证在发生火灾时室内逃生路径是最合理的，而不再只是路径最短。

随着互联网的高速发展，基于互联网和移动通信技术的 BIM 与 GIS 集成应用，将改变二者的应用模式，向着网络服务的方向发展。当前，BIM 和 GIS 不约而同地开始融合云计算这项新技术，分别出现了"云 BIM"和"云 GIS"的概念，云计算的引入将使 BIM 和 GIS 的数据存储方式发生改变，数据量级也将得到提升，其应用也会得到跨越式发展。

课 后 习 题

一、单选题

1. 以下选项中不属于空间数据编辑与处理过程的是（　　）。

A. 数据格式转化　　　B. 投影转换　　　C. 图幅拼接　　　D. 数据开发

2. 以下设备中，不属于 GIS 数据输入设备的是（　　）。

A. 扫描仪　　　　　B. 绘图仪　　　　C. 数字化仪　　　D. 键盘

3. 以下选项中不属于地理信息系统设计与开发步骤的是（　　）。

A. 系统设计　　　　B. 系统维护　　　C. 系统测试　　　D. 系统安装

4. 地理信息系统区别于其他信息的显著标志是（　　）。

A. 属于共享信息　　　　　　　B. 属于属性信息

C. 属于社会经济信息　　　　　D. 属于空间信息

5. "GIS"中，"S"的含义包含的四层意思不包括（　　）。

A. 系统（System）　　B. 科学（Science）C. 筛选（Search）D. 研究（Studies）

二、多选题

1. 地理信息作为一种特殊的信息，除具备一般信息的基本特征外，还具有（　　）。

A. 区域性　　　　　B. 空间层次性　　　C. 动态性　　　　D. 广泛性

2. （　　）构成了地理空间分析的三大基本要素。

A. 空间位置　　　　B. 属性　　　　　C. 时域特征　　　D. 广泛性

3. 地理空间数据的基本特征包括（　　）。

A. 空间　　　　　　B. 属性　　　　　C. 时间　　　　　D. 多元性

三、简答题

1. GIS 技术的优势体现在哪些方面？

2. GIS 信息有何特点？

3. GIS 技术在智能建造中有何应用形式？

第 7 章　物联网技术

导语：物联网作为智能建造技术中的一项重要技术，在智能建造的信息采集和传递等方面扮演着重要的角色。本章旨在帮助读者了解物联网技术概况以及其在智能建造中的应用。本章首先介绍了物联网的定义、特点、优势以及国内外发展现状，便于读者对物联网技术进行较全面的了解；然后介绍物联网的技术架构；最后总结了二维码、RFID、多媒体信息采集等物联网技术在智能建造中的具体应用和物联网在智能建造中应用价值。

7.1 物联网技术概述

7.1.1 物联网技术的定义

物联网是新一代信息技术的集成和综合运用，对新一轮产业变革和经济社会绿色、智能、可持续发展具有重要意义。因其具有巨大的发展潜能，已是当今经济发展和科技创新的制高点，成为各个国家构建社会新模式和重塑国家长期竞争力的先导。

目前，物联网技术的发展还处于初级阶段。由于不同的研究领域对物联网的定义不同，物联网还没有形成明确的统一定义，不同组织机构对物联网的定义不同。但"物联网"的含义有两层意思：第一，物联网的核心和基础仍然是互联网；第二，其用户端延伸和拓展到了任何物品与物品之间，进行信息交换和通信。

物联网（Internet of Things，IoT）是一个基于互联网、传统电信网等信息承载体，让所有能够被独立寻址的普通物理对象实现互联互通的网络。它具有普通对象设备化、自治终端互联化和普适服务智能化3个重要特征。

中国物联网校企联盟将物联网定义为当下几乎所有技术与计算机、互联网技术的结合，实现物体与物体之间，环境以及状态信息实时的共享以及智能化的收集、传递、处理、执行。广义上说，当下涉及信息技术的应用，都可以纳入物联网的范畴，是科技融合体的最直接体现。

"中国式"物联网定义为：物联网指的是将无处不在（Ubiquitous）的末端设备（Devices）和设施（Facilities），包括具备"内在智能"的传感器、移动终端、工业系统、楼控系统、家庭智能设施、视频监控系统等和"外在使能"（Enabled）的设备，如贴上RFID的各种资产（Assets）、携带无线终端的个人与车辆等"智能化物件或动物"或"智能尘埃"（Mote），通过各种无线和/或有线的长距离和/或短距离通信网络连接物联网域名实现互联互通（M2M）、应用大集成（Grand Integration）以及基于云计算的SaaS营运等模式，在内网（Intranet）、专网（Extranet）和/或互联网（Internet）环境下，采用适当的信息安全保障机制，提供安全可控乃至个性化的实时在线监测、定位追溯、报警联动、调度指挥、预案管理、远程控制、安全防范、远程维保、在线升级、统计报表、决策支持、领导桌面（集中展示的 Cockpit Dashboard）等管理和服务功能，实现对"万物"的"高效、节能、安全、环保"的"管、控、营"一体化。

物联网技术是在网络信息技术上发展起来的一种新型技术，对于物联网技术，应该从以下三个层面进行理解：第一，在物联网技术中涵盖了多种传感器，这些传感器通过一个信息源进行连接，所以在使用过程中可以按照一定数据频率展开信息收集、整理、分析、更新等多项工作。因此，物联网数据具有实时性特点。第二，由于物联网技术在使用过程中是在互联网平台上进行的，在此种情况下，众多组成部分就会连接成为一个统一的整体，然后通过网络进行信息数据传递，将重要的信息数据及时传播，让更多人了解。因此，物联网技术具有信息传播及时性特点。第三，物联网技术在使用过程中会将传感器和智能处理器进行有效结合，然后再通过各种计算机识别技术对大量信息数据进行筛选和加工，在此种情况下，物联网技术就可以在众多领域中被广泛使用，保证数据信息处理效率。因此，物联网技术具备智能处理的特点。

7.1.2　物联网技术的特点

1. 全面感知

全面感知即利用 RFID、传感器、二维码等随时随地获取物体的信息。数据采集方式众多，实现数据采集多点化、多维化、网络化。而且从感知层面来讲，不仅表现在对单一的现象或目标进行多方面的观察获得综合的感知数据，也表现在对现实世界各种物理现象的普遍感知。

2. 可靠传递

通过各种承载网络，包括互联网、电信网等公共网络，还包括电网和交通网等专用网络，建立起物联网内实体间的广泛互联，具体表现在各种物体经由多种接入模式实现异构互联，错综复杂，形成"网中网"的形态，将物体的信息实时准确地相互传递。

3. 智能处理与决策

利用云计算、模糊识别和数据融合等各种智能计算技术，对海量数据和信息进行处理、分析和对物体实施智能化的控制。主要体现在物联网中从感知到传输到决策应用的信息流，并最终为控制提供支持，也广泛体现出物联网中大量的物体和物体之间的关联和互动。物体互动经过从物理空间到信息空间，再到物理空间的过程，形成感知、传输、决策、控制的开放式的循环。换句话说，物联网和互联网相比较最突出的特征是实现了非计算设备间的点点互联、物物互联。

7.1.3　物联网技术的优势

1. 数据实时采集

物联网技术可以实现对物理对象物理信息的实时准确采集，这就使通过实时高分辨率的信息捕捉提供性价比更高的服务成为可能，而且可以实现对物理对象实时性能信息的分析。这样就大大提高了人对物理对象的把控能力，提高运行效率、准确性、灵活性和自动化来创新已存在的生产流程。

2. 智能控制与决策

物联网技术可以将数据储存在数据库中，并对其变化进行判断以及对数据进行优化。通过嵌入式系统，实现智能决策。以智能清单和采买为例，通过物联网技术，对货物清单进行追踪，实时监测货物的数量以及质量，如果货物不合格或者出现短缺，可以进行预警。随着信息技术的发展，物联网技术将更加智能化、自动化。

将人工智能技术与物联网技术进行融合，通过逻辑芯片使物联网中的物品具有一部分自主能力可以对信息进行识别，并根据信息自主执行或处理。开展人工智能在物联网实际运用的技术研究，能从根本上解决传统网络技术运维效果差、缺乏灵活性的缺陷。

3. 与信息技术结合性高

（1）物联网与互联网：互联网是人与人交流沟通、传递信息的纽带；物联网的提出和使用让人与物、物与物之间的有效通信变为可能。物联网是一种建立在互联网上的泛在网络。物联网技术的重要基础和核心仍旧是互联网，通过各种有线和无线网络与互联网融合，将物体的信息实时准确地传递出去。互联网和物联网的结合性很高，二者的结合将会带来许多意想不到的有益效果，最终实现整个生态系统高度的智能特性和智慧地球的美好愿景。

（2）物联网与人工智能：在人工智能领域获得非凡进步的同时，物联网获得了更大的发展。人工智能能够帮助我们处理大量的数据，并且处理能力会越来越强。同时，物联网肩负数据、信息等资料收集的重要任务。二者的结合被称为 AIoT，现在已经成为相关行业的热点话题。AIoT 是人工智能技术与物联网在实际应用中的落地融合。它并不是新技术，而是一种新的 IoT 应用形态，从而与传统 IoT 应用区分开来。

（3）物联网与区块链：物联网安全性的核心缺陷，就是缺乏设备与设备之间相互的信任机制，所有的设备都需要和物联网中心的数据进行核对，一旦数据库崩塌，会对整个物联网造成很大的破坏。而区块链分布式的网络结构提供一种机制，使得设备之间保持共识，无需与中心进行验证，这样即使一个或多个节点被攻破，整体网络体系的数据依然是可靠、安全的。二者结合可以优势互补。

（4）物联网与数字孪生：数字孪生技术已经逐渐扩展至建筑业、制造业等众多领域。数字孪生是充分利用物理模型、传感器更新、运行历史等数据，集成多学科、多物理量、多尺度、多概率的仿真过程，在虚拟空间中完成映射，从而反映相对应的实体装备的全生命周期过程。物联网传感器的爆炸式增长使数字孪生成为可能。数字孪生可用于根据可变数据预测不同的结果，物联网通过其感知系统可以对数据进行实时采集，为数字孪生功能的发挥奠定坚实的基础，数字孪生技术可以优化 IoT 部署以实现最高效率。

（5）物联网与5G：物联网技术仍停留在概念阶段，其原因为感知层与网络层推进缓慢。物联网需要一个庞大、先进、高效的数据网络充当网络层，而 5G 网络接入稳定、时延低、可靠性高，5G 数据的传输速率可以满足物联网的要求。同时 5G 与现有无线移动通信网络互相兼容，可以在短时间内迅速布网，并节约大量硬件投资。因此，应当将 5G 技术与物联网充分融合起来。

物联网作为一个新兴的信息技术，可以和很多信息技术进行结合。这将会发挥出它更大的价值。

4. 应用范围广

物联网在各个行业中都拥有很高的应用价值。物联网的应用领域涉及方方面面，在工业、农业、环境、交通、物流、安保等基础设施领域的应用，有效地推动了基础设施领域的智能化发展，使得有限的资源更加合理的使用分配。在家居、医疗健康、教育、金融、服务业、旅游业等与生活息息相关的领域都可以与物联网进行应用，进而促进服务范围、服务方式到服务质量等方面的改进，大大地提高了人们的生活质量；并且可以利用物联网技术反馈即时信息的技术特点，减少因灾难造成的损失。

7.2 物联网技术的国内外发展概况

7.2.1 物联网技术国外发展概况

国际金融危机爆发后，美、欧、日、韩等主要发达国家纷纷把发展物联网等新兴产业作为应对危机和占领未来竞争制高点的重要举措，制定出台战略规划和扶持政策，全球范围内物联网核心技术持续发展，标准和产业体系逐步建立，主要发达国家凭借信息技术和社会信息化方面的优势，在物联网应用及产业发展上具有较强的竞争力。

1. 全球物联网应用的整体情况

全球物联网应用出现三大主线。一是面向需求侧的消费性物联网，即物联网与移动互联网相融合的移动物联网，创新高度活跃，孕育出可穿戴设备、智能硬件、智能家居、车联网、健康养老等规模化的消费类应用。二是面向供给侧的生产性物联网，即物联网与工业、农业、能源等传统行业深度融合形成行业物联网，成为行业转型升级所需的基础设施和关键要素。三是智慧城市发展进入新阶段，基于物联网的城市立体化信息采集系统正加快构建，智慧城市成为物联网应用集成创新的综合平台，物联网项目细分领域各地区数量比重如表 7.2.1 所示。

2018 年全球公布的物联网项目细分领域各地区数量比重　　表 7.2.1

	美洲	欧洲	亚太地区	其他
智慧零售	53％	35％	9％	3％
智慧农业	39％	26％	31％	4％
智能供应链	49％	36％	12％	3％
健康物联网	55％	29％	15％	1％
其他	50％	34％	11％	5％
智慧能源	42％	35％	19％	4％
车联网	54％	30％	12％	4％
建筑物联网	53％	33％	13％	1％
工业物联网	45％	31％	20％	4％

从全球范围来看，产业物联网（包括生产性物联网和智慧城市物联网）与消费物联网基本同步发展，但双方的发展逻辑和驱动力量有所不同。消费物联网作为体验经济，会持续推出简洁、易用和对现有生活有实质性提升的产品来实现产业的发展；产业物联网作为价值经济，需以问题为导向，从解决工业、能源、交通、物流、医疗、教育等行业、企业最小的问题到实现企业变革转型之间各类大小不同的价值实现，即有可能做到物联网在企业中的落地。据 GSMAIntelligence 预测，从 2017 年到 2025 年，产业物联网连接数将实现 4.7 倍的增长，消费物联网连接数将实现 2.5 倍的增长。

从国内来看，目前很多行业在政府相关政策驱动下，形成了相关行业物联网的刚性需求，促成物联网在这些行业的快速落地，典型的包括智慧城市中各类公共事务和安全类应用。当前阶段，政策驱动的物联网应用落地快于企业自发的物联网应用需求，而消费者自发的物联网需求总体慢于企业的自发需求。相对于海外其他市场，国内的物联网应用落地节奏差别很大，政策驱动型的物联网应用已远远快于海外市场。

2. 物联网技术在美国发展概况

物联网的概念起源于美国，由麻省理工学院 Auto-ID 于 1999 年在研究中心提出。美国政府高度重视物联网技术的发展，在 2008 年 IBM 公司提出"智慧地球"理念后，迅速得到了美国政府的响应。智慧地球想达到的效果是利用物联网技术改变政府、公司和人们之间的交互方式，从而实现更透彻的感知，更广泛的互联互通和更深入的智能化。2009

年 1 月，IBM 与美国信息技术与创新基金会（ITIF）智库组织共同向奥巴马政府提交了"复兴的数字之路：增加工作、提高生产率和复兴美国的刺激计划"建议报告，提出通过信息通信技术（ICT）投资可在短期内创造就业机会，美国政府如果新增 300 亿美元的 ICT 投资（包括智能电网、智慧医疗、宽带网络三个领域），就可以创造出 94.9 万个就业机会。2009 年 1 月，在美国工商业领袖圆桌会议上，IBM 首席执行官建议政府投资建设新一代的智能基础设施，提议得到了奥巴马总统的积极回应，美国政府把宽带网络等新兴技术定位为振兴经济、确立美国全球竞争优势的关键战略，随后出台的总额为 7870 亿美元的《复苏和再投资法》中对上述提议进行具体落实。《复苏和再投资法》中鼓励物联网发展的政策主要体现在推动能源、宽带通信与医疗三大领域实施物联网应用。2009 年《2025 年对美国利益潜在影响的关键技术报告》中，把物联网列为六种关键技术之一。在 2013 年开幕的 CES 展上，美国电信企业再次将物联网推向了高潮。美国高通已于 2013 年 1 月 7 日推出物联网（IoE）开发平台，全面支持开发者在美国运营商 AT&T 的无线网络上进行相关应用的开发。2016 年《保障物联网安全的战略原则》中表示物联网制造商须在产品设计阶段构建安全，否则可能会被起诉；随着物联网的产业发展，其安全问题开始受到政府等的重视。美国国家情报委员会（NIC）发表的《2025 年对美国利益潜在影响的关键技术报告》中，把物联网列为六种关键技术之一。

因此，美国各界非常重视物联网相关技术的研究，尤其在标准、体系架构、安全和管理等方面，希望借助于核心技术的突破能占有物联网领域的主导权。同时，美国众多科技企业也积极加入物联网的产业链，希望通过技术和应用创新促进物联网的快速发展。

3. 物联网技术在欧洲发展概况

2009 年欧盟执委会发表了欧洲物联网行动计划，描绘了物联网技术的应用前景，提出欧盟政府要加强对物联网的管理，促进物联网的发展。2009 年发布《欧盟物联网行动计划通告》，确保欧洲在构建物联网的过程中起主导作用，同年发布《欧盟物联网战略研究路线图》，提出欧盟到 2010 年、2015 年、2020 年 3 个阶段物联网研发路线图，并提出物联网在航空航天、汽车、医药、能源等 18 个主要应用领域。2017 年投资 1.92 亿欧元用于物联网的研究和创新，重点发展领域包括智慧农业、智慧城市、逆向物流、智慧水资源管理和智能电网等。

在欧洲，"物联网"概念受到了欧盟委员会（EC）的高度重视和大力支持，已被正式确立为欧洲信息通信技术的战略性发展计划，成为近三次国会讨论关注的焦点。2008 年 EC 制定了欧洲物联网政策路线图；2009 年正式出台了四项权威文件，尤其《欧盟物联网行动计划》，作为全球首个物联网发展战略规划，该计划的制定标志着欧盟已经从国家层面将"物联网"实现提上日程。除此之外，在技术层面也有很多相关组织致力于物联网项目的研究，如欧洲 FP7 项（CASAGRAS），欧洲物联网项目组（CERP-IoT），全球标准互用性论坛（Grifs），欧洲电信标准协会（ETSI）以及欧盟智慧系统整合科技平台（ET-PEPoSS）等。同时，欧洲各大运营商和企业在物联网领域也纷纷采取行动，加强物联网应用领域的部署。如 VodAfone 推出了全球服务平台及应用服务的部署，T-mobile、Telenor 与设备商合作，特别关注汽车、船舶和导航等行业等。

欧洲智能系统集成技术平台（EPoSS）在《InternetofThingsin2020》报告中分析预测，未来物联网的发展将经历四个阶段，2010 年之前 RFID 被广泛应用于物流、零售和制药领域，2010－2015 年物体互联，2015－2020 年物体进入半智能化，2020 年之后物体进入全智能化。

目前，除了进行大规模的研发外，作为欧盟经济刺激计划的一部分，物联网技术已经在智能汽车、智能建筑等领域得到普遍应用。

4. 物联网技术在日本发展概况

日本是世界上第一个提出"泛在网"战略的国家，2004 年日本政府在两期 E-Japan 战略目标均提前完成的基础上，提出 u-Japan 计划，该战略力求实现人与人、物与物、人与物之间的连接，希望将日本建设成一个随时、随地、任何物体、任何人均可连接的泛在网络社会。2009 年 7 月，日本 IT 战略本部发布了日本新一代信息化"i-Japan"战略，提出到 2015 年通过数字技术实现"新的行政改革"，使行政流程效率化、标准化和透明化，同时推动电子病历、远程医疗、远程教育等应用的发展。2015 年成立物联网推进联盟，主要的职能为技术开发、活用及解决政策问题。2017 建构新的物联网社会，提出了应对的战略计划，开始着手新一轮的商业模式布局。物联网技术已经逐渐渗透到人们的衣食住行中，许多企业也在积极推动物联网技术的发展。

5. 物联网技术在韩国发展概况

韩国于 2006 年确立了 u-Korea 计划，该计划旨在建立无所不在的社会（ubiquitouss-ociety），在民众的生活环境里建设智能型网络（如 IPv6、BcN、USN）和各种新型应用（如 DMB、Telematics、RFID），让民众可以随时随地享有科技智慧服务。2009 年韩国通信委员会出台了《物联网基础设施构建基本规划》，将物联网确定为新增长动力，提出到 2012 年实现"通过构建世界最先进的物联网基础设施，打造未来广播通信融合领域超一流信息通信技术强国"的目标。2014 年出版《物联网基本规划》，打造安全、活跃的物联网发展平台。2016 年物联网市场规模达到 5.3 万亿韩元，韩国成为当时全世界物联网设备普及率最高的国家。

7.2.2 物联网技术国内发展概况

我国在物联网领域也在不断发展。我国由于互联网人口基数庞大，物联网受益于互联网的发展而得以迅速崛起。我国从 1999 年正式启动了物联网的研究，是国际上物联网行业标准的制定参与国之一。2009 年 2 月 IBM 大中华区首席执行官钱大群在 2009 年 IBM 论坛上发布了"智慧地球"发展策略；中国移动总裁王建宙多次表示物联网将会是中国移动未来的发展重点。2009 年 8 月温总理"感知中国"的讲话把我国物联网领域的研究和应用开发推向了高潮，无锡市率先建立了"感知中国"研究中心，中国科学院、运营商、多所大学在无锡建立了物联网研究院。2009 年 11 月 3 日，国务院总理温家宝在题为《让科技引领中国可持续发展》的讲话中明确提出：着力突破传感网、物联网关键技术，及早部署后 IP 时代相关技术研发，使信息网络产业成为推动产业升级、迈向信息社会的发动机。

部分企业如华为、中兴、大唐等拥有大量专利，研究水平已处于全球前列，部分高校及研究所如北京邮电大学、南京邮电大学、哈尔滨工业大学等也对物联网技术进行了多年的研究，从此意义上讲，我国和西方国家有同发优势，具有一定的国际竞争力。

1. 我国政府推动物联网发展的政策

2011 年 12 月，工业和信息化部印发了《物联网"十二五"发展规划》，其中明确了物联网"十二五"期间发展的主要任务、重点方向和龙头工程。

2013 年 2 月国务院印发《国务院关于推进物联网有序健康发展的指导意见》，指出：到 2015 年在工业、农业、节能环保、商贸流通、交通能源、公共安全、社会事业、城市管理、安全生产、国防建设等领域实现物联网试点示范应用，部分领域的规模化应用水平显著提升，培育一批物联网应用服务优势企业。

2013 年 9 月国家发展改革委同多部委印发了《物联网发展专项行动计划（2013—2015）》。计划包含了顶层设计、标准制定、技术研发、应用推广、产业支撑、商业模式、安全保障、政府扶持、法律法规、人才培养 10 个专项行动计划。各个专项计划从各自角度，对 2015 年物联网行业将要达到的总体目标做出了规定。

2016 年 3 月，十二届全国人大四次会议通过的《国民经济和社会发展第十三个五年规划》中提出，实施"互联网＋"行动计划，发展物联网技术和应用，发展分享经济，促进互联网和经济社会融合发展。

2016 年 12 月工业和信息化部印发《信息通信行业发展规划物联网分册（2016—2020年）》其中指出："十三五"时期是经济新常态下创新驱动、形成发展新动能的关键时期，必须牢牢把握物联网新一轮生态布局的战略机遇，大力发展物联网技术和应用，加快构建具有国际竞争力的产业体系，深化物联网与经济社会融合发展，支撑制造强国和网络强国建设。并提出加快物联网产业集聚、推动物联网创业创新、突破关键核心技术等具体的发展目标。

2017 年 1 月国家发展改革委印发《物联网"十三五"发展规划》其中指出：到 2020年，具有国际竞争力的物联网产业体系基本形成，包含感知制造、网络传输、智能信息服务在内的总体产业规模突破 1.5 亿元，智能信息服务的比重大幅提升。推进物联网感知设施规划布局，公众网络 M2M 连接数突破 17 亿。物联网技术研发水平和创新能力显著提高，适应产业发展的标准体系初步形成，物联网规模应用不断拓展，泛在安全的物联网体系基本成型。打造 10 个具有特色的产业集聚区，培育和发展 200 家左右产值超过 10 亿元的骨干企业，以及一批"专精特新"的中小企业和创新载体，建设一批覆盖面广、支撑力强的公共服务平台，构建具有国际竞争力的产业体系。

2017 年 6 月工业和信息化部印发《关于全面推进移动物联网（NB-IoT）建设发展的通知》，指出：到 2020 年，NB-IoT 网络实现全国普遍覆盖，面向室内、交通路网、地下管网等应用场景实现深度覆盖，基站规模达到 150 万个。加强物联网平台能力建设，支持海量终端接入，提升大数据运营能力。

2017 年 12 月，《国务院关于深化"互联网＋先进制造业"发展工业互联网的指导意见》中提到，到 2025 年，基本形成具备国际竞争力的基础设施和产业体系，覆盖各地区、各行业的工业互联网网络基础设施基本建成。工业互联网标识解析体系不断健全并规模化推广，形成 3~5 个达到国际水准的工业互联网平台等。

2018 年 6 月，《工业互联网发展行动计划（2018—2020 年）》中提出，到 2020 年底，初步建成工业互联网基础设施和产业体系。到 2020 年底，初步建成适用于工业互联网高可靠、广覆盖、大带宽、可定制的企业外网络基础设施，企业外网络基本具备互联网协议第六版（IPv6）支持能力等。

2018 年 12 月工业和信息化部印发《车联网（智能网联汽车）产业发展行动计划》，指出：到 2020 年，实现车联网（智能网联汽车）产业跨行业融合取得突破，具备高级别自动驾驶功能的智能网联汽车实现特定场景规模应用，车联网综合应用体系基本构建，用户渗透率大幅提高，智能道路基础设施水平明显提升，适应产业发展的政策法规、标准规范和安全保障体系初步建立，开放融合、创新发展的产业生态基本形成，满足人民群众多样化、个性化、不断升级的消费需求。

2019 年 4 月，工信部和信息化部印发《关于开展 2019 年 IPv6 网络就绪专项行动的通知》，指出：推进 IPv6 在网络各环节的部署与应用，为物联网等业务预留位置空间，提升数据容纳量。同时，工信部与国资委发布的《关于开展深入推进宽带网络提速降费支撑经济高质量发展 2019 专项行动通知》中提到：进一步升级 NB-IoT 网络能力，持续完善 NB-IoT 网络覆盖，建立移动物联网发展监测体系，促进各地 NB-IoT 应用和产业发展。

2. 我国物联网产业的地区分布

我国部分地区依托经济环境优良、地方财力雄厚、配套产业基础和设施完善等条件，建设了一大批物联网示范项目，带动了相关技术和产品的大范围社会应用，为物联网的推广与普及提供了良好的氛围。总体来看，产业基础较好的地区，分别在感知层、网络层、平台层、应用层四个层面确定各自的优势领域。

北京科研实力首屈一指，物联网技术研发及标准化优势明显，拥有中星微电子、大唐电信、清华同方等业务领域涉及物联网体系各架构层的物联网企业，在核心芯片研发、关键零部件及模组制造、整机生产、系统集成、软件设计以及工程服务等领域已经形成较为完整产业链。

无锡的传感产业实力强大，拥有较强的城市综合实力和良好的产业基础，集成电路、软件和服务外包等产业在全国城市中名列前茅。无锡规划重点加强感知、传输、处理、共性技术创新；采取引进、合作、培育等方式，建立健全物联网技术创新和产业发展所需的各级各类服务平台。

上海产业技术基础雄厚，是中国物联网技术和应用的主要发源地之一。上海市将先进传感器、核心控制芯片、短距离无线通信技术、组网和协同处理、系统集成和开放性平台技术、海量数据管理和挖掘等物联网技术作为物联网产业中重点发展的领域。

深圳是中国电子信息产业国际化的领军城市，电子信息产业链条完善，企业创新能力强劲。深圳市在物联网技术方面形成了自身独特的优势，在信息通信、传感技术、射频识别等产业链环节，拥有先进的技术和解决方案。深圳计划着力加强物联网关键技术攻关和应用：建设物联网传感信息网络平台、物联信息交换平台和应用资源共享服务平台；加大城市物联网传感网络建设与整合力度；增强物联网在工业领域的应用。

除以上地区，其余众多地区也将物联网产业发展规划为当地重点发展产业，RFID 与传感器、物联网设备、相关软件，以及系统集成与应用等几大物联网产业环节的分布已经呈现相对集中的态势。在产业分布上，国内物联网产业已初步形成环渤海、长三角、珠三角，以及中西部地区等四大区域集聚发展的总体产业空间格局。其中，长三角地区产业规模位列四大区域之首。随着未来中国物联网产业规模的不断壮大，以及应用领域的不断拓展，产业链之间的分工与整合也将随之进行，区域之间的分工协作格局也将进一步显现。

3. 我国物联网产业规模

我国物联网产业未来市场前景广阔，总规模从 2012 年的 3650 亿元增长至 2017 年的 1.15 万亿元，产业规模扩大了 3 倍以上。截止到 2018 年 6 月中国物联网总体产业规模已达到 1.2 万亿元，已完成 2020 年末目标值 1.5 万亿元的 80%。到 2020 年我国物联网产业规模将达到 2 万亿元。

4. 我国物联网投融情况

2017 年，全球物联网行业投融资规模稳步升温。国内物联网创新创业蓬勃发展，互联网巨头纷纷布局，投资公司也显得异常活跃，从物联网感知、传输、平台和应用全产业链环节切入，进行风险投资，加速物联网创新企业的专业化、产业化及商业化进程。

2017 年，国内物联网的投资热度和关注度快速升温，迈入了新高峰。从披露的数据和案例来看，中国物联网行业自 2009 年以来共计发生投融资事件 277 起。资本的敏锐度和逐利性反映了投资机构及行业巨头布局物联网竞争的热度，他们纷纷从战略投资和财务投资角度把握国内物联网发展先机，锁定了未来物联网潜在红利和商业价值。在当前政策和投资的助推下，未来 15 年我国物联网仅针对制造业就可累计创造 1960 亿美元的 GDP。如果进一步发展物联网，提升其影响，经济效益增加总额有望达到 7360 亿美元。到 2030 年，制造业、政府公共服务和资源产业三大领域将占物联网所创造累计 GDP 总额的 60% 以上。

5. 我国物联网产业种类

物联网产业自上而下，依次分为基础设施、平台和应用等环节。基础设施环节是产业上游，主要实现物联数据采集、捕获、识别物体等功能，为智能硬件、模组、终端等产品提供基础部件。上游环节的成本曲线决定了物联网产业的门槛高低和普及程度。

产业下游是物联网应用层，面向数量庞大、应用场景丰富的各类型客户，比如公共事业、行业企业、家庭和个人消费者。应用层提供门类庞杂的物联网解决方案集，比如智慧城市的 NB-IoT 路灯、智能水表、智能井盖、智能烟感、共享单车等；在行业企业应用中提供互联网、梯联网、车联网、智能物流等；在智慧家庭中提供智能冰箱、洗衣机等产品服务。物联网应用层的市场接受度与受欢迎度决定了物联网商业价值与资本热情。我国的物联网产业呈现多元化态势。

7.3 物联网技术在智能建造中的应用

7.3.1 物联网的技术架构

物联网的形式多种多样，而且技术复杂。依照信息生成、传输、处理和应用的原则，一般把物联网技术架构分成四层：感知识别层、网络构建层、管理服务层和综合应用层，如图 7.3.1-1 所示。

1. 感知识别层（感知层）

传感识别层是联系物理世界和信息世界的纽带，是信息采集的关键部分。它的作用相当于人的眼、耳、鼻、皮肤等感觉器官，主要功能是识别和感知物理世界，采集信息。感知层是物联网技术进行数据采集的基础，其使用的信息技术有多种，主要包括传感器、二维码、RFID、多媒体信息采集、实时定位系统等信息自动生成技术，也包括通过各种智

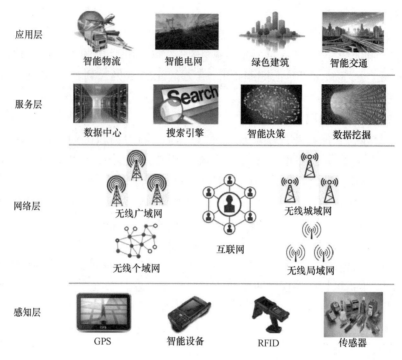

图 7.3.1-1　物联网技术架构

能电子设备来人工生成信息。对各种数据采集技术的介绍如下：

（1）传感器　传感器能感受规定的被测量并按照一定的规律（数学函数法则）转换成可用信号的器件或装置，通常由敏感元件和转换元件组成。它可以对物质性质、环境状态、行为模式等信息开展大规模、长期、实时的获取。常见的传感器包括温度、湿度、压力、光电传感器等。由多个传感器节点组成网络，就形成了传感器网络。其中，每个传感器节点都具有传感器、微处理器以及通信单元。节点间通过通信网络组成传感器网络，共同协作来感知和采集环境或物体的准确信息。而无线传感器网络（Wireless Sensor Network，简称 WSN），则是目前发展迅速、应用最广的传感器网络。

（2）二维码　二维码又称二维条码，是用某种特定的几何图形按一定规律在平面分布的黑白相间的图形记录数据符号，可以通过图像输入设备或光电扫描设备自动识读以实现信息自动处理。它除了具有信息容量大、可靠性高的特点以外，还有超高速识读、全方位识读、可表示汉字和图像声音等一切可以数字化的信息并且有很强的保密防伪等优点。二维码已经被运用到医疗医药、移动支付、物流仓储等多个领域。二维码在感知层领域起着举足轻重的作用。

（3）RFID 技术　RFID（Radio Frequency Identification）技术，又称无线射频识别，是一种通信技术、俗称电子标签。可通过无线电讯号识别特定目标并读写相关数据，而无需识别系统与特定目标之间建立机械或光学接触。可应用于门禁管制、停车场管制、生产线自动化、物料管理等场景。

（4）多媒体技术　多媒体（Multimedia）是多种媒体的综合，一般包括文本、声音和图像等多种媒体形式。利用麦克风、摄像头等设备采集声音和图像等多媒体信息，是感知识别层的重要部分。

定位系统有很多种，最常见的是全球卫星定位系统（Global Positioning System，GPS），全球定位系统是一种以空中卫星为基础的高精度无线电导航的定位系统，它在全球任何地方以及近地空间都能够提供准确的地理位置、车行速度及精确的时间信息。现在世界上主要有美国全球定位系统（Global Positioning System，GPS）、欧盟"伽利略"系统（Galileosatellite navigation system）、俄罗斯"格洛纳斯"系统（GLONASS）和中国北斗卫星导航系统（BeiDou Navigation Satellite System，BDS）四大全球卫星定位系统（图7.3.1-2）。除

图7.3.1-2　四大全球定位系统

了全球定位系统之外，还有蜂窝基站定位、Wi-Fi定位、超声波定位、UWB定位等其他定位技术。

2. 网络构建层（网络层）

网络层的主要作用就是把下一层的信息接入互联网中，主要负责传递和处理感知层获取的信息，供上层服务使用。互联网是物联网的核心网络，处在边缘的各种无线网络则提供随时随地的网络接入服务。网络主要分为有线传输和无线传输两大类，其中无线传输是物联网的主要应用。

无线传输技术按传输距离可划分为两类：一类是局域网通信技术，包括Zigbee、Wi-Fi、蓝牙等为代表的短距离传输技术；另一类则是广域网通信技术，LPWAN（low-power Wide-Area Network，低功耗广域网）。LPWAN又可分为两类：一类是工作于未授权频谱的LoRa、Sigfox等技术；另一类是工作于授权频谱下，3GPP支持的2/3/4/5G蜂窝通信技术，比如eMTC（enhanced machine type of communication，增强机器类通信）、NB-IoT（Narrow Band Internet of Things，窄带物联网）。常见无线传输技术的特点见表7.3.1-1有线传输部分常见的技术有Ethernet、Modulbus、光纤等。

常见无线传输技术的特点　　　　　　　　　　　　　　　　　　表7.3.1-1

名称	通信技术	传输速度	通信距离	成本	是否授权	优点	缺点
局域网	Wi-Fi	11～54Mbps	20～200m	25美元	否	应用广泛，传输速度快，距离远	设置麻烦，功耗高，成本高
	蓝牙	1Mbps	20～200m	2～5美元	否	组网简单，低功耗，低延迟，安全	距离较低，传输数据量小
	Zigbee	20～250bps	2～2m	20美元	否	低功耗，自组网，低复杂度，可靠	传输范围小，速率低，时延不确定

名称	通信技术	传输速度	通信距离	成本	是否授权	优点	缺点
广域网	LoRa	小于 10kbps	域内：1～2km 域外：15km以上	大约 5 美元	否	低成本，电池寿命长，广连接，通信不频繁	非授权频段
	Sigfox	小于 100kbps	3～10km	低于 1 美元	否	传输速率低，成本低，范围广，技术简单	数据传输量小，非授权频段，相对封闭
	NB-IoT	小于 200kbbs	15km 以上	大约 5 美元	是	高可靠，高安全，传输数据量大，低时延，广覆盖	成本高，协议复杂，电池耗电大
	eMTC	小于 1Mbps		大约 10 美元	是	低功耗，海量连接，高速率，可移动，支持 VoLTE	模块成本更高

3. 管理服务层（服务层）

管理服务层是物联网的信息处理和应用，面向各类应用，实现信息的存储、数据的挖掘、应用的决策等，涉及海量信息的智能处理、分布式计算、中间件、信息发现等多种技术。

由于网络层是由多种异构网络组成的，而物联网的应用是多种多样的，因此在网络层和应用层之间需要有中间件进行承上启下。中间件是一种独立的系统软件或者服务程序，能够隐藏底层网络环境的复杂性，处理网络之间的异构性，分布式应用软件借助于中间件在不同的技术之间共享资源，它是分布式计算和系统集成的关键组件它具有简化新业务开发的作用，并且可以将已有的各种技术结合成一个新的整体，因此是物联网中不可缺少的一部分。在过去的几年中，中间件都是采用面向服务的架构（Service Oriented Architecture，SOA），通过构建在 SOA 基础上的服务可以以一种统一和通用的方式进行交互，实现业务的灵活扩展。

云计算是物联网智能信息分析的核心要素。云计算技术的运用，使数以亿计的各类物品的实时动态管理变得可能。随着物联网应用的发展、终端数量的增长，可借助云计算处理海量信息，进行辅助决策，提升物联网信息处理能力。因此，云计算作为一种虚拟化、硬件/软件运营化的解决方案，可以为物联网提供高效的计算、存储能力，为泛在链接的物联网提供网络引擎。

从目前的物联网应用来看，都是各个行业自己建设系统，不便于多种业务的扩展，如果没有统一建设标准的物联网接入、融合的管理平台，物联网将因为各行业的差异无法产生规模化效应，增加了使用的复杂度与成本。

4. 综合应用层（应用层）

物联网产业链的最顶层，是面向客户的各类应用。丰富的应用是物联网的最终目标，未来基于政府、企业、消费者三类群体将衍生出多样化物联网应用，创造巨大社会价值。根据企业业务需要，在平台层之上建立相关的物联网应用，例如：城市交通情况的分析与预测；城市资产状态监控与分析；环境状态监控、分析与预警（例如：风力、雨量、滑坡）；健康状况监测与医疗方案建议等。一般而言，物联网的九大应用产业是智能交通、智能家居、智慧建筑、智能安防、智能零售、智慧能源、智慧医疗、智能制造、智慧物流。

7.3.2 具体内容

物联网根据其实质用途可以归纳为两种基本应用模式：一种是通过二维码、RFID等技术标识特定的对象，用于区别对象个体；另一种是基于云计算平台和智能网络，可以依据传感器网络用获取的数据进行决策，改变对象的行为进行控制和反馈。

1. 二维码技术在智能建造中的应用

目前，二维码在建筑行业中的应用逐渐兴起，在国内各大型建筑企业已有了较为成熟的应用。二维码技术具有信息承载量大、信息获取方式简单、容错能力强、生成便捷且成本低廉等特点。二维码的信息展示功能在智能建造中可以起到非常积极的作用。目前，二维码技术通过与BIM技术相融合，可以应用到建筑项目的全生命周期中。二维码技术主要在质量管理、物资设备管理、信息管理等方面得到了推广应用。

（1）质量管理

将施工工艺制成二维码，利用智能设备扫描二维码，即可获知详细的工艺说明，可供技术人员进行参考，使工程质量具有可追溯性。将日常检查内容创建记录模板，可以通过二维码记录例行巡检结果，方便后台进行统计分析。将项目的相关资料生成二维码，方便进行技术交底和竣工验收。通过二维码技术，能够有效提高质量管理的效率，有利于进一步保障施工质量。

（2）物资设备管理

一个工程在整个建设期需消耗大量的物资，各类物资数量、进场时间、储存时间、使用部位各异，同时，施工中会使用大量的机械设备，设备的合理定位以及维护也是施工过程中关注的问题。为使得工程物资设备合理利用，降低损耗，在施工过程需要投入较大的人力成本进行管理。

二维码的利用有效避免了以上问题，对所有原材料进行二维码标识，所有原材料进场后，统一粘贴标识牌，标识牌内附二维码，扫描显示进场时间、原材料厂家、规格、型号、合格证编号、是否送检、使用部位以及是否可以使用等信息，有利于材料的入场验收。通过与BIM三维模型进行联动，可以生成物料跟踪二维码，有利于物料的出入库管理，保证物料的有序控制。项目管理人员可以实时监测材料的库存，及时补充材料，防止由于材料短缺带来的工期延误。在设备管理方面，与材料管理类似，通过扫描二维码可以获知设备信息，有利于设备的合理定位，在二维码中创建记录模板，在日常维护过程中，记录巡检的情况，及时发现设备存在的问题。

（3）信息管理

对于一个建筑项目来说，施工资料是非常庞大的。在施工过程中常常由于施工周期长、人员调换等问题引起资料的缺失，通过基于Web平台的二维码技术，能够实现整理归类众多施工文件、快速查找档案等。将项目相关资料与二维码进行关联，可以对资料进行有序的分类，将合同、变更信息等资料在后台进行共享，便于各参与方协调沟通，也能避免由于重要资料丢失带来的困扰。除此之外，二维码技术能够实现对人员信息的管理，审核人员的资质，统计其培训、违规情况等。

2. RFID 技术在智能建造中的应用

RFID 射频识别是一种非接触式的自动识别技术，它通过射频信号自动识别目标对象并获取相关数据，识别工作无须人工干预。RFID 技术及其应用正处于迅速上升时期，被业界公认为是 21 世纪最具潜力的技术之一，它的发展和应用推广将是自动识别行业的一场技术革命。RFID 技术工作原理如图 7.3.2-1 所示。

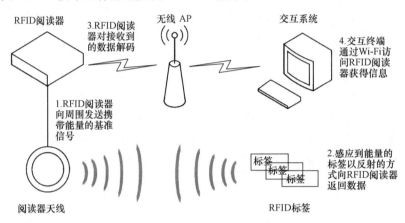

图 7.3.2-1　RFID 技术工作原理

RFID 技术其自动识别和追踪定位的特点，在建筑工程领域发挥着积极的作用，有利于施工现场对人员、材料、设备等的调度管理。

（1）自动识别信息

将人员、材料、设备等信息植入 RFID 芯片中，通过给建筑工人佩戴身份标识卡，系统可以对不同类别的人员进行身份属性管理，通过身份识别授权或规定人员不同的权限或管理措施，还可以自动记录人员的考勤情况。同时，在材料、设备上安装标签，可以快速知悉材料及设备的信息，包括材料的使用记录、时间、最佳施作方法及位置，更有利于对"人、机、料"三大要素的管理。

施工质量问题一直是备受关注的问题。将 RFID 标签放置于混凝土上，或者将其埋入混凝土试块中，可以通过监测混凝土的温度以及养护情况，来掌握混凝土凝固最佳强度时机以及拆模时间，从而有效地保证了混凝土浇筑的质量。

（2）追踪定位

RFID 技术可以对物体进行定位，将其运用到施工现场，可以有效地保证施工安全以及施工效率。人员、材料、机具设备是施工现场流动性较大的因素。可利用 RFID 技术建立材料管理追踪系统，用以追踪材料的存放位置，同样地，也可以对机具设备的位置进行追踪，通过合理调度人员、材料、设备，可以大大提高施工效率。在地下工程、管线铺设等复杂施工工序中，通过对特定材料进行定位，可以节约施工时间。

追踪定位人员、材料、机具设备等位置，可以对施工现场状况进行监控。目前，可将 BIM 技术以及 RFID 技术进行融合，发挥两者的优势。通过 RFID 技术对现场的人员、材料、设备等进行追踪监测，在 BIM 模型中预先设置安全分析规则，RFID 将实时信息传输到 BIM 模型中，就可以对人员安全状态进行分析，并向后台人员进行报警，采取相应的措施。这样可以有效降低安全事故的发生，保证人员的安全。

3. 传感系统在智能建造中的应用

（1）传感系统在施工阶段的应用

传感器技术是物联网的关键技术。其在施工阶段的典型应用为"智慧工地"的建设。智慧工地是智慧城市的基础，是通过运用 BIM、信息化和物联网等技术手段，将现实物体数据与 BIM 模型相关联，结合信息化技术，形成互联协同、智慧建造、科学管控的施工项目信息化生态圈。将这些在虚拟现实环境下与物联网采集到的工程信息进行深入的数据挖掘分析，对现有数据进行实时监控，同时对未来发展趋势进行合理预测，消除不安全因素和隐患，实现工程施工可视化智能管理，提高工程信息化管理水平，从而逐步实现智慧建造。

1）环境监测系统

随着环境问题越来越多地受到关注，建设施工现场的环境监测成为一项重要的工作，利用物联网对施工现场环境进行监控，可以对施工现场的噪声、扬尘、风速等情况实现全天候自动定量监测，无需专人值守，提升效率。

物联网施工环境监测系统一般由噪声实时监控系统、扬尘实时监控系统、视频叠加系统、数据采集/传输/处理系统、信息监控平台和客户终端等部分组成的集数据采集、信号传输、后台数据处理、终端数据呈现等功能为一体的施工现场环境监测系统（图 7.3.2-2）。

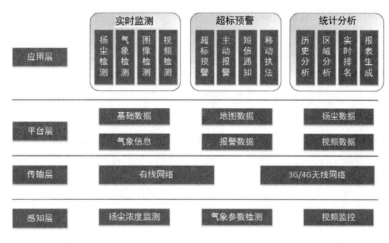

图 7.3.2-2 传感系统对环境的监控

环境监测系统能够实现全天候全时段的扬尘、噪声等数据的自动采集，通过数字化工地综合平台，自动分析数据，最后以图形化的形式展示监测结果。促进环保施工的同时，也能降低人员的劳动强度。

2）对施工设备运行情况的监测和引导

利用物联网对施工设备进行运行情况的监测和引导也是物联网在智能建造中的一项应用。常见的有塔式起重机远程安全监控系统（又叫塔吊黑匣子），主要应用于塔吊起重机的实时监控，其中集成了大量的传感设备，可全程记录起重机的使用状况并能规范塔式起重机的制造、安拆、使用行为，控制和减少生产安全事故的发生。塔吊黑匣子可有效避免失误操作和超载，如果操作有误或者超过额定载荷时，系统会发出报警或自动切断工作电源，强迫终止违章操作；还可以对机器的工作过程进行全程记录，记录不会被随意更改，通过查阅"黑匣子"的历史记录，即可全面了解到每一台塔机的使用状况。塔吊黑匣子采用蓝色或灰白液晶屏显示，可显示当前重量、幅度、角度、额重、载荷率、工况等参数，以动画方式显示塔机运行情况，让监管人员了解塔机的实时运行情况。

3）施工过程监测系统

在施工项目中布置视频监控系统，视频监控系统可实现对各个监控点的实时图像监视、网络校时、录像资料查询等多项管理功能，从工人上下班、作业面安全行为监督、作业工人数量查询、防火、防盗等方面实现全动态管理。施工现场监控系统可以提供施工现场的直观情况，减少现场管理人员的数量，将现场施工监督部分转变为监控中心的远程监督。但传统的视频监控系统依然需要人工去分析现场的情况。视频监控系统正在向着"视频传感器"的方向发展，形成"视频物联网"。其本质是在原有视频监控的基础上进行联网，从传统的标量感知到新型的多媒体感知，从传统的简单感知到嵌入式"感知＋处理"，可以将收集到的数据进行自动分析处理，这是未来一大具有发展潜力的领域。

目前，在施工领域，深基坑、高支模等应用越来越普遍。其施工工艺复杂且危险性较高，将变形测量等传感器以及超限警报设备布置在高支模或深基坑等施工危险性较高的位置，实时监测施工位置周围环境参数的变化，实时将数据进行传输并进行报警，可以有效预防安全事故的发生。

（2）传感系统在运维阶段的应用

1）智能监控与安全管理

传感器技术常与其他技术融合使用，通常用于智能建筑中。智能安防技术可以有效提高定位精度，同时还能够更好更快的定位，整个安全系统包括：①出入口控制。该控制方案主要是应用了一卡通系统，其中设置了带有单片机的射频卡，刷卡设备和后台数据库连接，可以直接判定刷卡人身份特征，从而控制外人进入。由于接触式IC稳定性不强，同时还容易造成数据泄密等情况（如卡被盗刷等），泄漏个人信息，因此当今非接触式IC卡成为主要的应用方向；②入侵报警系统。该系统中加入了传感器、红外线探测信号仪，可以自主判断数据信号是否合法访问，这样除了可以减少系统误报警问题，还可以减少非法入侵概率；③家庭安防系统。在建筑中布置红外感应器、探测器、传感器等设备，可以保护房门的安全。

除了以上应用，建筑的防火也一直是备受关注的问题。建筑消防设施的正常使用，对于火灾的预防和扑救有着至关重要的作用。物联网技术可以实现对消防设施的全动态智能监控，在消火栓、火灾自动报警系统以及喷淋系统的探测器等重要的位置设置简单的通信设备，通过传感器定期向消防中心传送信息，消防人员通过电脑等设备实时查询建筑内的消防设施的压力、流量以及储水量等运行数据，同时，对消防供水系统及设备进行联网监控，采集附近消防水源的位置信息。当发生火灾时，能够及时启动建筑内的自动消防设施进行火灾控制和人员疏散，同时，指挥消防人员和作战车辆在最短的时间内实施有效灭火。通过在建筑疏散通道内设置的通信传感器，消防中心可以利用视频监控设备监控安全通道的可用性。通过物联网技术，可以将火灾控制在初起阶段，减少火灾带来的损失。

2）建筑设备监控系统

物联网的感知层中设置了多个传感器，信息采集全面，主要应用于智能建筑监控管理领域中，结合光线传感器技术、无线传输技术，可以直接采集设备运行参数，分析运行功能。在建筑电力系统重要部位安装传感器，实时监测电力设备的运行温度、电压，减少电力事故发生概率。而无线传感器能够有效减少布线量、节点量，提高智能化程度，使用场景更加灵活。

越来越多的建筑物应用基于物联网技术的建筑设备监控系统，并开始上传至服务平台，由此带来了功能的提升。下面以空调系统末端设备为例进行简单介绍。

结合物联网的关键技术，基于无线传感器网络中间件的智能建筑设备监控，通过在空调设备和管网内安装感知组件，获得各种环境状况动态信息（温度、湿度等），通过上传数据，由节能管理统一平台来全面自动并合理调控建筑物的空调设备。这些消耗能源的设备可改变环境的状态，可满足用户对环境舒适度的体验，在这个过程中，用户可以监控所有设备的运行状态和环境变量信息，然后去控制耗能设备。建筑物的空调系统，空调末端相对数量多且分散，现阶段的计量方式只能计量其消耗的电量。为了更好地进行计量和管理，基于物联网技术的联网温控器管理系统，能够快速监控现场的每一个末端，调试方便，并且支持中央空调当量计费系统。联网型温控器采用大屏幕液晶显示，内置传感器及标准控制逻辑，通过通信协议进行联网控制，实现对空调末端优化节能管理；TCP/IP 网络控制器将温控器协议转换为 TCP/IP 协议，实现温控器专业软件一个界面同时管理多个温控器；温控器管理面板则可通过网络接口或 WiFi 联网，实现区域温控器的集中管理与控制。系统结构如图 7.3.2-3 所示。

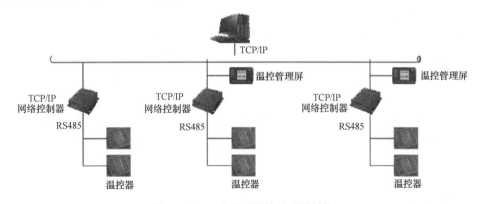

图 7.3.2-3 联网型温控器系统结构

3）结构健康监测

结构监测的基础为传感系统。物联网技术能够对建筑结构进行动态、精细的感知，按照钢筋混凝土结构、木结构和钢结构等主要的建筑类型，通过记忆性自动化的监测方式选择，提高监测的针对性；可以通过加速传感器，采集建筑的振动信息，监测到建筑结构的稳定性与安全性，从而获取建筑结构的动态信息；集成物联网技术的传感器能够分析建筑环境干扰事件对建筑结构的影响，从含有干扰和噪声的监测传感器数据当中，获取有用的信息；可以通过与大数据技术和云计算技术的联合，优化传感器中的建筑结构状态数据，减少监测的偏差，避免监测出现频繁的错误信息。

同样，传感器系统也是桥梁监测系统中重要的组成部分。现代检测技术的飞速发展也带动着桥梁结构监测的进步与发展。雷达、红外、超声传感检测技术能够实现远距离多桥梁的准确测量；光纤传感检测技术也同样适用远距离和大面积检测，而且具有相当可靠性、连续性；无线传感检测技术则是一种全无源、灵活性强、成本较为低廉的检测方式，适用于人为测量难度大、自然条件恶劣、无法长期测量的环境；以及众多尚在研究开发阶段的新颖检测技术，包括在混凝土里面添加自感元件或者材料来测量各项参数指标，例如钢结构检测的腐蚀传感器、建筑环境检测的碳纤维、温度检测的温敏元件及压力检测的压敏元件。此外传感器的选型、优化布设、系统集成都是桥梁结构监测设计方案中不可或缺的设计环节。

随着现代信息技术的发展，物联网技术与 BIM、大数据、云计算等先进信息技术集成应用，各种智能监测平台不断涌现。大大提高了工作效率以及监测的准确性、实时性。

4. 高精度定位系统在智能建造中的应用

随着物联网技术以及北斗卫星高精度定位技术的发展，其已经应用到交通运输、海洋渔业、水文监测、气象预报、测绘地理信息、森林防火、通信时统、电力调度、救灾减灾、应急搜救等领域，逐步渗透到人类社会生产和人们生活的方方面面，为全球经济和社会发展注入新的活力。但在建筑行业的应用还处于探索阶段。

（1）高精度定位技术在既有建筑安全检测中的应用

建筑物在使用过程中，在风荷载、地震荷载、自重等荷载以及地基土排水固结、相邻基础间距不合理等因素都会引起建筑物一定的水平变形和竖向沉降。只要变形在一定的允许限度内是属于正常现象，不会对建筑物造成影响，但若超过规定的允许限度，就会影响建筑物的正常使用，严重时会危及建筑物的安全甚至造成建构筑物的垮塌等严重安全事故，造成经济损失和人员伤亡。所以在建筑物使用周期中一定要进行安全监测，发现变形位移超过允许的最大变形位移及时加固建筑物。

1）建筑物水平位移监测

根据建筑物形变产生的机理分析，在外在因素的影响下改变了结构的受力状态，使得建筑物逐渐发生了倾斜、水平位移，这种变形是一个缓慢发展的过程，变形初期无法依靠人工观察发现建筑物的形变，即使依靠传统的监测设备：经纬仪、静力水准仪和位移计来测量建筑物的倾斜度，水平位移，不仅效率低而且误差较大，很难做到实时监测和数据的动态传输。基于北斗的高精度定位的建筑物形变监测系统以北斗卫星导航系统为基础的建筑变形物监测系统通过三维引擎建立建筑物的三维模型，实时监测建筑物的位移。通过测量既有建筑物的水平位移，通过数据收集与分析，及时报告其变化量和趋势分析，发出预警报告。

2）建筑物沉降位移监测

建筑物的基础埋置在地层中，地层环境具有很强的不稳定性，地下水位变化、流沙等因素会引起建筑物竖向位移，对建筑物造成破坏。借助高精度定位系统，实时监测建筑物的位移变形速度、区域位移量。

目前，我国建筑安全监测大部分还是使用传统的人工监测手段，浪费人力财力，并且精度不高。从人工手段转向自动化、高效化、智能化的高科技手段已是大势所趋。北斗高精度定位系统拥有新兴的空间定位技术，相比于传统技术，其优势体现在更高的自动化程度，更准确的高精度三维定位，不受气候影响的24h监测并且可长期连续运行，测点间无须通视。随着国家对高精度定位的大力发展，该技术在建筑物变形监测中也将得到越来越广泛的运用。

（2）高精度定位技术在施工过程中的应用

尽管我国施工技术经过多年的发展，但是技术方法仍不够先进高效。将高精度定位技术与运输设备、起吊设备、打桩设备结合，直接加速了施工的速率，提高了施工质量。摆脱了过去依靠人工监测的不智能、不灵活、效率低、失误率高、施工安全事故的缺点。

随着信息技术的发展，高精度定位技术将会在智能建造中得到更多的应用。在铁路运输方面已经出现基于高精度定位技术智能调度系统，依靠人员的目测很难准确、实时了解车站内的位置及动态，利用高精度定位技术可以实现智能调度，极大地提高了工作效率。随着研究的深入，在施工过程中，也可能出现基于高精度定位技术的人员、材料等智能调度系统，推动智能建造的发展。

7.3.3 应用价值

物联网作为智能建造中的一项关键技术，起着感知建造环境、生产和传递数据的关键作用，它在智能建造中的价值主要包括以下几个方面的内容：

1. 促进实现施工作业的系统管理

土木工程的产品是固定的，而生产活动是流动的，这就构成了建筑施工中空间布置与时间排列的主要矛盾。同时受建筑施工生产周期长、综合性强、技术间歇性强、露天作业多、自然条件影响大和工程性质复杂等方面的影响，施工任务往往由不同专业的施工单位和不同工种的工人、使用各种不同的建筑材料和施工机械来共同完成，其协作配合关系亦较复杂。通过物联网技术，能够对施工现场进行实时管控，能够实时定位人员、材料、设备等，能够更好地调度资源，提高工作效率。

2. 提高施工质量

土建施工规模大、工期长，整体施工质量很难得到保证，一旦出现失误，就会造成重大的经济损失。运用物联网技术能够把各种机械、材料、建筑体通过传感网和局域网进行系统处理和控制，同步监控土建施工的各个分项工程，严格保证了施工质量。物联网技术对施工质量的意义主要体现在以下几个方面：

（1）精确定位。定位和放线工作是进行施工的首要步骤，其精确程度直接决定了施工质量能否达标。传统的施工定位主要是使用一些光学仪器和简单的测量设备，其精度较低，容易产生累加误差。通过物联网定位技术，可以快捷测得待定位点附近事物的局域坐标，并依此进行定位。

（2）保证材料质量。材料（包括原材料、成品、半成品、构配件）质量是整个工程质量的保证，只有材料质量达标，工程质量才能符合标准。基于物联网技术的建筑原材料供应系统以微电子芯片作为数据载体，将其安装到建筑原材料包装上，可以通过无线电波进行数据通信。微电子芯片可以对任何物品给予唯一的编码，并且，射频技术可突破条形码必须近距离直视才能识别的缺点，无需打开商品包装或隔着障碍物即可识别，并可进行批量识别，商品一旦进入射频识别的有效区域，就可以立即被识别并转化成数字化信息。同时，还能可对基于物联网技术的建筑原材料供应链全过程进行实时监控和透明管理，随时获取商品信息，提高自动化程度，使供应链管理更加透明，并实现智能化供应链管理。

（3）环境控制。影响工程质量的环境因素主要有温度、湿度、水文、气象和地质等，各种环境因素会对工程质量产生复杂多变的影响。散布于施工场地的各种传感器能将这些环境因素的变化及时传输到处理中心，并向管理人员提供警示，为管理人员采取防御措施争取宝贵的时间。

（4）对受损构件进行修复补救。在施工时将 RFID 标签安装到构件上，可以对各个构件的内部应力、变形、裂缝等变化实时监控。一旦发生异常，可及时进行修复和补救，最大限度地保证施工质量。

3. 保证施工安全

安全问题贯穿于工程建设的整个过程，影响施工安全的因素错综复杂，管理的不规范和技术的不成熟等问题都有可能导致施工安全问题。物联网技术主要可以从以下几个方面减少事故的发生，保证施工安全：

（1）生产管理系统化。即通过射频识别技术对人员和车辆的出入进行控制，保证人员和车辆出入的安全。通过对人员和机械的网络管理，使之各就其位、各尽其用，防止安全事故的发生。

（2）安防监控与自动报警。无线传感网络中节点内置的不同传感器，能够对当前状态进行识别，并把非电量信号转变成电信号，向外传递。通过集成不同模式的无线通信协议，信息可以在无线局域网、蓝牙、广播电视、卫星通信等网络之间相互漫游，从而达到更大地域范围的网络连接。云计算技术的发展与物联网的规模化相得益彰。自动报警系统网络逐步规模化，数据会变得异常庞大，通过运用云计算技术，可以在几秒之内达成处理数以千万计甚至亿计信息的目的，可对物体实现智能化的控制和管理。

（3）设备监控。即把感应器嵌入到塔吊、电梯、脚手架等机械设备中，通过对其内部应力、振动频率、温度、变形等参量变化的测量和传导，从而对设备进行实时监控，以保证操作人员以及其他相关人员的安全。

4. 具有可观的经济效益

当前，建筑市场十分火热，越来越多的企业投入到施工建设行业当中。提高企业的经济效益不仅意味着盈利的增加和企业竞争力的提高，也有利于国民经济和社会的发展。物联网技术在建筑行业的应用，必将大大提高生产效率，进而提高企业的经济效益。

（1）材料成本的降低。材料成本在工程预算中占有很大的比重。通过采用 RFID 技术对材料进行编码，实现建筑原材料的供应链的透明管理，可以便于消费单位选取最合适的材料，省去中间环节，减少材料的浪费。在物联网技术的支持下，材料成本可以达到最大限度的控制。

（2）提高效率，节约时间。物联网技术可以实现对人和机械的系统化管理，使得施工过程井井有条，有效地缩短了工期。另外，管理的优化可以大大地节约人力成本和租用机械的费用，对提高经济效益也有很大的帮助。

（3）及时补救和维护。基于物联网的监控技术，可以从源头上发现建筑构件的错误和缺陷并及时补救，从而避免造成更大的经济损失。

课 后 习 题

一、单选题

1. 下列技术中不属于局域网通信技术的是（　　　）。

A. WiFi　　　　　　B. 蓝牙　　　　　C. 4G 蜂窝通信技术　　　　　D. Zigbee

2. 下列技术中属于工作于未授权频谱的无线传输技术的是（　　　）。

A. NB-IoT　　　　　B. LoRa　　　　　C. 4G 蜂窝通信技术　　　　　D. 5G 蜂窝通信技术

3. 在物联网技术架构的各层级中，作用相当于人的眼、耳、鼻、皮肤等感觉器官，主要功能是识别和感知物理世界，采集信息的层级是（　　　）。

A. 感知识别层　　　B. 网络构建层　　C. 管理服务层　　　　　D. 综合应用层

4. 蓝牙、WiFi 等短距离传输技术属于物联网技术架构中哪个层级的技术？（　　　）

A. 感知识别层　　　B. 网络构建层　　C. 管理服务层　　　　　D. 综合应用层

5. 多媒体（Multimedia）是多种媒体的综合，一般包括文本、声音和图像等多种媒体形式。利用麦克风、摄像头等设备采集声音和图像等多媒体信息，是（　　　）的重要部分。

A. 感知识别层　　　B. 网络构建层　　C. 管理服务层　　　　　D. 综合应用层

二、多选题

1. 下列属于物联网技术优势的有（　　　）。

A. 数据实时采集　　　　　　　　B. 智能控制和决策

C. 与信息技术结合性高　　　　　D. 应用范围广

2. 下列属于全球卫星定位系统的有（　　　）。

A. UWB　　　　　B. BDS　　　　　C. GLONASS　　　　　D. GPS

3. 下列属于物联网技术传感层级别的技术有（　　　）。

A. 传感器　　　　　B. 二维码　　　　C. RFID　　　　　D. LPWAN

三、简答题

1. 物联网作为智能建造中的一项关键技术，起着对感知建造环境、生产和传递数据的关键作用，它在智能建造中的价值主要包括哪几方面的内容？

2. 物联网技术有哪些特点和优势？

3. 请列举三种应用在智能建造中的物联网技术，并分别列举它们在建造过程中应用的三个方面。

第8章　数字孪生技术

导语：数字孪生技术是一种新兴的现代化信息技术，最初在航空航天及制造领域应用较多，发挥了其独有的价值。在学科交叉融合、信息化技术普及要求日益提高的今天，数字孪生技术也寻求在智能建造领域的结合应用。本章首先介绍了数字孪生技术的定义、特点和优势；其次介绍了数字孪生技术的国内外发展应用情况；最后具体阐述了数字孪生技术在智能建造中是如何应用的，以及其应用价值。

8.1 数字孪生技术概述

8.1.1 数字孪生技术的定义

美国密歇根大学 Michael Grieves 教授于 2002 年在所讲授的 PLM（产品生命周期管理）课程中引入了"镜像空间模型"（后又改称为"信息镜像模型"）的概念。2011 年，这一概念在《Virtually Perfect》一书中得到了极大的推广，文章的合著者开始将这一概念模型称之为"数字孪生"，"数字孪生"的概念正式诞生。

目前数字孪生（Digital Twin）尚无标准定义，但对其基本含义有比较清晰的认知，即数字孪生是以数字化的方式拷贝一个物理对象，模拟此对象在现实环境中的行为，对产品、制造过程乃至整个工厂进行虚拟仿真，从而提高制造企业产品研发和制造的生产效率。

（1）国外研究机构定义

德勤：数字孪生是以数字化的形式对某一物理实体过去和目前的行为或流程进行动态呈现。

埃森哲：数字孪生是指物理产品在虚拟空间中的数字模型，包含了从产品构思到产品退市全生命周期的产品信息。

美国国防采办大学：数字孪生是充分利用物理模型、传感器更新、运行历史等数据，集成多学科、多物理量、多尺度、多概率的仿真过程，在虚拟空间中完成映射，从而反映相对应的实体装备的全生命周期过程。

密歇根大学：数字孪生是基于传感器所建立的某一物理实体的数字化模型，可模拟显示世界中的具体事物。

（2）国内行业专家定义

宁振波：数字孪生是将物理对象以数字化方式在虚拟空间呈现，模拟其在现实环境中的行为特征。

赵敏：数字孪生是指在数字虚体空间中所构建的虚拟事物，与物理实体空间中的实体事物所对应的、在形态和举止上都相像的虚实精确映射关系。

林诗万：数字孪生是实体或逻辑对象在数字空间的全生命周期的动态复制体，可基于丰富的历史和实时数据、先进的算法模型实现对对象状态和行为高保真度的数字化表征、模拟试验和预测。

陶飞：数字孪生以数字化的方式建立物理实体的多维、多时空尺度、多学科、多物理量的动态虚拟模型来仿真和刻画物理实体在真实环境中的属性、行为、规则等。

从概念上来看，有几个核心点：

一是物理世界与数字世界之间的映射；二是动态的映射；三是不仅仅是物理的映射，还是逻辑、行为、流程的映射，比如生产流程、业务流程等；四是不单纯是物理世界向数字世界的映射，而是双向的关系，也就是说，数字世界通过计算、处理，也能下达指令，进行计算和控制；五是全生命周期，数字孪生体与实体的孪生体是与生共有、同生同长，任何一个实体孪生体发生的事件都应该上传到数字孪生体作为计算和记录，实体孪生体在这个运行过程中的劳损，比如故障，都能够在数字孪生体的数据里有所反映。

从不同的角度出发，专家和企业对数字孪生的理解存在着不同的认识。我们可以从不同维度出发，对数字孪生当前的认识进行总结与分析，尝试对数字孪生的理想特征进行探讨，以供参考。

1. 模型维度

一类观点认为数字孪生是三维模型、是物理实体的 copy，或是虚拟样机。这些认识从模型需求与功能的角度，重点关注了数字孪生的模型维度。综合现有文献分析，理想的数字孪生模型涉及几何模型、物理模型、行为模型、规则模型等多维多时空多尺度模型，且期望数字孪生模型具有高保真、高可靠、高精度的特征，进而能真实刻画物理世界。此外，有别于传统模型，数字孪生模型还强调虚实之间的交互，能实时更新与动态演化，从而实现对物理世界的动态真实映射。

2. 数据维度

如上文所述，Grieves 教授曾在美国密歇根大学产品全生命周期管理（PLM）课程中提出了与数字孪生相关的概念，因而有一种观点认为数字孪生就是 PLM。与此类似，还有观点认为数字孪生是数据/大数据，是 Digital Shadow，或是 Digital Thread。这些认识侧重了数字孪生在产品全生命周期数据管理、数据分析与挖掘、数据集成与融合等方面的价值。数据是数字孪生的核心驱动力，数字孪生数据不仅包括贯穿产品全生命周期的全要素/全流程/全业务的相关数据，还强调数据的融合，如信息物理虚实融合、多源异构融合等。此外，数字孪生在数据维度还应具备实时动态更新、实时交互，及时响应等特征。

3. 连接维度

一类观点认为数字孪生是物联网平台或工业互联网平台，这些观点侧重从物理世界到虚拟世界的感知接入、可靠传输、智能服务。从满足信息物理全面连接映射与实时交互的角度和需求出发，理想的数字孪生不仅要支持跨接口、跨协议、跨平台的互联互通，还强调数字孪生不同维度（物理实体、虚拟实体、孪生数据、服务/应用）间的双向连接，双向交互、双向驱动，且强调实时性，从而形成信息物理闭环系统。

4. 服务/功能维度

一类观点认为数字孪生是仿真，是虚拟验证，或是可视化，这类认识主要是从功能需求的角度，对数字孪生可支持的部分功能/服务进行了解读。目前，数字孪生已在不同行业不同领域得到应用，基于模型和数据双驱动，数字孪生不仅在仿真、虚拟验证和可视化等方面体现其应用价值，还可针对不同的对象和需求，在产品设计、运行监测、能耗优化、智能管控、故障预测与诊断、设备健康管理、循环与再利用等方面提供相应的功能与服务。由此可见，数字孪生的服务/功能呈现多元化。

5. 物理维度

一类观点认为数字孪生仅是物理实体的数字化表达或虚体，其概念范畴不包括物理实体。实践与应用表明，物理实体对象是数字孪生的重要组成部分，数字孪生的模型、数据、功能/服务与物理实体对象是密不可分的。数字孪生模型因物理实体对象而异、数据因物理实体特征而异、功能/服务因物理实体需求而异。此外，信息物理交互是数字孪生区别于其他概念的重要特征之一，若数字孪生概念范畴不包括物理实体，则交互缺乏对象。

综上所述，当前对数字孪生存在多种不同认识和理解，目前尚未形成统一共识的定义，但物理实体、虚拟模型、数据、连接、服务是数字孪生的核心要素。不同阶段（如产品的不同阶段）的数字孪生呈现出不同的特点，对数字孪生的认识与实践离不开具体对象、具体应用与具体需求。从应用和解决实际需求的角度出发，实际应用过程中不一定要求所建立的"数字孪生"具备所有理想特征，能满足用户的具体需求即可。

8.1.2 数字孪生技术的特点

数字孪生技术的典型特征有：数据驱动、模型支撑、软件定义、精准映射、智能决策。

1. 数据驱动：数字孪生的本质是在比特的汪洋中重构原子的运行轨道，以数据的流动实现物理世界的资源优化。

2. 模型支撑：数字孪生的核心是面向物理实体和逻辑对象建立机理模型或数据驱动模型，形成物理空间在赛博空间的虚实交互。

3. 软件定义：数字孪生的关键是将模型代码化、标准化，以软件的形式动态模拟或监测物理空间的真实状态、行为和规则。

4. 精准映射：通过感知、建模、软件等技术，实现物理空间在赛博空间的全面呈现精准表达和动态监测。

5. 智能决策：未来数字孪生将融合人工智能等技术，实现物理空间和赛博空间的虚实互动辅助决策和持续优化。

8.1.3 数字孪生技术的优势

数字孪生模型跨越资产全生命周期。对于资本支出项目，项目数字孪生模型提供了无风险的方式，用供应链模拟施工、物流和制造顺序，并优化客流设计，使项目参与方能够清晰了解洪水或极端天气状况发生时紧急疏散和恢复能力。对于运营支出项目，性能数字孪生模型将真正成为组织的 3D/4D 运营系统，跟踪资产基于时间的变化。

此外，借助应用人工智能（AI）和机器学习（ML），可以实现沉浸式数字化运营。数字孪生模型将有助于实现分析可见性和帮助团队形成深度见解，从而提高运营人员的工作效率，帮助他们预测和规避问题，并快速做出反应。借助无人机、机器人以及基于人工智能的计算机视觉的应用，通过实时的数字孪生模型来实现检查任务的自动化，使专家能够远程进行检查，从而大幅提高生产率，并充分利用与稀缺资源相关的知识。

数字孪生模型将改变基础设施的设计、交付和管理。数字孪生模型能够为子孙后代建设更具快速恢复能力和更可持续的基础设施。信息的可访问性越强，平台越开放，数据被重新利用和创造价值的机会就越大。

8.2 数字孪生技术的国内外发展概况

8.2.1 数字孪生技术国外发展概况

1. 数字孪生技术在美国发展概况

1961—1972 年，美国国家航空航天局（National Aeronautics and Space Administration

NASA）在阿波罗项目的实施过程中首次提出"孪生体"概念，即制造两个完全相同的空间
飞行器，一个执行飞行任务，另一个则留在地球上并将其称为孪生体（Twin）。在飞行任务
准备期间，孪生体用于训练；在飞行任务执行期间，孪生体基于执行飞行任务的空间飞行器
的飞行状态数据构建精确仿真模型并进行仿真试验，辅助太空轨道上的航天员在紧急情况下
做出正确决策。此时，孪生体概念还是物理实体，并非虚拟空间的数字孪生体。

2002 年，美国 Grieves 在组建密歇根大学产品全生命周期管理中心时提出"Concep-
tual Ideal for PIM"概念模型，此概念模型虽未被称为数字孪生体，却包含组成数字孪生
体的全部要素，即实体空间、虚拟空间、实体与虚拟空间之间的数据和信息连接。

2005—2006 年，Grieves 将此概念模型进一步称作"Mirrored Spaced Model"和"In-
formation Mirroring Model"。该阶段是数字孪生体概念的孕育发展阶段，形成了数字孪
生体的雏形。

2011 年，Grieves 正式提出数字孪生体概念。NASA 在其技术发展路线图（NASA
Technology Roadmap，2010 and 2012）第 11 个技术领域（模型、仿真·信息技术与处
理）中也提出数字孪生体概念。至此，数字孪生体概念正式诞生。

2011 年之后，数字孪生体迎来了新的发展契机。2011 年数字孪生体由美国空军研究
实验室提出并得到了进一步发展，目的是解决未来复杂服役环境下的飞行器维护问题及寿
命预测问题。他们计划在 2025 年交付一个新型号的空间飞行器以及与该物理产品相对应
的数字模型即数字孪生体，其在两方面具有超写实性：①包含所有的几何数据，如加工时
的误差；②包含所有的材料数据，如材料微观结构数据。2012 年，美国空军研究实验室
提出了"机体数字孪生体"的概念：机体数字孪生体作为正在制造和维护的机体的超写实
模型，是可以用来对机体是否满足任务条件进行模拟和判断的。

2012 年，NASA 正式给出数字孪生体的明确定义：数字孪生体是指充分利用物理模型、
传感器、运行历史等数据，集成多学科、多物理量、多尺度、多概率的仿真过程，在虚拟信
息空间中对物理实体进行镜像映射，反映物理实体行为、状态或活动的全生命周期过程。

2015 年，Rios 等给出通用产品的数字孪生体定义，从此将其由复杂的飞行器领域向一
般工业领域进行拓展应用及推广。此后，数字孪生体理念逐渐被美国 GE、IBM、Microsoft、
PTC、德国 Siemens、法国 Dassault 等企业所接受并应用于技术开发及生产，形成了如 GE 的
Predix 平台、Siemens 的 Simcenter 3D 等数字孪生体开发软件工具，引起了国内外工业界、
学术界及新闻媒体的广泛关注。至此，数字孪生体概念得到进一步发展和推广。

2. 数字孪生技术在德国发展概况

据工业 4.0 研究院观察，德国部分数字化程度较高的企业在过去几年时间，不断吸纳
数字孪生技术带来的机遇，为工业 4.0 的数字孪生化提供了鲜活的案例，展现了优化产品
和流程全周期的能力。

案例一：WAGO

自动化供应商 WAGO 开发了一种称为 DIMA（模块化设备分散智能）的方法，允许
来自不同供应商的模块集成到最终生产系统中。

其核心是模块类型包（Module Type Package，MTP），一种模块的自我描述。MTP
可以通过接口访问，它包含通信参数、模块向整个生产系统提供的功能性生产服务，以及
生产监控系统的信息。

案例二：FESTO

来自 FESTO 公司的组件可用 AutomationML 模型来描述，包括了几何学、运动学和软件。它们还引用了 EPLAN 公司的电气原理图服务，这是 FESTO 为 EPLAN Electric P8，V2 构建的设备宏数据包。

这些组件还会存储来自应用程序以及运行当中的数据，根据 CODESYS V3 中的 VD-MA 24582 预处理数据，并将这些信息传输到云上。

案例三：HOMAG

每台用于生产木质工件的 HOMAG 机器都有自己的资产管理壳，包括专有的 XML 描述和 OPC UA 通信。HOMAG 提供与设备相关的服务，例如诊断系统 woodScout。这包括了来自 Tapio 云的连接器以及集成的设备文档，该连接器由 HOMAG 所有，基于微软 Azure 架设。

除上述案例以外，德国西门子在 2016 年就开始尝试利用数字孪生体来完善工业 4.0 应用，直到 2017 年底，西门子正式发布了完整的数字孪生体应用模型。在西门子的数字孪生体应用模型中，数字孪生体产品（Digital Twin Product）、数字孪生体生产（Digital Twin Production）和数字孪生体绩效（Digital Twin Performance）形成了一个完整的解决方案体系，并把西门子现有的产品及系统包揽其中，例如 Teamcenter、PLM 等。

德国的数字孪生不仅应用于企业，在政府项目中也有所应用。

据报道，德国汉堡市、莱比锡市和慕尼黑市将获得德国政府约 3200 万欧元的资金，用于"互联城市孪生－用于集成城市发展的城市数据平台和数字孪生"（CUT）项目。资金将从 2021－2025 用于"智慧城市示范项目"，整个项目将由汉堡市负责管理。

基于城市数据平台的互联城市孪生或所谓的数字双胞胎的开发是该项目的核心。数字孪生是物体的数字图像，例如建筑物、街道和水域或过程链，以及行政程序、公民参与或交通管制等。它们由数据和算法构成，可以通过传感器连接到现实世界。

汉堡市长 Peter Tschentscher 博士说："数字城市基于可用于开发和实施新数字流程的数据。汉堡的数字形象为政治、行政、企业和开发商提供了极好的基础。"使用数字孪生具有巨大的潜力，例如用于管理运输和物流。该项目将侧重于城市发展中的创新用例以及参与方式，以加深和改善城市发展计划的综合需求。

"数字孪生"的想法已经存在于工业环境中。城市版本将采用虚拟、交互式 3D 城市模型和协作城市数据平台的形式。居民可以使用这些数据来帮助更快地做出改进和重新考虑决策。基于汉堡，莱比锡和慕尼黑的综合基础设施和经验，该项目将开发各自的城市数据平台和数字孪生作为核心技术要素。

通过"智慧城市示范项目"，德国政府可以帮助地方政府在可持续城市综合发展方面塑造数字化。目的是为将来的城市生活开发和测试跨部门的数字策略。

8.2.2 数字孪生技术国内发展概况

在国内，2018 年陶飞等分析了数字孪生在理论研究上的进展，论证了数字孪生的五维结构模型和数字孪生驱动的六条应用准则，在此基础上提出了数字孪生车间（Digital Twin Workshop）的概念，然后研究了数字孪生车间的结构组成、关键技术等，最后从数字孪生车间的四个维度出发，分析了物理车间异构元素融合和虚拟车间多维模型融合等关键问题。庄存波等人设计了产品数字孪生的体系架构，详细论证了产品数字孪生在设计、制造、服务、维护阶段的实现方法。戴胜等分析了数字孪生与信息物理系统的异同，进一步论证了数字孪生与数字产品定义的关系，指出了实现数字孪生的关键支持技术郭东升等人以企业航天结构件制造车间为例，验证了数字孪生制造车间能有效提高生产效率。罗伟超建立了数控机床的多领域统一建模方法，讨论了物理空间与数字空间的映射策略以及数字孪生的自治策略。

2018 年，我国政府将数字孪生城市作为实现智慧城市的必要途径和有效手段，雄安新区的规划纲要明确指出要坚持数字城市与现实城市的同步规划、同步建设，致力于将雄安打造为全球领先的数字城市。中国信通院成功举办 3 次数字孪生城市研讨会，研讨数字孪生城市的内涵特征、建设思路、总体框架、支撑技术体系等。

8.3　数字孪生在智能建造中的应用

8.3.1　数字孪生的技术架构

数字孪生的技术架构分为物理层、数据层、模型层、功能层四层，详见图 8.3.1，可以从三个视角来看。

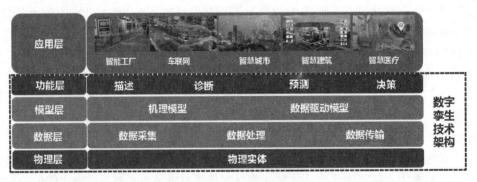

图 8.3.1　数字孪生技术架构

从应用视角来看，数字孪生的主要应用在智能工厂、车联网、智慧城市、智慧建筑、智慧医疗等应用场景。其中，在智能工厂领域的应用是最为广泛的，不仅可以实现产品迭代式创新、生产制造全过程数字化管理，而且还可以开展设备预测性维护。依据数字孪生基础共性标准、关键技术标准、工具/平台标准，测评标准和安全标准，结合各行业/领域自身需求与特点，制定数字孪生机床、数字孪生车间、数字孪生卫星、数字孪生发动机、数字孪生工程机械装备、数字孪生城市、数字孪生船舶、数字孪生医疗等具体行业的应用标准。在数字孪生使用前，应用对象、功能需求、适用性评价等行业应用标准能够帮助企业决策数字孪生的适用性；在数字孪生使用过程中，技术要求、工具标准、平台标准等结合行业领域特性的应用标准能够指导数字孪生在各领域的应用落地；在数字孪生使用后，测试要求、评价方法、安全要求、管理要求等行业应用标准能够指导数字孪生的评估及优化方法，保证其使用安全性、稳定性、可用性与易用性。

从功能视角来看，主要包括描述、诊断、预测、决策四个能力等级。其中，描述是通过感知设备采集到的数据，对物理实体各要素进行监测和动态描述；诊断是分析历史数据、检查功能、性能变化的原因；预测是揭示各类模式的关系，预测未来；决策是在分析过去和预测未来的基础上，对行为进行指导。

从部署视角，主要包括设想、确定方案、试运行、产业化、效果后评价五个阶段。设想阶段是设想并评估当前应用场景，拟定数字孪生适用流程；确定方案阶段是确定最适合该应用场景的方案；试运行阶段是运用数字孪生模型模拟物理实体运行；产业化阶段是推进试行项目虚体，以虚控实，实现产业化；效果后评价阶段是评价产业化效果和投资效益。

8.3.2 具体应用

数字孪生作为实现智能建造的关键前提，能够实现虚拟空间与物理空间的信息融合与交互，并向物理空间实时传递虚拟空间反馈的信息，从而实现建筑工程的全物理空间映射、全生命期动态建模、全过程实时信息交互、全阶段反馈控制。

基于数字孪生的智能建造框架包括物理空间、虚拟空间、信息处理层、系统层四部分，他们之间的关系如下：物理空间提供包含"人机料法环"在内的建造过程多源异构数据并实时传送至虚拟空间；虚拟空间通过建立起物理空间所对应的全部虚拟模型完成从物理空间到虚拟空间的真实映射，虚拟空间的交互、计算、控制属性可以实现对物理空间建造全过程的实时反馈控制；信息处理层采集物理空间与虚拟空间的数据并进行一系列的数据处理操作，提高数据的准确性、完整性和一致性，作为调控建造活动的决策性依据；系统层通过分析物理空间的实际需求，依靠虚拟空间算法库、模型库和知识库的支撑和信息层强大的数据处理能力，进行建筑工程数字孪生的功能性调控。建筑工程应用数字孪生的框架如图 8.3.2-1 所示。

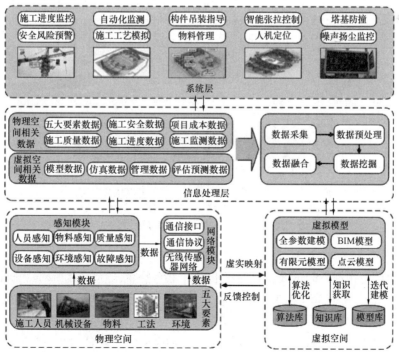

图 8.3.2-1 基于数字孪生的智能建造应用框架

1. 物理空间

物理空间是一个复杂、动态的建造环境，由影响工程质量的五大要素、感知模块以及网络模块组成。五大要素（即"人机料法环"）指施工人员、机械设备、物料、工法、环境，它们是最原始的数据源，在建造活动中产生多源异构数据被传送至虚拟空间，同时接收虚拟空间的指令并做出相应反应。感知模块与网络模块分别负责数据的感知采集与数据向虚拟空间的传输，感知模块通过安装在施工人员或机械设备上的不同类型传感器来进行状态感知、质量感知和位置感知，同时采集多源异构数据；在此基础上，通过在网络模块中建立一套标准的数据接口与通信协议，实现对不同来源的数据的统一转换与传输，将建造活动的实时数据上传至虚拟空间。全要素信息感知框架如图 8.3.2-2 所示。

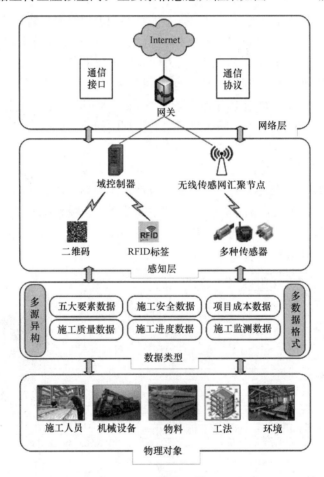

图 8.3.2-2　全要素信息感知框架

2. 虚拟空间（数字空间）

虚拟空间作为物理空间的真实映射，包含了物理空间五大要素所对应的全部虚拟模型，从模型类型上分为 BIM 模型、有限元模型、扫描点云模型等。各类模型相互关联、协作，不仅可以实现对物理空间中进行的建造活动（如装配式构件吊装、预应力索网提升张拉等）的可视化，还对其进行仿真分析。同时，虚拟空间具有交互、计算和控制属性，在建筑设计阶段，虚拟空间基于高保真度的虚拟模型，对结构设计方案进行施工模拟、送代计算与仿真分析;在建造阶段,虚拟空间通过不断更新的实时建造数据与积累的历史数据,对建造全过程给予实时的反馈与调控;在运维阶段,虚拟空间可实时预测将发生的冲突或故障,并将信息反馈给物理空间。虚拟空间数字孪生模型应用机制如图 8.3.2-3所示。

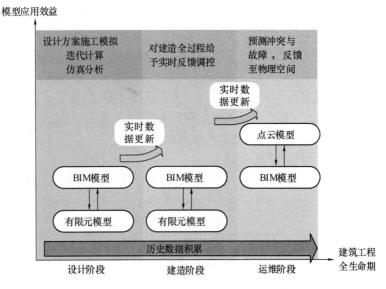

图 8.3.2-3 虚拟空间数字孪生模型应用机制

3. 数据处理层

数据处理层是沟通物理空间与虚拟空间的桥梁,主要包括数据采集、数据预处理、数据挖掘、数据融合四个步骤。首先,来自物理空间与虚拟空间的海量多源异构原始数据被实时采集,这些数据包括物理空间的五大要素数据、施工质量数据、施工安全数据、施工进度数据、项目成本数据、施工监测数据,以及虚拟空间的模型数据、仿真数据、管理数据、评估数据等。然后对这些原始数据进行数据预处理,包括数据清洗、数据集成、数据转换、数据规约等,提高数据的准确性、完整性和一致性。接下来利用人工神经网络、APRIORI 等算法进行数据分析挖掘,达到分类、预测、聚类的效果。最后,在数据采集、预处理、分析挖掘的基础上,从数据库和知识库中提取相应参数进行特征级和决策级的数据融合,从而作为调控建设活动的决策性依据。数据处理步骤如图 8.3.2-4 所示。

4. 系统层

系统层通过分析物理空间的实际需求,依靠虚拟空间算法库、模型库和知识库的支持和信息层强大的数据处理能力,进行建筑工程数字孪生的功能性调控。具体功能包括施工进度监控、安全风险预警、自动化监测、施工工艺模拟、构件吊装指导、物料管理、智能张拉控制、人机定位、塔基防撞、噪声扬尘监控等,对整个建造过程进行实时优化控制。

8.3.3 应用价值

数字孪生以数字化的形式在虚拟空间中构建了与物理世界一致的高保真模型,通过与物理世界间不间断的闭环信息交互反馈与数据融合,能够模拟对象在物理世界中的行为,监控物理世界的变化,反映物理世界的运行状况,评估物理世界的状态,诊断发生的问

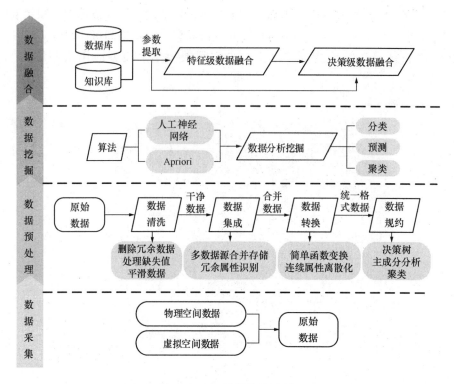

图 8.3.2-4　数据处理步骤

题，预测未来趋势，乃至优化和改变物理世界。数字孪生能够突破许多物理条件的限制，通过数据和模型双驱动的仿真、预测、监控、优化和控制，实现服务的持续创新、需求的即时响应和产业的升级优化。基于模型、数据和服务等各方面的优势，数字孪生正在成为提高质量、增加效率、降低成本、减少损失、保障安全、节能减排的关键技术，同时数字孪生应用场景正逐步延伸拓展到更多和更宽广的领域。

在数字孪生概念不断完善和发展过程中，学术界主要针对数字孪生的建模、信息物理融合、交互与协作及服务应用等方面开展了相关研究。

1. 在建模方面，当前在数字孪生建模的框架和建模流程上已开展了一定研究，但还没有一致的结论。在建模相关理论上，包括物理行为研究、无损材料测定技术、量化误差与置信评估研究，已取得一定进展，这些辅助技术将有助于模型参数的确定、行为约束的构建以及模型精度的验证。

2. 在信息物理融合方面，在数字孪生信息物理融合上，目前仅在数据融合方面的降维处理、传感器数据与制造数据集成融合上有初步研究，而针对数字孪生信息物理融合理论与技术的研究仍是空白。为解决这一难题，北航团队于 2017 年将信息物理融合这一科学问题分解提炼为"物理融合、模型融合、数据融合、服务融合" 4 个不同维度的融合问题，设计了相应的系统实现参考框架。并结合数字孪生技术与制造服务理论，对物理融合、模型融合、数据融合和服务融合 4 个关键科学问题开展了系统性研究与探讨，提炼和归纳了相应的基础理论与关键技术。相关工作为相关学者开展数字孪生信息物理融合理论与技术研究、为企业建设和实践数字孪生理念提供了一定的理论与技术参考。

3. 在交互与协同方面已经开展的生产数据实时采集理论和人机交互的研究有助于实现物理世界与虚拟世界的交互与协同，但当前几乎没有机器间以及服务间交互协同的相关研究。

4. 在服务应用方面目前对数字孪生在疲劳损伤预测、结构损伤监测、实时运行状态检测、故障定位等方面的服务应用已开展一定研究，而在实现服务融合协同上仍有很多问题有待研究解决。

数字孪生对建筑业而言，是建筑物建造过程中，物理世界的建筑产品与虚拟空间中的数字建筑信息模型同步生产、更新，形成完全一致的交付成果。而建筑施工过程，正是实现建筑物从无至有的关键阶段。

目前我国的智能建造存在着以下几个问题：

1. 基础理论、标准、体系不完善。

2. 以单点应用为主，缺乏技术的集成化应用。

3. 虽然建筑工程信息化水平提高，但是数字空间与真实空间相互独立，缺乏实时反馈调节机制。

而数字孪生作为实现智能建造的关键前提，很好的解决了上述问题，它能够提供数字化模型、实时的管理信息、覆盖全面的智能感知网络，更重要的是，能够实现虚拟空间与物理空间的实时信息融合与交互反馈，详见图 8.3.3。

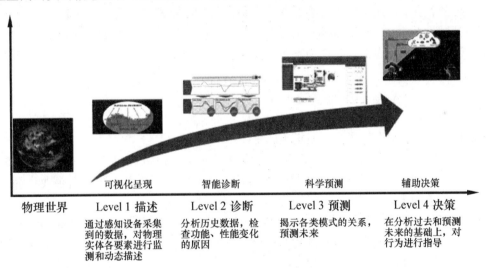

可视化呈现　　　智能诊断　　　科学预测　　　辅助决策

物理世界　　　Level 1 描述　　　Level 2 诊断　　　Level 3 预测　　　Level 4 决策

通过感知设备采集到的数据，对物理实体各要素进行监测和动态描述　　分析历史数据，检查功能、性能变化的原因　　揭示各类模式的关系，预测未来　　在分析过去和预测未来的基础上，对行为进行指导

图 8.3.3　数字孪生应用价值

数字孪生技术作为客观世界中的物化事物及其发展规律被软件定义后的一种结果，可实现物理模型在数字化场景下的动态重构、过程模拟与推演分析，是助力设计施工一体化向数字化、集成化、精细化发展的必然选择。目前，数字孪生的应用研究仍处在初期阶段，最具代表的开源平台是 Bentley 发布的 Model.js 开源平台，这个平台集成了 vGIS 的高级增强现实和混合现实解决方案等增值工具和服务，可保证管理人员在 Web 端查看整个资产，检查状态、执行分析并生成见解，以便预测和优化设计成果的性能。然而这个平台仅保证了普遍的适用性，并未对特定行业开展定制化的解决方案。

课　后　习　题

一、单选题

1. 根据数字孪生的概念，以下不能从物理空间向虚拟空间映射的是(　　)。

A. 生产流程　　　　B. 业务流程　　　　C. 信息利用率　　　　D. 故障

2. 关于数字孪生，以下说法不正确的是(　　)。

A. 物理空间的交互、计算、控制属性可以实现对物理空间建造全过程的实时反馈控制

B. 虚拟空间作为物理空间的真实映射，可以实现对物理空间中进行的建造活动的可视化，还对其进行仿真分析

C. 数据处理层是沟通物理空间与虚拟空间的桥梁，主要包括数据采集，数据预处理，数据挖掘，数据融合四个步骤

D. 系统层通过分析物理空间的实际需求，依靠虚拟空间算法库、模型库和知识库的支撑和信息层强大的数据处理能力，进行建筑工程数字孪生的功能性调控

3. 数字孪生中，从功能视角来看(　　)是通过感知设备采集到的数据，对物理实体各要素进行监测和动态描述。

A. 描述　　　　B. 诊断　　　　C. 预测　　　　D. 决策

4. 数字孪生中，从功能视角来看(　　)是揭示各类模式的关系，预测未来。

A. 描述　　　　B. 诊断　　　　C. 预测　　　　D. 决策

5. 数字孪生中，虚拟空间作为物理空间的真实映射，包含了物理空间(　　)大要素所对应的全部虚拟模型。

A. 三　　　　B. 四　　　　C. 五　　　　D. 六

二、多选题

1. 下面对数字孪生的概念表述正确的是(　　)。

A. 数字孪生是以数字化的方式拷贝一个物理对象，模拟此对象在现实环境中的行为，对产品、制造过程乃至整个工厂进行虚拟仿真，从而提高制造企业产品研发和制造的生产效率

B. 数字孪生是充分利用物理模型、传感器更新、运行历史等数据，集成多学科、多物理量、多尺度、多概率的仿真过程，在虚拟空间中完成映射，从而反映相对应的实体装备的全生命周期过程

C. 数字孪生以数字化的方式建立物理实体的多维、多时空尺度、多学科、多物理量的动态虚拟模型来仿真和刻画物理实体在真实环境中的属性、行为、规则等

D. 数字孪生是实体或逻辑对象在数字空间的全生命周期的动态复制体，可基于丰富的历史和实时数据、先进的算法模型实现对对象状态和行为高保真度的数字化表征、模拟试验和预测

2. 哪些是数字孪生技术的典型特征(　　)。

A. 数据驱动　　　　　　　　　　B. 模型支撑

C. 软件定义　　　　　　　　　　D. 精准映射

E. 智能决策

3. 以下数字孪生技术对建筑业的应用价值的理解，说法正确的是（　　）。

A. 是建筑物建造过程中，物理世界的建筑产品与虚拟空间中的数字建筑信息模型同步生产、更新，形成完全一致的交付成果

B. 能够提供数字化模型、实时的管理信息、覆盖全面的智能感知网络

C. 能够实现虚拟空间与物理空间的实时信息融合与交互反馈

D. 可以为结构健康监测提供强的计算能力，从而提高实时监测的能力，为结构健康监测提供了大量数据处理的技术保障，从而使监测效率大大提升

三、简答题

1. 数字孪生技术的特点有哪些？

2. 基于数字孪生的智能建造框架包括哪几个方面？

3. 数字孪生应用中数据处理层的功能是什么？

第9章 云计算技术应用

导语： 将云计算技术应用于智能建造领域逐渐成为研究热点，面对建筑建造过程中的管理越来越复杂，数据量越来越庞大，云计算这一新的计算模式将会越来越多的得到重视和应用。本章首先介绍了云计算技术的定义、特点和优势；然后介绍了云计算技术的国内外发展应用情况；最后具体阐述了云计算技术在智能建造中是如何应用的，以及其应用价值。

9.1 云计算技术概述

9.1.1 云计算技术的定义

白皮书中提出，云计算既是互联网上以服务形式提供的各类应用，也是数据中心为这些服务提供支持的软硬件资源。云计算能够将资源进行虚拟的、动态的连接。以前的云计算只是对互联网的发展趋势的一种比喻。而现如今对云计算的概念已经形成了计算机数据处理动态化的抽象理念。

云计算技术是指将庞大的数据计算处理程序利用网络自动拆分成无数个小程序，然后通过多部服务器组成的系统进行分析和处理这些小程序得到结果并将结果返回给用户。云计算技术是一种计算模式，它可以把 IT 资源、数据和应用以服务的方式通过网络提供给用户。云计算是基于互联网的相关服务的增加、使用和支付模式，通常涉及通过互联网来提供动态易扩展且虚拟化的资源。云计算支持异构的基础资源和异构的多任务体系，可以实现资源的按需分配、按量计费，达到按需所取的目标，最终促进资源规模化，促使分工专业化，有利于降低单位资源成本，促进网络业务创新 15％。通过虚拟化、分布式存储和并行计算以及宽带网络等技术，使得云计算具有自助管理计算、存储等资源能力，并具有动态可扩展信息处理能力和应用服务。

由此可知，云计算技术最大的特点是把数据通过互联网进行传输分配。云计算技术使一种动态的易扩展的且通常通过互联网提供虚拟化的资源计算方式。云计算中关键技术有：分布式数据存储、并行化计算以及资源管理技术。其中并行化计算技术以 Apache 提供的 Hadoop 和 Spark 并行化计算框架为代表，分布式存储技术中以 HDFS（分布式文件系统）与 HBase 为代表解决海量数据的存储问题。根本上讲，云计算技术就是将数据存储在云端，应用和服务也存储在云端，通过网络来利用各个设备的计算能力，从而实现数据中心强大的计算能力，实现用户业务系统的自适应性（图 9.1.1）。

图 9.1.1　云计算技术的技术内容

现阶段的云计算技术通过不断进步，已经不单单是一种分布式计算，而是分布式计算、效用计算、负载均衡、并行计算、网络存储、热备份冗杂和虚拟化等计算机技术混合演进并跃升的结果。

云计算极大的运算能力能够满足人们对科技发展的计算需求和生活需求，甚至还能模拟天气以及金融发展趋势。而且人们通过对数据的收集和处理极大地方便人们的出行和生活，使得数据处理更科学准确。目前云技术通过对不同领域的数据和资源，通过不同的数据处理模式进行统一的收集和处理。利用强大的计算能力使得人们使用的计算机软件和移动设备能够完成大数据的访问和计算功能，方便人们的信息获取和传递。

就目前来看，云计算技术在互联网系统中已经建立了结构和框架，并且在云计算本身的强大优势下计算机处理技术方面很快的占据了重要的位置，并且为以后的云计算技术的发展和完善打下了坚强的基础。就目前观察来看，云计算技术对人们的生活和发展造成了很大的影响，其高效的计算能力和服务体系极大地方便了人们的生活，其本身强大的数据处理能力和数据安全性确保了人们生活中获取的信息准确性，并且保障了人们的隐私，所以云计算技术非常受人们的关注，并且其自身的技术价值更加吸引技术人员的开发和利用。再加上目前整个云服务体系还不够完善，所以云计算技术的发展还有很大的未来，并且会取得更高的成就。

9.1.2　云计算技术的特点

1. 超大规模

"云"具有相当的规模，Google 云计算技术已经拥有 100 多万台服务器，Amazon、IBM、微软、Yahoo 等的"云"均拥有几十万台服务器。企业私有云一般拥有数百上千台服务器。"云"能赋予用户前所未有的计算能力。

2. 虚拟化

云计算技术支持用户在任意位置、使用各种终端获取应用服务。所请求的资源来自"云"，而不是固定的有形的实体。应用在"云"中某处运行，但实际上用户无需了解、也不用担心应用运行的具体位置。只需要一台笔记本或者一个手机，就可以通过网络服务来实现我们需要的一切，甚至包括超级计算这样的任务。

3. 高可靠性、通用性、高可扩展性

"云"使用了数据多副本容错、计算节点同构可互换等措施来保障服务的高可靠性，使用云计算技术比使用本地计算机可靠；云计算技术不针对特定的应用，在"云"的支撑下可以构造出千变万化的应用，同一个"云"可以同时支撑不同的应用运行；"云"的规模可以动态伸缩，满足应用和用户规模增长的需要。

4. 按需服务

"云"是一个庞大的资源池，你按需购买；云可以像来自水、电、煤气那样计费。

5. 高性价比

由于"云"的特殊容错措施可以采用极其廉价的节点来构成云，"云"的自动化集中式管理使大量企业无需负担日益高昂的数据中心管理成本，"云"的通用性使资源的利用率较之传统系统大幅提升，因此用户可以充分享受"云"的低成本优势，经常只要花费几百美元、几天时间就能完成以前需要数万美元、数月时间才能完成的任务。

云计算技术可以彻底改变人们未来的生活，但同时也要重视环境问题，这样才能真正为人类进步做贡献，而不是简单的技术提升。

6. 潜在的危险性

云计算技术服务除了提供计算服务外，还必然提供了存储服务。但是云计算技术服务当前垄断在私人机构（企业）手中，而他们仅仅能够提供商业信用。对于政府机构、商业机构（特别像银行这样持有敏感数据的商业机构）对于选择云计算技术服务应保持足够的警惕。一旦商业用户大规模使用私人机构提供的云计算技术服务，无论其技术优势有多强，都不可避免地让这些私人机构以"数据（信息）"的重要性挟制整个社会。对于信息社会而言，"信息"是至关重要的。另一方面，云计算技术中的数据对于数据所有者以外的其他用户云计算技术用户是保密的，但是对于提供云计算技术的商业机构而言确实毫无秘密可言。这就像常人不能监听别人的电话，但是在电信公司内部，他们可以随时监听任何电话。所有这些潜在的危险，是商业机构和政府机构选择云计算技术服务特别是国外机构提供的云计算技术服务时，不得不考虑的一个重要的前提。

9.1.3　云计算技术的优势

1. 公共云的优势

公共云（public cloud）是基于标准云计算技术（cloud computing）的一个模式，在其中，服务供应商创造资源，如应用和存储，公众可以通过网络获取这些资源。

公共云可以实现工作负载的即时部署。你不再需要选择大小适当的硬件、办理使用流程，也不再需要打开箱子取出硬件，架构、通电、部署、安装操作系统以及打补丁。使用公共云，你只需要刷一下信用卡，在几分钟之内你就可以获得一个平滑的公共云虚拟机，或者在某些情况下，你可以获得平台即服务实例，公共云立刻为服务请求做好准备。

公共云对于面临或者涉及 Web 页面服务和数据库调用的客户来说，为这些工作负载使用公共云可以省去大量的成本费用，你不再需要购买硬件，以及为规模投资来解决处理高峰。你可以为已有的负载简单地调整和部署硬件，使用 Azure 服务处理一天或一段时间当中最大的需求。

2. 私有云的优势

私有云是运用虚拟化等云计算技术的专有网络或数据中心。私有云（Private Clouds）是为一个客户单独使用而构建的，因而提供对数据、安全性和服务质量的最有效控制。该公司拥有基础设施，并可以控制在此基础设施上部署应用程序的方式。私有云可部署在企业数据中心的防火墙内，也可以将它们部署在一个安全的主机托管场所。一个客服为了确保数据的安全性、服务质量的有效控制，从而找云服务商单独地为其构建私有云，由多维互联推出的步轻云也是私有云的一种。

相比公共云，私有云数据更加安全，虽然每个公有云的提供商都对外宣称，其服务在各方面都是非常安全，特别是对数据的管理。但是对企业而言，特别是大型企业而言，和业务有关的数据是其生命线，是不能受到任何形式的威胁，所以短期而言，大型企业是不会将其 Mission-Critical 的应用放到公有云上运行的。而私有云在这方面是非常有优势的，因为它一般都构筑在防火墙后。同时私有云充分利用现有硬件资源和软件资源，不用申请公网 IP 地址，不用拉专线，甚至不用购置服务器，快速部署，即开即用。私有云提供的服务更好，私有云一般在防火墙之后，而不是在某一个遥远的数据中心中，所以当公司员工访问那些基于私有云的应用时，它的 SLA 应该会非常稳定，不会受到网络不稳定的影响。私有云不影响现有 IT 管理的流程，对大型企业而言，流程是其管理的核心，如果没有完善的流程，企业将会成为一盘散沙。不仅与业务有关的流程非常繁多，而且 IT 部门的流程也不少，比如那些和 Sarbanes-Oxley 相关的流程，并且这些流程对 IT 部门非常关键。在这方面，公有云很吃亏，因为假如使用公有云的话，将会对 IT 部门流程有很多的冲击，比如在数据管理方面和安全规定等方面。而在私有云，因为它一般在防火墙内的，所以对 IT 部门流程冲击不大。

3. 混合云的优势

混合云融合了公有云和私有云，出于安全考虑，企业更愿意将数据存放在私有云中，但是同时又希望可以获得公有云的计算资源，在这种情况下混合云被越来越多地采用，混合云将公有云和私有云进行混合和匹配，以获得最佳的效果。

混合云提供了许多重要的功能，可以使各种形状和规模的企业受益。这些新功能使企业能够利用混合云，以前所未有的方式扩展 IT 基础架构。以下为混合云的五大优势。

（1）降低成本

降低成本是云计算技术最吸引人的优势之一，也是驱使企业管理层考虑云服务的重要因素。升级预置基础设施的增量成本很高，增加预置的计算资源需要购置额外的服务器、存储、电力以及在某些极端情况下新建数据中心的需求。混合云可以帮助企业降低成本，利用"即用即付"云计算技术资源来消除购买本地资源的需求。

（2）增加存储和可扩展性

混合云为企业扩展存储提供了经济高效的方式，云存储的成本相比等量本地存储要低得多，是备份、复制 VM 和数据归档的不错选择。除此之外，增加云存储没有前置成本和本地资源需求。

（3）提高可用性和访问能力

虽然云计算技术并不能保证服务永远正常，但公有云通常会比大多数本地基础设施具有更高的可用性。云内置有冗余功能并提供关键数据的 geo-replication。另外，像 Hyper-V 副本和 SQL Server Always On 可用性组等技术可以让我们利用云计算技术来改进 HA 和 DR。云还提供了几乎无处不在的连接，使全球组织可以从几乎任何位置访问云服务。

（4）提高敏捷性和灵活性

混合云最大的好处之一就是灵活性。混合云使您能够将资源和工作负载从本地迁移到云，反之亦然。对于开发和测试而言，混合云使开发人员能够轻松搞定新的虚拟机和应用程序，而无需 IT 运维人员的协助。您还可以利用具有弹性伸缩的混合云，将部分应用程序扩展到云中以处理峰值处理需求。云还提供了各种各样的服务，如 BI、分析、物联网等，您可以随时使用这些服务，而不是自己构建。

（5）获得应用集成优势

许多应用程序都提供了内置的混合云集成功能。例如，如前所述，Hyper-V 副本和 SQL Server Always On 可用性组都具有内置的云集成功能。SQL Server 的 Stretch Databases 功能等新技术也使您能够将数据库从内部部署到云中。

4. 云计算技术的经济优势

(1) 前期基础设施投资少

例如目前建立一个大型的系统，需要大量投资用于机房、安全防护、硬件、硬件管理和维护人员。这些需要昂贵的前期成本证。相反如果采用公有云，固定成本或启动成本微乎其微。

(2) 基础设施即时性

通过在云环境中自适应部署应用程序，可以不用预先采购大型系统，从而增加了灵活性，降低了运营成本和风险。

(3) 更有效地利用资源

利用云计算技术可以根据应用程序请求量更高效地管理资源以及有效地按需释放资源。

(4) 根据使用计算成本

利用云计算技术进行工具式的定价，可以只对已使用的基础设施付费而不必支付那些分配了但未使用的基础设施从而节省成本。

5. 云计算技术的技术优势

(1) 自动化

可以通过充分利用可编程（API 驱动的）基础设施，可重用构建和部署系统。

(2) 自动扩展

无需任何人工干预，就可以根据需求对应用进行双向扩展。自动缩放提高了自动化程度从而更加高效。

(3) 主动扩展

基于需求预期和流量模式的合理规划，可以对应用进行双向扩展让从而保持低成本运营。

(4) 更有效的开发周期

可以很容易地克隆开发和测试环境到生产系统，不同阶段的环境可以很容易地推广到生产系统。

(5) 改进的可测性

不需要进行硬件耗尽的测试，注入和自动化测试能够持续在开发过程的每一个阶段。

(6) 灾难恢复和业务连续性

云服务为维护一系列 DR 服务器和数据存储提高了低成本选择。使用云服务，你可以在几分钟内完成将某一地点的环境复制到其他地域的云环境中。

(7) 流量溢出到云环境

通过几次点击和有效的负载均衡策略，可以创建路由将超出的访问流量转移到云环境中的一个完整的防溢应用程序。

9.2　云计算技术的国内外发展概况

9.2.1　云计算技术国外发展概况

1. 云计算技术在美国发展概况

1983 年，太阳电脑（Sun Microsystems）提出"网络式电脑"（The Network is the Computer），2006 年 3 月，亚马逊（Amazon）推出弹性计算云（Elastic Compute Cloud；EC2）服务。

云计算技术的概念首次提出在 2006 年 8 月 9 日的搜索引擎大会上。Google 首席执行官埃里克·施密特（Eric Schmidt）首次提出了"云计算技术"（Cloud Computing）的概念。2007 年 10 月，Google 与 IBM 开始在美国大学校园，包括卡内基梅隆大学、麻省理工学院、斯坦福大学、加州大学柏克莱分校及马里兰大学等，推广云计算技术的计划，这项计划希望能降低分布式计算技术在学术研究方面的成本，并为这些大学提供相关的软硬件设备及技术支持（包括数百台个人电脑及 Blade Center 与 System x 服务器，这些计算平台将提供 1600 个处理器，支持包括 Linux、Xen、Hadoop 等开放源代码平台）。而学生则可以通过网络开发各项以大规模计算为基础的研究计划。

2007 年 10 月，IBM 与 Google 宣布在云计算技术领域进行合作，在并行计算项目研发中明确提出了云计算技术的概念。同期 IBM 推出了蓝云计划，并于 2008 年 2 月 1 日，IBM（NYSE：IBM）宣布将在中国无锡太湖新城科教产业园为中国的软件公司建立全球第一个云计算技术中心（Cloud Computing Center）。

2008 年 7 月 29 日，雅虎、惠普和英特尔宣布一项涵盖美国、德国和新加坡的联合研究计划，推出云计算技术研究测试床，推进云计算技术。该计划要与合作伙伴创建 6 个数据中心作为研究试验平台，每个数据中心配置 1400 个至 4000 个处理器。这些合作伙伴包括新加坡资讯通信发展管理局、德国卡尔斯鲁厄大学 Steinbuch 计算中心、美国伊利诺伊大学香槟分校、英特尔研究院、惠普实验室和雅虎。

2008 年 8 月 3 日，美国专利商标局网站信息显示，戴尔正在申请"云计算技术"（Cloud Computing）商标，此举旨在加强对这一未来可能重塑技术架构的术语的控制权。

2010 年 7 月，美国国家航空航天局和包括 Rackspace、AMD、Intel、戴尔等支持厂商共同宣布"OpenStack"开放源代码计划，微软在 2010 年 10 月表示支持 OpenStack 与 Windows Server 2008 R2 的集成；而 Ubuntu 已把 OpenStack 加至 11.04 版本中。

2. 云计算技术在全球发展概况

全球云计算技术市场增长趋于稳定。2017 年以 IaaS、PaaS 和 SaaS 为代表的全球公有云市场规模达到 1110 亿美元，增速 29.22%。预计未来几年市场平均增长率在 22% 左右，到 2021 年市场规模将达到 2461 亿美元。近年来在云计算技术在工业化和信息化的融合过程中扮演着越来越重要的作用。云计算技术正在成为大数据、区块链、人工智能等新一代信息技术的基础，成为企业创新创业和向数字化、网络化、智能化转型的重要力量（图 9.2.1）。

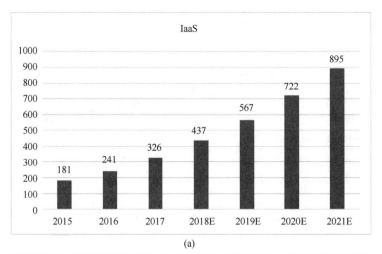

(a)

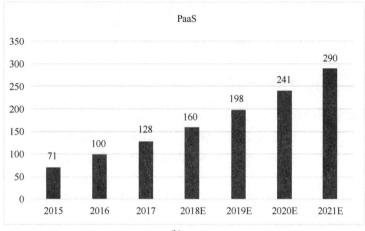

(b)

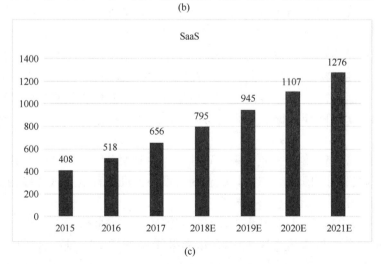

(c)

图 9.2.1 全球云计算技术市场规模及增速（一）

（a）全球 IaaS 类云计算技术市场规模（单位：亿美元）；（b）全球 PaaS 类云计算技术
市场规模（单位：亿美元）；（c）全球 SaaS 类云计算技术市场规模（单位：亿美元）

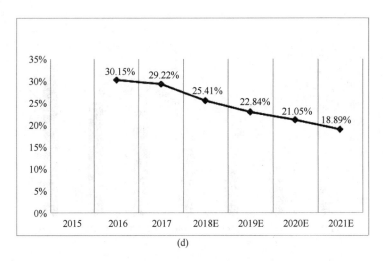

(d)

图 9.2.1　全球云计算技术市场规模及增速（二）

（d）全球云计算技术市场规模增速

数据来源：Gartner

9.2.2　云计算技术国内发展概况

我国公有云市场保持 50％以上增长。2017 年我国云计算技术整体市场规模达 691.6 亿元，增速 34.32％。其中，公有云市场规模达到 264.8 亿元，相比 2016 年增长 55.7％，预计 2018—2021 年仍将保持快速增长态势，到 2021 年市场规模将达到 902.6 亿元；私有云市场规模达 426.8 亿元，较 2016 年增长 23.8％，预计未来几年将保持稳定增长，到 2021 年市场规模将达到 955.7 亿元。IaaS 成为公有云中增速最快的服务类型。2017 年，公有云 IaaS 市场规模达到 148.7 亿元，相比 2016 年增长 70.1％。截至 2018 年 6 月底，共有 301 家企业获得了工信部颁发的云服务（互联网资源协作服务）牌照，随着大量地方行业 IaaS 服务商的进入，预计未来几年 IaaS 市场仍将快速增长。PaaS 市场整体规模偏小，2017 年仅为 11.6 亿元，较 2016 年增加 52.6％。SaaS 市场规模达到 104.5 亿元，与 2016 年相比增长 39.1％。硬件依然占据私有云市场的主要份额。2017 年私有云硬件市场规模为 303.4 亿元，占比 71.1％，较 2016 年略有下降；软件市场规模为 66.6 亿元，占比达到 15.6％，与 2016 年相比上升了 0.2％；服务市场规模为 56.8 亿元，较去年提高了 0.4％（图 9.2.2）。

根据调查统计，超过半数的企业采用硬件、软件和服务整体采购的方式部署私有云，少数企业单独购买软件和服务。未来，随着硬件设备标准化程度和软件异构能力的提升，软件和服务的市场占比预计将会有明显提升。

总体来看，当前我国云计算技术市场整体规模较小，与全球云计算技术市场相比差距在 3～5 年。从细分领域来看，国内 IaaS 市场处于高速增长阶段，以阿里云、腾讯云、UCloud 为代表的厂商不断拓展海外市场，并开始与 AWS、微软等国际巨头展开正面竞争。国内 SaaS 市场较国外差距明显，与国外相比，国内 SaaS 服务成熟度不高，缺乏行业领军企业，市场规模偏小。

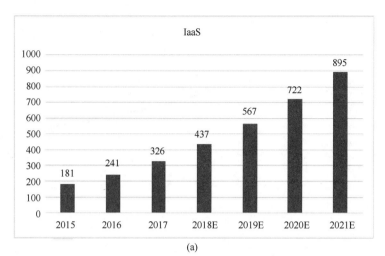

(a)

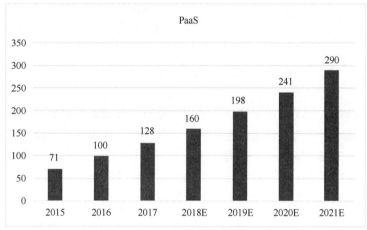

(b)

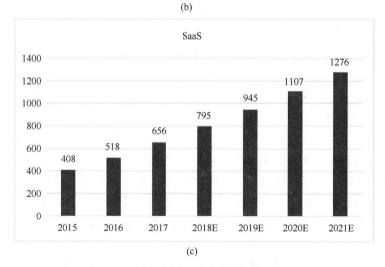

(c)

图 9.2.2 中国公有云市场规模及增速（一）

（a）中国 IaaS 类云计算技术市场规模（单位：亿美元）；（b）中国 PaaS 类云计算技术市场
规模（单位：亿美元）；（c）中国 SaaS 类云计算技术市场规模（单位：亿美元）

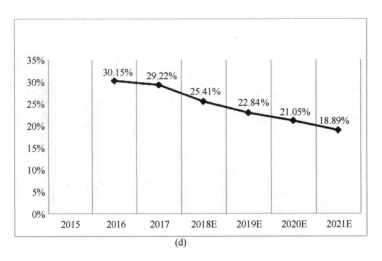

图 9.2.2　中国公有云市场规模及增速（二）
(d) 中国云计算技术市场规模增速

9.3　云计算技术在智能建造中的应用

　　针对建筑业目前的状况，建筑信息化是建筑业研究发展的重要的一个方向，通过引入其他行业的先进技术可以提高建筑的建造水平，以及提高建筑行业的技术水平，逐渐向标准化、智能化方向发展。智能建造作为建筑业当下十分火热的研究应用领域，对于新技术的吸收同样是其保持活力的原因，所以可以通过引入云计算技术，加强智能建造领域的计算能力、数据处理能力具有重要的意义。本节针对云计算技术在智能建造领域三个方面的应用进行了研究探讨。

9.3.1　云计算技术的技术架构

　　云计算技术时代的目标是将计算机、服务和应用作为一种公共设施提供给公众用户，使人们能够像使用水、电、煤气和电话那样使用计算机资源，将互联网的效能提升到更高的水平。因此，形成云计算技术的组成结构和服务体系需要新的技术体系。

　　1. 云计算技术系统组成

　　云计算技术产品是指为搭建云计算技术平台所需要的硬件产品（主要形态云计算技术一体机和云存储设备）和软件产品（分为基础设施产品、平台产品、应用产品），以及云终端产品。云计算技术产品基准是云解决方案和云服务的主要组成部分，云计算技术产品主要针对云服务和解决方案所依赖的核心技术产品，从功能、性能等多个方面进行定义。如图 9.3.1-1 所示，云计算技术产品、云解决方案和云服务三个基准呈迭代关系。

　　目前云计算技术产品包括虚拟化软件、云计算技术资源管理平台、云存储产品、云数据库产品、分布式应用服务产品、各类 SaaS 应用系统、相关的监控系统及业务管理系统。

　　2. 云计算技术系统的服务层次

　　通过对现有云计算技术系统进行剖析，根据其服务集合所提供的服务类型，可以将云计算技术系统看成一组有层次的服务集合，并划分为基础设施即服务层、硬件即服务层、

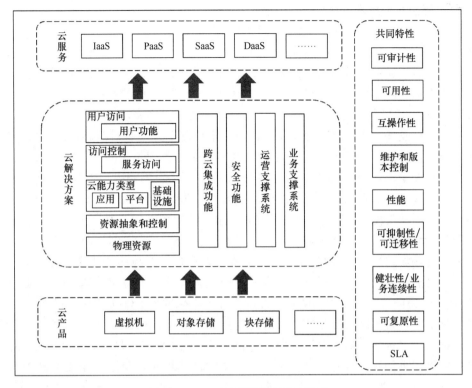

图 9.3.1-1　云计算技术基准库结构

平台即服务层、软件即服务层以及云客户端。

（1）基础设施即服务 IaaS（Infrastructure as a Service）

提供给客户的服务是对所有设施的利用，包括处理、存储、网络和其他基本的计算资源。客户能够部署和运行任意软件，包括操作系统和应用程序。客户不管理或控制任何云计算技术基础设施，但能控制操作系统的选择、储存空间、部署的应用，也有可能获得有限制的网络组件（例如防火墙、负载均衡器等）的控制。

（2）平台即服务 PaaS（Platform as a Service）

提供给客户的服务是把客户开发或收购的应用程序部署到供应商的云计算技术基础设施上。客户不需要管理或控制底层的云基础设施，包括网络、服务器、操作系统、存储等，但客户能控制部署的应用程序，也可能控制运行应用程序的托管环境配置。

（3）软件即服务 SaaS（Software as a Service）

提供给客户的服务是运营商在云计算技术基础设施上的应用程序，用户可以在各种设备上通过客户端界面访问。客户不需要管理或控制任何云计算技术基础设施。

云计算的最终目的是通过网络将不同的计算机设备进行网络化组合，形成一个具有强大计算能力的计算系统。这个系统可以整合不同计算机设备的资源，形成强大的资源库。资源库可以将各种教学应用系统进行集成，根据需要对对使用电源、信息服务和空间存储等方面进行计算。云计算技术的主要特点包含根据具体需求进行个性化的服务，使网络访问服务变得无处不在，资源池共享、快速弹性处理问题、进行相应的测量服务等。

3. 云计算技术的技术特点

（1）GPU 云化降低高性能计算使用门槛

计算多样化的时代，数据的爆炸愈演愈烈，人工智能、虚拟现实等技术的突飞猛进对高性能计算的需求陡然剧增，CPU 性能增速放缓，由 CPU 和 GPU 构成的异构加速计算体系，成为整个计算领域的必然趋势，GPU 在高性能计算领域的作用愈发明显。AI 基础设施市场爆发，GPU 用量猛增。近几年，国家政策的导向与资本市场的推动造就了人工智能产业的快速发展，生态逐渐趋于完善，在一定程度上拉动了对基础设施的算力需求。GPU 服务器的超强并行计算能力与人工智能相得益彰，得到长足发展。根据 IDC 发布的《2017 年中国 AI 基础设施市场跟踪报告》显示，2017 年中国 GPU 服务器市场迎来爆发式增长，市场规模为 5.65 亿美元（约合 35 亿元人民币），同比增长 230.7%。GPU 云化大幅缩减交付周期与使用成本，降低使用门槛。GPU 服务器势头强劲的同时也伴随一些问题，服务器造价高昂、交付实施周期长、配置复杂等限制了 GPU 的使用范围。GPU 云化成为破解这一症结的有效方案，GPU 云主机可以实现小时级的快速交付更及时的响应用户需求，灵活的计费模式实现真正的按需计费，大大减少了使用成本。GPU 云服务使GPU 的强大算力向更宽广的范围蔓延，深度赋能产学研领域。GPU 云服务可针对不同应用场景优化配置，易用性大幅提升。国内主流云服务商的 GPU 产品均针对特定的使用场景进行了优化，对科学计算、图形渲染、机器学习、视频解码等热门应用领域分别推出不同规格的实例，更加贴合应用；预先集成的 GPU 加速框架，免除了纷繁复杂的配置工作。在物理 GPU 服务器上需一周安装部署的应用，在 GPU 云主机环境下仅需一两天便可完成，大幅提升了部署效率。另外，据测算这几家厂商的 GPU 云主机能够帮助用户平均降低 20% 左右的支出。

（2）服务网格开启微服务架构新阶段

微服务架构技术发展愈加成熟。微服务作为一种崭新的分布式应用解决方案在近两年获得迅猛发展。微服务指将大型复杂软件应用拆分成多个简单应用，每个简单应用描述着一个小业务，系统中的各个简单应用可被独立部署，各个应用之间是松耦合的，每个应用仅关注于完成一件任务并很好地完成该任务。相比传统的单体架构，微服务架构具有降低系统复杂度、独立部署、独立扩展、跨语言编程等特点。与此同时，架构的灵活、开发的敏捷同时带来了运维的挑战。应用的编排、服务间的通信成为微服务架构设计的关键因素。目前，在微服务技术架构实践中主要有侵入式架构和非侵入式架构两种实现形式，如图 9.3.1-2 和图 9.3.1-3 所示。

微服务架构行业应用深入，侵入式架构占据主流市场。微服务架构在行业生产中得到了越来越广泛的应用，例如 Netflix 已经有大规模生产级微服务的成功实践。而以 Spring Cloud 和 Dubbo 为代表的传统侵入式开发架构占据着微服务市场的主流地位。侵入式架构将流程组件与业务系统部署在一个应用中，实现业务系统内的工作流自动化。随着微服务架构在行业应用中的不断深入，其支持的业务量也在飞速发展，对于架构平台的要求也越来越高。由于侵入式架构本身服务与通信组件互相依赖，当服务应用数量越来越多时，侵入式架构在服务间调用、服务发现、服务容错、服务部署、数据调用等服务治理层面将面临新的挑战。服务网格推动微服务架构进入新时代。服务网格是一种非侵入式架构，负责应用之间的网络调用、限流、熔断和监控，可以保证应用的调用请求在复杂的微服务应用

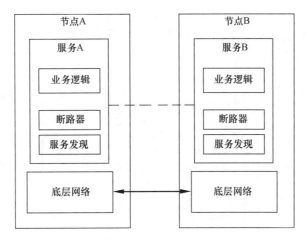

数据来源：中国信息通信研究院

图 9.3.1-2 侵入式架构图

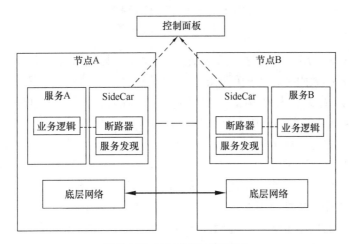

数据来源：中国信息通信研究院

图 9.3.1-3 非侵入式架构图

拓扑中可靠的穿梭。服务网格通常由一系列轻量级的网络代理组成（通常被称为 Side Car 模式），与应用程序部署在一起，但应用程序不需要知道它们的存在。服务网格通过服务发现、路由、负载均衡、健康检查和可观察性来帮助管理流量。自 2017 年初第一代服务网格架构 Linkerd 公开使用之后，Envoy、Conduit 等新框架如雨后春笋般不断涌现。2018 年初 Google、IBM 和 Lyft 联合开发的项目 Istio 的发布，标志着服务网格带领微服务架构进入新的时代。

（3）无服务架构助力企业应用开发函数模块化

近年来，互联网服务从最早的物理服务器托管、虚拟机、容器，发展到如今的函数即服务（FaaS），即无服务架构。无服务架构是一种特殊类型的软件体系结构，在没有可见的进程、操作系统、服务器或者虚拟机的环境中执行应用逻辑，这样的环境实际上运行在操作系统之上，后端使用物理服务器或者虚拟机。它是一种"代码碎片化"的软件架构范式，通过函数提供服务。函数即一个可以在容器内运行的小的代码包，提供的是相比微服务更加细小的程序单元。具体的事件会唤醒函数，当事件处理完成时完成调用，代码消失。FaaS 工作示意图如图 9.3.1-4 所示。

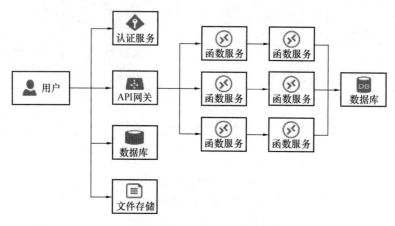

数据来源：中国信息通信研究院

图 9.3.1-4　FaaS 工作示意图

2014 年，AWS 推出首个业界云函数服务 Lambda。随后几年，各大云计算技术厂商相继推出自己的云函数服务，不同厂商的函数计算服务所支持的编程语言和函数触发的事件源各有不同。随着无服务架构的兴起，越来越多的开源项目如 OpenWhisk、Open-FaaS、Kuberless 等开始参与其中，并凭借各自特点正在影响着无服务架构的技术走向。无服务架构将服务器与应用解耦，降低了运维成本，带动了规模经济效益。无服务架构的横向伸缩是完全自动化高弹性的，由于只调用很小的代码包，调用和释放的速度更快了，用户只需为自身需要的计算能力付费，计费粒度可细化至秒级。服务器部署、存储和数据库相关的所有复杂性工作都交由服务商处理，软件开发人员只需专注于与核心业务相关的开发工作，更有效的贯彻敏捷开发理念。同时，服务商运营管理着预定义的应用进程甚至是程序逻辑，当同时共用同一服务的用户达到一定量级将会带来较大的规模经济效益。无服务架构促进持续部署成为新常态。无服务架构可以用来实现业务灵活性的持续部署。通过全自动化的基础设施堆栈的配置和代码部署，让任何并入主干中的代码更改都自动升级到包括生产环境在内的所有环境，可以对任何环境进行应用或变更。当前主流技术架构下持续部署对许多公司仍旧难以实现，无服务技术可以有效弥补用户运维水平的不足，将持续部署带来的红利惠及更广范围。无服务架构打破了以往的惯性思维，并提供了一个极具成本效益的服务。无服务架构仅有两年的历史，目前仍处于起步阶段。但在未来这个领域还会有更大的进步，它将带来软件开发和应用程序部署的一种全新体验。

（4）IT 运维进入敏捷时代，智能化运维尚处起步阶段

IT 运维从基础运维向平台运维、应用运维转型升级。随着云计算技术的发展，IT 系统变得越发复杂，运维对象开始由运维物理硬件的稳定性和可靠性演变为能够自动化部署应用、快速创建和复制资源模版、动态扩缩容系统部署、实时监控程序状态，以保证业务持续稳定运行的敏捷运维。同时，开发、测试、运维等部门的工作方式由传统瀑布模式向DevOps（研发运营一体化）模式转变。

从软件生命周期来看，第一阶段开发则需运用敏捷实践处理内部的效率问题，第二阶段需基于持续集成构建持续交付，解决测试团队、运维上线的低效问题，第三阶段持续反馈需使用可重复、可靠的流程进行部署，监控并验证运营质量，并放大反馈回路，使组织及时对问题做出反应并持续优化更改，以提高软件交付质量，加快软件发布速度。

DevOps 可以提升软件生命周期效率。DevOps 被定义为一组过程、方法与系统的统称，强调优化开发（Dev）、质量保障（QA）、运维（Ops）部门之间的沟通合作，解决运维人员人工干预较多、实时性差等痛点，变被动运维为主动运维，通过高度自动化工具链打通软件产品交付过程，使得软件构建、测试、发布更加快捷、频繁和可靠。据中国信息通信研究院的 DevOps 能力成熟度评估结果显示，金融机构核心业务仍采用集中式管理方式为主，但外围业务已经开始或已使用了分布式架构，自动化、智能化运维推动金融行业的业务创新。而运营商向云化转型则更注重对云管理平台的需求，如能够支持资源的动态分配和调度、业务监控、故障分析预警、数据库监控以及日常运维的全流程。随着非结构化数据数量激增，运营商通过数据挖掘和分析技术，以提升客户满意度和业务效率是未来的发展目标。DevOps 实践贯穿软件全生命周期，提升了传统行业整体效率。智能化运维将成未来发展趋势。DevOps 拉通了运维管理体系，海量数据计算、存储、应用和安全等多种需求出现，运维需借助先进的自动化运维管理模式来实现大体量下的系统管理。在大数据技术的背景下，智能运维 AIOps 被提出，即 Artificial Intelligence for ITO perations。AIOps 是将人工智能应用于运维领域，通过机器学习的方式对采集的运维数据（日志、监控信息、应用信息等）作出分析、决策，从而达到运维系统的整体目标。目前，AIOps 主要围绕质量保障、成本管理和效率提升三方面逐步构建智能化运维场景，在质量保障方面，保障现网稳定运行细分为异常检测、故障诊断、故障预测、故障自愈等基本场景；在成本管理方面，细分为指标监控、异常检测、资源优化、容量规划、性能优化等基本场景；在效率方面，分为智能预测、智能变更、智能问答、智能决策等基本场景。AIOps 虽然在互联网、金融等行业有所应用，但仍处于发展初期，未来智能化运维将成为数据分析应用的新增长点和发展趋势。

（5）边缘计算与云计算技术协同助力物联网应用

边缘计算是指在靠近物或数据源头的网络边缘侧，融合网络、计算、存储、应用核心能力的开放平台，就近提供边缘智能服务，满足行业数字化在敏捷联接、实时业务、数据优化、应用智能、安全与隐私保护等方面的关键需求。边缘计算与云计算技术互为补充。在当今物联网迅猛发展的阶段，边缘计算作为物联网的"神经末梢"，提供了对于计算服务需求较快的响应速度，通常情况下不将原始数据发回云数据中心，而直接在边缘设备或边缘服务器中进行数据处理。云计算技术作为物联网的"大脑"，会将大量边缘计算无法处理的数据进行存储和处理，同时会对数据进行整理和分析，并反馈到终端设备，增强局部边缘计算能力。

边缘计算与云计算技术协同发展，打造物联网新的未来。在边缘设备上进行计算和分析的方式有助于降低关键应用的延迟、降低对云的依赖，能够及时地处理物联网生成的大量数据，同时结合云计算技术特点对物联网产生的数据进行存储和自主学习，使物联网设备不断更新升级。以自动驾驶汽车为例，通过使用边缘计算和云计算技术，自动驾驶汽车上的边缘设备将传感器收集的数据在本地进行处理，并及时反馈给汽车控制系统，完成实

时操作；同时，收集的数据会发送至云端进行大规模学习和处理，使自动驾驶汽车的 AI
在可用的情况下从云端获取更新信息，并增强局部边缘的神经网络。

9.3.2　具体应用

1. 在建造检测领域的应用

随着结构的重要性逐渐提高，建筑越来越复杂，对于建筑结构、桥梁的检测与监测越
来越受到重视。对于建筑来说，监测和检测涉及的节点数量巨大，需要处理计算的数据同
样十分巨大，所以对于计算机的性能要求就更高，而对于监测系统引入云计算技术进行对
于大量数据的处理和计算，给复杂建筑的实
时监测带来了新的机会。通过云计算技术，
将庞大的监测数据计算处理的程序通过网络
拆分成无数个小程序，通过多部服务器组成
的系统进行分析和处理这些小程序得到结果
并将结果返回给用户，从而实现对复杂建筑
结构的监测或检测。云计算技术在结构健康
监测应用方法如图 9.3.2 所示。

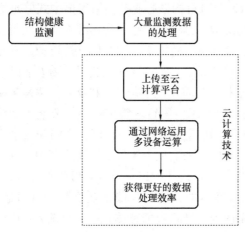

图 9.3.2　云计算技术在结构健康
监测应用方法

同时云计算技术在工程质量监管中同样
由着巨大的作用。为保障精准建造的检测数
据真实可靠，有效地杜绝检测数据造假。将
云计算技术应用在工程质量监管中，基于云
计算技术的检测综合监管系统架构已经逐渐
形成：①采用大数据和云计算技术新技术手
段保障源数据的真实性；②通过建设行政主管部门的监管作用，整合分散式的云计算技术
单元，实现检测的大数据和云计算技术功能；③深入挖掘检测数据，利用大数据挖掘分析
结果指导勘察设计施工监理和政府主管部门决策，实现建筑业的精准建造。

2. 在 BIM 中的应用

云计算技术是透过网络将庞大的计算处理程序自动分拆成无数个较小的子程序，再交
由多部服务器所组成的庞大系统经计算分析之后将处理结果回传给用户。建筑信息模型
（BIM）是以建筑工程项目的各项相关信息数据作为模型的基础，进行建筑模型的建立。
BIM 技术将成为建筑业未来发展的必然趋势。BIM 前景虽然光明但其推广的道路却困难
重重，主要原因：一是它并未像最初设想的那样在整个行业完成信息共享；二是它因强大
的应用能力对硬件要求非常高，这无疑给 BIM 的推广带来了客观上的障碍，而云能解决
此问题。

基于云计算技术强大的计算能力，可将 BIM 应用中计算量大且复杂的工作转移到云
端，以提升计算效率；基于云计算技术的大规模数据存储能力，可将 BIM 模型及其相关
的业务数据同步到云端，方便用户随时随地访问并与协作者共享；云计算技术使得 BIM
技术走出办公室，用户在施工现场可通过移动设备随时连接云服务，及时获取所需的
BIM 数据和服务等。

例如天津高银金融 117 大厦项目，在建设之初启用了云服务，将其作为 BIM 团队数

据管理、任务发布和信息共享的数据平台，并提出基于云的 BIM 系统云建设方案，开展 BIM 技术深度应用。云服务为该项目管理了上万份工程文件，并为来自 10 个不同单位的项目成员提供模型协作服务。通过将 BIM 信息及工程文档同步保存至云端，并通过精细的权限控制及多种协作功能，满足了项目各专业、全过程海量数据的存储、多用户同时访问及协同的需求，确保了工程文档能够快速、安全、便捷、受控地在团队中流通和共享，提升了管理水平和工作效率。

根据云的形态和规模，BIM 与云计算技术集成应用将经历初级、中级和高级发展阶段。初级阶段以项目协同平台为标志，主要厂商的 BIM 应用通过接入项目协同平台，初步形成文档协作级别的 BIM 应用；中级阶段以模型信息平台为标志，合作厂商基于共同的模型信息平台开发 BIM 应用，并组合形成构件协作级别的 BIM 应用；高级阶段以开放平台为标志，用户可根据差异化需要从 BIM 云平台上获取所需的 BIM 应用，并形成自定义的 BIM 应用。

9.3.3 应用价值

云计算技术对于建筑行业具有很大的作用和价值。在目前的科技进展与研究中，建筑行业由于其本身复杂的特点，在对整个施工建造过程的控制十分粗糙，由于建筑物是个十分复杂的整体，云计算对于施工建造控制、结构健康检测、BIM 模型优化等各方面都具有广阔的应用前景。基于云计算技术，对于复杂的建筑物施工平台的数据处理可以使计算能力大大提升从而提高现场管理的速度以及扩大管理的范围。

针对在智能结构健康监测领域，云计算技术可以为其提供强大的计算能力，从而提高实时监测的能力，为结构健康监测提供了大量数据处理的技术保障，从而使监测效率大大提升，同时也会提高预警所需的时间，为结构健康保障、人员保障等方面带来不可磨灭的作用。

另一方面针对 BIM 模型的优化及数据处理，使建筑物的 BIM 模型越来越细致，越来越向实体建筑物方面发展，基于云计算技术的信息数据处理可以大幅度提高计算速度，从而为更加细致的 BIM 模型所需要处理的大量数据提供了技术支持。更加详尽的 BIM 模型也为简化施工流程、精确结构计算等方面提供了模型保障。

课 后 习 题

一、单选题

1. 以下选项中不是云计算技术的特点的是(　　)。

A. 虚拟化　　　　B. 超大规模　　　　C. 按需服务　　　　D. 高可视化

2. 以下不属于云计算的范畴的是(　　)。

A. 私有云　　　　B. 公有云　　　　C. 家庭云　　　　D. 混合云

3. 以下不属于云计算技术的经济优势的是(　　)。

A. 基础设施即时性　　　　　　　B. 基础设施便捷性

C. 前期投资少　　　　　　　　　D. 利用资源更有效

4. 以下属于云计算技术的技术优势的是(　　)。

A. 可扩展性　　　　B. 便捷性　　　　C. 灵活性　　　　D. 自动扩展

5. 近年来中国公有云市场规模及增速呈现(　　)。

A. 规模增加，增速增加　　　　　B. 规模减小，增速增加

C. 规模增加，增速减小　　　　　D. 规模减小，增速减小

二、多选题

1. 以下属于基于标准云计算技术模式的有(　　)。

A. 公有云　　　　B. 私有云　　　　C. 混合云　　　　D. 家庭云

2. 以下属于混合云的优势的有(　　)。

A. 降低成本　　　　　　　　　　B. 增加存储和可扩展性

C. 提高敏捷性和灵活性　　　　　D. 应用集成优势

3. 以下属于云计算技术的经济优势的有(　　)。

A. 根据使用计算成本　　　　　　B. 更有效的开发周期

C. 流量溢出到云环境　　　　　　D. 前期基础设施投资少

三、简答题

1. 简述云计算技术的定义及特点。

2. 简述云计算技术的技术优势。

3. 试分析云计算技术在建筑领域的应用前景。

第 10 章　大数据技术

导语： 大数据为人类提供了全新的思维方式和探知客观规律、改造自然和社会的新手段，同时也为智能建造技术的发展提供了新的思路。本章首先介绍了大数据技术的定义、特点和优势；其次介绍了大数据技术的国内外发展应用情况；最后具体阐述了大数据技术在智能建造中是如何应用的，以及其应用价值。

10.1　大数据技术概念

10.1.1　大数据技术的定义

现在的社会是一个高速发展的社会，得益于互联网的发展，人类社会无时无刻不产生着大量复杂的信息数据。如何高效与综合地利用这些数据，挖掘数据信息背后的规律，从而为生产的发展和风险的降低提供指导成为新的目标。数据成为与自然资源、人力资源同样重要的战略资源，引起了科技界和企业界的高度重视。

大数据一般是指在获取、存储、管理、分析方面大大超出了传统数据库软件工具能力范围，需要采用新技术手段处理的海量、高增长率和多样化的信息资产。维基百科的定义：大数据指的是所涉及的资料规模巨大到无法通过目前主流软件工具，在合理时间内达到撷取、管理、处理并整理成为帮助企业经营决策目的的资讯。麦肯锡的定义：大数据是指无法在一定时间内用传统数据库软件工具对其内容进行采集、存储、管理和分析的数据集合。

无论哪种定义，我们可以看出，大数据并不是一种新的产品也不是一种新的技术，就如同 20 世纪初提出的"海量数据"概念一样，大数据只是数字化时代出现的一种现象。那么海量数据与大数据的差别何在？从翻译的角度看，"大数据"和"海量数据"均来自英文，"big data"翻译为"大数据"，而"large-scale data"或者"vast data"则翻译为"海量数据"。从组成的角度看，海量数据包括结构化和半结构化的交易数据，而大数据除此以外还包括非结构化数据和交互数据。Informatica 大中国区首席产品顾问但彬进一步指出，大数据意味着包括交易和交互数据集在内的所有数据集，其规模或复杂程度超出了常用技术，按照合理的成本和时限捕捉、管理及处理这些数据集的能力。可见，大数据由海量交易数据、海量交互数据和海量数据处理三大主要的技术趋势汇聚而成。

大数据技术可以定义为一种软件实用程序，旨在分析、处理和提取来自极其复杂的大型数据集的信息，进而实现对生产的指导意义。大数据技术的战略意义不在于掌握庞大的数据信息，而在于对这些含有意义的数据进行专业化处理。换而言之，提高对大量数据的价值挖掘能力是大数据技术的关键。如图 10.1.1 所示，大数据技术的一般流程可分为数据采集与预处理，数据存储与管理，计算模式与系统以及数据分析与挖掘。

10.1.2　大数据的特点

大数据可以分为非结构化或结构化。结构化数据包括在数据库和电子表格中被系统管理的信息，即有固定格式和有限长度的数据。非结构化数据则是未系统管理的信息，没有预定的模型或格式。它通常来自社交媒体来源，例如网页、语音、视频等。

（1）容量（Volume）：数据数量的庞大，大数据通常指 10TB（1TB＝1024GB）规模以上的数据量。

（2）速度（Velocity）：数据产生的迅速，强调数据是快速动态变化的，形成流式数据是大数据的重要特征，数据流动的速度快到难以用传统的系统去处理。

（3）种类（Varity）：数据类型的多样，不仅包括传统的关系数据类型，也包括以网

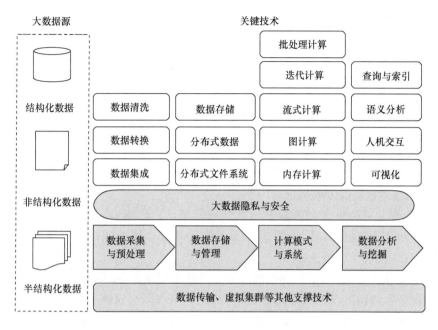

图 10.1.1　大数据技术架构

页、视频、音频、e-mail、文档等形式存在的未加工的、半结构化的和非结构化的数据。

（4）价值（Value）：数据价值密度低，数据量呈指数增长的同时，隐藏在海量数据的有用信息却没有相应比例增长，反而使我们获取有用信息的难度加大。

大数据的"4V"特征表明其不仅仅是数据海量，对于大数据的分析将更加复杂、更追求速度、更注重实效。

10.1.3　大数据技术的优势

大数据的优势体现为：提供了一种人类认识复杂系统的新思维和新手段。在拥有充足的计算能力和高效的数据分析方法的前提下，对现实世界的数字虚拟映像进行深度分析，将有可能理解和发现现实复杂系统的运行行为、状态和规律。大数据为人类提供了全新的思维方式和探知客观规律、改造自然和社会的新手段，这也是大数据引发经济社会变革根本性的原因。大数据技术的优势具体体现在以下方面：

（1）大数据通过全局的数据让人类了解事物背后的真相。过去的样本抽样采取以小见大这种捷径所造成的固有缺陷：①由于随机性无法真正做到，对于问题的子类别情况的考察就很困难；②无法发现采样过程中所缺失掉部分的信息。而大数据使用全局的数据，其统计出来的结果更为精确，更接近事物真相。就理论上而言，在足够小的时间和空间尺度上，对现实世界数字化，可以构造一个现实世界的数字虚拟映像，这个映像承载了现实世界的运行规律。

（2）大数据有助于了解事物发展的客观规律，利于科学决策。通过数据分析出人类社会和自然界的发展规律，人们通过掌握规律来进行科学决策。

（3）大数据改变过去的经验思维，帮助人们建立数据思维。以往难于通过因果关系去推断的许多事情，都可以通过去寻找相关性来进行预测。人类社会将借助于大数据来了解民众需求，抛弃过去的经验思维和惯性思维，掌握客观规律，跳出历史预测未来的困境。

（4）大数据计算提高数据处理效率，增加人类认知盈余。大数据技术像其他的技术革命一样，是从效率提升入手的，可以将人从繁重的工作中解脱出来，节省更多的时间，使人类生活更加智能化。

10.2　大数据技术的国内外发展概况

10.2.1　大数据技术国外发展概况

1. 大数据技术在美国发展概况

"大数据"作为一种概念和思潮由计算领域发端，之后逐渐延伸到科学和商业领域。1989 年在美国底特律召开的第 11 届国际人工智能联合会议专题讨论会上，首次提出了"数据库中的知识发现"的概念。

大多数学者认为，"大数据"这一概念最早公开出现于 1998 年，美国高性能计算公司 SGI 的首席科学家约翰·马西（John Mashey）在一个国际会议报告中指出：随着数据量的快速增长，必将出现数据难理解、难获取、难处理和难组织等四个难题，并用"Big Data（大数据）"来描述这一挑战，在计算领域引发思考。2007 年，数据库领域的先驱人物吉姆·格雷（Jim Gray）指出大数据将成为人类触摸、理解和逼近现实复杂系统的有效途径，并认为在实验观测、理论推导和计算仿真等三种科学研究范式后，将迎来第四范式——"数据探索"，后来同行学者将其总结为"数据密集型科学发现"，开启了从科研视角审视大数据的热潮。在 2008 年，《Nature》推出了"Big Data"专刊，从互联网技术、超级计算、生物医学等方面来专门探讨对大数据的研究。2012 年 3 月，奥巴马政府公布"大数据研发计划"，旨在提高和改进人们从海量、复杂的数据中获取知识的能力，发展收集、储存、保留、管理、分析和共享海量数据所需要的核心技术，大数据成为继集成电路和互联网之后信息科技关注的重点。2012 年，牛津大学教授维克托·迈尔·舍恩伯格（Viktor Mayer Schnberger）在其畅销著作《Big Data：A Revolution That Will Transform How We Live，Work，and Think》中指出，数据分析将从"随机采样""精确求解"和"强调因果"的传统模式演变为大数据时代的"全体数据""近似求解"和"只看关联不问因果"的新模式，从而引发商业应用领域对大数据方法的广泛思考与探讨。

2013 年，美国发布《政府信息公开和机器可读行政命令》，要求公开教育、健康等七大关键领域数据，并对各政府机构数据开放时间提出了明确要求。2013 年 11 月，美国信息技术与创新基金会发布《支持数据驱动型创新的技术与政策》指出，政府不仅要大力培养所需技能劳动力和推动数据相关技术研发，还要制定推动数据共享的法律框架，并提高公众对数据共享重大意义的认识。2014 年 5 月，美国发布《大数据：把握机遇，守护价值》白皮书，对美国大数据应用与管理的现状，政策框架和改进建议进行集中阐述。2016 年 4 月，麻省理工学院推出了"数据美国"在线大数据可视化工具，可以实时分析展示美国政府公开数据库（Open Data）。2019 年 6 月 5 日，美国发布了《联邦数据战略第一年度行动计划》草案，这个草案包含了每个机构开展工作的具体可交付成果，以及由多个机构共同协作推动的政府行动，旨在编纂联邦机构如何利用计划、统计和任务支持数据作为战略资产来发展经济、提高联邦政府的效率、促进监督和提高透明。

2. 大数据技术在韩国发展概况

2013 年 12 月，韩国多部门便联合发布"大数据产业发展战略"，将发展重点集中在大数据基础设施建设和大数据市场创造上。2015 年年初，韩国给出全球进入大数据 2.0 时代的重大判断，大数据技术日趋精细、专业服务日益多样，数据收益化和创新商业模式是未来大数据的主要发展趋势。基于此，在同年发布的《K-ICT》战略中，韩国将大数据产业定义为九大战略性产业之一，目标是到 2019 年使韩国跻身世界大数据三大强国。韩国还非常注重对他国经验的借鉴，2015 年 5 月中国发布《大数据发展调查报告》后，韩国专门对中国与韩国大数据应用情况进行了比较分析，并聚焦韩国大数据应用水平与大数据市场不协调的问题，提出了一系列新举措。2016 年年底，韩国发布以大数据等技术为基础的《智能信息社会中长期综合对策》，以积极应对第四次工业革命的挑战。

3. 大数据技术在日本发展概况

2012 年 6 月，日本 IT 战略本部发布电子政务开放数据战略草案，迈出了政府数据公开的关键一步。2012 年 7 月，日本总务省 ICT 基本战略委员会发布了《面向 2020 年的 ICT 综合战略》，提出"活跃在 ICT 领域的日本"的目标，将重点关注大数据应用所需的社会化媒体等智能技术开发、传统产业 IT 创新、新医疗技术开发、缓解交通拥堵等公共领域应用等。2013 年 6 月，日本正式公布新 IT 战略-创建最尖端 IT 国家宣言。全面阐述 2013—2020 年期间以发展开放公共数据和大数据为核心的日本新 IT 国家战略，提出要把日本建设成为具有世界最高水准的广泛运用信息产业技术的社会。为此，日本政府推出数据分类网站（data.go.jp），目的是提供不同政府部门和机构的数据供使用，向数据提供者和数据使用者开放数据。数据涉及各类白皮书、地理空间信息、人群运动信息、预算、年终财务和流程数据等。2013 年 7 月，日本三菱综合研究所牵头成立了"开放数据流通推进联盟"，旨在由产官学联合，促进日本公共数据的开放应用。2014 年 8 月，日本内阁府决定在每月公布的月度经济报告中采用互联网上累积的"大数据"作为新的经济判断指标。内阁府将根据网络用户对产品和服务的搜索情况和推特网站上所发帖子来分析实时消费动向。日本防卫省也将从 2015 年开始正式研讨将"大数据"运用于海外局势的分析。这一举措作为自卫队海外活动扩大背景下的新方案，旨在强化情报收集能力。

4. 大数据技术在英国发展概况

2011 年 11 月，英国政府发布了对公开数据进行研究的战略决策，建立了有"英国数据银行"之称的 data.gov.uk 网站，希望通过完全公布政府数据，进一步支持和开发大数据技术在科技、商业、农业等领域的发展。2012 年 5 月，英国政府注资 10 万英镑，支持建立了世界上首个开放数据研究所 ODI（Open Data Institute）。ODI 研究所将为那些对公众有益的商业企业活动提供数据背景支持，不但释放了新的商业潜力，还推动了经济发展以及个人收入增长的新形式。2013 年 5 月，英国政府和李嘉诚基金会联合投资 9000 万英镑，在牛津大学成立全球首个综合运用大数据技术的医药卫生科研中心。中心将通过搜集、存储和分析大量生物医疗数据，与业界共同界定新药物研发方向，处理新药研发过程中的瓶颈，并为发现新的治疗手段提供线索。2013 年 8 月，英国政府发布《英国农业技术战略》。该战略指出，英国今后对农业技术的投资将集中在大数据上，目标是将英国的农业科技商业化。2014 年，英国政府投入 7300 万英镑进行大数据技术的开发，包括在 55

个政府数据分析项目中展开大数据技术的应用；以高等学府为依托投资兴办大数据研究中心，如图灵大数据研究院。2015 年，英国政府承诺将开放有关交通运输、天气和健康方面的核心公共数据库。2017 年 11 月，英国面向全社会发布《工业战略：建设适应未来的英国》白皮书，强调英国应积极应对人工智能和大数据、绿色增长、老龄化社会以及未来移动性等四大挑战，呼吁各方紧密合作，促进新技术研发与应用，以确保英国始终走在未来发展前沿，实现本轮技术变革的经济和社会效益最大化。为此，2018 年 4 月底英国专门发布《工业战略：人工智能》报告，立足引领全球人工智能和大数据发展，从鼓励创新、培养和集聚人才、升级基础设施、优化营商环境以及促进区域均衡发展等五大维度提出一系列实实在在的举措。

5. 大数据技术在德国的发展概况

2010 年，德国制定"数字德国 2015 的 ICT 战略"，在能源、交通、保健、教育、休闲、旅游和管理等传统行业采用现代 ICT 技术实现智能网络化。2013 年 4 月，德国政府提出了"工业 4.0"的概念。该项目德国联邦政府投入 2 亿欧元，由德国联邦教研部与联邦经济技术部联手资助，在德国工程院、弗劳恩霍夫协会、西门子公司等德国学术界和产业界的建议和推动下形成，并已上升为国家级战略。德国 IT 行业协会 BITKOM 于 2014 年初发表报告称，大数据业务在德国发展迅速，到 2016 年有望达到 136 亿欧元。2014 年 8 月 20 日，德国联邦政府内阁通过了由德国联邦经济和能源部、内政部、交通与数字基础设施建设部联合推出的《2014—2017 年数字议程》，提出在变革中推动"网络普及""网络安全""数字经济发展"3 个重要进程，希望以此打造具有国际竞争力的"数字强国"。

大数据于 2012 年、2013 年达到其宣传高潮，2014 年后概念体系逐渐成形，对其认知亦趋于理性。大数据相关技术、产品、应用和标准不断发展，逐渐形成了包括数据资源与 API、开源平台与工具、数据基础设施、数据分析、数据应用等板块构成的大数据生态系统，并持续发展和不断完善，其发展热点呈现了从技术向应用、再向治理的逐渐迁移。经过多年来的发展和沉淀，人们对大数据已经达成基本共识：大数据现象源于互联网及其延伸所带来的无处不在的信息技术应用以及信息技术的不断低成本化。

10.2.2　大数据技术国内发展概况

与国外相比，国内大数据的研究和应用起步较晚。国家自然科学基金于 1993 年首次支持对数据挖掘领域的研究项目。1999 年，在北京召开第三届亚太地区知识发现与数据挖掘国际会议（PAKDD），收到论文 158 篇。2011 年，第十五届 PAKDD 在深圳举办，会议就数据挖掘、知识发现、人工智能、机器学习等相关领域的主题进行交流讨论，反响热烈。2012 年 6 月 9 日，中国计算机学会常务理事会决定成立大数据专家委员会。2012 年 10 月，成立了首个专门研究大数据应用和发展的学术咨询组织——中国通信学会大数据专家委员会，推动了我国大数据的科研与发展。自 2014 年以来，我国国家大数据战略的谋篇布局经历了四个不同阶段。

预热阶段：2014 年 3 月，"大数据"一词首次写入政府工作报告，为我国大数据发展的政策环境搭建开始预热。从这一年起，"大数据"逐渐成为各级政府和社会各界的关注热点，中央政府开始提供积极的支持政策与适度宽松的发展环境，为大数据发展创造机遇。

　　起步阶段：2015 年 8 月 31 日，国务院正式印发了《促进大数据发展行动纲要》（国发〔2015〕50 号），成为我国发展大数据的首部战略性指导文件，对包括大数据产业在内的大数据整体发展做出了部署，体现出国家层面对大数据发展的顶层设计和统筹布局。自系统性部署大数据发展工作以来，各地陆续出台促进大数据产业发展的规划、行动计划和指导意见等文件。截至目前，除港澳台地区外全国 31 个省级单位均已发布了推进大数据产业发展的相关文件。可以说，我国各地推进大数据产业发展的设计已经基本完成，陆续进入了落实阶段。

　　落地阶段：《中华人民共和国国民经济和社会发展第十三个五年规划纲要》的公布标志着国家大数据战略的正式提出，彰显了中央对于大数据战略的重视。2016 年 12 月，工业和信息化部发布《大数据产业发展规划（2016—2020 年）》，为大数据产业发展奠定了重要的基础。随着国内大数据迎来全面良好的发展态势，国家大数据战略也开始走向深化阶段。

　　深化阶段：2017 年 10 月，党的十九大报告中提出推动大数据与实体经济深度融合，为大数据产业的未来发展指明方向。12 月，中央政治局就实施国家大数据战略进行了集体学习。2018 年 7 月 12 日，国家卫生健康委员会发布了《国家健康医疗大数据标准、安全和服务管理办法（试行）》，为充分发挥健康医疗大数据作为国家重要基础性战略资源作出了具体指导。2019 年 3 月，政府工作报告第六次提到"大数据"，并且有多项任务与大数据密切相关。2020 年 5 月，工信部印发《关于工业大数据发展的指导意见》明确将促进工业数据汇聚共享、深化数据融合创新、提升数据治理能力、加强数据安全管理，着力打造资源富集、应用繁荣、产业进步、治理有序的工业大数据生态体系。并提出加快数据汇聚、推动数据共享、深化数据应用、完善数据治理、强化数据安全、促进产业发展、加强组织保障等七方面 21 条指导意见。

　　国内大数据产业起步较晚，同时由于互联网技术也有所滞后，使得中国的大数据发展较领先国家还尚有一段距离。但是，中国又有得天独厚的优势——庞大的用户群，每日有庞大的数据量不断生成，同时受惠用户量也极为众多。中国大数据产业还将保持强势增长态势，随着云计算、人工智能、物联网等技术的发展，对大数据的价值挖掘将快速渗透到产业的方方面面，我国大数据的资源掌控能力、技术支撑能力和价值挖掘能力将全面提升，将加快迈向数据强国。

10.3　大数据技术在智能建造中的作用与价值

10.3.1　大数据的技术架构

　　大数据技术的一般流程可分为数据采集与预处理，数据存储与管理，计算模式与系统以及数据分析与挖掘，如图 10.3.1 所示。

1. 大数据源

通过传感器数据、社交网络数据、移动互联网数据等方式获得各种类型的结构化、半结构化及非结构化的海量数据。

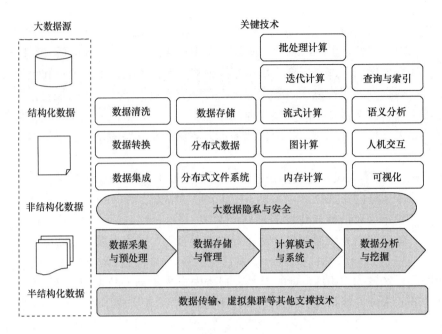

图 10.3.1　大数据技术架构

（1）结构化数据，简单来说就是数据库，也称作行数据，是由二维表结构来逻辑表达和实现的数据，严格地遵循数据格式与长度规范，主要通过关系型数据库进行存储和管理。结构化数据标记，是一种能让网站以更好的姿态展示在搜索结果当中的方式，搜索引擎都支持标准的结构化数据标记。

（2）半结构化数据和普通纯文本相比具有一定的结构性，但和具有严格理论模型的关系数据库的数据相比更灵活。它是一种适于数据库集成的数据模型，也就是说，适于描述包含在两个或多个数据库（这些数据库含有不同模式的相似数据）中的数据。它是一种标记服务的基础模型，用于 Web 上共享信息。对半结构化数据模型感兴趣的动机主要是它的灵活性。特别的，半结构化数据是"无模式"的。更准确地说，其数据是自描述的。它携带了关于其模式的信息，并且这样的模式可以随时间在单一数据库内任意改变。

（3）非结构化数据，是与结构化数据相对的，不适于由数据库二维表来表现，包括所有格式的办公文档、XML、HTML、各类报表、图片和音频、视频信息等。支持非结构化数据的数据库采用多值字段和变长字段机制进行数据项的创建和管理，广泛应用于全文检索和各种多媒体信息处理领域。

2. 数据采集与预处理

在大数据生命周期中，数据收集处于第一环节。大数据收集层主要采用了大数据采集技术，大数据的采集主要有 4 种来源：管理信息系统、Web 信息系统、物理信息系统、科学实验系统。对于不同的数据集，可能存在不同的结构和模式，对多个异构的数据集，需要做进一步集成处理或整合处理，对数据进行集成、转换与清洗等操作。用户从数据源抽取出所需的数据，经过数据清洗，最终按照预先定义好的数据模型，将数据加载到数据仓库中去，最后对数据仓库中的数据进行数据分析和处理。

3. 数据存储与管理

当大量的数据收集完后，我们需要对大数据进行存储。数据的存储分为持久化存储和非持久化存储。持久化存储将数据存储在磁盘中，关机或断电后，数据依然不会丢失。非持久化存储将数据存储在内存中，读写速度快，但是关机或断电后，数据丢失。大数据对应的数据量已经无法使用传统的数据库技术进行管理，单纯通过增加硬盘个数来扩展计算机文件系统的存储容量的方式，在容量大小、容量增长速度、数据备份、数据安全等方面的表现都不能满足现在的需求。分布式文件系统可以有效解决数据的存储和管理难题：将固定于某个地点的某个文件系统，扩展到任意多个地点/多个文件系统，众多的节点组成一个文件系统网络。每个节点可以分布在不同的地点，通过网络进行节点间的通信和数据传输。人们在使用分布式文件系统时，无需关心数据是存储在哪个节点上或者是从哪个节点中获取的，只需要像使用本地文件系统一样管理和存储文件系统中的数据。

4. 计算模式与系统

由于数据来源的多样性、数据结构的复杂性、数据量的快速增长，大数据建模完全超出传统技术能够处理的范围，目前尚未见有效的多源异构数据分析模型。针对不同的应用场景，大数据计算框架主要包括针对历史静态数据的批处理框架、针对快速流式数据的处理框架、针对交互式计算的处理框架、混合处理框架 Lambda 以及针对图数据的处理框架等。为解决不同问题，常常需要将多种大数据计算框架部署在统一的集群中，共享集群资源，为上层应用提供统一的资源管理和调度，使集群实现更好的资源管理利用和数据共享。在信息爆炸的年代，人们对于信息的实时性要求越来越高，如应急监控系统，可实时对多源数据进行监控，一旦发生紧急状况，能实时预警并快速作出响应，如果错过时机，可能造成严重的后果。因此，需要应急监控系统具有低延迟、高性能、分布式、可扩展、容错等特点。流式处理框架因此应运而生。随着社交网络的深度发展，基于社交网络的各种计算需求如社区发现等越来越多；另外，本体论也逐渐成为各学科研究的一种规范化方法。

5. 数据分析与挖掘

数据分析和挖掘都是基于搜集来的数据，应用数学、统计、计算机等技术抽取出数据中的有用信息，进而为决策提供依据和指导方向。数据可视化，是指数据及数据分析结果的视觉表现形式和相应的人机交互技术，是将数据以清晰、简单易懂的图形图像等形式进行展示，以便更直观和高效地洞悉大数据背后的信息和发现其中未知信息的处理过程。相比传统的结构化数据的可视化，大数据可视化更着重于文本等非结构化数据的可视化技术的研发。可视化技术将数据变为图像展示给大众，将复杂的、不直观的而且难以理解的事物变得通俗易懂且一目了然，以便于管理人员更好的决策。由于非结构化数据的多样性对数据分析发起了新的挑战，语义分析被用来辅助解析、提取和分析数据。

10.3.2 大数据技术在智能建造中的应用

智能建造指在建造过程中充分利用智能技术和相关技术，通过应用智能化系统，提高建造过程的智能化水平，减少对人的依赖，达到安全建造的目的，提高建筑的性价比和可靠性。这个定义涵盖了 3 个方面：①智能建造的目的，即提高建造过程的智能化水平；

②智能建造的手段，即充分利用智能技术和相关技术；③智能建造的表现形式，即通过应用智能化系统。

互联网时代，数字化催生着各个行业的变革与创新，建筑行业也不例外。智能建造是解决建筑行业低效率、高污染、高能耗的有效途径之一，已在很多工程中被提出并实践。智能建造涵盖建设工程的设计、生产和施工 3 个阶段，借助物联网、大数据、BIM 等先进的信息技术，实现全产业链数据集成，为全生命周期管理提供支持。智慧是高级动物所特有的能力，一般包含感知、识别、传递、分析、决策、控制、行动等。如果系统具备以上方面的能力，系统就具有智能。

智能建造可以分为感知层、网络层、执行层以及应用层等四个层级。感知层为通过传感器和摄像头等技术远程收集施工现场的数据；网络层将收集到的数据通过存储、分析等手段处理信息；执行层将处理后的信息形成决策信息，重新指导建造过程的进行；最后的应用层将决策信息分配给相应的管理人员，提高各个过程的效率、安全等要素。智能建造系统层级示意图如图 10.3.2-1 所示。

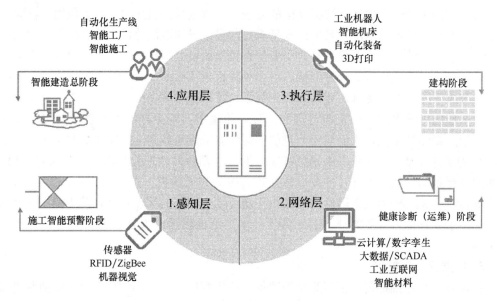

图 10.3.2-1　智能建造系统层级示意图

大数据同样存在于施工过程中的各个阶段，但将大数据应用与建造过程仍处于初级阶段，还未形成完整的应用流程。随着 BIM、物联网、人工智能等技术的快速发展，大数据技术也在建筑工程领域与先进技术得到融合应用，在质量管理、安全管理等方面发挥着积极的作用，推动着智能建造的发展。

1. 大数据技术与物联网技术融合应用

（1）大数据技术用于辅助建筑能耗分析

建筑能耗的一个重要因素是建筑占用，它影响建筑的光照、建筑内部的热交换等。建筑能耗与建筑物的占地面积、空间布局、光照条件等众多因素都有着密切的关系。当前已有学者通过数据挖掘框架的应用，对办公室区域的占用数据进行了深入分析，然后通过决策树挖掘、规则归纳和聚类分析等先进的大数据技术计算出建筑占用模式以及相应的时间表，并以此为依据提出了许多能源节约方案，为建筑能耗分析提供了有价值的思路。还有学者通过消耗模式来分析建筑的能耗问题，而电力数据显然也是一种大数据，传统的数据分析方法是不可能完成的。通过对大量的建筑空间样本的各类用电设备进行定时数据采集，获取大量的用电数据。接着采用特征提取、聚类和关联分析等大数据处理技术分别统计不同用途、不同类型的耗电设备的数据，提出了一种通用的电力消耗模式。该模式可以实现对未来建筑物内的电力消耗情况预测。

（2）大数据技术用于建筑破坏监测

破坏检测是在特殊情况下对建筑物的受损程度进行检测的技术实施过程，例如地震、海啸、台风等自然灾害过后，需要通过无人机设备对建筑体的图像进行采用，并通过多角度的图像合成，为建筑破坏情况检测提供基础数据。然而无人机拍摄图像的速度极快，对于建筑集中区域而言，适时间内就会有大量的图像需要处理，这就必须采用大数据技术来实现少量的图像数据处理。当前已有许多技术被提出，开始在建筑破坏检测方面尝试应用。例如有人提出了通过并行计算技术来提高震前地图及震后地图的对比分析，使建筑破坏的检测速度有了质的提升，同时还可以实现快速的三维检测。该技术已于2013年成功应用于四川雅安地震震后建筑破坏三维检测，取得了良好的效果。

2. 大数据技术与人工智能技术融合应用

（1）智能监控系统

大约80%～90%的事故与工人的不安全行为密切相关。尽管测量工人的行为很重要，但由于耗时且费力，因此尚未在实践中得到积极应用。通过大数据技术和人工智能技术的融合应用，可以解决这一问题。通过采集数据，利用人工智能算法对数据进行分析处理，最终可以进行智能决策。在对施工现场安全监控方面，为了测量和分析工人的行为，研究者提出了基于视觉的动作捕捉作为一种新兴技术。此项技术不需要额外的时间或成本，根据从视频中提取3D骨骼运动模型的运动跟踪。根据产生的高维运动模型被转换为3D潜在空间以减小识别尺寸。为了识别3D空间中的运动，应用监督分类技术，通过训练数据集（其中标记了不安全的运动）来训练学习算法，然后基于该学习对测试数据集进行分类，因此，系统能够识别不安全行为，并且能够告知不安全行为的种类（见图10.3.2-2）。基于视觉的动作捕捉跟踪系统有利于施工现场安全管理，降低安全事故的发生。同时，这种方法也可以在施工管理的其他方面应用推广。

（2）基于人工智能算法的成本管理

成本管理由不同算法分析的成本数据支持，这些算法包括时间序列分析、聚类分析、统计算法、基于案例的推理等人工智能算法。

基于实例的推理方法是常用的相关分析算法之一。一种流行的解释是寻找解决实际问题的新办法。首先，从以往解决类似问题的经验中发现类似问题，并以此作为解决实际问题的出发点。这个解是通过对新问题的适应而得到的。图10.3.2-3是基于案例推理的过程。

基于案例的推理的步骤如下：

第一步：案例陈述。案例是对应用程序中解决问题的一些解决方案的结构化描述。描述方法确定案例索引、案例检索和案例存储方法等。该案例可以采用知识表示方法，并根据应用领域的特点选择不同的知识表示方法。案例知识表示方法主要包括两类，即逻辑方

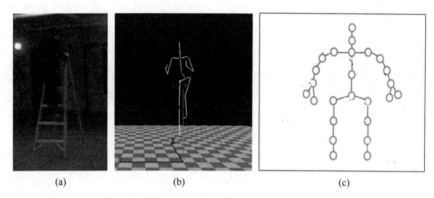

(a)　　　　　　　　(b)　　　　　　　　(c)

图 10.3.2-2　运动数据采集过程

（a）运动捕捉系统；（b）人体骨架模型；（c）人体关节（每个关节具有 3 个自由度）

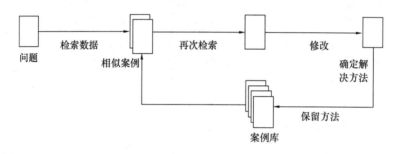

图 10.3.2-3　基于案例的推理过程

法和基于逻辑的方法。

第二步：案例检索。案例检索旨在搜索和计算与当前问题最相似的案例。最新的邻接算法、决策树方法和知识引导方法是常见的案例检索方法。

第三步：修改案例。在基于实例的推理中，很难找到与新问题完全相同的问题，因此经常需要修改重用实例解决方案以适应新问题。案例修正可以采用归纳学习法和满意度算法等多种方法。

第四步：案例再学习。案例研究的最终目的是将新的方法、解决方案和事件信息存储在一起，使系统获得学习能力。同时，它将增加系统的知识和经验。

时间序列分析是动态数据处理的一种统计方法。时间序列是一组按时间顺序排列的数字序列。时间序列分析利用这一集合和数理统计的应用来预测事物的未来发展。方法容易掌握，但准确性差。一般只适用于短期预测。该方法可用于项目分项价格合理区间的计算与分析决策。

3. 智能建设项目评标

在招投标阶段进行工程造价管理，对业主建设项目的成功具有重要意义。客户希望用有限的经济资源来建设项目，而投标者追求的是最大的经济效益。就经济投标的评价而言，由于工程造价的技术依赖性和经济报价中的市场价格等特点，现行的经济评价存在一定的局限性，主要集中在对总价和不平衡报价的评价以及对价格的评估上的困难。

在工程造价领域，应该重视大数据的应用价值。从大数据的角度，对工程造价数据的概念进行概括，包括工程信息数据、工程造价数据、技术方案数据等，这些数据的类型包括文件、表格等。从数据的数量和更新来看，项目成本数据具有大数据的典型特征：大数据、快速涌现、多源异构。

工程造价数据的采集是工程造价数据分析的第一步。工程造价数据采集包括工程基本信息、施工技术方案信息和工程造价信息。项目基本信息收集包括项目编号、项目名称、项目年份、建设地点、施工单位和项目基本概况的总工期。项目特征信息基于不同类型的项目。目前，工程造价数据主要来源于以下三个方面。第一个方面是团队在实际项目上积累的研究案例。第二个方面是从与企业签订的合作协议中挖掘成本数据的价值。这些公司包括客户、承包商和成本咨询公司。第三个方面是与政府建设项目管理部门签订合作协议，并对这些建设成本数据进行分析。数据源的三个方面共同构成了工程造价大数据的数据采集源。

工程造价决定了建设工程的总体情况，通过大数据技术服务于工程造价过程，必须构建工程造价相关的大数据库。为了保证数据来源的及时性和准确性，相关方的成本数据可以直接链接到系统，并在与各方签订合作协议后导入系统。因此，建筑成本数据可以继续增加。

工程造价数据库需要具备诸多数据的互通互联机制，将数据进行高效整合，从而实现系统化、便捷化、高效率处理相关数据。不同结构形式的工程造价数据存储在不同的数据库中，包括系统中存储的格式报表数据、计算机中存储的文本数据、表格数据、图片数据和各种工程造价数据。不同类型的数据需要不同的数据处理方法。常用的方法是将非结构化数据转换为半结构化数据或结构化数据。半结构化数据能够满足大数据中心存储的数据处理需求。相反，采用人工排序等处理方法，自动处理人工智能算法，如自动文本扫描、文本识别、图像识别、文本挖掘等方法，转化为结构化数据，可以利用这些合适的方法提取工程造价数据，进而提供更加准确效率进行智能化分析。

4. 大数据技术与 BIM 技术的融合应用

在传统项目安全管理模式中，技术人员和管理人员在安全管理方面主要依靠个人的经验，缺乏一定的科学性，无法满足现代化施工安全需求。当前，如何有效控制建筑工程项目安全事故的发生，减少安全事故损失，构建安全和谐的施工环境，是建筑业企业规划目标的重点内容。

首先通过分析传统建筑安全问题的特点，然后识别危险源，将动态建筑仿真、安全检查、安全教育和培训等方面收集的因素导入到 BIM 模型中，在确定了项目信息之后，安全工程师采集项目安全相关的大数据。数据采集可以从人、机械的活动及关系方面采集建筑施工安全大数据。链接 BIM 技术软件，根据文本图像数据、传感数据、模拟施工数据进行分别储存，从而不断更新为下次同类型的施工安全管理起到参照作用。

BIM 技术及大数据平台的结合可以直观地控制施工阶段的建筑工程安全管理，有效地将信息传递给所有参与者，能够有效的提升安全管理水平，将安全事故发生的概率降至最低。同时，建立大型安全施工数据库，可以根据业务范围进一步提高工程安全管理和控制能力，增强核心竞争力。同样的，还可以建立质量监测等数据库，充分利用 BIM 模型，对施工质量等问题进行指导。

10.3.3　大数据的应用价值

中国建造业的发展经历了一段从明显加快到逐渐缓慢的过程，建设能力和技术装备能力进一步提高，建造业作为国民经济发展主要支柱之一，也面临着一系列不确定性风险，在人工智能产业如火如荼的机遇下，建造业也要采取相应的对策措施。

建造行业有一些常有性问题，例如：中小型建造企业内部管控机制不完善，管理模式缺乏先进思想支撑，企业风险评估体系缺失，建设经营的风险预测防范措施不到位；有很大部分建造企业在硬件方面，技术装配水平没有达到现代化智能建构施工的技术方面要求；工程质量通病仍然存在，尤其是量大面广的住宅质量问题较多。除了这些问题之外，施工现场管理信息化和智能化程度低，基于大数据和物联网的信息管理技术还处于初级阶段。在项目现场施工过程中，有关安全、质量、环境等方面的数据以及一些建筑耗材的参数的交互传递媒介只是一些非专业化交流软件，增加了数据的不稳定性，在一定意义上降低了建造效率。人是建设项目中的核心。建造企业虽然人员力量充沛，但是其中缺乏技术工程师（例如 BIM 和 RFID 技术实施人员）和新智能材料应用人员。部分临时性人员专业技术基础不扎实，更难以适应智能建造领域对于智能材料和智能机械的应用要求，不利于中国建造业的可持续发展。

中国建造业水平并没有处于先进的、无困扰的层级，亟须增强。改变这种发展状况的有效途径之一是要在实施建造项目过程中树立优质的技术理论基础，提高资源利用、设计开发以及生产建造的效能。建造业没有完全走出粗放式发展模式的原因之一在于中国建造企业没有将大数据时代下的新兴技术思想：大数据驱动下的智能建造（数字化网络化，智能化先进技术）运用到建造工程项目上，大数据驱动下的智能技术体系能帮助改善施工建设项目中多阶段资源优化、技术优化，达到安全、优质、绿色、智能地建设产品和运营企业的战略效果。将大数据技术体系应用到建造项目和建造企业中，能更好地驱动建造业向着"安全建造、优质建造、绿色建造、智能建造"的理念发展。

整体而言，预测管理的思维即是由过去的解决问题演化为避免问题。大数据智能制造在建造企业、建造项目中的应用，也就是利用新一代自动化技术、诸如 RFID 的传感技术、拟人化智能技术以及基于 BIM 的管理方式，通过智能手段达到智能化感知、智能化交互、智能化执行，实现施工装备和全建造过程的智能化，最终达到智能建造的效果。

课 后 习 题

一、单选题

1. 大数据是指不用随机抽样法采集数据，而是采用（　　　）的方法。

A. 所有数据　　　　B. 绝大多数数据　　　C. 适量数据　　　　D. 少量数据

2. 相比依赖于小数据和精确性的方法，大数据因为更加强调数据的（　　　），帮助我们进一步接近事实的真相。

A. 完整性和混杂性　B. 安全性　　　　　　C. 完整性　　　　　D. 混杂性

3. 大数据的发展，使信息技术变革的重点从关注技术转向为关注（　　　）。

A. 信息　　　　　　B. 数字　　　　　　　C. 文字　　　　　　D. 用户

4. 非结构化数据来源不包括：（　　　）。

A. 网页　　　　　　B. 语音　　　　　　　C. 视频　　　　　　D. 信息管理系统

5. （　　　）可以有效解决数据的存储和管理难题。

A. 计算机文件系统　B. 分布式文件系统　　C. 数据库　　　　　D. 云存储

二、多选题

1. 数据采集与预处理的操作包括（　　　）。

A. 数据集成　　　　B. 数据清洗　　　　　C. 数据转换　　　　D. 数据分类

2. 大数据的优势体现为（　　　）。

A. 大数据通过全局的数据让人类了解事物背后的真相

B. 大数据有助于了解事物发展的客观规律，利于科学决策

C. 大数据改变过去的经验思维，帮助人们建立数据思维

D. 大数据改变了自然界的客观规律

3. 非结构化数据包括（　　　）。

A. 各种格式的办公文档　　　　　　　B. 各类报表

C. 图片和音频　　　　　　　　　　　D. 视频信息

三、简答题

1. 大数据的"4V"特征具体内容为什么？

2. 大数据技术架构可分为哪几部分？各部分的具体作用是什么？

3. 将大数据技术应用在智能建造中好处是什么？

第 11 章　5G 技术应用

导语：新兴现代化信息技术与建筑业的融合与落地应用是当前建筑业发展的趋势之一。5G 技术是新兴现代化信息技术之一，同时也是智能建造的技术支撑。本章主要对 5G 技术及 5G 技术在智能建造中的应用进行简单介绍。首先对 5G 技术进行概述，从定义、特点和优势三方面进行展开；然后介绍了 5G 技术的国内外发展概况；最后对 5G 技术在智能建造中的应用进行了介绍，总结了 5G 技术的技术架构、具体应用及应用价值。

11.1 5G 技术概述

11.1.1 5G 技术的定义

第五代移动通信技术（5th generation mobile networks 或 5th generation wireless systems、5th-Generation，简称 5G 或 5G 技术）是最新一代蜂窝移动通信技术，也是继 4G（LTE-A、WiMax）、3G（UMTS、LTE）和 2G（GSM）系统之后的延伸。

第五代移动通信技术会满足高移动性、无缝漫游和无缝覆盖。5G 技术包括几乎所有前几代移动通信的先进功能，用户可以把 5G 技术用于手机和其他移动通信设备上网。5G 网络将是以用户为中心的网络，对用户的服务质量将会成为其考虑的一个重方向，用户能同时连接多个无线接入技术并可以在它们之间切换。

《5G 概念白皮书》指出，综合 5G 关键能力与核心技术，5G 概念可由"标志性能力指标"和"一组关键技术"来共同定义。其中，标志性能力指标为"Gbps 用户体验速率"，一组关键技术包括大规模天线阵列、超密集组网、新型多址、全频谱接入和新型网络架构。如图 11.1.1 所示。

下面简单介绍"一组关键技术"：

大规模天线阵列在现有多天线基础上通过增加天线数可支持数十个独立的空间数据流，将数倍提升多用户系统的频谱效率，对满足 5G 系统容量与速率需求起到重要的支

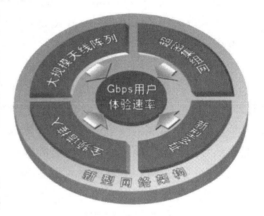

图 11.1.1　5G 概念图

撑作用。大规模天线阵列应用于 5G 需解决信道测量与反馈、参考信号设计、天线阵列设计、低成本实现等关键问题。

超密集组网通过增加基站部署密度，可实现频率复用效率的巨大提升，但考虑到频率干扰、站址资源和部署成本，超密集组网可在局部热点区域实现百倍量级的容量提升。干扰管理与抑制、小区虚拟化技术、接入与回传联合设计等是超密集组网的重要研究方向。

新型多址技术通过发送信号在空/时/频/码域的叠加传输来实现多种场景下系统频谱效率和接入能力的显著提升。此外，新型多址技术可实现免调度传输，将显著降低信令开销，缩短接入时延，节省终端功耗。目前业界提出的技术方案主要包括基于多维调制和稀疏码扩频的稀疏码分多址（SCMA）技术，基于复数多元码及增强叠加编码的多用户共享接入（MUSA）技术，基于非正交特征图样的图样分割多址（PDMA）技术以及基于功率叠加的非正交多址（NOMA）技术。

全频谱接入通过有效利用各类移动通信频谱（包含高低频段、授权与非授权频谱、对称与非对称频谱、连续与非连续频谱等）资源来提升数据传输速率和系统容量。6GHz 以下频段因其较好的信道传播特性可作为 5G 的优选频段，6～100GHz 高频段具有更加丰富

的空闲频谱资源，可作为 5G 的辅助频段。信道测量与建模、低频和高频统一设计、高频接入回传一体化以及高频器件是全频谱接入技术面临的主要挑战。

11.1.2　5G 技术的特点

1. 高速度

每一代移动通信技术的更迭，用户最直接的感受就是速度的提升。网速的提升能保证用户网络体验品质，比如 4G 时代，下载一部高清电影只需几分钟，而 5G 的速度高达 1Gbps，最快可达 10Gbps，速度单位已不再以 Mb 计算，下载一部超清电影只需几秒，甚至 1 秒不到。5G 时代，值得注意的不仅仅是手机，高速度的 5G 网络将承载增强移动宽带（eMBB）的应用场景，最贴近日常生活的就是在家里用智能电视收看超高清视频。同时，5G 的高速度可以带来新的商业机会，比如 VR（Visual Reality，VR）要想很好地实现高清传输，需要 150Mbps 以上的带宽，这在大部分网络中无法实现，5G 时代的到来，会大大改善 VR 的体验。高速度是 5G 不同于 4G 最显著的一个特点。

2. 泛在网

泛在网有两个层面：一个是广泛覆盖，一个是纵深覆盖。广泛覆盖是指人类足迹延伸到的地方，都需要被覆盖到，比如高山、峡谷，此前人们很少去，不一定需要网络覆盖，但是到了 5G 时代，这些地方就必须要有网络存在，因为无论是智能交通还是其他业务，都需要通过稳定可靠的网络进行管理。同时，通过覆盖 5G 网络，可以大量部署传感器，进行自然环境、空气质量、山川河流的地貌变化甚至地震的监测。纵深覆盖是指人们的生活已经有网络部署，但需要进入更高品质的深度覆盖。5G 时代，以前网络品质不好的卫生间、没信号的地下车库等特殊场所，都能而且需要被高质量的网络覆盖。因为未来家里的抽水马桶可能是需要联网的，马桶可能可以自动做尿常规检查并传到云端，通过大数据对比，确定你的健康状况。

在 4G 时代以前，人们常常会遇到手机没信号或者信号弱的问题，尤其是在比较偏远的地方。因为 3G 和 4G 时代，使用的是宏基站。宏基站的功率很大，但体积也比较大，所以不能密集部署，导致离它近的地方信号很强，离他距离越远，信号越弱。但到了 5G 时代，微基站将会逐步建立，几乎不用再担心信号不足的问题。微基站，即小型基站。微基站的部署可弥补宏基站的空白，覆盖宏基站无法触及的末梢通信，为泛在网的全面实现提供可能，使得所有智能终端都能突破时间、地点和空间的限制，在任何角落连接到网络信号。

3. 低功耗

5G 技术需要支持大规模物联网应用，就要有功耗要求。通信过程中若是消耗大量能量，则难以让物联网产品被用户广泛接受。低功耗主要采用两种技术手段来实现，分别是美国高通等主导的 eMTC 和华为主导的 NB-IOT。eMTC 基于 LTE 协议演进而来，为了更加适合物与物之间的通信，也为了成本更低，对 LTE 协议进行了裁剪和优化。NB-IOT 的构建基于蜂窝网络，只消耗大约 180KHZ 的带宽，可直接部署于 GSM 网络、UMTS 网络和 LTE 网络，以降低部署成本、实现平滑升级。NB-IOT 和 eMTC 是 5G 网络体系的一个组成部分。

4. 低时延

5G 的一个新场景是无人驾驶、工业自动化的高可靠连接。正常情况下，人与人之间进行信息交流，140 毫秒的时延是可以接受的，不会影响交流的效果。但对于无人驾驶、工业自动化等场景来说（图 11.1.2），这种时延是无法接受的。5G 对于时延的终极要求是 1 毫秒，甚至更低，这种要求是严苛也是必需的。

图 11.1.2　无人驾驶（图片来自网络）

5. 万物互联

传统通信中，终端是非常有限的，固定电话时代，电话是以人群为定义的。而手机时代，终端数量有了巨大爆发，手机是按个人应用来定义的。到了 5G 时代，终端不是按人来定义，因为每人可能拥有数个，每个家庭可能拥有数个终端。

2018 年，中国移动终端用户已经达到 14 亿，这其中以手机为主。而通信业对 5G 的愿景是每一平方公里，可以支撑 100 万个移动终端。未来接入到网络终端的，不仅仅是手机，还会有更多千奇百怪的产品。可以说，生活中每一个产品都有可能通过 5G 接入网络。眼镜、手机、衣服、腰带、鞋子都有可能接入网络，成为智能产品；家中的门窗、门锁、空气净化器、新风机、加湿器、空调、冰箱、洗衣机都可能进入智能时代，也通过 5G 接入网络，普通家庭成为智慧家庭。而社会生活中大量以前不可能联网的设备也会进行联网工作，更加智能。汽车、井盖、电线杆、垃圾桶这些公共设施，以前管理起来非常难，也很难做到智能化。而 5G 可以让这些设备都成为智能设备。

6. 重构安全

传统的互联网要解决的是信息速度、无障碍的传输，自由、开放、共享是互联网的基本精神，但是在 5G 基础上建立的是智能互联网。智能互联网不仅是要实现信息传输，还要建立起一个社会和生活的新机制与新体系。智能互联网的基本精神是安全、管理、高效、方便。安全是 5G 之后的智能互联网第一位的要求。

在 5G 的网络构建中，在底层就应该解决安全问题，从网络建设之初，就应该加入安全机制，信息应该加密，网络并不应该是开放的，对于特殊的服务需要建立起专门的安全机制。网络不是完全中立、公平的。举一个简单的例子：网络保证上，普通用户上网，可能只有一套系统保证其网络畅通，用户可能会面临拥堵。但是智能交通体系，需要多套系统保证其安全运行，保证其网络品质，在网络出现拥堵时，必须保证智能交通体系的网络畅通。而这个体系也不是一般终端可以接入实现管理与控制的。

11.1.3　5G 技术的优势

1. 传输速度快

5G 网络通信技术是当前世界上最先进的一种网络通信技术之一。相比于被普遍应用的 4G 网络通信技术来讲，5G 网络通信技术在传输速度上有着非常明显的优势，5G 网络数据传输速率远远高于以前的蜂窝网络，最高可达 10Gbit/s，比当前的有线互联网要快，比先前的 4G LTE 蜂窝网络快 100 倍。5G 网络通信技术应用在文件的传输过程中，传输速度的提高会大大缩短传输过程所需要的时间，对于工作效率的提高具有非常重要的作用。

2. 传输的稳定性

5G 网络通信技术不仅做到了在传输速度上的提高，在传输的稳定性上也有突出的进步。5G 网络通信技术应用在不同的场景中都能进行很稳定的传输，能够适应多种复杂的场景。所以 5G 网络通信技术在实际的应用过程中非常实用，传输稳定性的提高使工作的难度降低，工作人员在使用 5G 网络通信技术进行工作时，由于 5G 网络通信技术的传输能力具有较高的稳定性，因此不会因为工作环境的场景复杂而造成传输时间过长或者传输不稳定的情况，会大大提高工作人员的工作效率。

3. 高频传输技术

高频传输技术是 5G 网络通信技术的核心技术，高频传输技术正在被多个国家同时进行研究。低频传输的资源越来越紧张，而 5G 网络通信技术的运行使用需要更大的频率带宽，低频传输技术已经满足不了 5G 网络通信技术的工作需求，所以要更加积极主动地探索和开发。高频传输技术在 5G 网络通信技术的应用中起到了不可忽视的作用。

4. 兼容性强

从理论原理上来分析，5G 通信技术不是对以往 2G、3G、4G 的完全抛弃，而是作为一个兼容 2G、3G、4G 为一体的通信平台崭新出现，这个新科技不但能够支撑多种网络通信技术的应用，还可作为连接 Wi-Fi、NPC 等无线技术的万能安全平台，进一步拓宽了通信服务水平。可以说 5G 在很多方面实现了信息互通，减少了用户在交替式信息无法同步的困难，真正从用户本身去思考问题去解决问题。同时不得不提的是随着网络平台支付越来越普遍，5G 无线技术可以通过抵御减少网络不良链接，从而有效提高其支付整个过程的安全性，这是很好理解的，因为速率提高，信息的安全性也相应地得到了保障。

5. 成本更低

之前的通信技术均以物理层面知识营运为主，不但延续了工业时代的高投入低产出的劣势，缺乏创新性，而且也没有考虑到环保的问题，只追求经济利益，忽略了此起彼伏的高污染问题。但是 5G 无线通信技术作为传统无线通信技术的更新换代，有能力也有意识去有效解决这一现状，这是从当前网络无线通信技术的发展现状和用户普遍反映的实际困扰出发，所以无论是电子设备耗能还是总成本投入量均较低，更加印证了科技的进步就是普遍的用户能够以更少的成本获得更加优质的服务。

11.2 5G 技术的国内外发展概况

11.2.1 5G 技术国外发展概况

全球 5G 应用整体处于初期阶段。根据中国信息通信研究院监测，截至 2019 年 9 月 30 日，全球 135 家运营商共进行或即将进行的应用试验达到 391 项。AR/VR、超高清视频传输（4K 或 8K）、固定无线接入是试验最多的三类应用。在行业应用中，车联网、物联网、工业互联网受到广泛关注。整体来看，全球 5G 应用整体处于初期阶段，主要应用场景是增强型移动宽带业务，行业融合应用仍在验证和示范中。

1. 5G 技术在美国发展概况

美国家庭宽带成为最受关注的 5G 应用之一。美国四大移动运营商全部商用 5G，在若干个重点城市推出服务，覆盖城市重合度高，相继推出 5G 固定无线接入的服务；在工业互联网方面，AT&T（美国电话电报公司）正在探索基于 4K 视频的安全监测、AR/VR 员工培训及定位服务；与此同时，美国也在尝试 5G 与 VR/AR 用于医疗领域，帮助临终患者减少慢性疼痛和焦虑等。FCC（美国联邦通信委员会）通过采取一些举措促进 5G 技术向精准农业、远程医疗、智能交通等方面的创新步伐，如设立 204 亿美元的"乡村数字机遇基金"等。

2. 5G 技术在韩国发展概况

韩国出台 5G 战略，引领 5G 用户发展。韩国"5G+"战略选定五项核心服务和十大"5G+"战略产业，其中五项核心服务是：沉浸式内容、智慧工厂、无人驾驶汽车、智慧城市、数字健康。在商用进展方面，韩国运营商针对 VR、AR、游戏推出基于 5G 的内容和平台活动。截至 2019 年，韩国 5G 用户数超过 300 万，占据全球 5G 商用大部分市场份额。韩国用户发展速度快主要得益于运营商加速建网，手机高额补贴，内容应用丰富，提速不提价。

3. 5G 技术在欧盟发展概况

欧盟 5G 应用涵盖工业互联网及其他多种应用场景。欧盟于 2018 年 4 月成立工业互联与自动化 5G 联盟（5G-ACIA），旨在推动 5G 在工业生产领域的落地。欧盟 5G 应用试验涉及工业、农业、AR/VR、高清视频、智慧城市、港口等多场景。英国伍斯特郡 5G 工厂探索使用 5G 进行预防性维护、远程维修指导等应用；德国电信在汉堡港的船舶上安装了 5G 传感器以支持实时传输行驶轨迹和环境数据，还将交通灯接入 5G 网络，远程控制交通流量；俄罗斯运营商 MegaFon 旨在开发智能城市、物联网、VR/AR 等 5G 应用试点项目。

11.2.2 5G 技术国内发展概况

我国与全球同步推进 5G 研发工作，率先成立了 5G 推进组，全面推进 5G 研发工作。2013 年 2 月，工业和信息化部、国家发展和改革委员会、科学技术部成立了"IMT-2020（5G）推进组"，提出我国要在 5G 标准制定中发挥引领作用的宏伟目标。2019 年 6 月 6 日，工信部正式向中国电信、中国移动、中国联通、中国广电发放 5G 商用牌照，中国正式进入 5G 商用元年。

2019 年 6 月 21 日，在工业和信息化部指导下，中国信息通信研究院牵头成立了 5G 应用产业方阵，立足于搭建 5G 应用的融合创新平台，解决共性技术产业问题，形成 5G 应用产业链协同，实现 5G 应用的孵化与推广，促进 5G 应用蓬勃发展。

我国各省市纷纷布局 5G，5G 应用成为关注重点。北京、浙江、重庆、江西等地方政府积极出台 5G 指导文件，强化政策保障。据统计，截至 2019 年 9 月底，我国各省市共出台 5G 政策文件累计 40 余个。包括发展规划、行动计划、实施方案、基站规划建设支持政策等，积极推进 5G 网络建设、应用示范和产业发展。相比于 2018 年 5G 政策侧重产业发展和网络建设，2019 年出台的政策将 5G 应用发展作为重点。此外，各地纷纷成立 5G 有关产业联盟和研究机构，为 5G 发展搭建合作平台和创新平台，截至 2019 年 9 月底，我国共成立省市级 5G 联盟累计 50 余个。

我国电信运营企业在重点城市、典型领域开展应用示范。中国移动成立了 5G 联合创新中心，汇聚 400 余家成员单位，其"5G＋"计划提出面向工业、农业等 14 个重点行业进行 5G 应用开发，面向大众重点开发 5G 超高清视频、5G 快游戏等应用；中国联通网络研究院设立了 5G 创新中心，下设新媒体、智能制造、智能网联、智慧医疗、智慧教育、智慧城市等 10 个行业中心，并编制六大行业 5G 工作指引。中国电信积极开展 5G＋云创新业务、5G＋行业应用和 5G＋工业互联网三方面 5G 示范应用，包括智慧警务、智慧交通、智慧生态、智慧党建、媒体直播、智慧医疗等共十大行业。

11.3　5G 技术在智能建造中的应用

11.3.1　5G 的技术架构

面对 5G 场景和技术需求，需要选择合适的无线技术路线，以指导 5G 标准化及产业发展。综合考虑需求、技术发展趋势以及网络平滑演进等因素，5G 空口技术路线可由 5G 新空口（含低频空口与高频空口）和 4G 演进两部分组成。

根据移动通信系统的功能模块划分，5G 空口技术框架包括帧结构、双工、波形、多址、调制编码、天线、协议等基础技术模块，通过最大可能地整合共性技术内容，从而达到"灵活但不复杂"的目的，各模块之间可相互衔接，协同工作。根据不同场景的技术需求，对各技术模块进行优化配置，形成相应的空口技术方案（图 11.3.1）。下面简要介绍各模块及相关备选技术。

帧结构及信道化：面对多样化的应用场景，5G 的帧结构参数可灵活配置，以服务不同类型的业务。针对不同频段、场景和信道环境，可以选择不同的参数配置，具体包括带宽、子载波间隔、循环前缀（CP）、传输时间间隔（TTI）和上下行配比等。参考信号和控制信道可灵活配置以支持大规模天线、新型多址等新技术的应用。

双工技术：5G 将支持传统的频分双工（FDD）和测试驱动开发（TDD）及其增强技术，并可能支持灵活双工和全双工等新型双工技术。低频段将采用 FDD 和 TDD，高频段更适宜采用 TDD。此外，灵活双工技术可以灵活分配上下行时间和频率资源，更好地适应非均匀、动态变化的业务分布。全双工技术支持相同频率相同时间上同时收发，也是

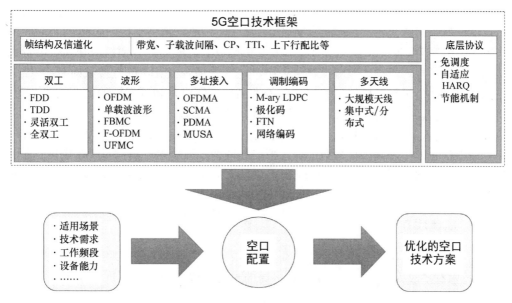

图 11.3.1　灵活可配的 5G 空口技术框架

5G 潜在的双工技术。

波形技术：除传统的正交频分复用技术（OFDM）和单载波波形外，5G 很有可能支持基于优化滤波器设计的滤波器组多载波（FBMC）、基于滤波的 OFDM（F-OFDM）和通用滤波多载波（UFMC）等新波形。这类新波形技术具有极低的带外泄露，不仅可提升频谱使用效率，还可以有效利用零散频谱并与其他波形实现共存。由于不同波形的带外泄漏、资源开销和峰均比等参数各不相同，可以根据不同的场景需求，选择适合的波形技术，同时有可能存在多种波形共存的情况。

多址接入技术：除支持传统的正交频分多址（OFDMA）技术外，还将支持 SCMA、PDMA、MUSA 等新型多址技术。新型多址技术通过多用户的叠加传输，不仅可以提升用户连接数，还可以有效提高系统频谱效率。此外，通过免调度竞争接入，可大幅度降低时延。

调制编码技术：5G 既有高速率业务需求，也有低速率小包业务和低时延高可靠业务需求。对于高速率业务，多元低密度奇偶校验码（M-ary LDPC）、极化码、新的星座映射以及超奈奎斯特（FTN）调制等比传统的二元 Turbo＋QAM 方式可进一步提升链路的频谱效率；对于低速率小包业务，极化码和低码率的卷积码可以在短码 IMT-2020（5G）推进组和低信噪比条件下接近香农容量界；对于低时延业务，需要选择编译码处理时延较低的编码方式。对于高可靠业务，需要消除译码算法的地板效应。此外，由于密集网络中存在大量的无线回传链路，可以通过网络编码提升系统容量。

多天线技术：5G 基站天线数及端口数将有大幅度增长，可支持配置上百根天线和数十个天线端口的大规模天线，并通过多用户多进多出（MIMO）技术，支持更多用户的空间复用传输，数倍提升系统频谱效率。大规模天线还可用于高频段，通过自适应波束赋形补偿高的路径损耗。5G 需要在参考信号设计、信道估计、信道信息反馈、多用户调度机制以及基带处理算法等方面进行改进和优化，以支持大规模天线技术的应用。

底层协议：5G 的空口协议需要支持各种先进的调度、链路自适应和多连接等方案，并可灵活配置，以满足不同场景的业务需求。5G 空口协议还将支持 5G 新空口、4G 演进空口及 WLAN 等多种接入方式。为减少海量小包业务造成的资源和信令开销，可考虑采用免调度的竞争接入机制，以减少基站和用户之间的信令交互，降低接入时延。5G 的自适应混合自动重传请求（HARQ）协议将能够满足不同时延和可靠性的业务需求。此外，5G 将支持更高效的节能机制，以满足低功耗物联网业务需求。

5G 空口技术框架可针对具体场景、性能需求、可用频段、设备能力和成本等情况，按需选取最优技术组合并优化参数配置，形成相应的空口技术方案，实现对场景及业务的"量体裁衣"，并能够有效应对未来可能出现的新场景和新业务需求，从而实现"前向兼容"。

11.3.2　具体应用

当前建筑产业使用的无线通信协议众多、各有不足且相对封闭，工业设备互联网互通难，5G 技术有望成为改变未来建筑行业格局的重要手段，一些与建筑行业相关的企业已经将 5G 技术投入到应用之中。

1. 5G＋机器视觉

由浙江电信、浙江中控蓝卓和中兴通讯三方联合打造的 5G＋工业互联网平台已经上线并在浙江桐庐红狮水泥率先落地。这一合作平台加速了生产过程中的机器视觉分析应用，确保水泥投料口堵塞情况快速上报和及时预警，大幅提升了生产效率和可靠性。

2. 5G 远程遥控无人挖掘机

山东临工工程机械有限公司携手中兴通讯，共同研发生产的远程智能遥控挖掘机。这款远程智能遥控挖掘机由远程操控中心、5G 网络、车载终端三部分组成，通过 5G 网络实现控制中心与生产现场车载终端相连，可以实时操控位于矿区的无人驾驶挖掘机，同步回传真实作业场景及全景视频实况。

3. 5G＋AI 智慧道桥

成都智慧道桥监控商用项目，通过巡检车上的 4K 摄像头，实时监测高架桥上的路面情况，将实时画面通过 5G 网络发送至市城管委道桥监管服务中心 AI 分析平台，智能判别高架桥的主要病害。现已能识别路面沉陷、坑槽、裂缝、破损、网裂、拥包等病害。项目二期可对路面积水进行监控，三期可在道桥因重大交通事故或自然灾害堵塞时使用无人机巡检。

4. 5G 三维扫描建模检测系统

杭汽轮集团、浙江中控、新安化工等企业，通过基于激光的三维扫描建模检测系统，精确快速获取物体表面三维数据并生成三维模型，通过 5G 网络实时将测量得到的海量数据传输到云端，由云端服务器快速处理比对，确定实体三维模型是否和原始理论模型保持一致。对部件的检测时间从 2～3 天降低到了 3～5 分钟，在实现产品全量检测的基础上还建立了质量信息数据库，便于后期质量问题分析追溯。

11.3.3　应用价值

1. 智慧工地

5G 时代的智慧工地不仅仅是对工人门禁刷卡、环境扬尘监控、工地远程视频监控、施工升降机和危大工程的管理预警，而是要实现对工地的远程自动化操控场景落地，要实现工地工程机械设备的远程操控，切实解决工程机械领域人员安全难以保障、企业成本居高不下的难题，可以真正体现出智慧工地的理念"智能建造、绿色施工、人文工地"。

2. 装配式建筑

5G 技术可以将装配式建筑提升到一个新的高度（图 11.3.3），将显著的提高施工质量，更利于加快工程进度，提高工程的建筑品质，更好的调节供给关系，更利于文明施工、安全管理 、环境保护、节约资源。

图 11.3.3   装配式建筑

3. 智慧城市

随着我国新型智慧城市不断推进，智慧城市基础设施建设也在加速升级。智慧城市基础设施建设涵盖的项目种类众多，以公共市政优化改造为主。通过 5G 网络，结合边缘计算、人工智能、视频监控等技术，将底层感知设备与城市基础设施运维部门的管理平台互联，对城市基础设施智慧化维护、城市整体管理与运营效率的提升产生积极作用。

4. 智能制造

5G 智能制造解决方案有利于提高生产企业的产品质量，提升生产效率，降低次品率、人力成本与库存；工业生产设备供应商的网联化、智能化工业生产设备将在 5G＋智能制造产业生态中得到巨大发展。利用 5G 网络，以及视频监控、AR 眼镜、视觉检测设备、工业传感器等数据采集设备，无人车、自动导引运输车（AGV）、工业机器人和可编程逻辑控制器（PLC）等工业设备，实现环境监控与巡检、物料供应管理、产品检测、生产监控与设备管理等应用。

课 后 习 题

一、单选题

1.《5G 概念白皮书》指出，综合 5G 关键能力与核心技术，5G 概念可由"标志性能力指标"和"一组关键技术"来共同定义。其中，标志性能力指标为（　　）。

A. Gbps 用户体验速率　　　　　　　　B. 大规模天线阵列

C. 超密集组网　　　　　　　　　　　D. 新型多址

2. 韩国"5G＋"战略选定五项核心服务和十大"5G＋"战略产业，其中五项核心服务不包括（　　）。

A. 智慧城市　　　　B. 智慧工厂　　　　C. 无人驾驶汽车　　　D. 智慧工地

3. 5G 空口协议支持下列哪种接入方式？（　　）

A. 5G 新空口　　　B. 4G 演进空口　　　C. WLAN　　　　D. 以上三项均是

4. 5G 将支持传统的 FDD 和 TDD 及其增强技术，并可能支持灵活双工和全双工等新型双工技术。低频段将采用 FDD 和 TDD，高频段更适宜采用（　　）。

A. FDD　　　　　　B. TDD　　　　　　C. UFMC　　　　　D. FBMC

5. 下列哪项不是 5G 技术的特点（　　）。

A. 高速度　　　　　B. 泛在网　　　　　C. 低时延　　　　　D. 高功耗

二、多选题

1. 泛在网的两个层面：（　　）。

A. 广泛覆盖　　　　B. 区域覆盖　　　　C. 纵深覆盖　　　　D. 全面覆盖

2. 5G 空口技术路线可由哪两部分组成：（　　）。

A. 5G 新空口　　　B. 低频空口　　　　C. 高频空口　　　　D. 4G 演进

3. 5G 技术的优势有（　　）。

A. 传输速度快　　　B. 使用成本高　　　C. 传输的稳定性　　　D. 高频传输技术

三、简答题

1. 根据《5G 概念白皮书》，简述 5G 的概念可由什么来定义。

2. 5G 技术的特点有哪些？

3. 根据移动通信系统的功能模块划分，5G 空口技术框架包括哪些基础技术模块？

第 12 章　区块链技术应用

导语： 就像云计算、大数据、物联网等新一代信息技术一样，区块链技术并不是单一信息技术，而是依托于现有技术加以独创性的组合及创新，从而实现以前未实现的功能。在学科交叉融合、信息化技术逐渐普及的要求日益提高的今天，区块链技术也寻求在智能建造领域的结合应用。本章首先介绍了区块链技术的定义、特点和优势；其次介绍了区块链技术的国内外发展应用情况；最后具体阐述了区块链技术在智能建造中是如何应用的，以及其应用价值。

12.1 区块链技术概述

12.1.1 区块链技术的定义

区块链（Blockchain）是一种由多方共同维护，使用密码学保证传输和访问安全，能够实现数据一致存储、难以篡改、防止抵赖的记账技术，也称为分布式账本技术（Distributed Ledger Technology）。

典型的区块链以块—链结构存储数据。作为一种在不可信的竞争环境中低成本建立信任的新型计算范式和协作模式，区块链凭借其独有的信任建立机制，正在改变诸多行业的应用场景和运行规则，是未来发展数字经济、构建新型信任体系不可或缺的技术之一。典型的区块链系统中，各参与方按照事先约定的规则共同存储信息并达成共识。为了防止共识信息被篡改，系统以区块（Block）为单位存储数据，区块之间按照时间顺序、结合密码学算法构成链式（Chain）数据结构，通过共识机制选出记录节点，由该节点决定最新区块的数据，其他节点共同参与最新区块数据的验证、存储和维护，数据一经确认，就难以删除和更改，只能进行授权查询操作。按照系统是否具有节点准入机制，区块链可分为许可链和非许可链。许可链中节点的加入和退出需要区块链系统的许可，根据拥有控制权限的主体是否集中可分为联盟链和私有链；非许可链则是完全开放的，亦可称为公有链，节点可以随时自由加入和退出。

12.1.2 区块链技术的特点

1. 加密协议

区块链技术是构建在互联网 TCP/IP 基础协议之上，将全新加密认证技术与互联网分布式技术相结合，提出了一种基于算法的解决方案，推动互联网从"信息"向"价值"的转变。

2. 链式数据

区块链是一种按照时间顺序将数据区块以顺序相连的方式组合成的一种链式数据结构，并以密码学方式保证的不可篡改和不可伪造的分布式账本。在区块链中，数据信息是按照时间顺序被记录下来的，区块链是对达到指定大小的数据进行打包形成区块并链接进入往期区块形成统数据链的数据记录方式。

3. 技术创新

就像云计算、大数据、物联网等新一代信息技术一样，区块链技术并不是单一信息技术，而是依托于现有技术加以独创性的组合及创新，从而实现以前未实现的功能。其关键技术包括 P2P 网络技术、非对称加密算法、数据库技术、数字货币等，通过综合运用这些技术，区块链创造出新的记录模式与管理方法。

4. 去中心化

区块链技术是一种去中心化、无需信任积累的信用建立范式。互不了解的个体通过一定的合约机制可以加入任何一个公开透明的数据库，通过点对点的记账、数据传输、认证或是合约，而不需要借助任何一个中间方来达成信用共识。

从整体上来看，上述 4 个从管理方式的角度定义区块链技术是比较全面、广泛的。区块链的基本思想是建立一个基于网络的公共账本（数据区块），每一个区块包含了一次网络交易的信息。由网络中所有参与的用户共同在账本上记账与核账，所有的数据都是公开透明的，且可用于验证信息的有效性。这样，不需要中心服务器作为信任中介，就能在技术层面保证信息的真实性和不可篡改性。

区块链的意义在于"去中心化"，不同于中心化网络模式，区块链应用的 P2P 网络中各节点的计算机地位平等，每个节点有相同的网络权力，不存在中心化的服务器。所有节点间通过特定的软件协议共享部分计算资源、软件或者信息内容。

12.1.3　区块链技术的优势

相对于传统的分布式数据库，区块链体现了以下几个对比优势：

1. 从复式记账演进到分布式记账。传统的信息系统，每位会计各自记录，每次对账时存在多个不同账本。区块链打破了原有的复式记账，变成"全网共享"的分布式账本，参与记账的各方之间通过同步协调机制，保证数据的防篡改和一致性，规避了复杂的多方对账过程。

2. 从"增删改查"变为仅"增查"两个操作。传统的数据库具有增加、删除、修改和查询四个经典操作。对于全网账本而言，区块链技术相当于放弃了删除和修改两个选项，只留下增加和查询两个操作，通过区块和链表这样的"块链式"结构，加上相应的时间戳进行凭证固化，形成环环相扣、难以篡改的可信数据集合。

3. 从单方维护变成多方维护。针对各个主体而言，传统的数据库是一种单方维护的信息系统，不论是分布式架构，还是集中式架构，都对数据记录具有高度控制权。区块链引入了分布式账本，是一种多方共同维护、不存在单点故障的分布式信息系统，数据的写入和同步不仅仅局限在一个主体范围之内，需要通过多方验证数据、达成共识，再决定哪些数据可以写入。

4. 从外挂合约发展为内置合约。传统上，财务的资金流和商务的信息流是两个截然不同的业务流程，商务合作签订的合约，在人工审核、鉴定成果后，再通知财务进行打款，形成相应的资金流。智能合约的出现，基于事先约定的规则，通过代码运行来独立执行、协同写入，通过算法代码形成了一种将信息流和资金流整合到一起的"内置合约"。

12.2　区块链技术的国内外发展概况

12.2.1　区块链技术国外发展概况

1. 区块链技术在美国发展概况

美国把区块链技术确立为国家战略性技术。2016 年 6 月，美联储召集全球 90 多家央行出席闭门会议，商讨共同推进区块链发展。2016 年 12 月，美联储发布首份区块链研究白皮书《支付、清算与结算中的分布式账本技术》，肯定了分布式账本技术在支付、清算和结算领域的应用潜力并探讨了未来实际部署和长期应用中面临的机遇和挑战。专家预测，未来美联储将推出美国的加密区块链技术 Fedcoin 并在全国推广。最初，美国政府对加密网络等加密数字区块链技术采取了较为严格的监管措施，但 2016 年美国区块链技术监理署发布了"责任创新框架"，开放的推进区块链和金融科技发展。

美国是全球区块链技术创新最为活跃的地区。中国区块链应用研究中心在达沃斯论坛发布的《中国区块链行业发展报告 2018》显示，美国公开的区块链专利数量从 2014 年的 150 件增加到 2017 年前 7 个月的 390 件。据 Venture Scanner 统计，美国区块链的投资是世界之最并拥有世界上最多的研发团队。截至 2017 年初，多达 340 家的创业企业获得了约 10 亿美元的风险资金。为了鼓励网络基础设施研究，美国国家科学基金会设立 850 万美元学术资助金向社会征求区块链研究项目。加密网络、以太坊、比特股等一流的区块链技术创新社区均源自美国。美国各大银行、财团、咨询机构等许多巨头也广泛参与，纷纷与区块链组织合作推进技术研发、标准制定和概念验证等方面的工作。

美国政府积极推进区块链在经济社会各领域的应用。美国食品药品管理局已与 IBM 签署合作协议，利用区块链实现医疗数据共享。美国国土安全部正在进行利用区块链技术跟踪跨境人口和商品的测试。美国商务部计划与美国专利商标组织、国家电信和信息管理局、国际贸易管理局以及国际标准与技术研究所组建小组探讨区块链数字版权应用。

美国各个州对区块链技术也积极跟进。特拉华州、伊利诺伊州、亚利桑那州等已开展区块链方面的部署。特拉华州是首个启动区块链发展战略并发起区块链倡议行动的州。2016 年，州政府已率先尝试将政府档案转移到区块链账本并引导该州注册企业进行区块链上的股权和股东权益追踪。2016 年 10 月，伊利诺伊州也发起了伊州区块链倡议行动。倡议由金融与专业监管部门和科技创新部门联合其他机构共同发起，旨在通过开展区块链政务应用并搭建良好的创业环境，促进伊州区块链行业发展。金融与专业监管部门随后发布了去中心化虚拟区块链技术的监管倡议——数字区块链技术监管指南。2017 年 2 月，亚利桑那州通过区块链签名和智能合约合法性法案。

2. 区块链技术在英国发展概况

在全球范围内，对区块链技术最感兴趣的央行非英国央行莫属。英国央行对区块链技术的研究与探索非常积极。2016 年 1 月，英国央行发表题为《分布式账本技术：超越区块链》的报告。

报告指出，英国央行正在探索类似于区块链技术的分布式账本技术，并且对区块链技术在传统金融业中的应用潜力进行了全方位分析。另外，英国央行认为，去中心化账本技术重新定义了政府和公民之间的数据共享，在改变公共和私人服务领域有着巨大潜力。

与此同时，英国央行已经建立起一个技术团队专门研究区块链，其行长马克·卡尼（Mark Carney）在 2015 年 9 月也曾表示，正在考虑发行区块链网络资产的可能性。

关于区块链网络资产的研究和技术开发，英国央行一直都在秘密进行中。至于发行国家级区块链网络资产的结果是好是坏，还需要用事实进一步验证。

2016 年，英国央行正式宣布创造区块链网络资产的计划，并将该区块链网络资产称作"RSCoin"。RSCoin 与比特币有很多一样的地方，比如，两者都是使用区块链技术来进行管理的。事实上，区块链对所有的区块链网络资产来说都是必不可少的。

英国央行对区块链网络资产充满了信心，英国央行的一份季度公告表明了其所看重的问题。公告称："区块链网络资产的关键创新在于'分布式总账'，它允许一种支付系统以一种完全分散化的方式进行运作，不需要银行等中间人。"从这一方面来说，区块链网络资产与当前以电子方式来进行记录的传统货币相差不多。

英国央行积极研究区块链技术，开发区块链网络资产的根本原因在于英国央行试图寻求支付系统的创新，并通过占据区块链技术发展的先机夺回国际金融中心的地位。

3. 区块链技术在瑞士发展概况

瑞士拥有全世界保险、金融等各种各样的行业巨头，为区块链技术提供丰富的应用场景。瑞士为区块链创业提供良好的政策环境，2017 年 1 月，瑞士同意为区块链网络资产平台和解决方案提供商 Xapo 颁发金融活动许可证。2017 年 2 月，瑞士政府着手落实金融技术（Fintech）的法律框架。新监管规定已经于 7 月 5 日获得批准，并于 8 月份生效。

瑞士银行成立区块链组织加大技术研发。2015 年底，瑞士银行、瑞士信贷、瑞穗银行、摩根士丹利、高盛、汇丰等 42 家金融巨头加入了由区块链创业公司 R3 CEV 发起成立的 R3 区块链联盟，致力于研究和发现区块链技术在金融业中的应用。瑞士最大电信公司 Swisscom，瑞士证券交易所，瑞士第三大银行苏黎世州银行等，组建了一个联盟，旨在使用区块链技术提高在股票交易所外进行股票交易的便利性。

金融机构和区块链初创企业广泛开展区块链应用探索。2016 年 7 月，瑞士全球银行和金融机构 Vontobel 推出了一种允许其用户间接交易比特币的新产品。2016 年 8 月，瑞士银行完成一种分布式账本的原型开发，可以追踪世界范围内的各种贸易金融交易——为一系列分散而又难于追踪的交易提供单一的记录。

2017 年 5 月，瑞士区块链技术初创公司 FoodBlockchain，XYZ 开发了自己的代码和传感器，构建了区块链供应链系统，用于记录整个区块链供应链的数据，包括农民、食品制造商、零售商等，确保其符合质量和安全标准。

以积极支持区块链产业而闻名的瑞士城市楚格州（Zug），2019 年正在推出一项投票试点，将在区块链技术上建立投票系统和居民身份证。

楚格州政府一份声明中表示，将于 2019 年 6 月 25 日至 7 月 1 日举行的电子投票试点项目，已成为该市致力于采用更多区块链应用的一部分，并将与目前正在进行的数字身份测试相结合。

2017 年 7 月，该市宣布计划推出一项名为"uPort"的基于以太坊的应用程序，将当地居民的身份证信息数字化。根据公告，试点阶段于 2018 年 11 月开始执行，目前已有 200 多名居民注册了这项新服务。

通过使用数字 ID，当地居民将能够在一次性区块链投票试点中投票，尽管楚格州政府表示，投票是一项"协商测试"，结果将不会有约束力。试验的主要目的是审查投票系统的安全方面，检查这个平台是否能够实现"不变性、可测试性和可追溯性"，同时也保持选民的隐私。

在投票系统中，区块链的用例有可能帮助消除选举欺诈的现象，并提供不可改变的记录，引起了各级政府部门和金融机构的强烈关注。

2019 年 4 月 28 日，瑞士联邦主席于利·毛雷尔在接受采访时表示："经济全球化离不开自由的商品服务市场和良好的基础设施，'一带一路'倡议是面向未来的，它有助于推动经济全球化。"

毛雷尔称，瑞士愿意在高度互信的牢固基础上，同中国推进"一带一路"合作，特别是在包括保险业在内的金融市场、区块链等技术开发领域、企业与高校联合创新领域、可持续发展领域等方面的合作。

12.2.2　区块链技术国内发展概况

1. 聚焦数字经济创新，实践特色应用场景

2019 年上半年两会期间，各地代表所提出的区块链相关提案、观点多达 30 余条，显示出全国各地对于区块链技术的关注。据统计，截至 2019 年 5 月，北京、上海、广东、江苏、浙江、贵州、山东等全国超过 30 个省市地区发布政策指导文件，开展区块链产业链布局。2018 年各城市出台专项政策，其基本思路主要是"筑巢引凤"以培育区块链产业生态，但区块链扶持政策较为同质化。通过 2018 年的项目试水、政策效果反馈，2019 年各地政府对待区块链的态度更加严谨、务实，聚焦于如何将区块链技术与地方特色相结合，寻找实际落地场景，在服务经济社会发展中发挥作用。截至 2019 年 5 月，全国已成立区块链产业园共计 22 家，杭州、广东、上海等沿海城市占比过半，其中 20 家为政府主导或参与推进。应用领域方面，政务民生类应用项目数量显著增多，司法存证、税务、电子票据、产品溯源等其他领域稳步发展。

2. 布局工程技术研发，深度赋能实体经济

科技巨头纷纷将目光投向区块链云平台（BaaS），且侧重于不同的应用领域。百度发布的"度小满金融区块链开放平台"着眼于金融领域的企业区块链构建服务，该平台主要适用于支付清算、数字票据、银行征信管理、权益证明和交易所证券交易等领域。阿里云着手建立的阿里云区块链 BaaS 主要面向企业级客户，为客户搭建商品溯源、数据资产交易等 14 个应用场景中的信任基础设施，从而推动开发者生态的发展。腾讯推出的区块链 BaaS 平台的定位则是"以信息服务方的角色全面向合作伙伴开放"，腾讯自身则不参与供应链金融布局中。京东推出的区块链 BaaS 平台与上述各巨头的定位都不同，将重点放在商品的防伪追溯上，商品原料的生产、加工、物流运输、零售交易等数据都可以上链。华为的区块链服务 BCS 产品为企业及开发者提供公有云区块链服务，既是华为云 PaaS 服务的一次升级，也标志着华为云服务的生态版图进一步拓展。

除了传统科技巨头，还有很多科技企业投身到区块链应用中，各种区块链技术创新成果层出不穷。截至 2019 年 3 月，中国区块链企业数量仅次于美国，分别达到 499 家和 553 家，主要集中在北京、上海、广东、浙江等东部发达地区。中国区块链发展的核心技术创新力正在不断提升，这为央企的区块链应用提供了坚实的技术基石。在央企的区块链现有成果中，大部分都是央企与互联网科技企业合作的产出。

12.3　区块链技术在智能建造中的应用

12.3.1　区块链的技术架构

各类区块链虽然在具体实现上各有不同，其整体架构却存在共性，本节提出了一种可划分为基础设施、基础组件、账本、共识、智能合约、接口、应用、操作运维和系统管理 9 部分的架构，如图 12.3.1 所示。

1. 基础设施（Infrastructure）

基础设施层提供区块链系统正常运行所需的操作环境和硬件设施（物理机、云等），具体包括网络资源（网卡、交换机、路由器等）、存储资源（硬盘和云盘等）和计算资源（CPU、GPU、ASIC等芯片）。基础设施层为上层提供物理资源和驱动，是区块链系统的基础支持。

2. 基础组件（Utility）

基础组件层可以实现区块链系统网络中信息的记录、验证和传播。在基础组件层之中，区块链是建立在传播机制、验证机制和存储机制

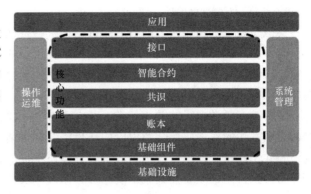

来源：中国信息通信研究院

图 12.3.1　区块链技术架构图

基础上的一个分布式系统，整个网络没有中心化的硬件或管理机构，任何节点都有机会参与总账的记录和验证，将计算结果广播发送给其他节点，且任一节点的损坏或者退出都不会影响整个系统的运作。具体而言，主要包含网络发现、数据收发、密码库、数据存储和消息通知五类模块。

3. 账本（Ledger）

账本层负责区块链系统的信息存储，包括收集交易数据，生成数据区块，对本地数据进行合法性校验，以及将校验通过的区块加到链上。账本层将上一个区块的签名嵌入到下一个区块中组成块链式数据结构，使数据完整性和真实性得到保障，这正是区块链系统防篡改、可追溯特性的来源。典型的区块链系统数据账本设计，采用了一种按时间顺序存储的块链式数据结构。

账本层有两种数据记录方式，分别是基于资产和基于账户，如表 12.3.1-1 所示。基于资产的模型中，首先以资产为核心进行建模，然后记录资产的所有权，即所有权是资产的一个字段。基于账户的模型中，建立账户作为资产和交易的对象，资产是账户下的一个字段。相比而言，基于账户的数据模型可以更方便的记录、查询账户相关信息，基于资产的数据模型可以更好地适应并发环境。为了获取高并发的处理性能，且及时查询到账户的状态信息，多个区块链平台正向两种数据模型的混合模式发展。

账本层两种模型对比　　　　　　　　　　　　　　表 12. 3. 1-1

	基于资产	基于账户
建模对象	资产	用户
记录内容	记录资产所有权	记录账户操作
系统中心	状态（交易）	事件（操作）
计算重心	计算发生在客户端	计算发生在节点
判断依赖	方便判断交易依赖	较难判断交易依赖
并行	适合并行	较难并行
账户管理	难以管理账户元数据	方便管理账户元数据
适用的查询场景	方便获取资产最终状态	方便获取账户资产余额
客户端	客户端复杂	客户端简单
举例	比特币、R3 Corda	以太坊、超级账本 Fabric

4. 共识 （Consensus）

共识层负责协调保证全网各节点数据记录一致性。区块链系统中的数据由所有节点独立存储，在共识机制的协调下，共识层同步各节点的账本，从而实现节点选举、数据一致性验证和数据同步控制等功能。数据同步和一致性协调使区块链系统具有信息透明、数据共享的特性。

区块链有两类现行的共识机制，根据数据写入的先后顺序判定。从业务应用的需求看，共识算法的实现应综合考虑应用环境、性能等诸多要求。一般来说，许可链采用节点投票的共识机制，以降低安全为代价，提升系统性能。非许可链采用基于工作量、权益证明等的共识机制，主要强调系统安全性，但性能较差。为了鼓励各节点共同参与进来，维护区块链系统的安全运行，非许可链采用发行 Token 的方式，作为参与方的酬劳和激励机制，即通过经济平衡的手段，来防止对总账本内容进行篡改。因此，根据运行环境和信任分级，选择适用的共识机制是区块链应用落地应当考虑的重要因素之一。

5. 智能合约 （Smart Contract）

智能合约层负责将区块链系统的业务逻辑以代码的形式实现、编译并部署，完成既定规则的条件触发和自动执行，最大限度地减少人工干预。智能合约的操作对象大多为数字资产，数据上链后难以修改、触发条件强等特性决定了智能合约的使用具有高价值和高风险，如何规避风险并发挥价值是当前智能合约大范围应用的难点。部分区块链系统的智能合约特性如表 12.3.1-2 所示。

智能合约根据图灵完备与否可以分为两类，即图灵完备和非图灵完备。影响实现图灵完备的常见原因包括：循环或递归受限、无法实现数组或更复杂的数据结构等。图灵完备的智能合约有较强适应性，可以对逻辑较复杂的业务操作进行编程，但有陷入死循环的可能。对比而言，图灵不完备的智能合约虽然不能进行复杂逻辑操作，但更加简单、高效和安全。

部分区块链系统的智能合约特性　　　　　　　　　　表 12.3.1-2

区块链平台	是否图灵完备	开发语言
比特币	不完备	Bitcoin Script
以太坊	完备	Solidity
EOS	完备	C++
Hyperledger Fabric	完备	Go
Hyperledger Sawtooth	完备	Python
R3 Corda	完备	Kotlin/Java

当前智能合约的应用仍处于比较初级的阶段，智能合约成为区块链安全的"重灾区"。从历次智能合约漏洞引发的安全事件看，合约编写存在较多安全漏洞，对其安全性带来了巨大挑战。目前，提升智能合约安全性一般有几个思路：一是形式化验证（Formal Verification）。通过严密的数学证明来确保合约代码所表达的逻辑符合意图。此法逻辑严密，但难度较大，一般需要委托第三方专业机构进行审计。二是智能合约加密。智能合约不能被第三方明文读取，以此减少智能因逻辑上的安全漏洞而被攻击。此法成本较低，但无法用于开源应用。三是严格规范合约语言的语法格式。总结智能合约优秀模式，开发标准智能合约模板，以一定标准规范智能合约的编写可以提高智能合约质量，提高智能合约安

全性。

6. 系统管理（System Management）

系统管理层负责对区块链体系结构中其他部分进行管理，主要包含权限管理和节点管理两类功能。权限管理是区块链技术的关键部分，尤其对于对数据访问有更多要求的许可链而言。权限管理可以通过以下几种方式实现：①将权限列表提交给账本层，并实现分散权限控制；②使用访问控制列表实现访问控制；③使用权限控制，例如评分/子区域。通过权限管理，可以确保数据和函数调用只能由相应的操作员操作。

节点管理的核心是节点标识的识别，通常使用以下技术实现：①CA认证：集中式颁发CA证书给系统中的各种应用程序，身份和权限管理由这些证书进行认证和确认。②PKI认证：身份由基于PKI的地址确认。③第三方身份验证：身份由第三方提供的认证信息确认。由于各种区块链具有不同的应用场景，因此节点管理具有更多差异。现有的业务扩展可以与现有的身份验证和权限管理进行交互。

7. 接口（Interface）

接口层主要用于完成功能模块的封装，为应用层提供简洁的调用方式。应用层通过调用RPC接口与其他节点进行通信，通过调用SDK工具包对本地账本数据进行访问、写入等操作。同时，RPC和SDK应遵守以下规则：①功能齐全，能够完成交易和维护分布式账本，有完善的干预策略和权限管理机制；②可移植性好，可以用于多种环境中的多种应用，而不仅限于某些绝对的软件或硬件平台；③可扩展和兼容，应尽可能向前和向后兼容，并在设计中考虑可扩展性；④易于使用，应使用结构化设计和良好的命名方法方便开发人员使用。常见的实现技术包括调用控制和序列化对象等。

8. 应用（Application）

应用层作为最终呈现给用户的部分，主要作用是调用智能合约层的接口，适配区块链的各类应用场景，为用户提供各种服务和应用。

由于区块链具有数据确权属性以及价值网络特征，目前产品应用中很多工作都可以交由底层的区块链平台处理。在开发区块链应用的过程中，前期工作须非常慎重，应当合理选择去中心化的公有链、高效的联盟链或安全的私有链作为底层架构，以确保在设计阶段核心算法无致命错误问题。因此，合理封装底层区块链技术，并提供一站式区块链开发平台将是应用层发展的必然趋势。同时，跨链技术的成熟可以让应用层选择系统架构时增加一定的灵活性。

9. 操作运维（Operation and Maintenance）

操作运维层负责区块链系统的日常运维工作，包含日志库、监视库、管理库和扩展库等。在统一的架构之下，各主流平台根据自身需求及定位不同，其区块链体系中存储模块、数据模型、数据结构、编辑语言、沙盒环境的选择亦存在差异，给区块链平台的操作运维带来较大的挑战。

12.3.2　具体应用

1. 工程数据采集与存储

在工程勘察设计阶段和施工阶段有大量数据采集类的工作，例如地形数据的测量和复核，地形数据的准确性直接关系到土石方的计量结果，在实际工程中，特别是大型基础设施建设的过程中，土石方的造价占比较大，而且也是容易产生信任问题和滋生腐败的一个环节，因此保证地形数据的准确性和真实性是相关利益方共同关心的问题。如何保证土石方量计算时所依据的基础测量数据是真实和未被修改的，这是目前需要考虑和解决的问题，基于区块链技术的不可篡改性，可以把区块链技术应用于此领域。

全站仪是工程测量的重要设备，通过在全站仪上配置区块链装置，实时获取全站仪捕捉的方位和标高数据，区块链装置可以将获取的第一手基础数据实时上链，当区块链上的节点完成了数据同步后，该数据就实现了不可篡改性，并且永久可验。

2. 工程资料存证

在建设项目实施过程中有大量的资料产生，特别是随着无纸化办公的推进，越来越多的电子资料在项目实施流程中被使用，包括电子版的图纸、签证变更单、隐蔽工程验收单、现场计量单等，无纸化的项目实施确实带来了很多的便利，但同时，由于电子资料版本迭代便利、易修改，电子签名和确认的手续又相对不普及，导致后续资料使用时扯皮的情况屡见不鲜，例如使用电子图招标，由于招标时间短，版本迭代快，待工程结算时，建设方和施工方作为不同的利益主体，对于哪一版是招标图都有可能出现争议；又例如项目实施过程中对于变更和确认经常是一封电邮甚至是一条微信就进行了确认，但事后又各执一词。

对于电子版工程资料和电子信息进行存证，恰恰是区块链技术的优势所在，利用区块链技术进行存证的电子版资料自带时间戳，一旦上链完成数据广播同步，数据就自然具备了不可篡改的特性。如电子版图纸，只要在对应版本发放的同时，通过小工具获取所有电子版图纸文件的哈希值，并将所有文件名和对应的哈希值生成一个清单文件，将该文件上链，即可完成对文件版本的区块链存证，对电子版文件的任何修改都会导致文件哈希值的变化，从而无法通过后续的区块链存证验证。

对于过程中的电子文档，像各类别合同、协议书、图纸会审记录、工程质量验收记录、各种报告和各单位来往信件也可以配合手机移动认证应用，形成具有法律公信力的基础电子资料，有效解决项目实施过程中的信任问题，同时实现文件的防伪和永久存储。

3. 点工数量及机械台班计量

在项目实施过程中点工签证、机械台班签证，包括涉及土方运距计量时，是存在较大信任问题的环节，数量需要通过烦琐细致的现场统计获取，往往无法实现全程盯人、盯机械计量，而最终的结果往往是凭一纸签字进行确认，一方面在面临审计时，委托方对于实际的用量容易存疑，另一方面由于资料的真实性容易被质疑，承包人按实际情况进行签证后，又无法用强有力的证据对数据进行佐证。

区块链结合物联网技术恰恰可以有效地解决此问题，对于点工和现场台班，可以通过携带区块链装置，将行动轨迹的 GPS 数据、功率输出数据等足以证明人力和设备工作情况的数据实施完成上链统计，这样所有的数据都可以在事后进行溯源，甚至可以通过数据分析出中间的休息时间和低效工作时间，以判断"磨洋工"的情况，有了大量的基础数据，基本就杜绝了现场作假的可能，大大方便了委托方的现场人员对工作量进行确认，而且这些基础数据可以直接存储在链上，以备后续审查使用。对于土方运距的问题，同样可以通过给载重车辆安装区块链装置的方法解决，时间、地点、载重、运动轨迹等数据实施上链后形成了无法篡改的基础数据，通过这些数据的分析可以验证渣土车何时装载，何时卸载，通过何种路线行驶，以此便于过程管理和后续结算。

4. 工程现场数据存证

在建设施工过程中常需要保存照片作为证据，照片可为竣工结算、重大事件的回溯、隐蔽工程的完成情况以及索赔和反索赔提供依据。但随着 PS 技术的普及和其他修图软件技术的成熟，照片变得越来越不可信。如何保证照片的真实性值得探究，在实际工程中，常出现这样的情况：承包方受利益驱使，借用 A 工程的照片作为 B 工程结算的依据，为了达到某种目的修改现场照片内容，销毁情况属实而不利于自己的照片等，虽然照片本身自带的 EXIF 可以反映照片拍摄的时间、地点、拍摄设备等各种信息，但 EXIF 信息本身也是可以被篡改的，因此导致使用时内容不可信，为了防止以上情况的发生，可以将相机和区块链技术整合，把拍得的照片通过无线通信技术即时上传至区块链网络，这样就可以通过上链照片的时间戳和坐标信息等内容充分证明照片的真实性。同理现场会议纪要录音和录像的资料也可以用类似的办法进行存证并验证使用。

5. 建筑产品供应链

供应链是由生产商、经销商、零售商和配送中心等构成的网络，一件商品从生产商最终到消费者手中，中间可能会经过许多流通环节，在如今假冒伪劣商品横行的市场中，如何确定到手的商品是指定厂商生产的正品，这是关系到我们每个人切身利益的事情，特别是对于一些贵重设备，像家用设备空调、坐便器、浴缸、消毒柜和冰箱等。原有的正品验证往往是通过中心化的方式，数据统一存储，但是根据以往的行业特性，贩假的并非仅仅来自企业外部，甚至企业内部的信任问题也是无法保证的。通过区块链技术可溯源和永久验证的特点，将商品有关生产、交易、中间加工和流转的信息实时记录在区块链上，保证商品信息在任何环节都是公开透明的，各企业和个人均能及时了解物流的最新进展，最重要的是由于验证信息一直是同步上链的，使得篡改验证信息的可能性几乎为零。

12.3.3 应用价值

1. 工程保密

从项目立项开始直至竣工验收完成，整个建筑活动形成了一系列的工程文件，这些工程资料是设计方、施工方和建设方等集体智慧的结晶，是一个企业或国家的知识产权、宝贵财富和核心秘密，从保密性角度出发，对于一个工程特别是涉及工程档案文件的工程，在区块链上的节点不宜过多，但若参与节点太少，则很有可能会面临 51% 攻击，这对体系的良好运转将产生威胁。换而言之，即便当前参与的节点足够抵抗恶意攻击，但如果将来因为个人计算机存储需要、成本考虑或其他原因，大量节点退出区块链网络，由此造成网络的稳定性和安全性的降低也是需要考虑的。目前的解决办法是采用联盟链结合公链的方式，即联盟链同步完整数据，公链同步验证数据，这样可以在一定程度上解决上述问题。

2. 共识机制

区块链应用了各种算法高度密集的密码学技术，这在实现上往往比较容易出错。现阶段情况下，多种基于区块链的共识机制，像 Pow、Pos 等已被提出，但上述共识机制能否真正安全地用于实际场景，目前仍缺乏严格的证明与试验。历史上曾有过先例，比如 Diffie-Hellman 密钥交换，因其实现方式上的一个严重缺陷能让 NSA 破解和窃听万亿个加密连接。一旦爆发这种级别的漏洞，可以说整个区块链条将在一瞬间支离破碎，不会有一个节点幸免。加密算法的安全性经常是针对当前的技术水平，但随着数学新算法的出现以及计算机计算能力的提高，以往被认为很安全的加密信息也可能在将来瞬间被解密。比如，比特币使用了经过时间检验的哈希散列 SHA-256 算法，但研究表明，量子计算最终能破解该算法。对于关系国计民生的重要项目，如果系统的共识机制被恶意破解，损失将会是巨大的，如何保障共识机制的安全是一大挑战，因此区块链技术也是一个需要与时俱进的领域，道高一尺魔高一丈的竞争一直是存在的。

3. 减少成本

一项技术能否用于实际，最直接的考量是其带来的收益是否会大于成本，如果不能定量分析区块链技术能节省下来的资金和创造的价值，那么我们花大量的时间和精力来研究是毫无意义的。目前，大多数企业区块链项目暂时处于概念性验证阶段，尽管有少数项目已取得一定成效，但都还没有试图扩大规模或长期运行。已有不少企业预测区块链技术会大幅节省成本，都还未充分考虑将来在电力、安全防御和存储方面急剧增长的成本。运用区块链技术所耗费的电力是惊人的，目前每一枚比特币交易的耗电量相当于美国 32 个家庭一天的用电量，而比特币电力产生的全年碳排放量大概等于整个爱尔兰一个国家全年的碳排放量。区块链的机制在于去中心化，由于用户之间的相互不信任，每个用户必须将所有的数据存储下来，致使区块链的存储成本非常高，传统的中心化数据库只需要写入/检验/传输一次，而区块链需要被写入/检验/传输成千上万次，区块链的使用频率越高，所记录的数据存储成本也越高。

在建筑行业的各项应用中，物联网技术与区块链技术的结合显得格外重要，区块链相机、区块链全站仪、区块链录音笔、区块链摄像机，都是区块链技术与物联网结合的产物，目前很多区块链平台已经提供了现成的接入标准接口，仅需要对原有的数据进行编译并通过通信设备实施完成与接口的链接，即可实现上链，当然为了证据链较强的可溯性，还需对装置进行封装和破坏验证失效设置。虽然技术上各个节点都是比较成熟的，但是目前可用的成熟产品并不多见，从另一个角度看，这也是一个新的商机。

课 后 习 题

一、单选题

1. 区块链的本质是什么?(　　)

A. 去中心化分布式账本数据　　　　B. 比特币

C. 金融产品　　　　　　　　　　　D. 计算机技术

2. 区块链运用的技术不包含哪一项?(　　)

A. P2P 网络　　　　　　　　　　　B. 密码学

C. 共识算法　　　　　　　　　　　D. 大数据

3. 以下哪个不是区块链特性?(　　)

A. 不可篡改　　　　　　　　　　　B. 去中心化

C. 高升值　　　　　　　　　　　　D. 可追溯

4. 命名区块链项目实施中涉及的步骤不包括?(　　)

A. 需求识别　　　　　　　　　　　B. 安全性的可行性研究

C. 控制和监测项目　　　　　　　　D. 发放代币

5. 下列哪一项不是区块链中用户可以考虑的普通类型的分类账?(　　)

A. 集中式分类账　　　　　　　　　B. 分散式分类账

C. 中心式分类账　　　　　　　　　D. 分布式分类账

二、多选题

1. 下面哪些对于区块链的描述是正确的?(　　)

A. 去中心　　　　　　　　　　　　B. 弱中心

C. 单中心　　　　　　　　　　　　D. 多中心

2. 下面哪些属于当前区块链技术的应用场景?(　　)

A. 物联网　　　　　　　　　　　　B. 预测

C. 股票交易　　　　　　　　　　　D. 智能建造

E. 供应链管理

3. 一般来说,联盟链相对于公链的优势在哪里?(　　)

A. 不存在 51%攻击　　　　　　　　B. 低能耗

C. 高性能　　　　　　　　　　　　D. 高拓展性

E. 信任问题更好解决

三、简答题

1. 区块链技术对感知建造环境、生产和传递数据起着关键作用,请简要阐述区块链技术定义。

2. 区块链技术已经在建造企业、建造项目中有所应用,至少说出三种应用内容,并作简单分析。

3. 区块链技术在智能建造中的应用价值有哪些?

第 13 章　人工智能技术

导语：在智能建造过程中，人工智能作为产业革新的驱动发挥着重要的作用。语音识别、图像识别、语义识别等人工智能技术的发展已经开始使传统建造方式发生变革。本章主要从人工智能技术概述、发展现状以及人工智能技术在智能建造的应用三个方面对人工智能技术进行介绍。本章首先介绍人工智能定义、特点及优势；然后对人工智能技术在国内外的发展情况进行了详细的阐述；最后介绍人工智能技术架构和人工智能在智能建造中的具体应用。展望未来，人工智能在智能建造中"大有可为"。

13.1 人工智能技术概述

13.1.1 人工智能定义

人工智能（Artificial Intelligence），英文缩写为 AI。它是研究、开发用于模拟、延伸和扩展人的智能的理论、方法、技术及应用系统的一门新的技术科学。

人工智能作为一门前沿交叉学科，其定义一直存有不同的观点：《人工智能 ——一种现代方法》中将已有的一些人工智能定义分为四类：像人一样思考的系统、像人一样行动的系统、理性地思考的系统、理性地行动的系统。维基百科上定义"人工智能就是机器展现出的智能"，即只要是某种机器，具有某种或某些"智能"的特征或表现，都应该算作"人工智能"。大英百科全书则限定人工智能是数字计算机或者数字计算机控制的机器人在执行智能生物体才有的一些任务上的能力。百度百科定义人工智能是"研究、开发用于模拟、延伸和扩展人的智能的理论、方法、技术及应用系统的一门新的技术科学"，将其视为计算机科学的一个分支，指出其研究包括机器人、语言识别、图像识别、自然语言处理和专家系统等。中国信通院所发布的白皮书认为，人工智能是利用数字计算机或者数字计算机控制的机器模拟延伸和扩展人的智能，感知环境、获取知识并使用知识获得最佳结果的理论、方法、技术及应用系统。

人工智能是计算机科学的一个分支，它企图了解智能的实质，并生产出一种新的能以人类智能相似的方式做出反应的智能机器，该领域的研究包括机器人、语言识别、图像识别、自然语言处理和专家系统等。人工智能从诞生以来，理论和技术日益成熟，应用领域也不断扩大。可以设想，未来人工智能带来的科技产品，将会是人类智慧的"容器"。人工智能可以对人的意识、思维的信息过程进行模拟。人工智能不是人的智能，但能像人那样思考，也可能超过人的智能。

13.1.2 人工智能技术的特点

人工智能具有以下五个特点：一是从人工知识表达到大数据驱动的知识学习技术。二是从分类型处理的多媒体数据转向跨媒体的认知、学习、推理，这里讲的"媒体"不是新闻媒体，而是界面或者环境。三是从追求智能机器到高水平的人机、脑机相互协同和融合。四是从聚焦个体智能到基于互联网和大数据的群体智能，它可以把很多人的智能集聚融合起来变成群体智能。五是从拟人化的机器人转向更加广阔的智能自主系统，比如智能工厂、智能无人机系统等。

国际普遍认为人工智能有三类："弱人工智能、强人工智能还有超级人工智能"。弱人工智能就是利用现有智能化技术，来改善我们经济社会发展所需要的一些技术条件和发展功能。强人工智能阶段非常接近于人的智能，这需要脑科学的突破，国际上普遍认为这个阶段要到 2050 年前后才能实现。超级人工智能是脑科学和类脑智能有极大发展后，人工智能就成为一个超强的智能系统。从技术发展看，从脑科学突破角度发展人工智能，现在还有局限性。新一代人工智能，是建立在大数据基础上的，受脑科学启发的类脑智能机理综合起来的理论、技术、方法形成的智能系统。

跟以往相比，新一代人工智能不但以更高水平接近人的智能形态存在，而且以提高人的智力能力为主要目标来融入人们的日常生活。比如跨媒体智能、大数据智能、自主智能系统等。在越来越多的一些专门领域，人工智能的博弈、识别、控制、预测能力甚至超过人脑的能力，比如人脸识别技术。新一代人工智能技术正在引发链式突破，推动经济社会从数字化、网络化向智能化加速跃进。

13.1.3　人工智能技术的优势

繁重的科学和工程计算本来是要人脑来承担的，如今计算机不但能完成这种计算，而且能够比人脑做得更快、更准确，因此当代人已不再把这种计算看作是"需要人类智能才能完成的复杂任务"，可见复杂工作的定义是随着时代的发展和技术的进步而变化的，人工智能这门科学的具体目标也自然随着时代的变化而发展。它一方面不断获得新的进展，另一方面又转向更有意义、更加困难的目标。

人工智能的优势有很多，站在不同的角度来理解人工智能，也会有不同的看法，当然这也与自身的知识结构和岗位任务有较为密切的关系。从大的方面来理解，人工智能的优势将体现在以下几个方面：

（1）促进生产力提升。促进生产力提升是推动人工智能技术发展的重要原动力之一，从目前人工智能产品在工业领域的应用情况来看，未来更多的智能体将逐渐走进产业领域，人工智能也将是产业领域发展的新动能。当然，人工智能落地到产业领域也需要搭建相应的应用场景，这个过程还是相对比较复杂的，相信在当前产业互联网发展的大潮下，人工智能的落地应用会进一步提速。

（2）降低岗位工作难度。人工智能对于职场人最为积极的一个影响就是会降低岗位工作难度，降低岗位工作难度的同时，也必然会提升岗位工作效率。实际上，人工智能技术的运用，不仅会降低职场人的岗位工作难度，还会进一步拓展职场人的能力边界，使得职场人在借助于人工智能技术的情况下，成为一名"全面手"。

（3）加速创新。人工智能技术的运用会进一步促进创新，这在当前产业结构升级的大背景下，具有非常实际的意义。创新是企业发展的原动力，也是企业实现绿色发展和可持续发展的重要基础。人工智能加速创新可以体现在多个方面，比如对于资源的有效管理就是比较常见的途径。

13.2　人工智能技术国内外发展概况

13.2.1　人工智能技术的国外发展现状

1. 人工智能在全球的发展现状

人工智能始于 20 世纪 50 年代，至今大致分为三个发展阶段：第一阶段（20 世纪 50 年代～80 年代）。这一阶段人工智能刚诞生，基于抽象数学推理的可编程数字计算机已经出现，符号主义（Symbolism）快速发展，但由于很多事物不能形式化表达，建立的模型存在一定的局限性。此外，随着计算任务的复杂性不断加大，人工智能发展一度遇到瓶颈；第二阶段（20 世纪 80 年代～90 年代末）。在这一阶段，专家系统得到快速发展，数学模型有重大突破，但由于专家系统在知识获取、推理能力等方面的不足，以及开发成本高等原因，人工智能的发展又一次进入低谷期；第三阶段（21 世纪初至今）。随着大数据的积聚、理论算法的革新、计算能力的提升，人工智能在很多应用领域取得了突破性进展，迎来了又一个繁荣时期。人工智能具体的发展历程如图 13.2.1-1 所示。

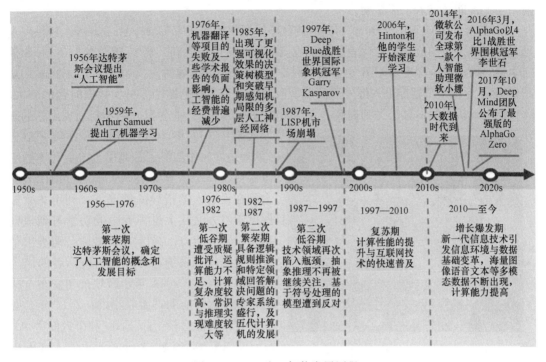

图 13.2.1-1　人工智能发展历程

　　长期以来，制造具有智能的机器一直是人类的重大梦想。早在 1950 年，Alan Turing 在《计算机器与智能》中就阐述了对人工智能的思考。他提出的图灵测试是机器智能的重要测量手段，后来还衍生出了视觉图灵测试等测量方法。1956 年，"人工智能"这个词首次出现在达特茅斯会议上，标志着其作为一个研究领域的正式诞生。六十年来，人工智能发展潮起潮落的同时，基本思想可大致划分为四个流派：符号主义（Symbolism）、连接主义（Connectionism）、行为主义（Behaviourism）和统计主义（Statisticsism）。这四个流派从不同侧面抓住了智能的部分特征，在"制造"人工智能方面都取得了里程碑式的成就。

　　1959 年，Arthur Samuel 提出了机器学习，机器学习将传统的制造智能演化为通过学习能力来获取智能，推动人工智能进入了第一次繁荣期。20 世纪 70 年代末期专家系统的出现，实现了人工智能从理论研究走向实际应用，从一般思维规律探索走向专门知识应用的重大突破，将人工智能的研究推向了新高潮。然而，机器学习的模型仍然是"人工"的，也有很大的局限性。随着专家系统应用的不断深入，专家系统自身存在的知识获取难、知识领域窄、推理能力弱、实用性差等问题逐步暴露。从 1976 年开始，人工智能的研究进入长达 6 年的萧瑟期。

　　在 20 世纪 80 年代中期，随着美国、日本立项支持人工智能研究，以及以知识工程为

227

主导的机器学习方法的发展，出现了具有更强可视化效果的决策树模型和突破早期感知机局限的多层人工神经网络，由此带来了人工智能的又一次繁荣期。然而，当时的计算机难以模拟复杂度高及规模大的神经网络，仍有一定的局限性。1987 年，由于 LISP 机市场崩塌，美国取消了人工智能预算，日本第五代计算机项目失败并退出市场，专家系统进展缓慢，人工智能又进入了萧瑟期。

1997 年，IBM 深蓝（Deep Blue）战胜国际象棋世界冠军 Garry Kasparov。这是一次具有里程碑意义的成功，它代表了基于规则的人工智能的胜利。2006 年，在 Hinton 和他的学生的推动下，深度学习开始备受关注，为后来人工智能的发展带来了重大影响。从 2010 年开始，人工智能进入爆发式的发展阶段，其最主要的驱动力是大数据时代的到来，运算能力及机器学习算法得到提高。人工智能快速发展，产业界也开始不断涌现出新的研

图 13.2.1-2　AlphaGo 机器人在
围棋比赛中击败了世界冠军李世石

发成果：2011 年，IBM Waston 在综艺节目《危险边缘》中战胜了最高奖金得主和连胜纪录保持者；2012 年，谷歌大脑通过模仿人类大脑在没有人类指导的情况下，利用非监督深度学习方法从大量视频中成功学习到识别出一只猫的能力；2014 年，微软公司推出了一款实时口译系统，可以模仿说话者的声音并保留其口音；2014 年，微软公司发布全球第一款个人智能助理微软小娜；2014 年，亚马逊发布智能音箱产品 Echo 和个人助手 Alexa；2016 年，谷歌 AlphaGo 机器人在围棋比赛中击败了世界冠军李世石（图 13.2.1-2）；2017 年，苹果公司在原来个人助理 Siri 的基础上推出了智能私人助理 Siri 和智能音响 HomePod。

目前，世界各国都开始重视人工智能的发展。2016 年 5 月，美国白宫发表了《为人工智能的未来做好准备》；英国 2016 年 12 月发布《人工智能：未来决策制定的机遇和影响》；法国在 2017 年 4 月制定了《国家人工智能战略》；德国在 2017 年 5 月颁布全国第一部自动驾驶的法律。

2. 人工智能在美国的发展现状

美国政府目前非常重视引导、推动人工智能领域的健康发展。美国前总统奥巴马和现任总统特朗普多次为人工智能站台，参与会议讨论并接受媒体采访，阐述对人工智能的认识并展望其未来对经济社会发展的影响。美国白宫科技政策办公室推动成立机器学习与人工智能专委会（MLAI），专门负责跨部门协调人工智能的研究与发展工作，并就人工智能相关问题提出技术和政策建议，同时监督各行业、研究机构以及政府的人工智能技术研发。MLAI 在 2016 财年连续发布《为人工智能的未来做好准备》《国家人工智能研究和发展战略计划》和《人工智能、自动化与经济报告》3 份报告，阐述美国政府在人工智能领域的预期作为，凸显了人工智能在美国目前科技发展战略中的重要地位。

在引导、推动人工智能领域健康发展方面，美国政府的分工侧重于认知人工智能蓬勃发展的大趋势，着眼长期对社会的影响与变革，保持对人工智能发展的主动性和预见性。

MLAI 明确提出政府应该在人工智能基础、人机协同、外部环境三个层次发力助推人工智能发展。

自 2017 年以来，美国政府通过在多个主要政策文件（包括《国家安全战略》《国防战略》和《2020 年度财政研发预算优先事项备忘录》）中强调 AI 的作用，突显 AI 研发的重要性。

2018 年 5 月，科技政策办公室主办了美国工业人工智能峰会，会上讨论了 AI 的未来，以及实现对美国人民的承诺，并使美国保持人工智能时代的世界领先地位所需的政策。峰会聚集了 100 多位政府高级官员，以及来自顶级学术机构的技术专家、工业研究实验室负责人和美国商界领袖。

2019 年 2 月，特朗普在国情咨文演讲中强调了确保美国在发展未来产业的新兴技术（包括人工智能）方面发挥领导作用的重要性。

2019 年 2 月，美国总统签署了 13859 号行政令《保持美国在人工智能领域的领导地位》，该命令启动了美国人工智能计划，旨在促进和保护美国的人工智能技术和创新。该计划通过与私营机构、学术界、公众和志同道合的国际伙伴合作，推行全面的政府战略。另外，该计划要求联邦机构优先考虑 AI 的研发投资，加强高质量网络架构建设和数据访问，确保国家在 AI 技术标准的制定方面处于世界领先地位，同时提供教育和培训，为人工智能新时代的美国劳动力资源储备打好基础，做好准备。

2019 年 6 月，美国白宫科技政策办公室（OSTP）人工智能特别委员会（Select Committee on Artificial Intelligence）发布了《2019 年国家人工智能研发战略规划》（The National Artificial Intelligence Research and Development Strategic Plan：2019 Update）报告。该报告旨在指导国家人工智能研发与投资，为改善和利用人工智能系统提供战略框架，主要目标为开发人机协作方法，解决人工智能的安全、伦理、法律和社会影响等相关问题，为人工智能培训创建公共数据集，并通过标准和基准评估人工智能技术。该报告在 2016 年版《国家人工智能研发战略规划》的 7 项重点战略的基础上提出了 8 项重点战略：①对 AI 研究进行长期投资；②制定有效的人机协作方法；③应对 AI 的伦理、法律和社会影响；④确保 AI 系统的安全性；⑤开发面向 AI 培训与测试的共享公共数据集和环境；⑥建立标准和基准评估 AI 技术；⑦更好地把握国家人工智能研发人才需求；⑧扩大公私合作，加速 AI 发展。

在人工智能基础方面，美国政府致力于长期投资具有潜在能力的高风险高回报项目，支持社会和企业短期内不愿涉足的人工智能领域。在人机协同方面，要增强智能系统的可理解性和交互能力，包括改进可用性、开发可视化人机用户界面和高效自然语言识别与处理系统，以及增强人类能力的智能产品，包括可穿戴设备、植入装置等硬件设备等。在外部环境层面，政府需保障人工智能系统的友好性，充分了解人工智能系统带来的伦理、法律和社会影响，确保人工智能系统的安全可靠，提高可信度、可验证和可确认性。

人工智能领域作为目前的科技"风口"，获得美国众多企业、科研机构和政府部门的关注和投入，在近期取得了长足发展。美国的很多著名 IT 跨国企业如谷歌、Facebook、微软、IBM 等，都将发展人工智能作为企业的核心战略。表 13.2.1-1 和表 13.2.1-2 列出了美国主要的人工智能研发机构和企业，以及开展的典型技术和产品研发工作。

人工智能主要研发机构和研究方向　　　　　　　表 13.2.1-1

研发机构	研究方向
斯坦福大学	建立世界上最大的人造神经网络系统
加州伯克利分校系统仿生实验室	自主爬行昆虫
哈佛大学计算机科学实验室	机器苍蝇
普林斯顿大学人工智能实验室	机器学习
卡内基梅隆大学计算机科学实验室	专家系统
康奈尔大学计算机科学实验室	智能机器人、人工神经网络
南加州大学计算机科学实验室	机器视觉、自然语言理解

人工智能主要企业和相关技术产品　　　　　　　表 13.2.1-2

企业名称	技术产品
谷歌	人工智能围棋软件 AlphaGo、开源深度学习系统 Tensor Flow、量子计算机重大突破、谷歌图像搜索功能等
微软	语音识别系统、微软知识图谱、概念标签模型、智能 API 认知服务、存储应用 OneDrive、图像识别等
IBM	IBM Watson，类脑超级计算机平台，"深蓝"计算机，云视频合作业务等
亚马逊	电商、Prime 和 AWS 云服务、智能硬件、Amazon Echo Dot
IROBOT	Packbot510、军用机器人
洛马公司	用于对抗自适应无线通信威胁的人工智能系统
Touch Bionich	生物特性仿生学
诺格公司	X-47B 无人机
波斯顿动力公司	大狗、猎狗机器人
Facebook 公司	与谷歌合作推出通用计算机视觉开源平台，智能照片管理应用 Moments，聊天机器人服务器

3. 人工智能在欧洲的发展现状

欧洲主要国家纷纷从政策和资源、资金、税收上予以支持，加快人工智能技术和国家重大战略融合发展，推动人工智能技术与此类战略的技术协同创新，形成符合国情的国家人工智能发展战略。

2019 年 1 月，欧盟委员会启动为期 3 年，预算达 2000 万欧元欧盟人工智能（AI4EU）项目，旨在为欧洲创建首个人工智能需求平台，提高欧洲的技术和工业能力、增强产业竞争力并逐步加快人工智能在各经济领域的应用，积极促进现有项目成员机构以及整个人工智能生态系统内各机构之间的合作。据悉，该项目现有成员包括来自 21 个欧盟国家的 79 家机构。

2019 年 2 月，德国发布《德国国家工业战略 2030》，强调利用人工智能技术维持全球工业强国地位。2019 年 9 月，德国联邦教研部宣布计划在 2022 年之前向其人工智能研究机构投资 1.28 亿欧元，以加强其在人工智能研究领域的国际竞争力。

2019 年 1 月，西班牙国防部军备物资局启动研发创新项目 Soprene，旨在开发人工智能技术，利用神经网络算法维护西班牙海军的舰艇，保障舰艇在海军作战任务中保持最佳作战状态和稳定性。2019年3月，西班牙政府发布人工智能发展战略《西班牙人工智能研究、发展与创新战略》，将人工智能视为未来国家经济主要增长点之一，旨在通过建立一个有效的机制，保障人工智能的研究、发展和创新，并评估人工智能对人类社会的影响。

2019年4月，法国政府在国家人工智能发展战略的框架内，正式设立四所不同研究方向的人工智能跨学科研究院，作为法国在人工智能领域研究的旗舰机构。

2019年8月，英国政府宣布将投资2.5亿英镑，建立医疗领域的国家人工智能实验室，全面推进人工智能技术在医疗保健领域的应用。

2019年10月，俄罗斯总统普京签署命令，批准《2030年前俄罗斯国家人工智能发展战略》，旨在促进俄罗斯在人工智能领域的快速发展，包括强化人工智能领域科学研究、提升信息和计算资源的可用性、完善人工智能领域人才培养体系等。

2019年10月，荷兰政府向议会提交《人工智能战略行动计划》，拟解决人工智能研究、培训和数据使用等问题，还将讨论必要的数字基础设施，以及围绕人工智能的信任、道德和隐私问题。

2020年2月19日，欧盟委员会发布人工智能白皮书《面向卓越和信任的欧洲人工智能发展之道》(On Artificial Intelligence - A European approach to excellence and trust)。白皮书共分为人工智能概述、利用工业和专业市场的优势、抓住下一波数据浪潮机遇、卓越生态系统、信任生态系统、结论等六大部分，其中指出：人工智能为欧洲的发展带来了新的机遇，同时也带来了相应的风险，欧洲在技术、产业、数字基础设施等方面具备的优势以及在消费者平台方面的劣势，未来需要在充分尊重欧盟公民价值观和权利的情况下，促进人工智能在欧洲可信和安全发展的政策选择——构建卓越和信任的生态系统，助力欧洲成为可信人工智能领域的全球领导者。

4. 人工智能在日本的发展现状

日本政府对于人工智能战略的布局始于2016年4月，首相安倍晋三在日本政府举办的第五届"面向未来投资的官民对话"中宣布，在日本内阁成立专门的人工智能技术战略会议，以正式启动人工智能国家战略应对科学技术竞争。

日本政府认为，近年以来，在通过大数据激活的人工智能技术应用方面，中国、美国企业之间的技术话语权竞争日趋激烈，各个领域中颠覆传统的技术创新不断出现，而日本在这一轮技术竞争中处于落后状态。但同时，日本的人工智能技术在各领域的潜力远没有被开发出来，目前全球以第一手数据收集和场景应用为代表的技术竞争才刚展开，日本仍然有赶超的空间。

在此背景下，日本政府预备将打造"以人为中心的人工智能社会原则"作为人工智能战略理念，并具体制定四个战略目标：①人才培养方面，要显著提升日本从事人工智能相关行业的人才占国家总人口比重，成为吸引全球人工智能人才的国家，并构建维持这一目标的机制体制；②产业发展方面，要使日本在实体领域成为人工智能技术应用最领先的国家，强化日本产业竞争力；③社会效益方面，实现包容多样化的可持续社会，以及支撑该社会运转的技术体系。通过将人工智能技术运用到各个产业，实现社会多元化发展，并将这一理念通过联合国可持续发展目标推向全球；④国际合作与竞争方面，日本在构建人工智能领域的国际性研究高地时，除了要加强与北美、欧洲科研机构的紧密合作外，也要重视与东盟、印度、中东、非洲等更广泛区域的研发合作。

目前日本已经在人工智能产业链上的养老、教育、商业、家居、自动驾驶、智能制造等应用层面，以及材料技术、物联网芯片、光学元器件、机器人自动化技术，超级计算机等基础硬件领域具备了相当的竞争优势。日本产业层面的发展确立了人工智能、物联网、大数据三大领域联动，并以制造业、健康医疗、护理、交通运输等重点应用方向为核心，同时以机器人、汽车、医疗三大智能化产品为引导，以硬件带软件，实现创新社会人工智能产业发展的路径。

13.2.2　人工智能技术的国内发展现状

全球人工智能还处于发展初期，并且人工智能已经上升至国家战略层面，关于我国人工智能发展现状，我国多项技术处于世界领先地位，创新创业也是日益活跃，但是整体水平与发达国家仍有较大差距。

2017 年是中国人工智能领域发展的关键之年。"政府工作报告"和"十九大工作报告"都将人工智能作为一项发展内容明确提出，意味着人工智能上升至国家战略层面。随后，推出了《新一代人工智能发展规划》《促进新一代人工智能产业发展三年行动计划（2018—2020 年）》等一系列政策规划让人工智能的发展有了明确的时间表和路线图。如今，中国人工智能领域正在顶层设计与实践落实两个方面努力发展，抓住机遇，蓄势待发，开启新一轮的冲刺。

2017 年，由科技部、发改委、财政部、教育部、工信部、中科院、工程院、军委科技委、中国科协等 15 个部门组成了新一代人工智能发展规划推进办公室，着力推进项目、基地、人才统筹布局。经充分调研和论证，确定了首批国家新一代人工智能开放创新平台：分别依托百度、阿里云、腾讯、科大讯飞公司，建设自动驾驶、城市大脑、医疗影像、智能语音 4 家国家新一代人工智能开放创新平台。

2018 年 9 月 20 日，智能视觉国家新一代人工智能开放创新平台正式亮相，将在科技部主导下依托商汤集团建设。

2019 年 6 月，《新一代人工智能治理原则——发展负责任的人工智能》发布，提出和谐友好、公平公正、包容共享、尊重隐私、安全可控、共担责任、开放协作、敏捷治理八项原则，更好协调发展与治理的关系，确保人工智能安全可靠可控，推动经济、社会及生态可持续发展。

2020 年 8 月，国家标准化管理委员会制定《国家新一代人工智能标准体系建设指南》，提出到 2021 年，明确人工智能标准化顶层设计，完成关键通用技术、关键领域技术、伦理等 20 项以上重点标准的预研工作，到 2023 年，初步建立人工智能标准体系，重点研制数据、算法、系统、服务等重点急需标准，并率先在制造、交通、金融、安防、家居、养老、环保、教育、医疗健康、司法等重点行业和领域进行推进。同时，我国越来越重视人工智能基础层人才与复合型人才的培养，强调基础研究的重要性。

2020 年新冠肺炎疫情发生以来，人工智能应用有力支撑了疫情防控工作，减少了人力资源消耗，提高了效率，并极大减少了病毒感染传播的风险。人工智能在疫情防控中的应用主要包括疫情监测分析、人员物资管控、后勤保障、药品研发、医疗救治、复工复产等方向。例如：基于图像识别技术和红外热成像技术的自动测温系统，利用人体检测和人脸识别技术检测人体并标记人，然后根据红外成像技术对人流进行实时非接触式体温监测，快速甄别和筛选体温异常人员并进行预警；利用行人定位、跟踪以及人脸识别技术，可配合对高危人员执行隔离任务。利用数据挖掘技术对手机漫游信息、消费数据以及交通出行数据等进行快速筛查分析，帮助工作人员掌握人口流动信息，助力精准倒查、追踪高风险人员。智能外呼机器人系统利用语音合成、语音识别、语义理解等智能语音语义技术，可将疫情监测政策、防护知识等信息合成为语音传达给居民，同时与居民进行有效互动问答，自动完成居民活动区域、接触人群、是否出现典型症状等关键信息收集，进行统计分析处理，减轻基层工作人员在人员摸底排查中的工作负担。利用机器人、人工智能、移动互联网和大数据技术，对前端应急救援装备进行综合管理和操控，打造智能应急调度平台，极大地提高了物资管理、流动的效率。医疗影像视觉技术实现了对新型冠状病毒性肺炎 CT 影像的智能化诊断与定量评价，实现临床病情的辅助判断。

中国人工智能主要政策与规划如表 13.2.2 所示。

中国人工智能主要政策与规划

表 13.2.2

时间	政策与规划	关键词
2015 年 5 月	中国制造 2025	智能制造、智能产品
2015 年 7 月	关于积极推进"互联网＋"行动指导意见	"互联网＋"人工智能
2016 年 1 月	"十三五"科技创新规划	智能制造机器人
2016 年 4 月	机器人产业发展规划（2016-2020）	工业机器人、服务机器人
2016 年 5 月	"互联网＋"人工智能三年行动方案	海量训练数据库、标准测试数据集、开放平台
2016 年 9 月	国家发展改革委办公厅关于其能够组织申报"互联网＋"领域创新能力建设专项的通知	深度学习技术及应用国家工程实验室、类脑智能技术及应用国家工程实验室
2017 年 1 月	关于促进移动互联网健康有序发展的意见	核心技术系统性突破
2017 年 7 月	新一代人工智能发展规划	三步走战略、人工智能创新中心
2017 年 12 月	促进新一代人工智能产业发展三年行动计划（2018-2020 年）	智能产品、核心技术、智能制造
2018 年 2 月	高等学校人工智能创新行动计划	基础研究、人才培养、学科设置
2018 年 3 月	2018 年政府工作报告	"人工智能＋"融合发展
2019 年 6 月	新一代人工智能治理原则——发展负责任的人工智能	和谐友好、公平公正、包容共享、尊重隐私、安全可控、共担责任、开放协作、敏捷治理
2020 年 1 月	关于"双一流"建设高校促进学科融合 加快人工智能领域研究生培养的若干意见	基础理论人才、"人工智能＋X"复合型人才
2020 年 3 月	加强"从 0 到 1"基础研究工作方案	基础研究人才、优化原始创新环境、创新科学研究方法
2020 年 6 月	全国人大常委会 2020 年度立法工作计划	人工智能法律研究
2020 年 8 月	国家新一代人工智能标准体系建设指南	建立人工智能标准体系

13.3　人工智能技术在智能建造中的作用与价值

13.3.1　人工智能的技术架构

人工智能技术是一个广泛的概念，包含了人工智能领域所使用的算法和模型。现有人工智能的技术架构包含基础支撑层、技术层和产品应用层。基础支撑层为人工智能提供"沃土"，它由大数据、计算能力和传感系统组成，大数据提供"燃料"，计算能力是关键，传感系统提供更广泛的数据源。技术层建立在基础支撑层之上。技术层的底端是系统框架，如 TensorFlow、Caffe、MXNet、Theano。根据应用相似度的分类，可将人工智能的理论技术分成四大领域，分别是问题求解，知识、推理与规划，学习和通讯、感知与行动。在应用层面，应用场景是人工智能技术层面的落地和应用；人工智能也只有与具体行业结合才能真正发挥其应用价值。人工智能的技术架构如图 13.3.1-1 所示。

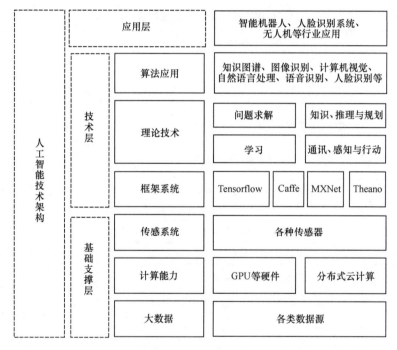

图 13.3.1-1　人工智能技术架构

目前人工智能技术主要涉及机器学习、计算机视觉、语音识别、自然语言处理等方面，下面将针对每个方面进行详细介绍。

一、机器学习

1. 机器学习常见算法

（1）决策树算法

决策树及其变种是一类将输入空间分成不同的区域，每个区域有独立参数的算法。决策树算法充分利用了树形模型，根节点到一个叶子节点是一条分类的路径规则，每个叶子节点象征一个判断类别。先将样本分成不同的子集，再进行分割递推，直至每个子集得到同类型的样本，从根节点开始测试，到子树再到叶子节点，即可得出预测类别。

决策树是一种树结构，包括根节点、分支、叶子三部分，根节点表示树的一个属性，叶子表示分类的标记，分支表示输出的结果。该方法从根节点开始循环反复遍历，根据测试所得出的结果，将实例分配到其子节点，每个子节点都会对应该特征的一个取值，通过递归的方法，继续对实例进行测试与分配，直到到达叶节点，最后将实例分到叶节点的类中。

在决策树中，有样本数据集以及测试数据集两种，样本数据集是一个数据集合，其中的属性以及分类都是可知的，通过算法对样本数据集进行训练，最终得出相应的决策树。测试数据集是用来测试生成的决策树，将数据带入到决策树中，得出最终的类别，与实际的类型进行比较，测量决策树的精确程度。

决策树算法有着结构简单、效率高、易于理解、计算量小、擅长处理离散数据等特点。判断一个决策树的好坏，可以根据决策树的正确性是否高、通过样本数据集的检验之后是否更加有效以及其复杂度、间接性、规模性等方面进行考虑。

决策树算法的图示如图 13.3.1-2 所示。

（2）朴素贝叶斯算法

朴素贝叶斯算法是一种分类算法。它不是单一算法，而是一系列算法，它们都有一个共同的原则，即被分类的每个特征都与任何其他特征的值无关。朴素贝叶斯分类器认为这些"特征"中的每一个都独立地贡献概率，而不管特征之间的任何相关性。然而，特征并不总是独立的，这通常被视为朴素贝叶斯算法的缺点。简而言之，朴素贝叶斯算法允许使用概率给出一组特征来预测一个类。与其他常见的分类方法相比，朴素贝叶斯算法需要的训练很少。在进行预

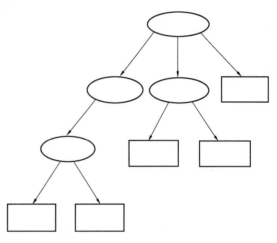

图 13.3.1-2　简单决策树图例

测之前必须完成的唯一工作是找到特征的个体概率分布的参数，这通常可以快速且确定地完成。这意味着即使对于高维数据点或大量数据点，朴素贝叶斯分类器也可以表现良好。

朴素贝叶斯分类算法是在贝叶斯算法的基础上，假定样本数据集的属性和类别之间都是相互独立的，也就是说没有哪个属性变量对于决策结果来说占有着较大的比重，也没有哪个属性变量对于决策结果占有着较小的比重。虽然这个简化方式在一定程度上降低了贝叶斯分类算法的分类效果，但是在实际的应用场景中，极大地简化了贝叶斯方法的复杂性，因此，这种简化方式是可取的。

我们用一个特征向量 $x=\{x_1, x_2, \cdots, x_n\}$ 表示一个待检测的样本数据，之后分别求出待检测样本数据的特征向量的具体值。根据贝叶斯公式可知，$P(X)$ 表示事件 X 的概率，这个数据对于所有的类来说是一个常数。因此，只要 $P(X \mid B_i)$ 的值最大即可。$P(B_i)$ 表示样本数据中属于类别 B_i 的概率，可以用 $P(B_i)=s_i/s$ 得出，s_i 表示训练样本集中属于 B_i 类别的个数，s 表示训练样本数据集的总个数。

由于朴素贝叶斯算法假设样本数据集的属性之间都是相互独立的，各个属性之间是没有任何的依赖关系，这样 $P(S\mid B_i)$ 可以用如下的公式进行计算。

$$P(X\mid B_i)=\sum_{k=1}^{n}P(X_k\mid B_i)$$

其中概率 $P(X_1\mid B_i)$，$P(X_2\mid B_i)$，…，$P(X_n\mid B_i)$可由训练样本计算得到，即 $P(X_k\mid B_i)=s_{ik}/s$，其中 s_i 表示样本中类别属于 B_i 的样本数，s_{ik} 样本中属于类别 B_i，并且第 k 个属性对应的属性值为 X_k 的样本数。

于是朴素贝叶斯公式可以表述为：

$$P(B_i\mid X)=\frac{\sum_{k=1}^{n}P(X_k\mid B_i)P(B_i)}{P(X)}$$

朴素贝叶斯算法的图示如图 13.3.1-3 所示。

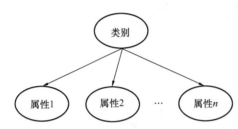

图 13.3.1-3　朴素贝叶斯算法原理

（3）支持向量机算法

基本思想可概括如下：首先，要利用一种变换将空间高维化，当然这种变换是非线性的，然后，在新的复杂空间取最优线性分类表面。由此种方式获得的分类函数在形式上类似于神经网络算法。支持向量机是统计学习领域中一个代表性算法，但它与传统方式的思维方法很不同，输入空间、提高维度从而将问题简短化，使问题归结为线性可分的经典解问题。支持向量机应用于垃圾邮件识别，人脸识别等多种分类问题。支持向量机架构如图 13.3.1-4 所示。

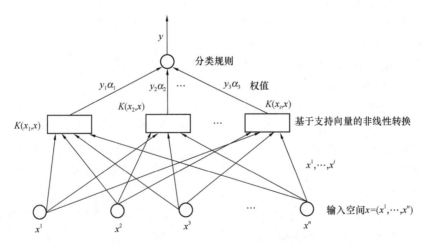

图 13.3.1-4　支持向量机架构

支持向量机可以分为线性支持向量机和非线性支持向量机，两者的区别在于是否使用核函数。前者主要用于分类目标类别间差距明显，分类规则明确的线性可分情况，是一种理想化的分类模型，应用范围比较局限；后者通过核函数的引入，对线性不可分的数据也能实现精确的分类，极大地延伸了支持向量机的应用范围。

（4）随机森林算法

随机森林算法是一种组合分类器算法，它是利用 Bagging 算法有放回的从原始训练数据集中取样得到多个 Bootstrap 训练数据集，然后用每个训练集进行训练得到相应的决策树模型，最后将这些决策树模型组合在一起，得到随机森林模型，随机森林模型的预测结果是通过随机森林模型中的所有决策树的投票结果来预测的，随机森林模型的预测结果是票数最多的那一个分类。

大量的理论和实证研究都证明了随机森林算法具有较高的预测准确率，对异常值和噪声具有很好的容忍度，而且不易出现过拟合。

随机森林模型的构建过程如下。假设 D 是一个原始的训练数据集，它是由 M 个预测属性和一个分类属性 Y 组成的，D 里面有 n 个不同的实例。随机森林模型的构建过程如下。

第一步，获取多个训练数据集：使用 Bagging 算法对原始训练数据集 D 进行 K 次有放回的随机抽样，从而得到 K 个新的训练子集 $\{D_1，D_2，\cdots，D_K\}$，这 K 个训练子集每一个都包含有 n 个实例，在这 n 个实例中是有重复的。

第二步，训练生成决策树：对于每个训练子集 D_i（$1 \leqslant i \leqslant K$），通过如下过程生成没有经过剪枝的决策树。①训练样本中的预测属性的个数为 M，从 M 中随机选取 F（$F <$ M）个属性构成一个随机特征子空间 X_i，作为决策树当前节点的分裂属性集，在随机森林模型的生成过程中，保持 F 不变。②根据决策树生成算法对每一个节点都从随机特征子空间 X_i 中选出最优的分裂属性对该节点进行分裂。③每棵树都完全生长，无剪枝的过程。最后根据每个训练集 D_i 生成的对应的决策树为 h_i（D_i）。④把所有生成的决策树组合到一起生成一个随机森林模型 $\{h_1（D_1），h_2（D_2），\cdots，h_i（D_i）\}$，利用测试集样本 X 对每棵决策树 h_i（D_i）进行测试，得到对应的分类结果 C_1（X），C_2（X），$\cdots$，C_K（X）。⑤采用多数投票法，根据 K 棵决策树输出的分类结果，由决策树数目多的分类结果作为测试集样本 X 对应的最终分类结果。

随机森林算法的结构如图 13.3.1-5 所示。

（5）人工神经网络算法

人工神经网络与神经元组成的异常复杂的网络与此大体相似，是个体单元互相连接而成，每个单元有数值量的输入和输出，形式可以为实数或线性组合函数。它先要以一种学习准则去学习，然后才能进行工作。当网络判断错误时，通过学习使其减少犯同样错误的可能性。此方法有很强的泛化能力和非线

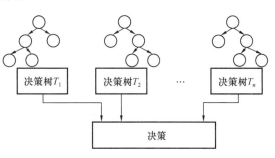

图 13.3.1-5　随机森林的结构

性映射能力，可以对信息量少的系统进行模型处理。从功能模拟角度看具有并行性，且传递信息速度极快。

如同神经元构成了生物神经网络，人工神经元是人工神经网络的基本单位，神经元之间相互连接组成了神经网络。神经元模型包括加权、求和与激活三部分功能。设神经元的

输入为一个 n 维向量 $(x_1, x_2, \cdots, x_n)$，则神经元的输出 y 可以表示为：

$$y = f(z) = f(\sum_{i=1}^{n} w_i x_i + b)$$

其中 w_i 为输入 x_i 的权重，b 为偏置项，$f(\cdot)$ 为激活函数。w_i 与 b 为神经元中可通过训练学习到的参数。激活函数 $f(\cdot)$ 表征输入输出之间的对应关系，一般选用非线性函数，其目的在于增加网络的非线性，提升网络的学习能力。如果缺少激活函数，将导致神经元只能学习输入输出之间的线性关系，限制了神经元的表达能力。神经元模型如图 13.3.1-6 所示。常见的激活函数包括：Sigmoid 函数、Tanh 函数与 ReLU 函数等。

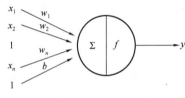

图 13.3.1-6　神经元模型结构图

多个神经元逐层之间相互连接组成人工神经网络，图 13.3.1-7 描述了一个简单的三层神经网络结构。神经网络的第一层被称为输入层，最后一层被称为输出层，输入层与输出层之间的层数不限，被统称为隐藏层。隐藏层中的神经元以前一层所有神经元的输出作为输入，经过加权、求和与激活操作后将神经元的输出传递给下一层，以此完成神经网络信息前向传播的过程。神经网络的这种组织结构造就了其分布性、并行性、容错性、联想记忆性以及自适应性的模型特点。神经网络通过对每个神经元权重项与偏置项的动态调整，以达到学习输入数据与输出数据之间非线性关系的目的。相较于单一的神经元模型，多层连接为神经网络带来了更强的表达能力。

（6）Boosting 与 Bagging 算法

Boosting 是一种通用的增强基础算法性能的回归分析算法。不需构造一个高精度的回归分析，只需一个粗糙的基础算法即可，再反复调整基础算法就可以得到较好的组合回归模型。它可以将弱学习算法提高为强学习算法，可以应用到其他基础回归算法，如线性回归、神经网络等，来提高精度。

Boosting 算法的思路是，对于一个复杂的问题，可以通过多个决策器综合决策来做出判断。由于 Boosting 算法是通过基学习器迭代训练去逼近真实值，其可以描述为一个前向可加模型，如图 13.3.1-8 所示。

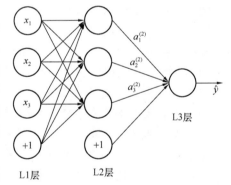

图 13.3.1-7　多层神经网络

设训练集数据 $D = \{(x_1, y_1), (x_2, y_2), \cdots, (x_n, y_n)\}$，Boosting 算法通过迭代训练得到多个基学习器，然后将这些基学习器通过线性组合，得到最终的模型：

$$f(x) = \sum_{m=1}^{M} \beta_m b(x; \gamma_m)$$

式中，M 为基学习器个数；β 为基模型的系数，是一个大于等于 0 的数；$b(\cdot)$ 表示基学习器；γ 表示基学习器的模型参数；$f(\cdot)$ 为最终预测值。

Bagging 和前一种算法大体相似但又略有差别，主要想法是给出已知的弱学习算法和训练集，它需要经过多轮的计算，才可以得到预测函数列，最后采用投票方式对示例进行判别。

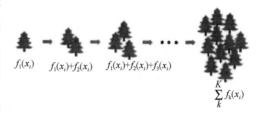

图 13.3.1-8　Boosting 算法过程

Bagging 方法用有放回地独立重复抽样得到的 Bootstrap 样本训练多个不同的基本模型（分类问题中的基分类器），最后生成新的模型（即最终分类器）。Bagging 方法具有较大的随机性，这主要是因为它运用简单随机抽样的方式来训练模型。由大数定律我们可以推断，理论上当基本模型足够多时，Bagging 方法可以得到任意精度的结果。

简单来说，Bagging 的方法可以分为两步。第一步从原始数据中通过 Bootstrap 抽样方法获得自采样样本，然后形成一组训练集，从这些训练集中得到多个模型。第二步，将这些模型以某种方式组合起来做出预测。

Bagging 方法能将多个弱分类器（效果稍差的模型）用集成学习的思想组合在一起。由于融合了多个弱分类器，它具有非常好的泛化能力，对解决分类问题十分有效。在实践中，这一方法被用在许多模型结构中，比如回归树、带有变量选择的回归模型和神经网络等，以用来获得更好的实际效果。

（7）关联规则算法

关联规则是用规则去描述两个变量或多个变量之间的关系，是客观反映数据本身性质的方法。它是机器学习的一大类任务，可分为两个阶段，先从资料集中找到高频项目组，再去研究它们的关联规则。其得到的分析结果即是对变量间规律的总结。

（8）EM（期望最大化）算法

在进行机器学习的过程中需要用到极大似然估计等参数估计方法，在有潜在变量的情况下，通常选择 EM 算法，不是直接对函数对象进行极大估计，而是添加一些数据进行简化计算，再进行极大化模拟。它是对本身受限制或比较难直接处理的数据的极大似然估计算法。

最大期望值算法是对极大似然估计的一种改进。最大期望值算法在极大似然估计中加入隐藏变量，其实现步骤是：①利用隐藏变量计算出初始期望值；②使用期望值对模型进行最大似然估计；③使用②得到参数代入①重新计算期望值，重复②，直至得到最大期望值。最大期望值算法主要运用于参数求解和优化。

（9）深度学习

深度学习（DL，Deep Learning）是机器学习（ML，Machine Learning）领域中一个新的研究方向，它被引入机器学习使其更接近于最初的目标——人工智能（AI，Artificial Intelligence）。

深度学习是学习样本数据的内在规律和表示层次，这些学习过程中获得的信息对诸如文字，图像和声音等数据的解释有很大的帮助。它的最终目标是让机器能够像人一样具有分析学习能力，能够识别文字、图像和声音等数据。深度学习是一个复杂的机器学习算法，在语音和图像识别方面取得的效果，远远超过先前相关技术。深度学习架构如图

13.3.1-9 所示。

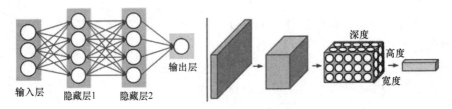

图 13.3.1-9　深度学习架构

　　深度学习在搜索技术、数据挖掘、机器学习、机器翻译、自然语言处理、多媒体学习、语音、推荐和个性化技术，以及其他相关领域都取得了很多成果。深度学习使机器模仿视听和思考等人类的活动，解决了很多复杂的模式识别难题，使得人工智能相关技术取得了很大进步。

2. 机器学习应用

（1）数据分析与挖掘

　　"数据挖掘"和"数据分析"通常被相提并论，并在许多场合被认为是可以相互替代的术语。关于数据挖掘，已有多种文字不同但含义接近的定义，例如"识别出巨量数据中有效的、新颖的、潜在有用的、最终可理解的模式的非平凡过程"，无论是数据分析还是数据挖掘，都是帮助人们收集、分析数据，使之成为信息，并作出判断，因此可以将这两项合称为数据分析与挖掘。

　　数据分析与挖掘技术是机器学习算法和数据存取技术的结合，利用机器学习提供的统计分析、知识发现等手段分析海量数据，同时利用数据存取机制实现数据的高效读写。机器学习在数据分析与挖掘领域中拥有无可取代的地位，2012 年 Hadoop 进军机器学习领域就是一个很好的例子。

（2）模式识别

　　模式识别起源于工程领域，而机器学习起源于计算机科学，这两个不同学科的结合带来了模式识别领域的调整和发展。模式识别研究主要集中在两个方面。①研究生物体（包括人）是如何感知对象的，属于认识科学的范畴。②在给定的任务下，如何用计算机实现模式识别的理论和方法，这些是机器学习的长项，也是机器学习研究的内容之一。

　　模式识别的应用领域广泛，包括计算机视觉、医学图像分析、光学文字识别、自然语言处理、语音识别、手写识别、生物特征识别、文件分类、搜索引擎等，而这些领域也正是机器学习大展身手的舞台，因此模式识别与机器学习的关系越来越密切。

（3）在生物信息学上的应用

　　随着基因组和其他测序项目的不断发展，生物信息学研究的重点正逐步从积累数据转移到如何解释这些数据。在未来，生物学的新发现将极大地依赖于人类在多个维度和不同尺度下对多样化的数据进行组合和关联的分析能力，而不再仅仅依赖于对传统领域的继续关注。序列数据将与结构和功能数据、基因表达数据、生化反应通路数据、表现型和临床数据等一系列数据相互集成。如此大量的数据，在生物信息的存储、获取、处理、浏览及可视化等方面，都对理论算法和软件的发展提出了迫切的需求。另外，由于基因组数据本身的复杂性也对理论算法和软件的发展提出了迫切的需求。而机器学习方法例如神经网络、遗传算法、决策树和支持向量机等正适合于处理这种数据量大、含有噪声并且缺乏统一理论的领域。

（4）更广阔的领域

国外的 IT 巨头正在深入研究和应用机器学习，他们把目标定位于全面模仿人类大脑，试图创造出拥有人类智慧的机器大脑。

2012 年 Google 在人工智能领域发布了一个划时代的产品——人脑模拟软件，这个软件具备自我学习功能。模拟脑细胞的相互交流，可以通过看 YouTube 视频学习识别猫、人以及其他事物。当有数据被送达这个神经网络的时候，不同神经元之间的关系就会发生改变。而这也使得神经网络能够得到对某些特定数据的反应机制，据悉这个网络已经学到了一些东西，Google 将有望在多个领域使用这一新技术，最先获益的可能是语音识别。

二、计算机视觉

1. 计算机视觉原理简介

计算机视觉（Computer Vision）是指用计算机及相关设备对生物视觉进行模拟。即通过对采集到的图片、视频进行处理，以获得相应信息，实现物体识别、形状方位确认、运动判断等功能，以适应、理解外界环境和控制自身运动。简言之，计算机视觉旨在研究如何使机器学会"看"，是生物视觉在机器上的延伸。计算机视觉综合了计算机科学和工程、信号处理、物理学、应用数学和统计学等多个学科，涉及图像处理、模式识别、人工智能、信号处理等多项技术。尤其是在深度学习的助力下，计算机视觉技术性能取得重要突破，成为人工智能的基础应用技术之一，是实现自动化、智能化的必要手段。

机器视觉技术是软件和硬件的结合。硬件方面包括相机、图像采集模块和计算机等；软件方面，主要通过对图像的分析和处理，实现对待测目标特定参数的检测和识别。机器视觉原理及组成如图 13.3.1-10 所示。

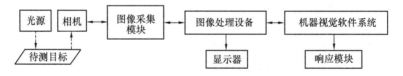

图 13.3.1-10　机器视觉原理及组成

计算机视觉的最终研究目标就是使计算机能像人那样通过视觉观察和理解世界，具有自主适应环境的能力。最终研究目标是要经过长期的努力才能达到的目标。在实现最终目标以前，人们努力的中期目标是建立一种视觉系统，这个系统能依据视觉敏感和反馈的某种程度的智能完成一定的任务。例如，计算机视觉的一个重要应用领域就是自主车辆的视觉导航。但是还没有条件实现像人那样能识别和理解任何环境，完成自主导航的系统。因此，人们努力的研究目标是实现在高速公路上具有道路跟踪能力，可避免与前方车辆碰撞的视觉辅助驾驶系统。这里要指出的一点是在计算机视觉系统中计算机起代替人脑的作用，但并不意味着计算机必须按人类视觉的方法完成视觉信息的处理。计算机视觉可以而且应该根据计算机系统的特点来进行视觉信息处理。但是，人类视觉系统是迄今为止，人们所知道的功能最强大和完善的视觉系统。对人类视觉处理机制的研究将给计算机视觉的研究提供启发和指导。因此，用计算机信息处理的方法研究人类视觉的机理，建立人类视觉的计算理论，也是一个非常重要和令人感兴趣的研究领域。这方面的研究被称为计算视觉（Computational Vision）。计算视觉可被认为是计算机视觉中的一个研究领域。

有不少学科的研究目标与计算机视觉相近或与此有关。这些学科中包括图像处理、模式识别或图像识别、景物分析、图像理解等。计算机视觉包括图像处理和模式识别，除此之外，它还包括空间形状的描述，几何建模以及认识过程。实现图像理解是计算机视觉的终极目标。

（1）图像处理

图像处理技术把输入图像转换成具有所希望特性的另一幅图像。例如，可通过处理使输出图像有较高的信噪比，或通过增强处理突出图像的细节，以便于操作员的检验。在计算机视觉研究中经常利用图像处理技术进行预处理和特征抽取。

（2）模式识别

模式识别技术根据从图像抽取的统计特性或结构信息，把图像分成给定的类别。例如，文字识别或指纹识别。在计算机视觉中模式识别技术经常用于对图像中的某些部分，例如分割区域的识别和分类。

（3）图像理解

给定一幅图像，图像理解程序不仅描述图像本身，而且描述和解释图像所代表的景物，以便对图像代表的内容作出决定。在人工智能视觉研究的初期经常使用景物分析这个术语，以强调二维图像与三维景物之间的区别。图像理解除了需要复杂的图像处理以外还需要具有关于景物成像的物理规律的知识以及与景物内容有关的知识。

在建立计算机视觉系统时需要用到上述学科中的有关技术，但计算机视觉研究的内容要比这些学科更为广泛。计算机视觉的研究与人类视觉的研究密切相关。为实现建立与人的视觉系统相类似的通用计算机视觉系统的目标需要建立人类视觉的计算机理论。

2. 计算机视觉应用

机器视觉通常指的是结合自动图像分析与其他方法和技术，以提供自动检测和机器人指导在工业应用中的一个过程。在许多计算机视觉应用中，计算机被预编程以解决特定的任务，但基于学习的方法现在正变得越来越普遍。计算机视觉应用的实例包括用于系统：

（1）控制过程，例如，一个工业机器人；

（2）导航，例如，自动驾驶汽车或移动机器人；

（3）检测事件，例如，对视频监控和人数统计；

（4）组织信息，例如，对于图像和图像序列的索引数据库；

（5）自动检测，例如，在制造业的应用程序。

其中最突出的应用领域是医疗计算机视觉和医学图像处理。这个区域的特征是信息从图像数据中提取用于患者的医疗诊断。通常，图像数据是在显微镜图像、X 射线图像、血管造影图像、超声图像和断层图像中获取的信息，可以从这样的图像数据中提取的一个例子是检测肿瘤。这种应用领域还支持通过提供新的信息，例如对脑的结构或医学治疗质量的测量。计算机视觉在医疗领域的应用还包括超声图像或 X 射线图像等，以降低噪声对图像的影响。

第二个应用领域是在工业，信息用来支撑制造工序。例如质量控制，由信息推动产品的缺陷自动检测。另一个例子是，由机械臂来进行拾取位置和细节取向测量。机器视觉也被大量用于农业，如从散装材料中去除不想要的东西。

军事上的应用很可能是计算机视觉最大的领域之一。运用最多的地方是探测敌方士兵或车辆和导弹。更先进的系统为导弹制导发送导弹的区域，而不是一个特定的目标，并且当导弹到达基于本地获取的图像数据的区域目标时做出选择。现代军事概念，如"战场感知"，意味着各种传感器，包括图像传感器，提供了丰富的有关作战的场景，可用于支持战略决策的信息。在这种情况下，数据的自动处理，用于减少复杂性和融合来自多个传感器的信息，以提高可靠性。

一个较新的应用领域是自动运载器，其中包括潜水，陆上车辆（带轮子，轿车或卡车及小机器人），高空作业车和无人机（UAV）。完全自动的汽车通常使用计算机视觉进行导航或用于检测障碍物。它也可以被用于检测特定任务的特定事件，例如，一个 UAV 可以寻找森林火灾。数家汽车制造商已经证明了汽车的自动驾驶，但该技术还没有达到一定的水平可以投放市场。太空探索也正在使用计算机视觉，比如，美国宇航局的火星探测漫游者和欧洲航天局的 ExoMars 火星漫游者。

3. 语音识别

（1）语音识别方法及主要问题

所谓语音识别，就是将一段语音信号转换成相对应的文本信息，系统主要包含特征提取、声学模型、语言模型以及字典与解码四大部分，其中为了更有效地提取特征往往还需要对所采集到的声音信号进行滤波、分帧等预处理工作，把要分析的信号从原始信号中提取出来；之后，特征提取工作将声音信号从时域转换到频域，为声学模型提供合适的特征向量；声学模型中再根据声学特性计算每一个特征向量在声学特征上的得分；而语言模型则根据语言学相关的理论，计算该声音信号对应可能词组序列的概率；最后，根据已有的字典，对词组序列进行解码，得到最后可能的文本表示。如图 13.3.1-11 所示。

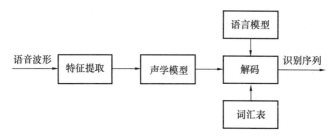

图 13.3.1-11　语音识别原理

语音识别方法主要是模式匹配法。在训练阶段，用户将词汇表中的词依次说一遍，并且将其特征矢量作为模板存入模板库。在识别阶段，将输入语音的特征矢量依次与模板库中的每个模板进行相似度比较，将相似度最高者作为识别结果输出。

语音识别主要有以下五个问题：

① 对自然语言的识别和理解。首先必须将连续的讲话分解为词、音素等单位，其次要建立一个理解语义的规则。

② 语音信息量大。语音模式不仅对不同的说话人不同，对同一说话人也是不同的，例如，一个说话人在随意说话和认真说话时的语音信息是不同的。一个人的说话方式随着

时间变化。

③ 语音的模糊性。说话者在讲话时，不同的词可能听起来是相似的。这在英语和汉语中常见。

④ 单个字母或词、字的语音特性受上下文的影响，以致改变了重音、音调、音量和发音速度等。

⑤ 环境噪声和干扰对语音识别有严重影响，致使识别率低。

（2）语音识别应用

根据识别的对象不同，语音识别任务大体可分为 3 类，即孤立词识别（isolated word recognition），关键词识别（或称关键词检出，keyword spotting）和连续语音识别。其中，孤立词识别的任务是识别事先已知的孤立的词，如"开机""关机"等；连续语音识别的任务则是识别任意的连续语音，如一个句子或一段话；连续语音流中的关键词检测针对的是连续语音，但它并不识别全部文字，而只是检测已知的若干关键词在何处出现，如在一段话中检测"计算机""世界"这两个词。

根据针对的发音人，可以把语音识别技术分为特定人语音识别和非特定人语音识别，前者只能识别一个或几个人的语音，而后者则可以被任何人使用。显然，非特定人语音识别系统更符合实际需要，但它要比针对特定人的识别困难得多。

另外，根据语音设备和通道，可以分为桌面（PC）语音识别、电话语音识别和嵌入式设备（手机、PAD 等）语音识别。不同的采集通道会使人的发音的声学特性发生变形，因此需要构造各自的识别系统。

语音识别的应用领域非常广泛，常见的应用系统有：语音输入系统，相对于键盘输入方法，它更符合人的日常习惯，也更自然、更高效；语音控制系统，即用语音来控制设备的运行，相对于手动控制来说更加快捷、方便，可以用在诸如工业控制、语音拨号系统、智能家电、声控智能玩具等许多领域；智能对话查询系统，根据客户的语音进行操作，为用户提供自然、友好的数据库检索服务，例如家庭服务、宾馆服务、旅行社服务系统、订票系统、医疗服务、银行服务、股票查询服务等等。

三、自然语言处理

1. 自然语言处理原理简介

语言是人类区别其他动物的本质特性。在所有生物中，只有人类才具有语言能力。人类的多种智能都与语言有着密切的关系。人类的逻辑思维以语言为形式，人类的绝大部分知识也是以语言文字的形式记载和流传下来的。因而，它也是人工智能的一个重要，甚至核心部分。

用自然语言与计算机进行通信，这是人们长期以来所追求的。因为它既有明显的实际意义，同时也有重要的理论意义：人们可以用自己最习惯的语言来使用计算机，而无需再花大量的时间和精力去学习不很自然和习惯的各种计算机语言；人们也可通过它进一步了解人类的语言能力和智能的机制。

实现人机间自然语言通信意味着要使计算机既能理解自然语言文本的意义，也能以自然语言文本来表达给定的意图、思想等。前者称为自然语言理解，后者称为自然语言生成。因此，自然语言处理大体包括了自然语言理解和自然语言生成两个部分。历史上对自然语言理解研究得较多，而对自然语言生成研究得较少。但这种状况已有所改变。

　　无论实现自然语言理解，还是自然语言生成，都远不如人们原来想象的那么简单，而是十分困难的。从现有的理论和技术现状看，通用的、高质量的自然语言处理系统，仍然是较长期的努力目标，但是针对一定应用，具有相当自然语言处理能力的实用系统已经出现，有些已商品化，甚至开始产业化。典型的例子有：多语种数据库和专家系统的自然语言接口、各种机器翻译系统、全文信息检索系统、自动文摘系统等。

　　自然语言处理，即实现人机间自然语言通信，或实现自然语言理解和自然语言生成是十分困难的。造成困难的根本原因是自然语言文本和对话的各个层次上广泛存在的各种各样的歧义性或多义性（ambiguity）。

　　一个中文文本从形式上看是由汉字（包括标点符号等）组成的一个字符串。由字可组成词，由词可组成词组，由词组可组成句子，进而由一些句子组成段、节、章、篇。无论在上述的各种层次：字（符）、词、词组、句子、段…还是在下一层次向上一层次转变中都存在着歧义和多义现象，即形式上一样的一段字符串，在不同的场景或不同的语境下，可以理解成不同的词串、词组串等，并有不同的意义。一般情况下，它们中的大多数都是可以根据相应的语境和场景的规定而得到解决的。也就是说，从总体上说，并不存在歧义。这也就是我们平时并不感到自然语言歧义和能用自然语言进行正确交流的原因。但是一方面，我们也看到，为了消解歧义，是需要极其大量的知识和进行推理的。如何将这些知识较完整地加以收集和整理出来；又如何找到合适的形式，将它们存入计算机系统中去；以及如何有效地利用它们来消除歧义，都是工作量极大且十分困难的工作。这不是少数人短时期内可以完成的，还有待长期的、系统的工作。

　　以上说的是，一个中文文本或一个汉字（含标点符号等）串可能有多个含义。它是自然语言理解中的主要困难和障碍。反过来，一个相同或相近的意义同样可以用多个中文文本或多个汉字串来表示。

　　因此，自然语言的形式（字符串）与其意义之间是一种多对多的关系。其实这也正是自然语言的魅力所在。但从计算机处理的角度看，我们必须消除歧义，而且有人认为它正是自然语言理解中的中心问题，即要把带有潜在歧义的自然语言输入转换成某种无歧义的计算机内部表示。

　　歧义现象的广泛存在使得消除它们需要大量的知识和推理，这就给基于语言学的方法、基于知识的方法带来了巨大的困难，因而以这些方法为主流的自然语言处理研究几十年来一方面在理论和方法方面取得了很多成就，但在能处理大规模真实文本的系统研制方面，成绩并不显著。研制的一些系统大多数是小规模的、研究性的演示系统。

　　目前存在的问题有两个方面：一方面，迄今为止的语法都限于分析一个孤立的句子，上下文关系和谈话环境对本句的约束和影响还缺乏系统的研究，因此分析歧义、词语省略、代词所指、同一句话在不同场合或由不同的人说出来所具有的不同含义等问题，尚无明确规律可循，需要加强语用学的研究才能逐步解决。另一方面，人理解一个句子不是单凭语法，还运用了大量的有关知识，包括生活知识和专门知识，这些知识无法全部贮存在计算机里。因此一个书面理解系统只能建立在有限的词汇、句型和特定的主题范围内；计算机的贮存量和运转速度大大提高之后，才有可能适当扩大范围。

　　以上存在的问题成为自然语言理解在机器翻译应用中的主要难题，这也就是当今机器翻译系统的译文质量离理想目标仍相差甚远的原因之一；而译文质量是机译系统成败的关键。中国数学家、语言学家周海中教授曾在经典论文《机器翻译五十年》中指出：要提高机译的质量，首先要解决的是语言本身问题而不是程序设计问题；单靠若干程序来做机译系统，肯定是无法提高机译质量的；另外在人类尚未明了大脑是如何进行语言的模糊识别和逻辑判断的情况下，机译要想达到"信、达、雅"的程度是不可能的。

2. 自然语言处理应用

（1）机器翻译

随着通信技术与互联网技术的飞速发展、信息的急剧增加以及国际联系愈加紧密，让世界上所有人都能跨越语言障碍获取信息的挑战已经超出了人类翻译的能力范围。

机器翻译因其效率高、成本低从而满足了全球各国多语言信息快速翻译的需求。机器翻译属于自然语言信息处理的一个分支，机器翻译系统是能够将一种自然语言自动生成另一种自然语言又无需人类帮助的计算机系统。目前，谷歌翻译、百度翻译、搜狗翻译等人工智能行业巨头推出的翻译平台逐渐凭借其翻译过程的高效性和准确性占据了翻译行业的主导地位。

（2）打击垃圾邮件

当前，垃圾邮件过滤器已成为抵御垃圾邮件问题的第一道防线。不过，有许多人在使用电子邮件时遇到过这些问题：不需要的电子邮件仍然被接收，或者重要的电子邮件被过滤掉。事实上，判断一封邮件是否是垃圾邮件，首先用到的方法是"关键词过滤"，如果邮件存在常见的垃圾邮件关键词，就判定为垃圾邮件。但这种方法效果很不理想，一是正常邮件中也可能有这些关键词，非常容易误判；二是将关键词进行变形，就很容易规避关键词过滤。

自然语言处理通过分析邮件中的文本内容，能够相对准确地判断邮件是否为垃圾邮件。目前，贝叶斯（Bayesian）垃圾邮件过滤是备受关注的技术之一，它通过学习大量的垃圾邮件和非垃圾邮件，收集邮件中的特征词生成垃圾词库和非垃圾词库，然后根据这些词库的统计频数计算邮件属于垃圾邮件的概率，以此来进行判定。

（3）信息提取

金融市场中的许多重要决策正日益脱离人类的监督和控制。算法交易正变得越来越流行，这是一种完全由技术控制的金融投资形式。但是，这些财务决策中的许多都受到新闻的影响。因此，自然语言处理的一个主要任务是获取这些明文公告，并以一种可被纳入算法交易决策的格式提取相关信息。例如，公司之间合并的消息可能会对交易决策产生重大影响，将合并细节（包括参与者、收购价格）纳入到交易算法中，这或将带来数百万美元的利润影响。

（4）文本情感分析

在数字时代，信息过载是一个真实的现象，我们获取知识和信息的能力已经远远超过了我们理解它的能力。并且，这一趋势丝毫没有放缓的迹象，因此总结文档和信息含义的能力变得越来越重要。情感分析作为一种常见的自然语言处理方法的应用，可以让我们能够从大量数据中识别和吸收相关信息，而且还可以理解更深层次的含义。比如，企业分析消费者对产品的反馈信息，或者检测在线评论中的差评信息等。

（5）自动问答

随着互联网的快速发展，网络信息量不断增加，人们需要获取更加精确的信息。传统的搜索引擎技术已经不能满足人们越来越高的需求，而自动问答技术成为了解决这一问题的有效手段。自动问答是指利用计算机自动回答用户所提出的问题以满足用户知识需求的任务，在回答用户问题时，首先要正确理解用户所提出的问题，抽取其中关键的信息，在已有的语料库或者知识库中进行检索、匹配，将获取的答案反馈给用户。

（6）个性化推荐

自然语言处理可以依据大数据和历史行为记录，学习出用户的兴趣爱好，预测出用户对给定物品的评分或偏好，实现对用户意图的精准理解，同时对语言进行匹配计算，实现精准匹配。例如，在新闻服务领域，通过用户阅读的内容、时长、评论等偏好，以及社交网络甚至是所使用的移动设备型号等，综合分析用户所关注的信息源及核心词汇，进行专业的细化分析，从而进行新闻推送，实现新闻的个人定制服务，最终提升用户黏性。

13.3.2　具体应用

1. 工程造价估算

在建筑项目的前期准备中，施工项目造价估算是必备的内容。项目建筑成本是建筑工程项目预算得到的建筑价格，项目的建造价格是包括整个建筑工程项目的成本预算及耗费的建设工程造价预算资源等的综合。建筑工程造价项目的资金成本较高，项目建设包括整个建筑工程项目的设计、采购材料、施工人员职位安排等事务，其成本高达数亿元。建设项目的主要制约因素是巨大的材料成本。建设工程造价的隐性因素是项目，时间成本的建设，在建设工程项目中花费的时间越长，动态因素影响下的建设项目就会变得更加复杂。工程造价系统具有层次感，都是由多个子造价系统组成。

建筑工程中的施工造价估算是非常重要的工作，正确的建筑工程造价估算对于建筑工程项目造价预算准确性的提高很有帮助。以往的建筑工程造价估算主要采取人工估算的形式，在编制过程中项目数据的精度较低，估算数据容易造成较大误差，会造成建筑项目的经济损失。在应用人工智能技术的建筑项目造价估算中，要将科学的计算方法用于建设工程项目的资金成本估算，这样能够提高建筑工程项目造价估算的准确性。

2. 施工现场管理

随着城市建设的迅速发展、建筑施工的规模不断扩大、施工形式日益复杂，场地空间与时间、投资、劳力、材料和设备等资源一起成为施工总资源的重要组成部分。对场地空间进行优化的分配、利用和调控所能获得的经济和社会效益已经被越来越多的业内人员所重视。而现今大多项目的场地管理，仍依赖难以反映动态变化的施工平面布置图。随着计算机技术的发展和广泛应用，综合利用运筹学、计算机图形学以及人工智能等技术手段进行施工现场计算机辅助管理已经得到了广泛研究和探讨。

3. 施工现场安全风险识别

结合建筑、汽车制造、机械加工、石油化工多个行业的实际管理经验，对发现的隐患问题场景实施拍照已经成为一种常用的安全管理方式。因为大量现场隐患及违章照片记录了事件的发生时刻、主体行为过程及事物状态，是对发生事件的简单回放，反映出现场人的不安全行为或物的不安全状态，包含丰富的场景的数据信息。因此，分析、挖掘不安全行为和不安全物态场景的数据价值，对于发现其内在规律特征以及探究多变量多维度交互效应具有重要意义。

以现场隐患及违章照片为样本源，在提取图像对象语义、空间关系语义、场景语义和行为语义的基础上，构建语义信息与泛场景数据对应关系，进而通过不安全行为和不安全物态数据库，可以实现施工现场安全风险的识别。

4. 结构损伤识别

工程结构中经常存在的表面破损或者缺陷，容易引起人们的重视。而使用年限较长的工程结构，在环境侵蚀、材料老化和荷载的长期效应、疲劳效应及突发效应等因素的共同作用下，将不可避免地发生结构系统的损伤积累和抗力衰退，这是人们不能直接看到的、内在的缺陷和损伤，往往容易被忽略。

随着社会的发展，各种大型复杂结构不断涌现。为了保障结构正常运营，既有结构的损伤与病害使得检测任务日益繁重，传统的检测方法渐已难以胜任。而基于人工智能方法的结构损伤识别理论则被广泛认为是极具潜力的方法，该方面的研究方兴未艾。基于结构损伤的主要形式，采用神经网络和遗传算法相结合的算法，对损伤进行识别，建立结构损伤识别体系，是目前结构损伤识别的研究热点。

13.3.3　作用与价值

在当前时代不断发展的背景下，建筑行业也逐渐发展为我国重要的支柱性产业，所以不论是从建筑行业的自身发展上看，还是从当前时代的要求分析，在建筑行业中加强对人工智能技术的应用都是十分必要的，这也是对传统运作模式进行转变和发展的必经之路。

目前人工智能技术在智能建造领域已经取得了一定的进展，特别在工程造价估算、施工现场管理、施工现场风险识别和结构损伤识别方面已经取得较好的实际应用效果。下面具体介绍人工智能在各阶段的应用价值。

1. 智能的设计过程

建筑设计不再是现在的方式。只要知道建筑物所处的地理位置信息，就能结合智慧城市的数据，生成符合城市规划特色的个性化外观，能够智能适应所处区域的气候特征。只要获取未来建筑物中的主要生活对象的数据，既可以智能生成功能完善的建筑，并合理设置各类功能区。让住宅大厦适合居住，办公大厦更适合工作，智能厂房更适合生产活动。人工智能技术设计的建筑，将配合人类生活工作的需要，集成各类智能传感设备，让每一个设计都围绕"人"本身展开。

2. 智能的建造过程

建造过程将不再是现在的场景。大量的作业工人，复杂的管理过程，随时可能发生的风险使得目前的施工现场环境非常杂乱。全面智能优化的建设方案，将依据项目特点、周边地貌、环境自动生成作业指导方案，自动感知和评估资源配置，进而在最优的进度规划下合理配置各类资源。在各种危险作业环境中智能机器人将代替人类作业。管理者实现对整个建造过程的远程管理。

3. 智能的运维过程

在运维阶段，巡检、安防、维修保障等全面保障建筑物安全运行的工作都可由智能机器人完成。各类系统的运行数据将被实时采集，数据经过分析做出相应决策后通过中央系统进行动态调配指令，建筑物将真正融入人们的生活。例如：上班高峰期的电梯运行不再是简单的程序控制，而是通过智能识别人员信息以后，根据人员所处工作楼层快速调配电梯运行。每一部电梯可以在人员需要的时候，随时进行路径规划，实现在人员离开办公位置或出家门的时候，就可以进行电梯呼叫。到达电梯口的时候，将有电梯负责运达目标楼层。建筑物中的水、电等资源也将依照人的活动需要智能感应。

课 后 习 题

一、单选题

1. 要想让机器具有智能，必须让机器具有知识。因此在人工智能中有一个研究领域，主要研究计算机如何自动获取知识和技能，实现自我完善，这门研究分支学科叫（　　）。

  A. 机器学习　　　　　　　　　　B. 图像识别

  C. 语音识别　　　　　　　　　　D. 语义识别

2. 模拟生物神经网络的机器学习算法是（　　）。

  A. 支持向量机　　　　　　　　　B. 神经网络

  C. 决策森林　　　　　　　　　　D. 极限学习机

3. 2017 年 10 月 11 日，阿里巴巴首席技术官张建锋宣布成立全球研究人工智能院（　　）。

  A. 阿里巴巴研究院　　　　　　　B. 达摩院

  C. 字节跳动　　　　　　　　　　D. 人工智能院

4. 人工智能的目的是让机器能够（　　）。

  A. 具有完全的智能　　　　　　　B. 完全代替人

  C. 模拟、延伸和扩展人的智能　　D. 和人脑一样考虑问题

5. 自然语言理解是人工智能主要应用领域，下列不是它要实现目的的是（　　）。

  A. 理解别人的话　　　　　　　　B. 对自然语言进行分析概括

  C. 欣赏音乐　　　　　　　　　　D. 机器翻译

二、多选题

1. 以下属于人工智能领域的是（　　）。

  A. 机器学习　　　　　　　　　　B. 图像识别

  C. 语音识别　　　　　　　　　　D. 语义识别

2. 属于机器学习常见算法的是（　　）。

  A. 神经网络　　　　　　　　　　B. 支持向量机

  C. 决策森林　　　　　　　　　　D. 极限学习机

3. 人工智能对现代产业的三大优势（　　）。

  A. 促进生产力提升　　　　　　　B. 降低岗位工作难度

  C. 增加工作岗位　　　　　　　　D. 加速创新

三、简答题

1. 人工智能有哪些应用领域？在各个应用领域中分别有哪些具体应用？

2. 人工智能在智能建造领域有哪些具体应用？

3. 机器学习常见算法有哪些？

第14章　扩展现实技术

导语：扩展现实技术是 20 世纪发展起来的一项全新的实用技术。随着社会生产力和科学技术的不断发展，各行各业对扩展现实技术的需求日益旺盛，其中也包括智能建造业。本章首先分别论述了虚拟现实技术，增强现实技术以及混合现实的内容、特点及优势，并综合比较分析三者的区别和联系。其次介绍了扩展现实技术的国内外发展和应用情况；最后具体阐述了三种技术在智能建造中的应用方式及价值。

14.1　扩展现实技术概述

14.1.1　扩展现实技术的定义

1. 虚拟现实技术（VR）

虚拟现实由来已久，钱学森院士称其为"灵境技术"，指采用以计算机技术为核心的现代信息技术生成逼真的视、听、触觉一体化的一定范围的虚拟环境，用户可以借助必要的装备以自然的方式与虚拟环境中的物体进行交互作用、相互影响，从而获得身临其境的感受和体验。随着技术和产业生态的持续发展，虚拟现实的概念不断演进。业界对虚拟现实的研讨不再拘泥于特定终端形态，而是强调关键技术、产业生态与应用落地的融合创新。《中国虚拟现实应用状况白皮书（2018）（以下简称白皮书）》对虚拟（增强）现实（Virtual Reality，VR/Augmented Reality，AR）内涵界定是：借助近眼显示、感知交互、渲染处理、网络传输和内容制作等新一代信息通信技术，构建身临其境与虚实融合的沉浸体验图 14.1.1-1 为虚拟现实游戏。

图 14.1.1-1　虚拟现实游戏

虚拟现实技术是 20 世纪发展起来的一项全新的实用技术。虚拟现实技术囊括计算机、电子信息、仿真技术于一体，是计算机研究领域中最先进的技术之一。它还包括数学，光学，力学和其他学科的专业知识。其基本实现方式是计算机模拟虚拟环境从而给人以环境沉浸感，使用户能够体验视觉，听觉和触觉感知功能，并与虚拟环境中进行联系。随着社会生产力和科学技术的不断发展，各行各业对 VR 技术的需求日益旺盛。VR 技术也取得了巨大进步，并逐步成为一个新的科学技术领域，美国著名的计算机图形学专家曾强调，VR 技术"可能是计算机设计堡垒中最重要的领域"。

虚拟现实技术（VR）主要包括模拟环境、感知、自然技能和传感设备等方面。模拟环境是由计算机生成的、实时动态的三维立体逼真图像。感知是指理想的 VR 应该具有一切人所具有的感知。除计算机图形技术所生成的视觉感知外，还有听觉、触觉、力觉、运动等感知，甚至还包括嗅觉和味觉等，也称为多感知。自然技能是指人的头部转动，眼睛、手势或其他人体行为动作，由计算机来处理与参与者的动作相适应的数据，对用户的输入做出实时响应，并分别反馈到用户的五官。传感设备是指三维交互设备，典型虚拟现实设备构成详见图 14.1.1-2。

2. 增强现实技术（AR）

增强现实（Augmented Reality，AR）是一种实时地计算摄影机影像的位置及角度并加上相应图像的技术，是一种将真实世界信息和虚拟世界信息"无缝"集成的新技术，这种技术的目标是在屏幕上把虚拟世界套在现实世界并进行互动。该技术最早于1990 年提出。随着随身电子产品运算

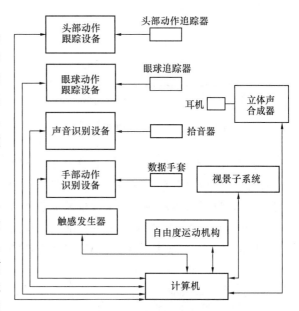

图 14.1.1-2　典型虚拟现实设备构成

能力的提升，增强现实技术的用途越来越广。增强现实指的是将动态的、背景专门化的信息加在用户的视觉域之上。它是以真实世界为本位，强调让虚拟技术服务于真实现实。

AR 系统具有三个突出的特点：①真实世界和虚拟世界的信息集成；②具有实时交互性；③在三维尺度空间中增添定位虚拟物体。AR 技术可广泛应用到军事、医疗、建筑、教育、工程、影视、娱乐等领域。

3. 混合现实技术（MR）

混合现实技术（Mixed Reality，MR）是虚拟现实技术的进一步发展，该技术通过在虚拟环境中引入现实场景信息，在虚拟世界、现实世界和用户之间搭起一个交互反馈的信息回路，以增强用户体验的真实感。它允许用户同时保持与真实世界和虚拟世界的联系，并根据自身的需要及所处情境调整上述联系。同时，混合现实与增强现实也有所区别。混合现实对真实世界和虚拟世界一视同仁，不论是将虚拟物体融入真实环境，或者是将真实物体融入虚拟环境，都是允许的。

4. 三种技术的区别及联系

为了理解 VR 和 AR 的关系，可以建立一个数轴，标定一个原点 R_0，代表原生感知现实，表示正常人类的视觉系统能看到并理解的世界，也就是裸眼画面；以 R_0 为原点，向右延伸形成数轴，数轴上的标度代表了往裸眼画面上投放数字信息的多少（Amount of Augmentation），如图 14.1.1-3 所示。投放后呈现在眼中的就是增强现实。当数轴上的标度不断增加，逐渐远离 R_0，最终得到一个极端情形，称之为虚拟现实。这个无穷远点上，裸眼画面完全被数字内容所覆盖。由此可见，VR 是 AR 轴上的一个点，是 AR 的极端情形，也可以说 VR 是 AR 的一个真子集，可以表示为如图 14.1.1-4 所示的关系图。

图 14.1.1-3　AR 数轴示意图　　　　图 14.1.1-4　VR 与 AR 关系示意图

当考虑 MR 与 VR 的关系时，再次从 R_0 出发，由于人们或物种间的对现实的感知能力是不同的，可以将数轴向另一个维度延伸；假设它向竖直方向延伸，标度代表视觉感知能力的大小，这样横轴和纵轴所形成的平面就称为混合现实，也就是 MR，如图 14.1.1-5 所示。由此可见，AR 比 MR 少了一个维度，我们可以认为 AR 是 MR 的一个真子集，这样可以用图 14.1.1-6 来表示 MR、AR 以及 VR 的关系。

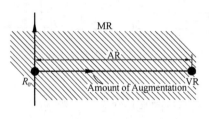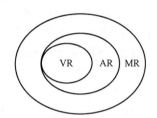

图 14.1.1-5　MR 平面示意图　　　　图 14.1.1-6　MR、AR 及 VR 关系示意图

14.1.2　扩展现实技术的特点

1. 虚拟现实技术（VR）

（1）沉浸性

沉浸性是虚拟现实技术最主要的特征，就是让用户成为并感受到自己是计算机系统所创造环境中的一部分，虚拟现实技术的沉浸性取决于用户的感知系统，当使用者感知到虚拟世界的刺激时，包括触觉、味觉、嗅觉、运动感知等，便会产生思维共鸣，造成心理沉浸，感觉如同进入真实世界。

（2）交互性

交互性是指用户对模拟环境内物体的可操作程度和从环境得到反馈的自然程度，使用者进入虚拟空间，相应的技术让使用者跟环境产生相互作用，当使用者进行某种操作时，周围的环境也会做出某种反应。如使用者接触到虚拟空间中的物体，那么使用者手上应该能够感受到，若使用者对物体有所动作，物体的位置和状态也应改变。

（3）多感知性

多感知性表示计算机技术应该拥有很多感知方式，比如听觉，触觉、嗅觉等。理想的虚拟现实技术应该具有一切人所具有的感知功能。由于相关技术，特别是传感技术的限制，目前大多数虚拟现实技术所具有的感知功能仅限于视觉、听觉、触觉、运动等几种。

（4）构想性

构想性也称想象性，使用者在虚拟空间中，可以与周围物体进行互动，可以拓宽认知范围，创造客观世界不存在的场景或不可能发生的环境。构想可以理解为使用者进入虚拟空间，根据自己的感觉与认知能力吸收知识，发散拓宽思维，创立新的概念和环境。

（5）自主性

自主性是指虚拟环境中物体依据物理定律动作的程度。如当受到力的推动时，物体会向力作用的方向移动、翻倒，或从桌面落到地面等。

2. 增强现实技术（AR）

（1）虚实结合

它可以将屏幕扩展到真实环境，使窗口与图标叠映于现实对象，由眼睛凝视或手势指点进行操作；让三维物体在用户的全景视野中根据当前任务或需要交互地改变其形状和外观；对于现实目标通过叠加虚拟景象产生类似于 X 光透视的增强效果；将地图信息直接插入现实景观以引导驾驶员的行动；通过虚拟窗口调看室外景象，使墙壁仿佛变得透明。

（2）实时交互

它使交互从精确的位置扩展到整个环境，从简单的人面对屏幕交流发展到将自己融合到周围的空间与对象中。运用信息系统不再是自觉而有意的独立行动，而是和人们的当前活动自然而然地成为一体。交互性系统不再是具备明确的位置，而是扩展到整个环境。三维注册，即根据用户在三维空间的运动调整计算机产生的增强信息。

（3）在三维尺度空间中增添定位虚拟物体

它可以通过实时跟踪摄像机姿态，实时计算出摄像机摄像位置及角度，定位出虚拟图像与真实场景中的注册位置，以实现虚拟世界与真实世界更自然的融合。

3. 混合现实技术（MR）

（1）实时运行

混合现实（MR）的实现需要在一个能与现实世界各事物相互交互的环境中。如果一切事物都是虚拟的，那就是 VR 的领域了。如果展现出来的虚拟信息只能简单叠加在现实事物上，那就是 AR 领域。MR 的关键点就是与现实世界进行交互和信息的及时获取。

（2）MR 开发方法

区别于大众应用的软件，混合现实技术需要软硬件相结合，如何协同软硬件是 MR 技术开发中亟待解决的问题。

（3）大数据分析能力

实时交互是混合现实技术的特征之一，这需要建立在大数据处理的基础上，对于感知数据的采集、分析算法需要进一步提升。

（4）人工智能

大数据、AI 技术是混合技术进一步发展的关键因素。

（5）情景感知能力

混合现实技术之所以能够模糊现实世界和虚拟世界的边界，主要是通过虚拟情景的创立。情景感知能力能够真实地反映出情景，提升体验者的情感敏感性。

14.1.3　扩展现实技术的优势

1. 虚拟现实技术（VR）的优势

（1）体验真实。虚拟交互系统是虚拟现实技术和人机交互技术的完美结合，使得双方都具备了对方的优点，在虚拟环境中将人机交互技术融入，那么用户在互联网虚拟环境下不仅是获得沉浸式的体验，随着体感设备的加入，其获得的更是一种近乎真实的感受和体验，极大加强了真实感。

（2）模式多样。将虚拟现实技术融入人机交互技术，极大创新了人机交互模式，使得模式愈发多样。用户可以语音、手势等实现信息的输入，而计算机可以利用环幕以及头戴显示器实现更具真实感的三维沉浸体验的输出。

（3）无需物理实物的参与。虚拟现实人机交互与传统技术不同，该技术可以在部分物理实物不参与的情况下，通过相关虚拟现实设备进行虚拟场景的搭设，在虚拟环境下使其达到现实世界该物品所能达到的效果。

（4）降低制造成本。即使硬件设备不更改，虚拟现实系统也可以通过对物理实物的模拟实现预期效果的完成，进而在很大程度上降低了制作完成后成品返工的概率，极大降低了因重复制造造成的成本。自虚拟现实人机交互技术出现以来，其在军事、加工、建筑、医疗等行业得到了迅速且广泛的应用，虚拟训练、城市规划以及虚拟装备等均是该技术的具体运用。同时，如何在虚拟环境下进行直观且自然的人机交互愈发成为人机交互技术以及虚拟现实技术中的研究重点。

2. 增强现实技术（AR）的优势

AR 增强现实技术主要的技术特点及优势主要集中在两方面，一是虚拟与现实共存，二是交互性和趣味性。AR 的优越性体现在真实环境与现实虚拟相结合，可以让真实世界和虚拟世界共同存在。还可以让真实世界与虚拟世界实时同步，使用者在现实世界中能真实地感受虚拟世界中的模拟事物，既增强了使用者的趣味性，又保证了使用者与技术之间的互动性，十分有趣。同时 AR 技术还有如下优势：

（1）AR 技术成本相对于 VR 来说价格低廉。

（2）AR 技术研发门槛低。

（3）AR 技术运用范围广阔。军事、销售、娱乐、教育、技术、传媒、旅游、医疗等各个领域，都是 AR 增强现实的发展方向。

（4）AR 技术为商业提供便捷的销售方式。可口可乐、星巴克、宜家等商家以 AR 技术做出一系列具有互动性的广告并拉近与消费者的距离，AR 技术将创新传统广告行业。

3. 混合现实技术（MR）的优势

（1）虚实融合

VR 仅创设虚拟空间，AR 将虚拟信息简单叠加到现实世界，而 MR 技术则模糊了虚拟与现实世界的界线。对于虚实融合有三种不同观点：一是认为 MR 将真实事物叠加到虚拟数字空间，MR 先把真实的东西虚拟化，然后叠加到虚拟世界里，在新的环境中现实和数字对象共存；二是认为 MR 将虚拟对象叠加到现实世界中，MR 在现实场景呈现虚拟场景信息，在现实、虚拟和用户三者之间搭起交互反馈的信息回路；三是认为 MR 将现实与虚拟世界相互叠加。

（2）深度互动

交互性主要体现在两个方面：一是人与 MR 场景的交互。MR 结合了 VR 和 AR 的优势，可实现人与 MR 场景的深度交互。依托于传感技术，用户在体验的过程中能够感知 MR 环境中的画面变化、震动、语音等多方面的实时信息反馈，并能够通过触摸、手势、体感、语言等多种形式与 MR 环境进行交互，进而形成了一种自然有效的信息回路；二是 MR 环境下人与人的交互。

（3）异时空场景共存

MR 在实现虚拟与现实深度融合的同时，可将不同时空下的场景通过计算机技术进行结合，实现异时空场景共存。

14.2　扩展现实技术的国内外发展概况

14.2.1　扩展现实技术国外发展概况

1. 虚拟现实技术（VR）

（1）美国

美国作为虚拟现实技术的发源地，其研究水平基本上就代表国际虚拟现实发展的水平。目前美国在该领域的基础研究主要集中在感知、用户界面、后台软件和硬件四个方面。美国宇航局（NASA）的 Ames 实验室研究主要集中在以下方面：将数据手套工程化，使其成为可用性较高的产品；在约翰逊空间中心完成空间站操纵的实时仿真；大量运用了面向座舱的飞行模拟技术；对哈勃太空望远镜的仿真；现在正致力于一个叫"虚拟行星探索"（vPE）的试验计划。现在美国宇航局已经建立了航空、卫星维护 VR 训练系统，空间站 VR 训练系统，并且已经建立了可供全国使用的 VR 教育系统。北卡罗来纳大学（UNC）是进行 VR 研究最早的大学，该校的计算机系主要研究分子建模、航空驾驶、外科手术仿真、建筑仿真等。Loma Anda 大学医学中心的大卫华纳博士和他的研究小组成功地将计算机图形及 VR 的设备用于探讨与神经疾病相关的问题，首创了 VR 儿科治疗法。麻省理工学院是研究人工智能、机器人和计算机图形学及动画的先锋，这些技术都是 VR 技术的基础，1985 年麻省理工学院成立了媒体实验室，进行虚拟环境的正规研究。华盛顿大学华盛顿技术中心的人机界面技术实验室，将 VR 研究引入了教育、设计、娱乐和制造领域。

（2）英国

在 VR 开发的某些方面，特别是在分布并行处理、辅助设备（包括触觉反馈）设计和应用研究方面，英国是领先的，尤其是在欧洲。英国主要有四个从事 VR 技术研究的中心：Windustries（工业集团公司），是国际 VR 界的著名开发机构，在工业设计和可视化等重要领域占有一席之地；British Aerospace 正在利用 VR 技术设计高级战斗机座舱；Dimension International，是桌面 VR 的先驱，该公司生产了一系列的商业 VR 软件包，都命名为 Superscape；Divison LTD 公司在开发 VISION、Pro Vision 和 supervision 系统/模块化高速图形引擎中，率先使用了 Tmnsputer 和 i860 技术。

（3）日本

日本主要致力于建立大规模 VR 知识库的研究，在虚拟现实的游戏方面的研究也处于领先地位。京都的先进电子通信研究所（ATR）正在开发一套系统，它能用图像处理来识别手势和面部表情，并把它们作为系统输入；富士通实验室有限公司正在研究虚拟生物与 VR 环境的相互作用，他们还在研究虚拟现实中的手势识别，已经开发了一套神经网络姿势识别系统，该系统可以识别姿势，也可以识别表示词的信号语言。日本奈良尖端技术研究生院大学教授千原国宏领导的研究小组于 2004 年开发出一种嗅觉模拟器，只要把虚拟空间里的水果拉到鼻尖上一闻，装置就会在鼻尖处放出水果的香味，这是虚拟现实技术在嗅觉研究领域的一项突破。

2. 增强现实技术（AR）

增强现实技术（AR）起源于 20 世纪 60 年代，90 年代发展迅速，有名的研究机构主要集中在美国麻省理工学院、哥伦比亚大学，日本、德国和新加坡等发达国家的实验室，其研究重心多在人机交互方式、软硬件基础平台的研发等。随着技术的不断发展，研究逐步从实验室理论转入行业应用阶段，相关应用早期可以追溯到波音公司在设计辅助布线系统时，戴着特殊头盔的工程师可以看到叠加在实际视野上的布线路径和文字提示，从而大大降低拆卸的复杂程度。

随着微软、谷歌、Facebook、SONY 等科技巨头纷纷进入 AR 产业，很多公司已经能够提供成熟的基于 PC 或移动设备的增强现实技术（AR）解决方案，不仅加快了增强现实技术（AR）软硬件及相关应用的开发进程，也拓展了增强现实技术（AR）的研究领域。在 2013 年，日本东京阳光水族馆利用增强现实技术，让用户在使用导航的时候，只需要将摄像头对准街道，屏幕上就会出现好几只摇摆前行的企鹅，那么用户就可以跟随企鹅的步伐来到阳光水族馆。同年，宜家则是利用增强现实技术，让客户能够利用手机将虚拟家具投射到房间中，客户能够很直观的感受不同家具在房间中摆放的效果。

3. 混合现实技术（MR）

MR，即是"混合现实"（Mixed Reality），是由"智能硬件之父"多伦多大学教授 Steve Mann 提出的介导现实，全称 Mediated Reality。在 20 世纪 70、80 年代，为了增强简单自身视觉效果，让眼睛在任何情境下都能够"看到"周围环境，Steve Mann 设计出可穿戴智能硬件，这被看作是对 MR 技术的初步探索。根据 Steve Mann 的理论，智能硬件最后都会从 AR 技术逐步向 MR 技术过渡。MR 和 AR 的区别在于 MR 通过一个摄像头让你看到裸眼都看不到的现实，AR 只管叠加虚拟环境而不管现实本身。

近些年，参与混合现实产业的公司越来越多，包括谷歌、索尼、HTC、Facebook、微软、三星等公司。特别是，在 2015 年获得谷歌注资 5 亿多美元的 Magic Leap 高调宣布正在研发增强现实的新技术；微软发布全息眼镜 HoloLens。而 HoloLens1 作为市面上主流的混合现实技术（MR）头戴显示设备（HMD），不受线缆的限制。HoloLens1 在开发、配置和使用时完全不需要插上传输的数据线或是供电线。用一条 Micro-USB 数据线充电，可以直接通过 Wi-Fi 联网，将 PC 上的内容传输到 HoloLens1 上。戴上 HoloLens1 开始探索另一个世界的时候，一个虚拟玩具放在地上，然后在它周围快速移动观看玩具的各个角度，就像在看一个存在于真实世界里的玩具一样。HoloLens1 作为 MR 设备的先驱者，与一般的 AR、VR 设备在交互方式上有非常大的不同，由于拥有原生的 SLAM 空间定位和深度感知的识别、探测与运算能力，所以拥有多种用户体验交互方式。2019 年 5 月下旬微软日本面向开发者召开的"de：code"大会上，微软日本 Mixed Reality Marketing 产品经理以"彻底解析 HoloLens2 的进化之路"为主题发表了演讲。最初一代 HoloLens 发布至今已经在诸多场景中应用落地，演讲中进一步阐述了 MR 为何物，在何处使用以及相比初代 HoloLens，第二代产品的技术革新等。HoloLens2 的更具有舒适性、沉浸感、时间价值创造等特征。

14.2.2 扩展现实技术国内发展概况

1. 虚拟现实技术（VR）

我国 VR 技术研究起步较晚，与国外发达国家还有一定的差距，但现在已引起国家有关部门和科学家们的高度重视，并根据我国的国情，制定了开展 VR 技术的研究计划。九五规划、国家自然科学基金委、国家高技术研究发展计划等都把 VR 列入了研究项目。国内一些重点院校，已积极投入到了这一领域的研究工作。北京航空航天大学计算机系着重研究了虚拟环境中物体物理特性的表示与处理；在虚拟现实中的视觉接口方面开发出部分硬件，并提出有关算法及实现方法；实现了分布式虚拟环境网络设计，可以提供实时三维动态数据库。浙江大学 CAD&CG（计算机辅助设计与图形学）国家重点实验室开发出了一套桌面型虚拟建筑环境实时漫游系统，还研制出了在虚拟环境中一种新的快速漫游算法和一种递进网格的快速生成算法；哈尔滨工业大学已经成功地虚拟出了人的高级行为中特定人脸图像的合成、表情的合成和唇动的合成等；清华大学计算机科学和技术系对虚拟现实和临场感等方面进行了研究；西安交通大学信息工程研究所对虚拟现实中的关键技术——立体显示技术进行了研究，提出了一种基于 JPEG 标准压缩编码新方案，获得了较高的压缩比、信噪比以及解压速度；北方工业大学 CAD 研究中心是我国最早开展计算机动画研究的单位之一，中国第一部完全用计算机动画技术制作的科教片《相似》就出自该中心。

另外，在网络发展迅猛的今天，应用在互联网上的虚拟现实技术也有重大发展。根据 IDC 2019 年公布的《中国 VR/AR 市场季度跟踪报告》，2019 年第一季度我国 VR 头显设备出货量接近 27.5 万台，同比增长 15.1%，其中头显设备出货量同比增长 17.6%。在"2018 国际虚拟现实创新大会"上，专家学者齐聚青岛，探讨了 VR 产业的发展现状和未来动向。会上公布的《中国虚拟现实应用状况白皮书（2018）》（以下简称《白皮书》）对我国 VR 应用状况展开了全面的探讨和分析，涉及相关企业、单位数量 500 余家，为我国 VR 产业从萌芽向商业化、规模化转变标明了方向。《白皮书》中还提到，我国目前 VR 产业的重点企业主要分布位置在北京、上海、广州 3 个城市，同时在青岛、成都、福州等 12 个热点地区也有分布，主要涉及内容开发、终端设备、网络平台等细分行业。需要指出的是，我国 VR 产业在发展的同时也有诸多问题，如高品质专业应用少、内容开发匮乏、设备安装设置复杂、用户体验感不强等。在最近的两年时间里，随着国内通信网络的迅速发展和 5G 的出现，为 VR 产业的进一步发展与飞跃注入了一剂强心剂。5G 技术带来的高带宽和低时延等优势，将为 VR、AR 及相关音视频业务的发展提供关键支撑，云 VR、VR 实时直播开始兴起。2018 年西班牙 MWC 上，华为 VR Open Lab 联合"视博云"发布了 Cloud VR，其依靠 5G 和云技术将 VR 运行能力由终端向云端进行转移，以此推动 VR 和 AR 应用在智能手机端。2019 年 1 月，中国电信在深圳完成了首次央视春晚特别节目的 5G 网络 VR 现场直播，这是央视第一次通过 5G 网络进行 VR 超高清春晚节目直播，如图 14.2.2 所示。

同时，各省市地方政府从政策方面积极推进产业布局，已有十余地市相继发布针对虚拟现实领域的专项政策。北京市发布《关于促进中关村虚拟现实产业创新发展的若干措施》，提出以中关村石景山园区为中心，推动技术研发、成果转化，产业促进服务平台等

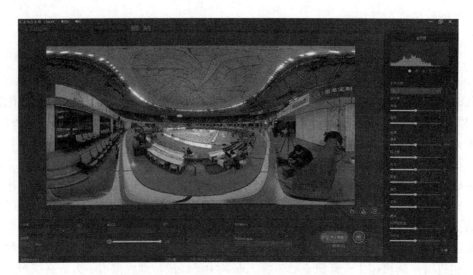

图 14.2.2　5G＋VR 现场直播

措施；青岛市发布《崂山区促进虚拟现实产业发展实施细则》，加大引入科研机构和重点企业，鼓励人才的引进和培养，并以贷款贴息扶持、政府购买服务方式支持产业发展；成都市发布《成都市虚拟现实产业发展推进工作方案》，提出打造内容制作运营高地、软件创新研发高地和硬件研发制造核心的"两高地，一核心"产业布局，并发布相关行业标准；南昌市出台《关于加快 VR/AR 产业发展的若干政策（修订版）》，以红谷滩新区 VR产业园及新建区 AR 硬件产业园为载体，通过奖励、补贴、基金等多种资金扶持方式带动技术研发、企业招引、创新创业、应用示范、市场推广、人才引进等全面发展；福州市发布《关于促进 VR 产业加快发展的十条措施》，依托长乐产业园，从配套设施、创新创业、专项申报等方面推动产业发展。

如今人工智能技术、5G 通信技术以及物联网技术等的大力发展也为 VR 技术的发展带来了广阔的前景。随着 VR 设备便携化和小型化，微型传感器的空间定位能力逐渐增强，基于有限空间定位技术的 VR 装置可以迅速将周边的环境虚拟化，这样不仅可以更生动地将 VR 技术应用到传播、教育、娱乐领域，也可以与建筑等更多的领域进行融合。图像识别技术、眼球追踪技术、语义与情感识别技术、大数据技术以及信息融合技术，也使得 VR 技术在智慧城市、智慧工业、数字孪生领域得到更为广泛的应用和推广。

2. 增强现实技术（AR）

作为新型的人机接口和仿真工具，AR 受到的关注日益广泛，并且已经发挥了重要作用，显示出了巨大的潜力。AR 是充分发挥创造力的科学技术，为人类的智能扩展提供了强有力的手段，对生产方式和社会生活产生了巨大的深远的影响。

随着技术的不断发展，AR 技术的内容也势必将不断增加。而随着输入和输出设备价格的不断下降、视频显示质量的提高以及功能强大且易于使用的软件的实用化，AR 的应用必将日益增长。AR 技术在人工智能、CAD、图形仿真、虚拟通信、遥感、娱乐、模拟训练等许多领域带来了革命性的变化。

总体来讲，增强现实在中国处于起步阶段，许多虚拟现实领域的企业已经开始专注于"增强现实"的研发和应用。比如中视典数字科技研发的 VRP12.0 就集成了增强现实的功能。

3. 混合现实技术（MR）

从国内目前混合现实技术的发展来看，起步相对于国外比较晚，而且集中在系统应用技术上，涉及面与研究内容都比较单一。虽然国内混合现实技术的发展起步晚，但是很多研究机构，尤其是高校，在增强现实的一些算法与设计技术上已有建树，例如摄像机校准算法以及虚拟物体注册算法等，这些算法的成功研究能够帮助解决在混合现实中的遮挡问题、显示器设计等方面。

14.3 扩展现实技术在智能建造中的主要应用

14.3.1 扩展现实技术架构

1. 虚拟现实技术架构

从虚拟现实的基本工作原理出发，以工作性质进行划分，较为成熟和完备的 VR 系统一般由四个子系统组成。图 14.3.1-1 表示了它们的构成关系。

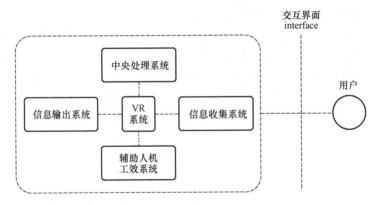

图 14.3.1-1　虚拟现实系统的基本构成

（1）信息收集系统：此系统集成了各种动作捕捉和位置追踪技术来对用户肢体实时位置数据进行侦测和收集。例如 HTC 旗下的 lighthouse 系统、Oculus Rift 的"星座"系统等；信息收集系统的侦测精确度和可侦测信息丰富度从根源上决定了 VR 系统的拟真能力上限。

（2）中央处理系统：系统对于收集到的信息使用专门的数据处理器进行处理，与系统中的应用软件进行整合交流计算并实时输出应该反馈给用户的结果。为保持良好的计算处理效果，此系统在必要时可外置。

（3）信息输出系统：在视觉上利用视频或者光学感知等方式为用户呈现图像信息，在听觉上借助扬声器/耳机为用户呈现音频信息，以及为用户提供基于虚拟交互效果的力反馈信息等都是信息输出系统的职责范畴。

（4）辅助人机工效系统：为了迎合 VR 技术对于沉浸性和交互性的体验要求，VR 硬件部分应尽可能做到轻量化、宜人化，所以完善的虚拟现实系统还会在主要硬件部分已经做出人机工学优化的基础上，附加提供头部固定绑带、鼻梁托架、耳罩等硬件作为辅助，保证用户使用的可靠度。

2. 增强现实系统架构

AR 增强现实系统主要由三种系统构成：基于计算机显示器的 AR 系统、影像穿透式系统和基于光学原理的穿透式系统。

（1）基于计算机显示器的 AR（Monitor-based）系统

在基于计算机显示器的 AR 实现方案中，摄像机摄取的真实世界图像输入到计算机中，与计算机图形系统产生的虚拟景象合成，并输出到屏幕显示器，用户从屏幕上看到最终的增强场景图片。虽然沉浸感较低，但此方案简单实用。由于这套方案的硬件要求很低，因此被实验室中的 AR 系统研究者们大量采用。图 14.3.1-2 为基于计算机显示器的系统实现方案。

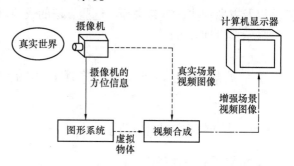

图 14.3.1-2　基于计算机显示器的系统实现方案

（2）影像穿透式（Video see-through）系统

头盔式显示器（Head-mounted displays——HMD）被广泛应用于虚拟现实系统中，用以增强用户的视觉沉浸感。增强现实技术的研究者们也采用了类似的显示技术，这就是在 AR 中广泛应用的穿透式 HMD。根据具体实现原理又划分为两大类，分别是基于视频合成技术的穿透式 HMD（video see-through HMD）和基于光学原理的穿透式 HMD（optical see-through HMD）。图 14.3.1-3 为影像穿透式增强现实系统实现方案。

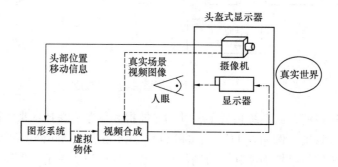

图 14.3.1-3　影像穿透式增强现实系统实现方案

（3）基于光学原理的穿透式（optical see-through）系统

在上述的两套系统实现方案中，输入计算机中的有两个通道的信息，一个是计算机产生的虚拟信息通道，一个是来自摄像机的真实场景通道。而在 optical see-through HMD 实现方案中去除了后者，真实场景的图像经过一定的减光处理后，直接进入人眼，虚拟通道的信息经投影反射后再进入人眼，两者以光学的方法进行合成。图 14.3.1-4 为基于光学原理的穿透式增强现实系统实现方案。

（4）三种系统结构的性能比较

三种 AR 显示技术实现策略在性能上各有利弊。在基于计算机显示器的 AR 系统和影像穿透式系统显示技术的 AR 实现中，都通过摄像机来获取真实场景的图像，在计算机中

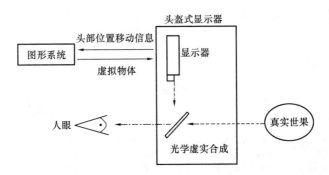

图 14.3.1-4　基于光学原理的穿透式增强现实系统实现方案

完成虚实图像的结合并输出。整个过程不可避免的存在一定的系统延迟，这是动态 AR 应用中虚实注册错误的一个主要产生原因。但这时由于用户的视觉完全在计算机的控制之下，这种系统延迟可以通过计算机内部虚实两个通道的协调配合来进行补偿。而基于影像穿透式系统显示技术的 AR 实现中，真实场景的视频图像传送是实时的，不受计算机控制，因此不可能用控制视频显示速率的办法来补偿系统延迟。图 14.3.1-5 和图 14.3.1-6 分别为基于计算机显示器的 AR 系统、影像穿透式系统的作用原理和基于光学原理的穿透式系统的工作原理。

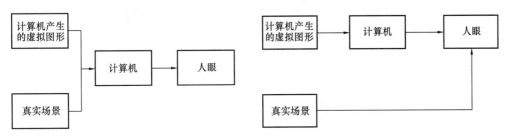

图 14.3.1-5　基于计算机显示器的 AR 系统、
　　　影像穿透式系统的作用原理

图 14.3.1-6　基于光学原理的穿透式系统
　　　的工作原理

另外，在基于计算机显示器的 AR 系统和影像穿透式系统显示技术的 AR 实现中，可以利用计算机分析输入的视频图像，从真实场景的图像信息中抽取跟踪信息（基准点或图像特征），从而辅助动态 AR 中虚实景象的注册过程。而基于光学原理的穿透式系统显示技术的 AR 实现中，可以用来辅助虚实注册的信息只有头盔上的位置传感器。

3. 混合现实系统架构

混合现实技术（MR）是继虚拟现实（VR）和增强现实（AR）后，一种可令现实世界与虚拟物体在共同视觉空间显示并进行交互的计算机虚拟技术，因具有更强的交互性与融合性，成为近年来研究热点。对于我国制造业来说，混合现实技术可以有效地辅助企业提高生产效率，降低运维成本，提升员工专业技能水平，对于加速产业两化融合与智能升级具有较强研究价值。一个基于混合现实技术的工业智慧运维系统，系统整体架构需包含 6 层结构，即边缘设备层、数据接入层、数据存储层、业务应用层、应用实现层以及应用交互层，各层功能如图 14.3.1-7 所示（以制造业智能运维系统阐述混合现实技术的基本构架）。

边缘设备层通过部署在运维交互设备、机床设备、物联网设备、车间监控和工控设备端的传感器采集各类数据，是实现智慧化工厂运维的基础。

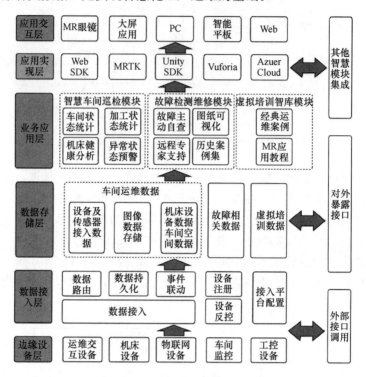

图 14.3.1-7　混合现实技术构架图

数据接入层根据情况对数据进行分流管理与整合过滤，并将数据统一存储在数据存储层的智慧车间云平台中。同时，智慧车间云平台还将存储通过外部接口接入外部必要数据，以及经由上层应用分析生成的经验性数据，其中包含但不限于故障案例数据、运维操作流程数据和巡检作业数据。这些数据经过智慧化认知分析网络处理后，将通过数据接口支撑两大应用方向：①本系统中业务应用层的智慧运维模块；②其他平行或上级系统中的应用内容，如智慧厂区系统及其子应用。

业务应用层包含了智慧车间巡检模块、故障检测维修模块和虚拟培训智库模块，涵盖了日常生产过程中的巡检业务，设备出现故障后的应急响应、决策、处理、记录、分析以及针对车间运维人员的培训教学业务，从而实现了对车间智慧化运维的全流程可持续辅助管理。

应用实现层通过调用相应的平台 SDK（软件开发工具包）及数据 API（应用程序接口）进行应用开发，使业务应用在不同的应用交互层设备上得以运行和使用。

应用交互层为应用提供交互设备，包括在车间现场使用的 MR 眼镜和智能平板设备以及运维监测使用的监测大屏、PC 和 Web 端，这些应用平台主要服务于车间管理者、远程专家和企业客户，帮助他们实时掌握车间运行状态、辅助车间运行规划和进行有关生产决策。混合现实技术相较于虚拟和增强现实技术更具优势，体现在其既可以在现实环境中显示虚拟物体，又可以对该物体进行贴近现实感的交互。因此，通过开发基于混合现实技术的工业智能运维系统，可更好地辅助装备制造从业人员在现实空间中完成智能巡检、远程协助故障检修、虚拟培训等任务，大幅度提升管理效率，降低运维成本，增强培训效果，对推动智慧工厂发展具有实际应用价值。

14.3.2　具体应用

1. 虚拟现实技术的应用

总的来讲，虚拟现实技术在各个领域中的应用可以归纳总结为表 14.3.2。本书主要对虚拟现实技术在智能建造相关领域的应用进行介绍。

虚拟现实技术在各个领域中的应用　　　　　　　　　　　表 14.3.2

领域	用途
医学	外科手术、远程遥控手术、身体附件、虚拟超音波影像、药物合成
教育	虚拟天文馆、远距离教学
艺术	虚拟博物馆、音乐
商业	电传会议、电话网络管理、空中交通管制
景观模拟	建筑设计、室内设计、地形地图
科学视觉化	数学、物理、化学、生物、考古、天文、虚拟风洞试验、分子结构分析
军事	飞行模拟、军事演习、武器操控
太空	太空训练、太空载具驾驶模拟
机器人	机器人辅助设计、机器人操作模拟、远程操控
工业	电脑辅助设计
娱乐	电脑游戏、9D影视
建筑	设计效果模拟、工艺模拟、工人教学

虚拟现实技术目前与建筑行业的结合较少，主要是应用于建筑的设计领域以及精装修的设计方面。虚拟现实技术的出现对于各行各业的发展都给予了很大的动力，在建筑设计行业中，为了尽可能地降低设计人员的工作强度、减少建筑设计工作的时间周期，并且在降低投资成本的同时还能保证其设计效果的质量，可以借助虚拟现实技术的应用得以实现。虚拟现实技术与建筑智能建造的结合是未来发展方向。

（1）虚拟现实技术在设计方面的应用

土木建筑工程设计是工程建设的第一大环节，直接影响着后期工程建设是否能顺利开展，决定着建筑工程的最终质量。但是，由于土木建筑结构复杂、施工环境多变，设计人员往往需要花费大量时间进行数据采集、数据分析，并绘制完整的设计平面图，但是最终呈现出的设计图纸也并不能将建筑多方面数据都完整的呈现出来。而引入虚拟现实技术后，设计人员就能简化力学性能模型试验工作，排除传统力学试验中可能会受到的气流、摩擦力等因素的影响，保证力学试验的准确性，并通过计算机技术快速且精准地进行试验数据分析，帮助设计人员决策出最合适的设计方案。例如，在大型桥梁建筑工程中，设计人员就能借助 3D 信息采集技术就建筑地的地理地形条件、交通情况等信息进行采集与分析，并构建立体三维模型，将桥梁建设所涉及的诸多限定数据直接标注在模型上，方便施工人员查看。并且，在之后的场景建设过程中，设计人员只需要针对想要调整的位置进行数据更换，其他部分数据也会按照公式进行自动调整，既节省设计时间，又能提升设计精准度。虚拟现实技术场景体验如图 14.3.2-1 所示。

图 14.3.2-1 虚拟现实技术场景体验

在建筑室内设计方面，通过调查我们发现，很多的设计师在与客户进行沟通之后偶尔也会出现所设计的方案不能够满足用户的实际需求的情况，归根结底是在后期沟通中出现了问题，再加上客户的认知能够力有限，设计效果就难以达到最佳。在建筑室内设计中应用虚拟现实技术能够与客户实现实时沟通交流，让客户在有更加真实的体验之后，提出自己的建议，设计师能够及时的进行修改，这样能够在很大程度上减少客户与设计师之间发生的冲突，提高工作的效率及质量。

传统的建筑室内设计往往只是采用图纸的形式，这种方式无法全方位的了解相关的数据，无法让用户有更加真实的感受，使整体设计受到束缚。而在建筑室内设计中应用虚拟现实技术能够将设计的各个环节进行联系，各个空间角度能够全方位地呈现给用户，不会受到约束，后续工作开展也更加顺利。虚拟现实技术室内设计示意图如图 14.3.2-2 所示。

成本预算工作是施工之前最为重要的工作之一，预算工作往往是在设计方案之后，通过分析计算方案中所需购买的材料等，进一步做好精确预算，在建筑室内设计中应用虚拟现实技术能够及时调整不合理的设计，避免影响后期预算的精准度。在进行建筑室内设计的过程中，难免会出现资金不足或者场地不够等问题，这会影响设计方案

图 14.3.2-2 虚拟现实技术室内设计

的顺利进行，如果不作出修改一味地进行设计的话，很容易会导致设计方案不合理，后期工作无法顺利进行等问题。而应用虚拟现实技术能够通过计算机进行场景构建，能够很方便地进行整改。

（2）虚拟现实技术在施工模拟过程方面的应用

土木建筑工程具有施工规模大、耗时长以及工程量大的特点，施工过程受人工、环境、天气等因素的影响，可能会存在动态变化。同时，土木建筑施工涉及大量施工环节，且各个施工环节之间存在着紧密联系，一旦其中一个环节出错，整体施工质量、施工进度都将会受到影响。借助虚拟现实技术就能在施工开展之前进行施工模拟，将工程数据输入计算机系统，智能化评估数据，制定出最优的施工方案。该系统所制定的施工方案相比人工制定方案更加合理，能全面考虑多项施工因素，结合工程成本、工程建设时间来进行合理计算，选择出性价比最好的施工计划供施工单位参考，将更多的工程主动权交给施工单位。同时，系统还会将建设过程中所涉及的多个施工环节进行整理，明确各个环节之间的承接关系，模拟施工环节承接过程，确保各个施工环节能按部就班地进行，不至于因为施工环节衔接不上而出现停工、施工质量不过关等问题。虚拟现实技术施工模拟示意图如图 14.3.2-3 所示。

图 14.3.2-3　虚拟现实技术施工模拟

（3）虚拟现实技术在测量方面的应用

提升工程测量水平，不仅能保证工程建设能顺利开展，避免施工过程中出现施工变更，同时还能确保土木工程建设质量符合设计要求。在土木建筑工程施工过程中，通常会涉及角度测量、距离测量、高程测量三个类型的测量工作，较为繁琐，且测量质量容易受到多方面因素的影响而出现测量误差。将虚拟现实技术应用于工程测量工作当中，能通过收集环境信息，构建虚拟模型，并利用计算机技术立足模型进行自动化测量，并精确分析测量数据，出具测量报告。由此，就将测量、数据记录、数据分析以及绘制图纸等多项工作结合在了同一体系当中，避免在测量工作中投入过多的人力、物力，同时提高测量精准度，提升测量效率。例如，在高层居民楼建筑项目中，测量人员要进行距离测量工作，只需将工程地理环境数据、居民楼设计数据输入到系统中，构建三维模型，系统就能准确进行数据测量与分析工作，并直观地将测量结果呈现在三维模型上，方便测量人员的下一步工作。

（4）虚拟现实技术在成果展示中的应用

对于大型土木建筑项目来说，施工单位有必要在施工开展之前，对施工设计方案进行成果演示与验证，以提前解决方案问题，确保方案的可行性、安全性。而将虚拟现实技术应用于这一环节，就能全方位地从多个细节方面入手，对方案进行演示，提前将工程成果呈现在人们面前，若有不足，也可提前进行整改与优化，如图 14.3.2-4 所示。例如，某大型桥梁建筑需要进行扩建，包括扩长与扩宽，技术人员就可以在初步完成设计方案之后，首先将原始桥梁的诸多数据输入模拟系统中，构建出原始桥梁模型，然后根据设计方案，输入扩宽值，并借助虚拟现实技术进行桥墩架设，将最终的施工成果呈现出来。借助计算机技术分析桥梁建成后的应力、承重力等多方面情况，由此判断该方案是否可行。若存在不足，则进行调整，优化设计方案。

图 14.3.2-4　虚拟现实技术成果展示

（5）虚拟现实技术在安全管理方面的应用

建筑工程管理中，施工安全是永远恒的话题，也是建筑工程管理的红线。BIM＋VR技术在建筑工程安全管理方面主要应用在高处坠落事故防范、VR 安全体验、消防疏散模拟、数字化入场教育和安全交底等方面。

1）高处坠落事故防范

由于建筑工程高空作业多，高处坠落事故多发，因此被列为建筑施工过程中"五大伤害"中的第一大伤害，其事故占比最高，为 52.77％，是占比第二的坍塌事故的 3 倍多，而且一旦发生，就容易致人死亡。由于工程施工过程中的"四口五临边"的安全防护遗漏、措施不到位是导致高处坠落事故发生的主要原因之一。因此，建筑工程施工阶段，对临边洞口的防护应放在安全管理的重要位置。对于复杂的建筑工程，通过 CAD 图纸很难将建筑中所有的临边洞口统计出来，难免会出现遗漏，而这些遗漏的临边洞口往往会成为事故发生地。BIM 技术的应用，能够很好地解决这个问题。利用 Revit 软件对建筑物进行建模，模型导入到 Fuzor 中，Fuzor 可以对模型中的临边洞口进行分析，出具临边洞口分析报告，使工程管理人员能够对本工程的临边洞口数量、类型、位置有一个详细的了解，从而避免遗漏现象的发生，还能有效地提高对临边洞口安全防护的管理。针对统计分析出的临边洞口，软件会自动根据设定好的防护措施对不同类别的临边洞口进行防护，并对不同部位的防护栏杆、安全平网等防护设施进行统一编号，标注所在楼层位置。运用 BIM 5D 技术，在三维模型中加入时间，根据施工进度，自动统计出新形成的临边洞口的数量以及需要做临边防护措施的工程量，管理人员根据软件出具的防护部位和防护工程量，可以很方便地制定防护设施采购计划、制定防护施工进度计划。

2）BIM＋VR 安全体验

对于建筑工程安全管理，安全预防措施只是一个方面，而提高工人的安全意识和危险源辨识能力方面更加需要重视。建筑工程中，70%的安全事故的发生在工人刚入场前一个月的时间，通过调查发现，此时是工人安全意识最低的时候。传统的工人入场教育，文字加图片的形式无法让工人体会到高处坠落是什么体验、站在楼层边上是什么体验，对提高工人的安全意识效果有限，只有切身体会才能让工人记忆深刻。利用 BIM＋VR 技术可以制作本工程的建筑模型，创建本工程的 VR 场景，通过 PC 端和手机端 VR 眼镜，能够让每一个新入场的工人看到本工程的危险源，体会到工程中常见安全事故发生时是什么感受，切实提高工人的安全意识和辨别危险源的能力，如图 14.3.2-5 所示。

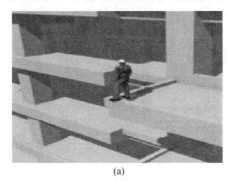

(a) (b)

图 14.3.2-5　BIM＋VR 安全体验

(a) 安全体验模型；(b) VR 体验者视角

3）消防疏散模拟

建筑工程施工阶段的消防管理同样是安全管理的重要组成部分，为保证施工人员在发生意外时迅速逃离现场，利用 Pathfinder 火灾应急疏散软件对建筑工程三维模型进行分析，进行应急疏散模拟，规划不同逃生路径及逃生方案，科学地分析出人员疏散的相关数据，选择最佳逃生方案（逃生时间最短）；并且利用 VR 技术让设计人员以及工作人员进行消防疏散模拟，体验逃生方案的实际效果。管理人员可以根据分析数据，为现场施工层临时施工通道的搭设方案提供依据，科学、合理地布置临时施工安全通道的位置、数量、宽度等。

4）基于 BIM 的数字化入场教育和安全

交底 BIM＋VR 技术所具有的立体化、可视化的特点，使得基于 BIM＋VR 技术的入场教育和安全交底不同于传统方式。这不仅会提高入场安全教育和安全交底的效果和效率，还能够显著减少因工人对安全教育和安全交底内容理解偏差所带来的在施工过程中的安全隐患,这对于一些复杂的现场施工效果更佳。有学者对这种基于BIM的数字化安全交底的效果进行了调查，结果显示，无论施工人员的年龄、教育背景和技术素养如何，合适的班前教育和安全交底都可以显著改善工人施工行为的安全性。

5）危险源辨识

运用 BIM 技术对建筑物进行建模的过程其实就是模拟施工的过程，BIM 三维建筑模型中包含建筑物所有的建筑信息、建筑构件参数信息。通过 BIM 三维建筑模型，可以将建筑施工过程中可能存在的危险因素一一辨识出来，并制定专项安全预防措施，将施工现场的危险因素消灭在正式施工前，从而提前避免安全事故的发生，将施工现场的安全管理提升一大步。

（6）BIM＋VR 技术在质量控制方面的应用

运用 BIM＋VR 技术对建筑工程施工质量进行控制主要体现在预控和施工过程中控制等方面。

在建筑工程施工中，常常会遇到图纸设计和现场实际施工相冲突及各专业之间相冲突的情况。BIM 技术就是解放空间想象力的软件，运用 BIM 相关软件，可以很容易地将平面的图纸立体化，将设计师想要表达的每项设计体现在这个立体模型中，很多二维图纸中看不出来的问题在立体模型中就会一目了然。传统的技术交底采用图片、文字和 CAD 图的方式进行，对于普通工人，每个人的理解能力不同，空间想象力不同，对同样的一份施工交底往往会有不同的理解，甚至一旦对交底中的某些内容理解不透彻，就会导致施工出错，使施工质量大打折扣。BIM＋VR 技术在施工交底中的运用，使得施工交底立体化、可视化，对工人的空间想象能力要求不高，使得施工交底更加高效，能够将设计者的意图更加直观高效地展示给工人。

目前建筑工程施工倡导样板先行，每个分项工程施工前需要先做样板，样板验收合格后方可大面积施工。建筑工程中细分的分项工程特别多，每个建筑工程项目包含的分项工程少则十几个，多则几十个，如果每个分项工程都做实体展示样板，这样不仅工程量大、占用大量场地、建设周期长、每个质量样板的质量水平参差不齐而且会造成人力、物力、财力的浪费。运用 BIM＋VR 技术，根据设计图纸和规范图集的要求，对每个分项工程用 Revit 建立模型，在模型中将工艺做法展示出来，用 Fuzor 将模型制作成 VR 视频，让每个新进场的工人通过 VR 眼镜来观看虚拟样板（图 14.3.2-6），同样能够使工人对各个分

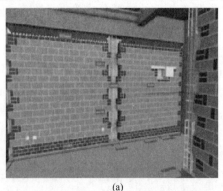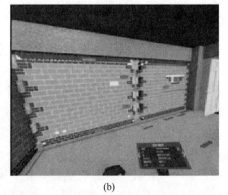

(a)　　　　　　　　　　　　　　　　(b)

图 14.3.2-6　BIM＋VR 技术在质量控制
（a）虚拟样板模型；（b）VR 体验者视角

项工程的施工工艺、工艺标准、施工质量要求有一个清晰的认识，从而强化其质量意识，进而提高工程质量（图14.3.2-7）。有些分项工程的虚拟展示样板在其他建筑工程项目中是通用的，例如：防水节点处理样板、砌筑样板、抹灰样板、钢筋绑扎样板、楼梯支撑样板等，这些虚拟样板可以共享到其他建筑工程项目中去应用，避免了重复工作，节约场地，避免了人力和物力的浪费。这些通用的虚拟展示样板可以由每个建筑施工企业或地方质监站牵头建立虚拟样板库，统一每个分项工程的质量标准，各个建筑工程施工项目只需要购买相应设备，就可以向工人展示每个分项工程的工艺做法和施工质量要求，有利于建筑工程施工质量的提高。

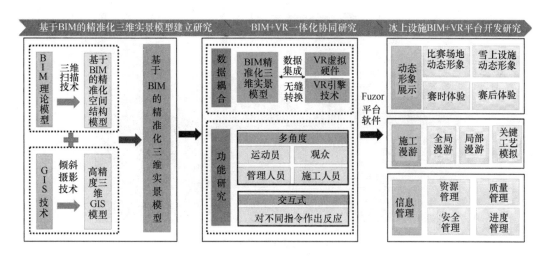

图 14.3.2-7　Fuzor 平台技术路线

2. 增强现实技术的具体应用

AR 技术不仅在与 VR 技术相类似的应用领域，诸如尖端武器、飞行器的研制与开发、数据模型的可视化、虚拟训练、娱乐与艺术等领域具有广泛的应用，而且由于其具有能够对真实环境进行增强显示输出的特性，在医疗研究与解剖训练、精密仪器制造和维修、军用飞机导航、工程设计和远程机器人控制等领域，具有比 VR 技术更加明显的优势。下面介绍了增强现实技术被广泛应用于工业维修、影视娱乐、医疗手术、教育培训等多个领域的情况，并重点分析在智能建造中的具体应用。

（1）各个领域中的应用情况

1）工业制造与维修领域

在工业领域，制造与维修流程一般较为复杂，往往包含成百甚至上千个步骤。操作过程一旦发生错误，将会造成巨大的损失。增强现实技术能够将已知的数据信息正确地发送给流水线上的工人，如在用户指向某一部位时系统显示该部位的名称、功能等，从而减少错误的发生，提高生产与维修效率。在工厂中，增强现实系统还能从工业系统中捕获信息，获得每台设备与操作流程的检测和诊断数据并可视化，帮助维修人员找到可能出现问题的源头，并提醒工人进行预防式维修，减少因设备损坏导致停工带来的损失。Iconics公司将增强现实技术引入工业自动软件上，通过在理想位置投射相关信息，提高检测设备或流程的效率。

2）市场营销和销售领域

增强现实技术重新定义了产品展厅和演示的概念，并且完全颠覆了传统的客户体验。在购买之前，用户可以看到虚拟产品在真实环境下的状态，促使他们做出更符合实际预期的购买决策，进而提升客户的满意度。EasyAR 与汽车之家联合推出了 AR 看车软件，用户可以通过手机 App 将虚拟的车辆放置在真实场景中，在购车之前预览其在道路上奔驰的效果（图 14.3.2-8）。瑞典宜家集团推出了一款名为 IKEA Place 的家具类应用，用户可以选择自己喜欢的家具叠加在现实场景中，避免在装修过程中出现的家具尺寸不合适、风格不统一等问题（图 14.3.2-9）。

图 14.3.2-8　"AR 看车"手机应用软件效果

图 14.3.2-9　"IKEA Place"手机应用软件效果

3）医疗领域

医学手术导航是增强现实技术的重要应用之一。由于很多医学手术具有较高的风险，任何小操作误差都可能带来严重的后果。增强现实技术对 CT 或医学磁共振成像（MRI）进行三维建模，并通过将构建的模型与病人身体精确的配准，为医生提供现实与虚拟叠加的影像，进而实现对医疗手术的导航作用。Surgiceye 公司在很多外科手术案例中引入了增强现实技术，如在外科手术中，医生可以直接通过增强现实技术"查看"病人身体内部、骨骼等信息。在实际应用中，将增强现实与常规诊断的显示方式相结合，帮助医生精确的找到病理位置。

4）教育领域

增强现实技术作为一种沉浸式的学习方式，可以将丰富的资源信息和其他数据整合到用户能够观察到的现实场景中，为师生提供身临其境的学习环境，激发学生的学习兴趣，提升主观积极性。同时，增强现实技术能够构建目标对象的三维建模并显示，学生可以通过从不同视角观察模型，并与虚拟的模型进行交互，增强对目标对象的理解。此外，增强现实系统实时交互的特点削弱了位置、空间的限制，教师可以在课上或远程指导学生，弥补了现实环境中设备的不足，实现资源共享。

5）古迹复原与数字化遗产保护领域

增强现实技术的一个重要应用场景是室内博物馆导览，它通过在文物上叠加虚拟的文字、视频信息，为游客提供更多的文物导览解说。此外，增强现实技术还可以利用采集到的数据复原再现文物古迹，将极具真实感的虚拟影像展现在游客眼前，为游客提供身临其境的视觉体验。

（2）智能建造中的应用情况

AR 起源于虚拟现实（VR），它提供了一种半浸入式的环境并且强调真实场景和虚拟世界图像和时间之间的准确对应关系。由于 AR 技术大大提升了人类的感官能力，它已经开始影响人们的日常生活，其应用日渐成熟与多样。随着建筑、工程建设以及设备管理行业逐渐朝着数字化信息管理的方向发展，必须要有更为直观的视觉化平台来有效地使用这些信息。增强现实技术（AR），这种将相应的数字信息植入到虚拟现实世界界面的技术，将有力地填补这一可视化管理平台的缺失。例如，工程管理人员试图模拟特定的建造过程并获得反馈，但是实际状况是他们只能够实现在虚拟环境中建造过程的可视化，却无法从现实中得到有效的反馈。而增强现实技术（AR）可以将虚拟的 3D 模型叠加在实时的视频录像当中，提高界面视觉化的程度，增加用户的理解，从而可以帮助工程管理者做出更快速、准确的反应。而且由于成本较为低廉和应用范围广泛，在未来十年，移动 AR 技术将会对建筑、工程、建设和运营产业有着巨大的影响。国内外的研究者们就 AR 在工程领域的应用开展了许多方面的研究，目前 AR 在建筑领域的研究方向大致分为以下四类：①AR 与建筑设计；②AR 与现场施工管理；③AR 对建筑全生命周期的其他运用；④AR 与建筑相关学科的教学活动及培训。

1）AR 与建筑设计

可视化的设计是设计师之间共享设计视角、进行协同设计的关键，一个更加直观的可视化平台对于如今需要有效地处理数字信息的建筑设计产业来说更是必不可少的。增强现实作为一种增强的可视化手段，也将在建筑设计中占有一席之地。目前有人研发了 sketch-hand＋系统：通过在数位写字板上涂写加载出 3D 草图的系统。以此来证明 AR 在早期的设计、合作和交流过程中能起到的重要作用。在此基础上，将 AR 应用到了城市规划中，使设计人员可以在三维空间中理解城市的空间参数从而更快速地加载体量、完成决策。ARCAD 系统使暖通、给水排水设计师们通过可视化设备（HMD）可以在虚拟 3D 环境中多角度地观察管线进行设计深化并且检验 CAD 图纸中存在的设计问题。

2）AR 与现场施工管理

由于 AR 可在施工现场加载虚拟的施工内容，使现场人员从平面化的数据提取这种需要较高专业素养的活动中解脱出来，可以在现场施工管理中减少由于施工组织和图纸的误解和信息传递的失真所造成的巨大损失，减少施工员反复读图识图的时间，辅助施工员的管理，加强现场施工人员的培训甚至通过加载明显的标记信息强调重要节点的施工从而有利于现场安全管理。将 AR 应用于施工工地的布局规划，通过在虚拟环境中预置施工材料和设备、规划设备和相应的进场路线，并加载到施工现场，使场地布局可以快速、准确地完成。利用 AR 辅助暖通空调和给排水管道的安装，在施工前，估价师使用 iPad 登录 BSNS，并扫描安装楼层和所用管道的二维码上传到服务端，服务端在数据库中找到对应的三维构件上传到系统。系统自动将安装位置生成三维环境并与三维构件结合，这样在管道实际安装的过程中，工人就可以自动在移动设备上获取构件安装的位置。暖通和给排水工人在完成管道安装之后，将竣工图片拍摄并上传，以便于后续的工料测量。将 AR、BIM 和实体构件结合开发的施工错误检测系统可以及时纠错，在现场标记物上通过智能手机和平板电脑加载 BIM 信息；在重要的施工活动中，加载增强现实模型与实体匹配或者提前做好基于 BIM 的 AR 操作图像使施工员更好地管理施工。还可以用 AR 来显示地下基础设施的定位与部署，以减少不必要的损坏。由于工地的复杂性，在工地中放置追踪技术使用的常规标志物将是很困难的，但是 AR 系统却可以识别复杂环境的特点，然后用这些特点来决定在哪里叠加虚拟物体（无标记 AR），非常适合用在建造领域。

3）AR 在运营管理及建筑全生命周期其他环节的应用

设备维修和建筑运营、革新阶段需要运维人员掌握大量相关信息并且在大量的隐蔽工程中找出维修点，而增强现实技术可以很好地辅助解决这一问题。增强现实设备可为设备运营者们提供所维护设备真实的运行环境及相关信息，以避免大量信息冗余并增加决策的可靠度，同时减少决策时间。还可以用 AR 辅助检测建筑的内部错位率，因不需要提前在建筑物中放置探测设备而做到无损探测。建立基于 BIM 和 AR 的全装修房系统，为买卖双方提供信息沟通的三维增强现实平台，开发商利用 AR 提供一种加载信息的浸入式环境，借此设计和展示楼盘整体效果、室内装修设计效果和供购房者选择的装修方案。将增强现实技术应用到特色历史建筑观赏系统用以全方位地重现不同时期建筑的外观和特色并且也为客户智能化地提供了相关建筑资料。

4）AR 与建筑领域其他新技术的结合

为了使 AR 更好地应用于建筑领域，就不可避免地要解决好三个重要的问题：实用性、可靠性、合作性。AR 的实用性不仅需要解决追踪、登记和展示这三个 AR 本身技术层面的问题，还需要解决可用性的问题，即携带是否方便、是否舒适。可靠性则要求 AR 构建的混合世界中所加载的虚拟信息和物体具有可靠的来源，而建筑信息模型（BIM）中所包含的大量 3D 建设信息正好可以用来解决这一问题，BIM 的三维信息也需要通过 AR 与实际现场更好地结合起来。将 BIM 和 AR 相结合，使 BIM 中所包含的大量静态的已定义好的 3D 信息可以应用到增强现实技术中为项目管理提供依据，为了更好地在场地中应用 AR，需要与跟踪定位技术，例如 RFID 相结合。由于工程建设是一个多方协同合作的过程，增强现实技术在建筑领域的应用可以为各个参与方提供服务并且可以实现重复利用，这就需要 AR 所提供的三维信息能够得到很好的传输和共享，通过 AR 结合 SNS、云计算来实现多方合作并且采用 web3D 来实现移动 AR 的 3D 信息在线传输。还可以使用桌面 AR 打造工程施工可视化平台加强合作交流，由 AR 构建的可视化平台将会促使施工各方之间的合作从人机交互到人人交互的转变，这将大大减少沟通成本增加沟通的准确性。

5）AR与建筑相关领域的学科教学活动及培训

目前国内将增强现实技术应用于教学领域已有了初步的探索和实例研究。国内外增强现实技术在教育领域的应用主要集中在立体书籍、幼儿教育、技能培训等几个方向。结合建筑业的行业特征，增强现实在建筑业的应用相应地也可以在立体书籍、技能培训及创建多方的可视化交流平台等方面展开。建设工程相关专业的学生在现有的教学条件下通常只依靠传统的教学手段（充斥着大量文字，缺乏可视化元素）——黑板、散发学习资料和电脑的展示等，不能够对现实的工地有很好的参与和互动。通过开发AR将虚拟的施工设备3D图像叠加到AR的二维标记物上，学生只需要使用电脑或特定设备扫描这些标记就可以从各个角度观察施工机械；通过将真实的动态施工过程的视频信号叠加到AR标记物上，还可以使学生多视角地了解和学习施工工艺，方便学生间的交流和理解。由于重型设备操作人员的培训远离工地，使新上岗工人缺乏对实际工作环境的体验，因此，AR还可以应用在施工人员的培训上。应用AR指导施工机械操作和设备操作人员的培训，使初学工人既熟悉了现场环境，又通过在特定指令下操作虚拟的材料而不至于造成材料的浪费和设备的损坏。

3. 混合现实技术的具体应用

（1）各领域中的应用情况

1）教育领域

目前，MR与教育领域进行了初步融合，以其虚实融合、深度互动以及可实现异时空对象共存等教育特性，在学科课堂教学、STEAM教育、教育游戏、远程指导和在线虚拟课堂、非物质文化遗产教育和特定领域技能培训等方面展现了明显的技术优势，并具有无限潜在的发展应用空间。从教育领域总体来看，MR对于学科课堂教学、教育游戏以及STEAM教育的价值更显著。

2）医学领域

MR技术在医学领域中发挥了较大的作用。在医学教育方面，MR能够让学生直观了解解剖结构，突破医学教育受场地限制、教学资源不足等短板，可有效提高学习效率；在手术应用方面，MR导航使得手术过程更加直观。

3）工业设计领域

混合现实技术的发展和普及对产品设计产生了较为深远的影响，直接导致产品设计和生成手段的改变。混合现实技术可被运用于产品外形设计，产品的布局设计，产品的运动和动力学仿真，产品的广告与漫游，可根据对产品的研发要求，多次评测和修改产品的外形等，此类修改方式对产品方案修改效率的提高具有积极意义，在很大程度上减少了产品研发风险，有利于建模数据的构建，而冲压模具的基础设计和仿真加工等环节也可直接运用系统生成的建模数据。

（2）智能建造中的应用情况

1）虚拟管道检查

机电管线隐蔽，用深度摄像头的场景识别进行模型的精确定位虚拟显示管道，虚拟检查管线走向，并直接调取相关构件信息，实时更新。

2）虚拟隐蔽验收

质量检测或隐蔽工程验收时现场移动端与现实结合观看钢筋、复杂节点、机电管线、装饰装修的三维效果。

3）虚拟运维后期

运营维护时可以直接看到隐藏在内部的管线走向，便于维护管理。

4）定位功能

具备实时定位功能，用二维码技术进行定位，可定坐标显示控制选项、控制实际物联网硬件。

5）协同工作模式

MR 的协同工作方式为设计工作提供了一种全新高效的设计方式，设计效果实时呈现、设计信息实时沟通，简化了设计流程，提高了设计阶段的工作效率。

14.3.3　应用价值

1. 对项目进行技术论证

一般来说，除了在教学过程中建筑设计与其他教学方式有所不同，在建筑行业也存在着很大的差异性，一个建筑物的诞生对于当地社会以及用户安全来说，都起着至关重要的作用。此外，我国在建筑设计和施工过程中在存在着一个很大的经济压力问题，对于一些大型的建筑物或者体育馆等，前期设计图纸过程中一个细微的失误都可能对接下来的施工环节造成极大的麻烦，并且即使完成之后，对于建筑功能性以及安全性都需要很长的一段时间进行评估。而扩展现实技术可以将前期设计的图纸进行三维立体呈现，让设计人员在施工之前对发现的问题进行修改，把经济压力降到了最低，在节省人力物力的同时对后期的建筑施工也能起到很好的保障作用。

2. 改善建筑设计架构

建筑设计相对来说是一个极具科学性、逻辑性、严密性的一个过程，它不仅需要在建筑设计中对设计方案的可行性进行细致分析，还需要对一些细节精益求精。扩展现实技术可以为设计师提供一个省事省力的方法，还可以实现设计方案的更优选择。在虚拟现实技术中，建筑设计人员可以把它作为评定设计方案是否可行的测量工具，利用三维立体效果的展示对设计中出现的问题进行修补，并且可以模拟出各种不同效果，选择其最优的设计方案作为最终作品。所以扩展现实技术可以在改善设计方案过程中大幅度降低投资成本。

3. 节省投资和运行费用

在基于扩展现实技术的效果展示之下，建筑设计人员对于其中不合理的细节做适当调整。对于施工方来说，可以减少预算的投资成本，保质保量地完成建筑物的施工。与此同时，在演示过程中，如果发现一些较为明显的设计问题，可以做到及时调整或者更换设计方案，能有效避免建筑物在建造完成之后发现问题再重新返工的浪费。此外，虚拟现实技术也可以降低施工中材料的运费，如果在施工之前对整个方案进行调整，就可以减少很多不必要的经济损失，包括材料运输的一系列费用。

课 后 习 题

一、单选题

1. 虚拟现实技术最主要的特征是(　　)。

A. 交互性　　　　　B. 沉浸性　　　　　C. 构想性　　　　　D. 自主性

2. 混合现实（MR）的实现需要在一个能与现实世界各事物相互交互的环境中。如果一切事物都是虚拟的，那就是 VR 的领域了。如果展现出来的虚拟信息只能简单叠加在现实事物上，那就是 AR 领域。MR 的关键点就是与现实世界进行交互和信息的及时获取。这体现了 MR 的(　　)。

A. 实时运行　　　　B. 实时交互　　　　C. 构想性　　　　　D. 自主性

3. 增强现实技术可以将屏幕扩展到真实环境，使窗口与图标叠映于现实对象，由眼睛凝视或手势指点进行操作；让三维物体在用户的全景视野中根据当前任务或需要交互地改变其形状和外观；对于现实目标通过叠加虚拟景象产生类似于 X 光透视的增强效果；将地图信息直接插入现实景观以引导驾驶员的行动；通过虚拟窗口调看室外景象，使墙壁仿佛变得透明。这体现了该技术的(　　)。

A. 实时交互　　　　　　　　　　　B. 虚实结合

C. 在三维尺度空间中增添定位虚拟物体　　D. 自主性

4. (　　)是指一种实时地计算摄影机影像的位置及角度并加上相应图像的技术，这种技术的目标是在屏幕上把虚拟世界套在现实世界并进行互动，以真实世界为本位，强调让虚拟技术服务于真实现实。

A. AR 技术　　　　B. VR 技术　　　　C. MR 技术　　　　D. AE 技术

5. (　　)是虚拟现实技术的进一步发展，该技术通过在虚拟环境中引入现实场景信息，在虚拟世界、现实世界和用户之间搭起一个交互反馈的信息回路，以增强用户体验的真实感。允许用户同时保持与真实世界及虚拟世界的联系，并根据自身的需要及所处情境调整上述联系。

A. AR 技术　　　　B. VR 技术　　　　C. MR 技术　　　　D. AE 技术

二、多选题

1. 虚拟现实是指采用以计算机技术为核心的现代信息技术生成逼真的(　　)一体化的一定范围的虚拟环境。

A. 视觉　　　　　　　　　　　B. 嗅觉

C. 听觉　　　　　　　　　　　D. 触觉

2. 虚拟现实技术的特性是(　　)。

A. 沉浸性　　　　　　　　　　B. 真实性

C. 交互性　　　　　　　　　　D. 想象性

E. 实时传导性

3. 增强现实技术的特点是(　　)。

A. 虚实结合　　　　　　　　　B. 实时交互

C. 在三维尺度空间中增添定位虚拟物体　　D. 真实性

三、简答题

1. 扩展现实技术可以很好地应用于智能建造，请简要解释 VR、AR 与 MR 之间的关系。

2. 请简要概括扩展现实技术的优势。

3. 扩展现实技术已经得到了广泛的应用，请试着列举扩展现实技术的具体应用及其应用价值。

第 15 章　智能建造常用智能设备

导语：智能建造的实现离不开智能设备的支持。本章主要介绍了
智能建造几类常用的智能设备，包括智能传感器、三维扫描仪、
3D 打印机、建筑机器人、智能穿戴设备等，针对每种智能设
备分别介绍了其功能、应用场景和使用优缺点，便于读者对智能设
备的分类、功能、作用有更深入的理解。

15.1　智能传感器

智能传感器系统是一门现代综合技术，是当今世界正在迅速发展的高科技新技术，但还没有形成规范化的定义。早期，人们简单、机械地强调在工艺上将传感器与微处理器两者紧密结合，认为传感器的敏感元件及其信号调理电路与微处理器集成在一块芯片上就是智能传感器。现在人们普遍认为，智能传感器（intelligent sensor）是具有信息处理功能的传感器。智能传感器带有微处理机，具有采集、处理、交换信息的能力，是传感器集成化与微处理机相结合的产物。

15.1.1　智能传感器的功能

智能传感器的功能是通过模拟人的感官和大脑的协调动作，结合长期以来测试技术的研究和实际经验而提出来的，是一个相对独立的智能单元，它的出现对原来硬件性能的苛刻要求有所减轻，而靠软件帮助来使传感器的性能大幅度提高。智能传感器通常可以实现以下功能：

1. 复合敏感功能

人们观察周围的自然现象，常见的信号有声、光、电、热、力和化学等。敏感元件测量一般通过两种方式：直接和间接的测量。而智能传感器具有复合功能，能够同时测量多种物理量和化学量，给出能够较全面反映物质运动规律的信息。如美国加利弗尼亚大学研制的复合液体传感器，可同时测量介质的温度、流速、压力和密度。美国 EG&GIC Sensors 公司研制的复合力学传感器，可同时测量物体某一点的三维振动加速度、速度、位移等。

2. 自补偿和计算功能

多年来，从事传感器研制的工程技术人员一直为传感器的温度漂移和输出非线性作大量的补偿工作，但都没有从根本上解决问题。而智能传感器的自补偿和计算功能为传感器的温度漂移和非线性补偿开辟了新的道路。这样，放宽传感器加工精密度要求，只要能保证传感器的重复性好，利用微处理器对测试的信号通过软件计算，采用多次拟合和差值计算方法对漂移和非线性进行补偿，从而能获得较为精确的测量结果。

3. 自检、自校、自诊断功能

普通传感器需要定期检验和标定，以保证它在正常使用时足够的准确度，这些工作一般要求将传感器从使用现场拆卸送到实验室或检验部门进行，对于在线测量传感器出现异常则不能及时诊断。采用智能传感器时，情况则大有改观。首先，自诊断功能在电源接通时进行自检，诊断测试以确定组件有无故障；其次，根据使用时间可以在线进行校正，微处理器利用存在 E2PROM 内的计量特性数据进行对比校对。

4. 自学习与自适应功能

传感器通过对被测量样本值学习，处理器利用近似公式和迭代算法可认知新的被测量值，即有再学习能力。同时，通过对被测量和影响量的学习，处理器利用判断准则自适应地重构结构和重置参数。

5. 信息存储和传输功能

随着全智能集散控制系统（Smart Distributed System）的飞速发展，对智能单元要求具备通信功能，用通信网络以数字形式进行双向通信，这也是智能传感器关键标志之一。智能传感器通过测试数据传输或接收指令来实现各项功能。如增益的设置、补偿参数的设置、内检参数设置、测试数据输出等。

6. 数据处理功能

智能传感器可以根据内部程序，自动处理数据，并且能够完成多传感器多参数混合测量，从而进一步拓宽了其探测和应用领域，而微处理器的介入使得智能传感器能够更加方便地对多种信号进行实时处理。此外，其灵活的配置功能既能够使相同类型的传感器实现最佳的工作性能，也能使它们适合于各不相同的工作环境。

7. 双向通信功能

智能传感器有一个数字式通信接口，通过此接口可以直接与其所属计算机进行通信联络和交换信息。微处理器和基本传感器之间构成闭环，微处理器不但接收、处理传感器的数据，还可以将信息反馈至传感器，对测量过程进行调节和控制。

8. 数字和模拟输出功能

许多带微处理器的传感器能通过编程提供模拟输出、数字输出或同时提供两种输出，并且各自具有独立的检测窗口。最新的智能传感器都能提供两个互不影响的输出通道，具有独立的组态设备点。

15.1.2 智能传感器的应用场景

为满足各种智能化的应用需求，传感器类别非常多样化，例如：环境传感器、惯性传感器、模拟类传感器、磁性传感器、生物传感器、红外传感器、振动传感器、压力传感器、超声波传感器等。其中，以下传感器比较常用。

（1）环境传感器，主要有气体传感器、气压传感器、温度传感器、湿度传感器等。气体传感器可以应用于空气净化器、酒驾检测器、家装中甲醛等有毒气体的检测器以及工业废气的检测装置等。随着人们对环境问题的重视，环境传感器的重要性越来越凸显，未来有很大的发展空间。

（2）惯性传感器，主要应用在可穿戴产品上，比如智能手环、智能手表、VR头盔等。通过惯性传感器来检测运动的跟踪、识别，告知佩戴者当天的运动量、消耗的卡路里及运动的效果。

（3）磁性传感器，主要用在家用电器上，比如咖啡机、热水器、空调等，用来检测角度转了多少或者行程多少，通常显示在仪表盘上。此外，门磁和窗磁等方面采用的也是磁性传感器，机器人的智能化和精准度也需要磁性传感器做支撑。

（4）模拟类传感器，主要应用在智慧医疗设备上，可以作为心跳、心电图等信号的输入，并将健康数据进行可视化的输出，让用户了解自身第一手健康、运动数据。

（5）红外传感器，常应用于红外摄像头、扫地机器人等智能家居方面。

为了实现建筑物的智能化，自然离不开智能传感器。只有在建设初期就对对智能传感网络及其控制系统合理设计，对各种类型的智能传感器合理布置，才可能实现建筑物的智能化。智能传感器在建筑工程中的具体用途可以分为：

1. 在照明系统中的应用

在楼宇控制系统中，智能照明控制系统借助各种不同的"预设置"控制方式和控制元件，采用红外热释电传感器，声音传感器，光线传感器等对不同时间不同环境的光照度进行精确设置和合理管理，实现节能。在充分利用自然光的前提下，利用最少的能源保证当前所要求的照度水平，同时良好的照明环境是提高工作效率的一个必要条件，优化设计方案、合理选择光源、提高照明质量。在项目重要部位施工、安装照明系统过程中遇到困难，可以请求后方专家的远程支持，专家在后方可以实时看到前方清晰的画面，根据现场情况向前方人员提供相应的支持和指导；在对项目的照明系统进行验收的时候，如果相关专家或管理人员不便到施工现场，可以通过可视安全帽回传的需验收部位的清晰视频，进行远程提问和交流，实现远程验收。验收的影像资料可以用于档案保存和复盘。

2. 在给水排水系统的应用

在智能建筑中，给水排水系统的监控和管理由现场监控站和管理中心来实现，其最终目的是实现管网的合理调度。随着用户水量的变化，管网中各个水泵都能及时改变其运行方式，保持适当的水压，实现泵房的最佳运行，监控系统还可随时监视大楼的排水系统，并自动排水，当系统出现异常情况或需要维护时，系统将产生报警信号，通知管理人员处理。给水排水系统的监控主要包括水泵的自动启停控制、水位流量、压力的测量与调节，用水量和排水量的测量，污水处理设备运转的监视、控制、水质检测，节水程序控制，故障及异常状况的记录等。现场监控站内的控制器按预先编制的软件程序来满足自动控制的要求，即根据水箱和水池的高、低水位信号来控制水泵的启、停及进水控制阀的开关，并且进行溢水和停水的预警等。当水泵出现故障时，备用水泵则自动投入工作，同时发出报警信号。

3. 在火险报警预防中的应用

在智能建筑中，利用火险传感器来检测和预防险情的发生，火险传感器主要有感烟传感器、感温传感器以及紫外线火焰传感器。从物理作用上区分，可分为离子型、光电型等；从信号方式区分，可分为开关型，模拟型及智能型等。在重点区域必须设置多种传感器，同时对现场加以监测，以防误报警；还应及时将现场数据经控制网络后向控制系统汇总，获得火情后，系统就会自动采取必要的措施，经通信网络向有关职能部门报告火情，并对楼宇内的防火卷帘门、电梯、灭火器、喷水头、消防水泵、电动门等联动设备下达启动或关闭的命令，以使火灾得到即时控制，还应启动公共广播系统，引导人员疏散。该系统是采用了智能化网络分布处理技术，具备火灾探测、消防联动等功能。

4. 在安防中的应用

智能建筑中可采用入侵报警系统。利用传感器技术和电子信息技术探测并指示非法进入或试图非法进入设防区域的行为、处理报警信息、发出报警信息的电子系统或网络。入侵报警系统的构成一般由周界防护、建筑物内（外）区域/空间防护和实物目标防护等部分单独或组合构成，系统的前端设备为各种类型的入侵探测器（传感器），传输方式可以采用有线无线传输。工地的安全事故频发，工地平常的安防演练必不可少。在平常安防演练时，项目部的领导或者上级指挥部、企业管理部门的领导，能够通过可视安全帽实时回传的图像，第一时间看到现场演练情况，进行通话指挥。智能安全帽可以作为现场安防处置的音视频指挥终端设备，发挥较好的作用，实现应急指挥处置。

5. 在项目验收中的应用

（1）工程质量安全巡检的同步记录、信息准确传递和分享

对于一些需要进行影像拍摄的施工部位，不需要再借助于其他设备，可视安全帽可以解放双手，灵活的进行现场同步摄录保存，事后可以方便地传输影像文件，安全又高效；质量、安全巡检的实时同步影像记录，现场的情况可复盘、追溯，作为档案留存；质量、安全巡检同步记录之外，后方也可以根据需要实时看到前方情况，实现前后方的信息准确传递和分享。

（2）远程技术支持

项目重要部位施工、设备安装过程中遇到困难，可以请求后方专家的远程支持，专家在后方可以实时看到前方清晰画面，根据现场情况向前方人员提供相应的支持和指导。

（3）项目远程验收

有些验收的场合，相关专家或管理人员不便到施工现场，可以通过可视安全帽回传的需验收部位的清晰视频，进行远程提问和交流，实现远程验收。验收的影像资料可以用于档案保存和复盘。

6. 在信息协同方面的应用

如果工程内部组织施工竞赛或者大比武，项目相关人员可以通过在线视频直播的设备，后方可以在多个不同物理场所观看。比如，智能安全帽作为一种智能物联网硬件终端，负责信息的采集和传输，后端有管理后台提供支撑。通过平台管理系统跟前端设备的协同，可以实现平台管理系统与前端设备、设备跟设备之间的集群音视频通话和协同交互，比如召开小型的视频会议，尤其对于中小企业而言这个功能比较实用。某些智能传感器支持接入第三方视频会议系统，作为视频会议系统中的移动视频会议终端。这样不管是在项目部会议室，还是在施工现场，都可以灵活地参与视频会议。

15.1.3　智能传感器的优缺点

传感器被称为电子设备的五官，作用非常大，但传统传感器对数据的处理能力有限，并不能满足很多场景下的高数据、高运算要求。随着人工智能技术的发展，智能传感器成为一种新的市场需求。与一般传感器相比，智能传感器具有很多优点，如通过软件技术可实现高精度的信息采集且成本低、具有一定的编程自动化能力、功能多样化等。

（1）提高了传感器的精度：智能式传感器具有信息处理功能，通过软件不仅可修正各种确定性系统误差，而且还可适当地补偿随机误差、降低噪声，大大提高了传感器精度。

（2）提高了传感器的可靠性和稳定性：智能传感器能自动补偿因工作条件与环境参数变化引起的系统特性的漂移，比如温度变化产生的零点与灵敏度的漂移；在被测参数变化后能自动改换量程；能实时自动进行系统的自我检验，分析判断数据的合理性，并给出异常情况的应急处理方案等。

（3）提高了传感器的性能价格比：在相同精度的需求下，多功能智能式传感器与单一功能的普通传感器相比，性能价格比明显提高，尤其是在采用较便宜的单片机后更为明显。

（4）促成了传感器多功能化：智能式传感器可以实现多传感器多参数综合测量，通过编程扩大测量与使用范围；有一定的自适应能力，根据检测对象或条件的改变，相应地改

变量程反输出数据的形式；具有数字通信接口功能，直接送入远地计算机进行处理；具有多种数据输出形式，适配各种应用系统。

（5）高信噪比和高分辨率：智能传感器具有数据储存、记忆与信息处理的功能，可通过软件进行数字滤波、数据分析等，故可以除去数据中的噪声，提取出有效信号；也可通过数据融合和神经网络技术，消除多参数状态下交叉灵敏度的影响，从而保证对特定参数的测量有较高的分辨能力。

（6）微型化：随着微电子技术的迅速推广，智能传感器正朝着小和轻的方向发展，以满足航空、航天、国防、小型化工业与民用设备的需求。

（7）低功耗：智能传感器普遍采用大规模或超大规模的 CMOS 电路，使传感器的耗电量大为降低，有的可用叠层电池甚至纽扣电池供电，而待机模式的设计更是让智能传感器的功耗降至更低。

但是与国外相比，我国的智能传感器发展进步空间还很大，主要的缺点有：

1）科技创新差，核心制造技术滞后于国外，拥有自主知识产权少，品种不全。

2）投资强度偏低，科研设备和生产工艺装备落后，成果水平低，产品质量差。

3）科技与生产脱节，影响科研成果的转化，综合实力较低，产业发展后劲不足。

15.2　三维扫描仪

三维激光扫描技术是近年来发展起来的一门新技术，其被誉为"继技术以来测绘领域的又一次技术革命"。该技术作为获取空间数据的有效手段，以其快速、精确、无接触测量等优势在众多领域发挥着越来越重要的作用。随着科学技术的创新，推动了各个领域工作新方法的开展。三维激光扫描技术可以真正做到直接从实物中进行快速的逆向三维数据采集及模型重构，无需进行任何实物表面处理，其激光点云中的每个三维数据都是直接采集目标的真实数据，使得后期处理的数据完全真实可靠。由于技术上突破了传统的单点测量方法，其最大特点就是精度高、速度快、逼近原形，是目前国内外测绘领域研究关注的热点之一。结合三维激光扫描的技术优势将其应用智能建造领域中具有重要的理论与现实意义。

15.2.1　三维扫描仪的功能

三维扫描仪的用途是创建物体几何表面的点云（point cloud），这些点可用来插补成物体的表面形状，越密集的点云可以创建更精确的模型（这个过程称作三维重建）。若扫描仪能够取得表面颜色，则可进一步在重建的表面上粘贴材质贴图，亦即所谓的材质映射（texture mapping）。

三维扫描仪可模拟为照相机，它们的视线范围都体现圆锥状，信息的搜集皆限定在一定的范围内。两者不同之处在于相机所抓取的是颜色信息，而三维扫描仪测量的是距离。由于测得的结果含有深度信息，因此常以深度视频（depth image）或距离视频（ranged image）称之。

由于三维扫描仪的扫描范围有限，因此常需要变换扫描仪与物体的相对位置或将物体放置于电动转盘（tunable table）上，经过多次的扫描以拼凑物体的完整模型。将多个片面模型集成的技术称作视频配准（image registration）或对齐（alignment），其中涉及多种三维比对（3D-matching）方法。

15.2.2　三维扫描仪的应用场景

三维扫描仪（3Dscanner）是一种科学仪器，用来侦测并分析现实世界中物体或环境的形状（几何构造）与外观数据（如颜色、表面反照率等性质，图15.2.2）。搜集到的数据常被用来进行三维重建计算，在虚拟世界中创建实际物体的数字模型。

图15.2.2　三维扫描仪

三维扫描技术能够测得物体表面点的三维空间坐标，从这个意义上说，它实质上属于一种立体测量技术。与传统技术相比，它能完成复杂形体的点、线、面的三维测量，能实现无接触测量，且具有速度快、精度高的优点。这些特性决定了它在许多领域可以发挥重要作用，而且其测量结果能直接与多种软件接口，今天它已经广泛应用在各个领域。

1. 工业生产领域

机械加工中如果想快速精确地完成某一工件的仿制加工或是模具的设计时，人们只需对着需仿制或复制的物品进行扫描，得到物体的计算机的三维图像（数字模型），再同数控加工设备进行联接，一件与真实物品完全一样的仿制品就完成了，通过三维扫描仪，人们可以大大提高仿制加工的精度和速度；当一件物品需要被重新设计时，只需对计算机里的数字模型进行修改和设计，直到产品符合设计要求。

2. 影视特技制作领域

最能发挥三维扫描技术作用的恐怕要数影视特技制作领域了。随着计算机图形图像技术的飞速发展，计算机影视特技技术也越来越广泛地应用于影视、广告业，给人们带来了全新的视觉感受，实现了过去无法想象的特技效果，已经成为高质量影视、广告制作中不可缺少的手段。

3. 虚拟现实领域

在仿真训练系统、灵境（虚拟现实）、虚拟演播室系统中，也需要大量的三维彩色模型靠人工构造这些模型费时费力，且真实感差。此外，在Internet上最新的VRML技术如果没有足够的三维彩色模型，也只能是无米之炊，而三维彩色扫描技术可提供这些系统所需要的大量的、与现实世界完全一致的三维彩色模型数据。销售商可以利用三维彩色扫描仪和 VRML 技术，将商品的三维彩色模型放在网页上，使顾客通过网络对商品进行直观的、交互式的浏览，实现 "Home shopping"。

4. 游戏娱乐业领域

随着技术的进步，现代计算机游戏已经进入了三维、互动、虚拟现实阶段，三维扫描不仅可以为游戏、娱乐系统提供大量具有极强真实感的三维彩色模型，还可以将游戏者的形象扫描输入到系统中，达到极佳 "的参与感" "沉浸感"、身临其境的效果。

5. 文物保护领域

比如透过 3D 扫描可将各种对象进行记录，小至各种文物、艺术品，大至历史建筑、街区建筑甚至整体都市环境都可以透过扫描数字化，作为文化资产上之应用，可分为以下几种用途：①记录样貌；②未来修复之依据；③实体复制。

通过三维扫描的这个模型的还原度可以达到 99%，它表面的纹饰和一些细节特征，同时可以快速的获取一件文物的体积和表面积，这个技术它的应用方向，主要包括文物数字档案的留存，文物虚拟修复的辅助。在文物修复中，有的文物因为受到侵蚀，表面信息已经模糊；还有的文物被发现时已经残缺不全，三维技术能够将采集到的文物信息转换为数据模型，为文物修复提供精准的数据依据。

6. 三维传真技术领域

通常人们见到的传真机都是二维的，在发送端用平面扫描设备对平面图片进行扫描，通过通信设备将信息发至接收端，再通过打印设备将图像打印出来。可以设想，将发送端的设备换成三维扫描仪，对立体实物进行扫描，就可以实现三维传真，如果接收端配备了快速成型机，还可以直接得到实物模型。斯坦福大学等已对此进行了研究，这类系统可用于分布式制造系统、产品销售等方面。

7. 某些特殊场合

在某些特殊场合中，三维扫描仪还具有独特的、不可替代的作用。如测量特别柔软的物体，用传统的接触测量方法，很可能在接触时使物体变形，而许多类型的非接触式二维扫描仪以激光作为测量媒介，不会引起物体表面的变形和损伤。

15.2.3　三维扫描仪的优缺点

三维扫描仪大体可分为接触式三维扫描仪和非接触式三维扫描仪。其中，非接触式三维扫描仪又分为光栅三维扫描仪（也称拍照式三维描仪）和激光扫描仪。光栅三维扫描又有白光扫描或蓝光扫描等，激光扫描仪又有点激光、线激光、面激光的区别。在如今智能化建造日益成熟的时代，三维扫描仪的优势非常凸显，具体的优势有：

（1）激光三维扫描仪最主要的优势是研发技术成熟，不用贴标记点，但劣势也很明显，因为通过激光的点或线来扫描，采集时间长，长期接触激光还对人体有害。激光三维扫描仪比较适用于高精度精密仪器的扫描。

（2）拍照式三维扫描仪是国内近期火热起来的，最大的优势是面光扫描，速度快而且可以自动扫描，稳定性好，扫描死角少，操作简单，而且三维扫描仪通常都比较小巧便携可移动。

当然，三维扫描仪也存在一些需要改进的方面：

（1）三维扫描仪需要贴标记点，而且对于精度要求很高的也不适用；

（2）扫描仪的扫描范围受到一定的约束；

（3）三维扫描仪的探头易磨损，测量速度慢而且维护费用较高，另外，接触探头在测量时，接触探头的力将使探头尖端部分与被测件之间发生局部变形而影响测量值的实际读数；

（4）部分三维扫描仪的扫描分辨率较低，如果被扫描的模型对细节的要求较高，某些常用的三维扫描仪就可能会出现无法满足扫描要求的情况；

（5）三维扫描仪需要对模型需要进行二次处理，通常情况下扫描完成的模型需要通过三维模型处理软件做一定的修改，只有部分高价位的设备可能扫描完成后就可以直接使用。

三维扫描仪的制作并非仰赖单一技术，各种不同的重建技术都有其优缺点，成本与售价也有高低之分。目前，并无一体通用之重建技术，仪器与方法往往受限于物体的表面特性。例如，光学技术不易处理闪亮（高反照率）、镜面或半透明的表面，而激光技术不适用于脆弱或易变质的表面。

15.3 3D 打印机

3D打印技术是一种依照预先由计算机软件设计生成的三维模型，使用特殊耗材打印出三维实体的增材制造技术。不同于传统制造技术的加工方式，增材制造是融合数字化制造技术、材料科学、机电控制等综合技术，将去除材料加工成型的制造思路转换为材料堆积成型的新型制造方法。3D打印的基本原理为：首先进行模型切片、模型分层处理，实现由三维模型转化为二维或一维模型，然后由3D打印机进行分层制造，最终由二维或一维实体累积成三维实体，从而完成零件的制造。

基于3D打印技术的3D打印机目前已经在逐渐广泛应用于建筑行业，在未来智能建造的前进道路上，3D打印机也占据着一个重要的位置。

15.3.1 3D 打印机的功能

3D打印机（3DPrinters）简称（3DP）是一位名为恩里科·迪尼（EnricoDini）的发明家设计的一种打印机，不仅可以"打印"一幢完整的建筑，甚至可以在航天飞船中给宇航员打印任何所需的物品的形状。但是3D打印出来的是物体的模型，不能打印出物体的功能（图15.3.1）。

3D打印机又称三维打印机（3DP），是一种累积制造技术，即快速成形技术的一种机器，它是一种数字模型文件为基础，运用特殊蜡材、粉末状金属或塑料等可粘合材料，通过打印一层层的粘合材料来制造三维的物体。现阶段三维打印机被用来制造产品，利用逐层打印的方式来构造物体。3D打印机的原理是把数据和原料放进3D打印机中，机器会按照程序把

图 15.3.1 3D 打印机

产品一层层造出来。

3D 打印机与传统打印机最大的区别在于使用的原料，3D 打印机使用的不是墨水，而是实实在在的原材料。3D 打印时，软件通过 CAD（计算机辅助设计）技术完成一系列数字切片，并将这些信息传送给 3D 打印机，打印机分层打印并将连续的薄层堆叠起来直到一个物体成型。根据成型原理的不同，3D 打印技术大致可以分为以下 4 种。

1. SLA 技术

立体光固化成型技术（SLA，stereo lithography apparatus），SLA 技术为最早发展的 3D 打印技术，该技术以液态光敏树脂为原料，主要用于模具制造，目前仍为 3D 打印的主流技术之一。

2. FDM 技术

熔积成型技术（FDM，fused deposition modeling），该方法是 Scott·Crump 在 20 世纪 80 年代发明的。FDM 技术主要用于中、小型工件的成型，且有成本低、污染小、材料可回收等优点。主要缺点在于精度稍差、制造速度慢、使用的材料类型有限。

3. SLS 技术

选择性激光烧结技术（SLS，selective laser sintering），SLS 技术最初由美国的 Carl-ckard 于 1989 年在其硕士论文中提出。SLS 技术采用激光有选择地分层烧结固体粉末，并使烧结成型的固化层叠加生成所需的零件。

4. LOM 技术

分层实体制造技术（LOM，laminated object manufacturing），该技术是美国 Helisys 公司于 1991 年研制成功的一种快速原型制造技术。LOM 技术常用的材料是纸、金属箔、塑料膜、陶瓷膜等，此方法除可以制造模具、模型外，还可直接制造结构件。

3D 打印是一种以数字模型为基础，运用粉末状金属或非金属材料，通过逐层打印的方式来构造物体空间形态的快速成型技术。由于其在制造工艺方面的创新，被认为是"第三次工业革命的重要生产工具"。3D 打印技术一般应用于模具制造、工业设计等领域，目前已经应用到许多学科领域，各种创新应用正不断进入大众的视野。

15.3.2　3D 打印机的应用场景

在建筑业里，工程师和设计师们已经接受了用 3D 打印机打印的建筑模型，这种方法快速、成本低、环保，同时制作精美，又能节省大量材料。

3D 打印技术在建筑领域的应用目前可分为两方面：一是在建筑设计阶段，主要是制作建筑模型；二是在工程施工阶段，主要是利用 3D 打印建造技术建造足尺建筑。

在建筑设计阶段，设计师们已经开始使用 3D 打印机将虚拟中的三维设计模型直接打印为建筑模型，这种方法快速、环保、成本低、模型制作精美。目前 3D SYSTEM 公司的 3D 打印机能以石膏粉为原料打印彩色建筑模型，如图 15.3.2-1 所示。

图 15.3.2-1　彩色建筑模型

在工程施工阶段，3D 打印技术的应用还处于探索阶段。国内在这方面的实践处于领先地位，近些年有 10 幢 3D 打印建筑在上海落地。这些建筑的墙体是以特殊"油墨"为原料，计算机根据设计图纸控制 1 台大型的 3D 打印机层层叠加打印而成，如图 15.3.2-2 所示。国外在这方面也展开了一些实践，荷兰 DUS 建筑师正在利用一台名为 Kamer Maker 的大型 3D 打印机"建造"全球首栋 3D 打印住宅建筑。这栋建筑代号为"Canal House"，共有 13 个房间组成。目前整个项目已经开始在北部运河的一块空地上"奠基"，如图 15.3.2-3 所示，整个建筑有望 3 年内构建完成。

图 15.3.2-2　3D 打印足尺建筑　　　　图 15.3.2-3　Canal House 工地现场

3D 打印建造技术在工程施工中的应用在当前形势下有重要意义。我国逐渐步入老龄化社会，在劳动力越来越紧张的形势下，3D 打印建造技术有利于缩短工期，降低劳动成本和劳动强度，改善工人的工作环境。另一方面，建筑的 3D 打印建造技术也有利于减少资源浪费和能源消耗，有利于推进我国的城市化进程和新型城镇化建设。

15.3.3　3D 打印机的优缺点

3D 打印技术目前还处在不断发展的阶段，3D 打印的主要优缺点总结如下：

1. 优点

（1）最直接的好处就是节省材料，不用剔除边角料，提高材料利用率，通过摒弃生产线而降低了成本。

（2）能做到很高的精度和复杂程度，可以表现出外形曲线上的设计。

（3）不再需要传统的刀具、夹具和机床或任何模具，就能直接从计算机图形数据中生成任何形状的零件。

（4）它可以自动、快速、直接和精确地将计算机中的设计转化为模型，甚至直接制造零件或模具从而有效地缩短产品研发周期。

（5）3D 打印能在数小时内成形，它让设计人员和开发人员实现了从平面图到实体的飞跃；它能打印出组装好的产品，因此它大大降低了组装成本，它甚至可以挑战大规模生产方式。

2. 缺点

（1）强度问题：房子、车子固然能"打印"出来，但是否能抵挡得住风雨，是否能在路上顺利跑起来。

（2）精度问题：由于分层制造存在"台阶效应"，每个层次虽然很薄，但在一定微观尺度下，仍会形成具有一定厚度的一级级"台阶"。如果需要制造的对象表面是圆弧形，那么就会造成精度上的偏差。

（3）材料的局限性：目前供 3D 打印机使用的材料非常有限，无外乎石膏、无机粉料、光敏树脂、塑料等。能够应用于 3D 打印的材料还是很单一，以塑料为主，并且打印机对单一材料也非常挑剔。

（4）打印速度问题：现在大多打印机打印的速度还不够快，比较耗时。

（5）无法规模化打印问题：单体的一体化成型的效率，肯定是比不上"行业内分级零件加工＋组装"的效率的，而单体的一体化成型，工作流程是完全固定的，无法形成产业效应。且单体机做生产，维护费用和难度是远远高出传统工艺把产业链平摊开的做法。

15.4　建筑机器人

近年来，建筑机器人技术逐渐兴起，备受全世界关注，主要用于土建施工、主体工程和装修工程等建筑领域。目前，建筑机器人的种类主要有坑道作业机器人、测绘机器人、墙/地面施工机器人、3D 打印营建系统、混凝土浇筑机器人、装修机器人、清洗机器人、拆除机器人和喷涂机器人等。我国的建筑机器人产业发展起步较晚，不管是研发还是应用领域都处于初步阶段，投入使用的建筑机器人种类也有限，普及程度还很低。不过，我国对建筑机器人的关注程度正在不断提高，建筑机器人在国内建筑业的市场潜力可期。

15.4.1　建筑机器人的功能

建筑机器人指用于建筑工程方面的工业机器人（图 15.4.1），按其共性技术可归纳为三种：操作高技术、节能高技术和故障自行诊断技术。随着机器人技术的发展，高可靠性、高效率的建筑机器人已经进入市场，可代替人类从事复杂性和危险性较高的工作，具备广阔的发展和应用前景。

图 15.4.1　3D 建筑机器人

建筑机器人的发展和类型的形成受建筑工程施工需要的影响。从理论上来说，建筑工程施工中所有复杂工序都可以由相对应的建筑机器人进行替代或辅助施工，这也是建筑机器人未来的开发潜力和开发方向。从建筑工程施工来看，其施工工艺主要包括土方工程、地基与基础工程、砌筑工程、钢筋混凝土工程、防水工程、装饰工程等几大类，各类工程中又包括大大小小的各种工序以及具体的施工作业，因此建筑机器人在建筑工程施工中可以开发的种类十分丰富。然而，现有建筑工程施工中投入使用的建筑机器人的种类依然有限，一些建筑机器人的性能仍然有很大局限性，因此建筑机器人的开发潜力可谓十分巨大。

就现有建筑机器人而言，按照具体性能分为坑道作业机器人、主体工程施工机器人和建筑检查机器人。①坑道作业机器人在建筑工程施工中主要用来处理建筑主体工程施工前的场地问题，包括基坑穿孔、凿岩、扩底孔、涵拱合装和混凝土浆喷涂等。全自动液压凿岩机（KM·FU）、涵拱自动合装机器人（KM·MJ）、混凝土浆喷涂机器人（OB·KB）等都属于坑道作业范畴内的建筑机器人。②建筑主体工程是建筑工程中最主要的工程，因此用于主体工程施工的建筑机器人种类最多。主要有焊接作业机器人、挂钩作业机器人、钢筋搬运机器人、配筋作业机器人、耐火材料喷涂机器人、砌砖机器人、混凝土浇筑机器人、混凝土地面磨光机器人、去疵和清扫机器人、刻网纹机器人、顶棚作业机器人、外壁面喷涂机器人和幕墙安装机器人等。③建筑检查机器人主要用于建筑完工后的壁面检查和清洁作业，像瓷砖剥落检查机器人、净化间检查机器人都是用来完成建筑检查作业的。此外还有桥梁作业机器人和深海作业用机器人。可见，目前已有的建筑机器人已经涉及建筑工程中的基础工程、主体工程和装饰装修工程，但是建筑工程工序繁多，建筑机器人的性能优化和种类开发仍然具有很大潜力。

15.4.2 建筑机器人的应用场景

建筑机器人以日本最为领先，它的开发应用始于 20 世纪 80 年代，韩国、美国、德国、西班牙等的建筑机器人相继发展迅速。目前对于极限环境下的智能建造也开始被重视起来。建筑机器人应用在四个方面：设计、建造、破拆、运维。设计方面，涉及所有工艺的机械化、自动化与智能化。建造分为工厂和现场两个领域。破拆方面是除了爆破以外，未来大型建筑的破拆、资源再利用将是未来巨量建筑的一个难题，机器人将派上用场。运维方面是建筑机器人的持久性应用领域，涉及管道检测、安防、清洁、管理等众多运行维护的场合。下面重点介绍地砖铺贴机器人、墙纸铺贴机器人、PC 内墙板安装机器人、维护建筑机器人、3D 打印机器人、拆/布模机器人和工地无人机。

1. 地砖铺贴机器人

每家要装修房子的时候都会有铺地砖这个必备的工程，但是传统的铺地板不仅需要浪费大量的人力和时间，还特别考验工作人员的技术，有了地砖铺设机器人不仅节省很多时间，还解放了工人的双手，让工人不用自己动手就能够铺设好地砖，而且操作起来也是非常简单（图 15.4.2-1）。只需要坐在电脑前，用电脑操控机械臂就能完成工作，我们在操作的时候需要提前通过电脑程序，设置好瓷砖的尺寸等数据，这个机器人的机械臂前方有一个小吸盘，方便在铺设地砖的时候吸起瓷片然后更好的铺放，因为是提前输入的数据，所以这个机器人在工作时能够做到分毫不差的把瓷砖贴好，有了这个铺地砖机器人，铺设一块地砖仅需要两分钟，跟人工相比效率提高了 3 倍以上。

2. 墙纸铺贴机器人

机器人上端设有摄像头相当于机器人的眼睛，通过眼睛发射出红色的激光线来进行对准，然后墙纸被自动地送到前面的黑色滚轮上。这个黑色的滚轮相当于是机器人的手臂，

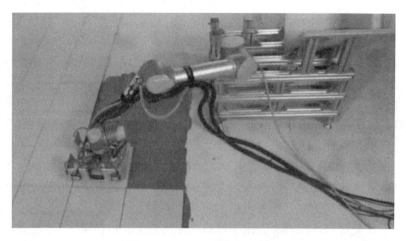

图 15.4.2-1　地砖铺贴机器人

手臂根据对准的光线进行姿态的调整，把墙纸贴到准确的位置。同时还可以进行压平的工作，更重要的是这几个步骤可以同时完成，详见图 15.4.2-2。

图 15.4.2-2　墙纸铺贴机器人

3. PC 内墙板安装机器人

一块 180kg 的墙板在建筑工地上需要三个工人一起才能完成这个墙板的搬运和安装。现在，三个工人完成的工作一台机器人就能完成。机器人力量的来源是其背后的驱动器，相当于机器人的肌肉。机器人还可以自主思考，其大脑在身后白色的盒子，他用这个大脑不停地计算来确保墙板安装的误差是不超过 1mm 的。经检验，机器人的安装精度符合施工要求。

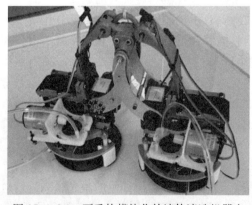

图 15.4.2-3　可重构模块化外墙体清洗机器人

4. 维护建筑机器人

日本电机大学成功研制出一款可重构模块化外墙体清洗机器人，如图 15.4.2-3 所示。该机器人由清洗装置、双足模块和控制模块三部分组成,利用基于逆运动学和第五次多项式插值的顺序控制,生成所需要的阶跃性步态。其最主要优势在于模块化设计,这不但可实现其功能性的扩展,而且节省成本。实验已证明,该机器人可实现以 155 秒为周期动作循环清洗外墙表面。

5. 3D 打印机器人

3D 打印建筑机器人集三维计算机辅助设计系统、机器人技术、材料工程等于一体。区别于传统"去材"技术,3D 打印建筑机器人打印技术体现"增材"特征,即在已有的三维模型,运用 3D 打印机逐步打印,最终实现三维实体。因此,3D 打印建筑机器人技术大大地简化了工艺流程,不仅省时省材,也提高了工作效率。典型代表如:DCP 型 3D 打印建筑机器人(如图 15.4.2-4 所示)、3D 打印 AI 建筑机器人。

图 15.4.2-4 DCP 型 3D 打印建筑机器人

6. 拆/布模机器人

拆/布模机器人可实现电脑一键拆模、一键布模,极大地提高了作业效率及产品品质,降低了作业人数及劳动强度,在 PC 装备的智能化领域迈出了一大步,布/拆模机器人如图 15.4.2-5 所示。

图 15.4.2-5 国内的拆/布模机器人

7. 工地无人机

无人机在建筑业的应用,既有利于提高工程施工质量、加快施工进度、减少部分劳动力成本的支出,又顺应了建筑行业信息化、工业化、智能化的发展(图 15.4.2-6)。

以下为无人机在建筑行业各场景中的应用。

图 15.4.2-6　工地无人机

（1）测绘

在建筑工程的勘察设计阶段和施工阶段，都需要进行测绘。传统的测绘方式是用全站仪、水准仪在地面上人工测绘，然后根据测量的数据，绘制出地形地貌图，这种方法耗时长、劳动量大。相较传统的测绘方法，该方法劳动量小，仅需一人操控无人机，处理拍摄到的影像，使之形成完整的地形地貌图；具有获取速度快且精确、成本低、技术含量高等特点。用于测绘的无人机航摄系统由：遥感设备、数据传输系统、飞行导航与控制系统、飞行平台、地面监控系统组成。可以使无人机在数千米高度范围内获得施工现场及周边环境的高分辨影像，利用数据传输系统将航摄影像传输至影像处理系统或软件，获得高质量的测绘图。

（2）施工过程管理

建筑施工现场无人机应用依托无人机平台、实时监测系统、信息系统。根据现场管理需求，设置实时监测，获取监测视频、音频信息，通过信息存储到数据服务器，然后进行判断运算，为现场管理人员提供管理决策建议，可通过移动终端申请访问数据库，调取历史施工现场信息。连接报警装置，针对性发出警报。

15.4.3　建筑机器人的优缺点

在人力成本越来越高的背景下，无人机的角色或许在建筑行业中会越发重，可以帮助人类和重型机械去无法到达的地方进行航拍影像；还可以借助软件的算法，实现人类的工作需求。

除上文提及的 3D 建筑机器人以外，建筑机器人还有墙体砌筑机器人、墙/地面施工机器人、清拆/清运作业机器人、3D 打印建筑机器人、飞行建造机器人系统等。建筑机器人是支撑智能建造的重要装备，作为支撑建筑产业未来的建筑机器人，越来越得到业内的广泛关注。

从在建筑中使用机器人的好处开始，它们可以在很大程度上改变行业。它的主要优点与缺点如下所示。

建筑机器人的优点：

1. 错误更少

在建筑中使用机器人最重要的优点之一是最大限度地减少错误。机器人可以保证准确性，并且在这方面可以将人为错误锁定在施工过程之外。这既适用于现场作业，也适用于施工的整个过程。更少的错误将导致更少的延误和维修活动。所有这些因素都可以对整个项目的预算带来积极影响。

2. 降低施工过程的成本

机器人可以在降低施工过程的总体成本方面发挥重要作用。项目延迟的最小化以及完成任务效率的最大化都可以节约成本。

3. 保护劳动力

在施工过程中加入机器人可以为建筑工人带来两个重要的好处。首先，机器人现在可以负责繁重的体力劳动，让现场人员监督整个项目，节约了劳动力。此外，考虑到现场操作中的一些最危险的任务将自动且更准确地进行，工作场所的安全性也将得到改善。

建筑机器人的缺点：

（1）维护保养复杂

由于建筑机器人对操控、维护保养人员有一定的要求，要求相关人员有一定的维护保养知识基础。

（2）造价高昂

由于建筑机器人研制时间较长，研制经费较高，且生产数量并不多，因此价格普遍昂贵，不能大量配备施工单位。

15.5 智能穿戴设备

可穿戴设备的本质是智能可穿戴计算机。它指应用新兴技术赋予人们日常可穿戴产品智能化特性，将各种传感技术、监测识别功能和大数据等植入到可让人们佩戴的手表、手环、眼镜、服装等日常穿戴中，通过这些日常穿戴实现用户感知能力的拓展。

15.5.1 智能穿戴设备的功能

随着科技的高速发展，越来越多的智能穿戴设备被投放市场，在全球范围内快速增长，并逐渐进入大众的视野。在未来，智能穿戴设备在智能建造中的将发挥着重要的作用。智能穿戴设备是指综合运用各类识别、连接、传感和云服务等交互及储存技术，以代替手持设备或其他器械，实现用户互动交互、生活娱乐、人体监测等功能的新型日常穿戴移动智能终端。根据穿戴部位的不同，可将智能穿戴设备分为智能手表类、智能手环类、智能眼镜头盔类、智能服装类和智能鞋类等。智能穿戴设备除了需要具有一定的检测功能、储蓄功能、传输数据功能和分析功能外，还要兼顾设备的体积大小、用户体验、穿戴舒适性以及功耗低等一系列问题，这些功能的实现需要用到传感器技术、无线数据通信技术、电池技术、人机交互技术和人体工程学技术等多种复杂技术。

智能穿戴设备的功能具体的可分为三个方面：

1. 对人体参数进行读取

这些参数包括人的位置、心跳、血压、睡眠参数等，通过读取和记录人体参数，将数据通过物联网卡传输到平台层，平台层再对数据进行汇总分析，得出结论，为使用者了解自身健康状况提供参考依据。

2. 对外部环境进行读取

智能穿戴设备可以采集人体外部的环境温度、湿度和空气质量，甚至可以对农产品的信息进行读取，为我们的日常生活提供诸多的方便。

3. 其他智能设备互动的延伸

比如用户在开会时，以特定的姿势摆动自己的手臂，智能穿戴手环可以对动作进行识别，进行幻灯片的切换和播放。

15.5.2　智能穿戴设备的应用场景

穿戴式智能设备时代的来临意味着人的智能化延伸，通过这些设备，人可以更好的感知外部与自身的信息，能够在计算机、网络甚至其他人的辅助下更为高效率的处理信息，能够实现更为无缝的交流。应用领域可以分为两大类，即自我量化与体外进化。

在自我量化领域，最为常见的即为两大应用细分领域，一是运动健身户外领域，另一个即是医疗保健领域。在前者，主要的参与厂商是专业运动户外厂商及一些新创公司，以轻量化的手表、手环、配饰为主要形式，实现运动或户外数据如心率、步频、气压、潜水深度、海拔等指标的监测、分析与服务。而后者，主要的参与厂商是医疗便携设备厂商，以专业化方案提供血压、心率等医疗体征的检测与处理，形式较为多样，包括医疗背心、腰带、植入式芯片等。

在体外进化领域，这类可穿戴式智能设备能够协助用户实现信息感知与处理能力的提升，其应用领域极为广阔，从休闲娱乐、信息交流到行业应用，用户均能通过拥有多样化的传感、处理、连接、显示功能的可穿戴设备来实现自身技能的增强或创新。主要的参与者为高科技厂商中的创新者以及学术机构，产品形态以全功能的智能手表、眼镜等形态为主，不用依赖于智能手机或其他外部设备即可实现与用户的交互。

虽然现在市场上的智能穿戴设备种类繁多，但是按照设备的应用效果大致可以分为人体健康、运动追踪类；综合智能终端类和智能手机辅助类这三种。

通常情况下，智能穿戴设备为主要应用于以下的七个方面：

1. 语音识别

语音识别常见于一些移动操作系统、软件和部分网站，智能可穿戴设备中的语音识别技术，可以在输入上和人机交互时取代键盘和手写，真正"解放人类的双手"，提高效率。

2. 眼球追踪

眼球追踪技术早已广泛应用于科学研究领域，尤其是心理学领域。眼球追踪技术在智能可穿戴设备中的出现，将有可能催生出比触屏操作更"直观"，比语音操作更"快捷"的操作方法。

3. 骨传导

骨传导技术一直以来是一项军用技术，通过震动人类面部的骨骼来传递声音，是一种高效的降噪技术。

4. 低功耗互联

现已成功商用的蓝牙 4.0 可以很好地解决智能可穿戴设备的能耗问题。蓝牙 4.0 技术的应用，使得智能可穿戴设备成本更低、速度更快、距离更远。

5. 裸眼 3D

裸眼 3D 摒弃了笨拙的 3D 眼镜，使得人们可以直接看到立体的画面。通过时差障壁技术、柱状透镜技术和 MLD 技术，用户可以在液晶屏幕上感受清晰的 3D 显示效果。

6. 高速互联网和云计算

当宽带或移动互联网速度接近甚至超过硬盘读写速度的时候，通过终端访问云数据就像读取自己硬盘里的东西一样容易。较大运算量的任务将在云端处理，再将处理结果发送到终端呈现在用户眼前。这样可大大降低智能可穿戴设备的成本并减少它的体积。

7. 人体芯片

人体芯片已经广泛应用于军事和医疗领域，但目前因为体积和安全的原因，人体芯片技术未能得到广泛应用。

15.5.3 智能穿戴设备的优缺点

中国是智能穿戴设备的新兴市场，随着智能手机和物联网技术的成熟，中国智能穿戴设备的市场规模将不断扩大，这一切都得益于智能穿戴设备它本身具有的优势。

智能穿戴设备的具体优点如下：

1. 可穿戴设备操作更加便捷。像智能手机相比 PC 可更加便于携带一样，可穿戴智能设备相比其他移动设备不仅更加便携，在使用上也更加便捷，它几乎可以完全依靠人体的自然动作实现操作，比如通过眨眼进行拍照，挥手开启录音等。这显然比双手捧着设备按钮、滑动、翻菜单、搜索更加便利。

2. 可穿戴设备是 24h 携带。智能手机虽然普及，总不可能晚上抱着睡觉，但手表、腕带等可穿戴设备可以。能够全天候携带特性有利于方便对用户进行持续的健康或医疗监测。另外，通过皮肤震动还可以进行无声的睡眠唤醒，且 24h 贴身的特性，让智能可穿戴设备不容易被盗或丢失。

3. 可穿戴设备增强人体能力。随着云计算快速发展，可穿戴设备带给用户的计算能力将是极其强大的。由于可穿戴设备几乎跟人体融为一体，所带来的强大计算能力就如与生俱来一般，仿佛每一个人拥有了超能力。

4. 可穿戴设备更美观和时尚。许多人购买电子设备，是因为时尚漂亮被吸引，而不是顾及功能强大，甚至有的纯粹为炫耀的虚荣心所满足，真正用在功能上仍限打电话发短信聊天，少使用其他软件。相信将来生产的智能项链、智能耳环或智能手镯，胜过毫无实际用途的首饰饰品。

智能穿戴设备在未来的建造中由于其突出的优点会被应用于智能建造中，但是如果想达到广泛的应用，还是有很多的不足之处需要不断地加以完善，目前主要存在以下问题：

1. 多为智能手机"配件"，独立性不强

大部分的智能可穿戴设备大多是智能手机的辅助工具，一部分是对智能手机功能的拓展，一部分是对智能手机功能的平移。另一方面，智能可穿戴设备的硬件设计、生产需要对接多个合作伙伴和厂商，其整个过程市场及其繁琐；同时由于智能可穿戴设备作为智能手机的"配件"存在，需要和代工厂合作，内部审核流程复杂，模具评审时间长，在一定程度上延长了智能可穿戴设备的研发周期。

2. 功能尚不完善，专属应用较少

随着智能可穿戴设备市场的不断发展壮大，逐步形成了一个新的智能可穿戴设备的 App 市场，但目前智能可穿戴设备功能尚不完善，专属应用较少。整个智能可穿戴设备市场呈现生态环境高度碎片化。市场上的各种智能可穿戴设备，由于各自运行的平台不同，使得开发商/研发者很难开发出适应多种设备的应用软件。

3. 以数据为中心，用户体验差

大部分的智能可穿戴设备，都强调以数据为中心，实现与第三方数据的有效对接，主要集中在对各种数据进行分析、处理、综合等，以期为用户提供更多更可靠的数据和分析。但是由于不同的健康大数据服务平台进行数据整合的方式、标准各不相同，导致数据标准多样化，不同平台间的数据不能互通，在一定程度上忽略了人机交互设计和用户体验。智能可穿戴设备功能应用于用户的常规需求贴合度较低，不能满足用户对于智能可穿戴设备的期望。

4. 电池技术亟待升级

智能可穿戴设备的电池使用时间一直是影响使用体验的重要问题。功耗、电池寿命都是阻碍智能可穿戴设备市场发展的因素，但是新的电池产品的研发及快速充电技术的研发进展缓慢，虽然在电池研发领域已经有所突破，但是受限于成本等问题，还未能大规模商用。

5. 费用昂贵，渗透率低

在目前已经发布的智能可穿戴设备中，绝大多数设备以其价格的高昂使其不能被中低收入水平的用户接受。但是，随着技术的进步，智能可穿戴设备的价格将会出现一定程度的下滑。

课 后 习 题

一、单选题

1. 下列哪一项智能传感器的优点?(　　　)

A. 研发技术成熟　　　　　　　　　　B. 稳定性好

C. 能做到很高的精度和复杂程度　　　D. 可以实现多传感器多参数综合测量

2. 下列哪一场景适合应用智能传感器?(　　　)

A. 应急指挥处置　　　　　　　　　　B. 三维重建计算

C. 分析现实世界中物体或环境的形状　D. 测绘

3. 下列哪一场景适用三维扫描仪?(　　　)

A. 机器人导引　　　　　　　　　　　B. 地貌测量

C. 地砖铺贴机器人　　　　　　　　　D. 金属打印

4. 下列哪一项为3D打印机的缺点?(　　　)

A. 使得企业在生产部件的时候不再考虑生产工艺问题

B. 缩短了产品的生产周期,提高了生产率

C. 分层制造存在"台阶效应"

D. 可以表现出外形曲线上的设计

5. 下列对3D打印机涉及的技术描述不正确的是?(　　　)

A."熔积成型"技术　　　　　　　　　B. 累积制造技术

C."激光烧结"技术　　　　　　　　　D. 抗干扰技能

二、多选题

1. 下列对传感器集成化的含义描述正确的是(　　　)。

A. 将多个功能完全相同的敏感单元集成在同一个芯片上

B. 将多个体积相近,外形相似的元器件集成在一个区域

C. 对多个结构相同、功能相近的敏感单元进行集成

D. 对不同类型的传感器进行集成

2. 建筑机器人指用于建筑工程方面的工业机器人,按其共性技术可归纳为哪三种?(　　　)

A. 操作高技术　　　　　　　　　　　B. 节能高技术

C. 故障自行诊断技术　　　　　　　　D. 显示高技术

3. VR眼镜的核心是显示技术。显示技术包括(　　　)。

A. 颜色标准　　　B. 交错显示　　　C. 画面交换　　　D. 视差融合

三、简答题

1. 试论述3D打印机的优缺点。

2. 试论述建筑机器人的应用场景。

3. 试论述智能传感器的功能。

第 16 章　智能建造发展趋势

导语: 本章主要对智能建造的行业变革和智能建造带来的发展前景进行具体介绍,对前几章的学习进行总结。本章首先从生产方式、产品形态、经营理念、行业管理和市场形态五个方面介绍了智能建造带来的行业变革;然后基于目前智能建造发展过程中出现的问题提出了智能建造发展前景。

16.1 智能建造带来的行业变革

科技创新是实现新时代基础设施行业高质量发展的重要路径，而智能建造是其中关键一环。它将推动生产方式、产品形态、经营市场、管理理念的变革，通过规范化建模、网络化交互、可视化认知、高性能计算以及智能化决策支持，实现数字链驱动下的工程立项策划、规划设计、施（加）工生产、运维服务一体化集成与高效率协同，降低自然资源和人力资源消耗，降低生产成本、交易成本，提高建筑产品质量，更新拓展工程价值链，为工程建设增值，实现行业高质量发展。智能建造不仅仅是工程建造技术的变革创新，更将从产品形态、建造方式、经营理念、市场形态以及行业管理等方面重塑建筑业。

16.1.1 推动生产方式变革

传统的建筑施工方式是个性化的，每个施工工地都不一样，所生产的建筑产品也都各不相同，可以看作是单个产品定制生产的方式。这种方式在生产效率、资源利用和节能环保等方面都存在明显的瓶颈。提升建筑行业生产效率、实现建筑行业集约化发展、借鉴工业化发展路径已经成为共识。实现规模化生产与满足个性化需求相统一的大规模定制，是人类生产方式进化的方向。实行建筑工业化的关键是要在工业化大批量、规模化生产条件下，提供满足市场需求的个性化建筑产品。智能建造是信息化与工业化深度融合的一种新型工业形态，体现了项目建设从机械化、自动化向数字化、智能化的转变趋势。这种建造方式与定制化的传统建筑施工有很大不同，从建筑模块化体系、建筑构件柔性生产线到构件装配，都不再是单纯的施工过程，而是制造与建造相结合，实现一体化、自动化、智能化的"制造＋建造"。

16.1.2 推动产品形态变革

传统建筑生产过程是围绕直接形成实物建筑产品展开的，设计单位提供二维平面设计图纸，施工单位根据图纸来施工，得到实物产品。建筑产品是三维的，具有较高的复杂性和不确定性，依据二维图纸的设计、施工过程不可避免存在错漏碰缺，造成建筑品质缺陷和资源浪费等问题。未来的建筑产品必将从单一实物产品发展为实物产品加数字产品，甚至是加智能产品。借助"数字孪生"技术，实物产品与数字产品有机融合，形成"实物＋数字"复合产品形态，通过与人、环境之间动态交互与自适应调整，实现以人为本、绿色可持续的目标（图16.1.2）。类似于工业产品制造过程中的"虚拟样机"，数字建筑产品将允许人们在计算机虚拟空间里对建筑性能、施工过程等进行模拟、仿真、优化和反复试错，通过"先试后建"获得高品质的建筑产品。"数字孪生"中数字产品与实物产品一虚一实、一一对应。数字产品形成的虚拟"数字工地"作为后台，可以为前台的实体工地施工过程提供指导。数字产品与实物产品还可以是"一对多"的关系，即数字建筑产品形成的数字资源可复制应用到其他建筑产品，实现数据资源的增值服务。

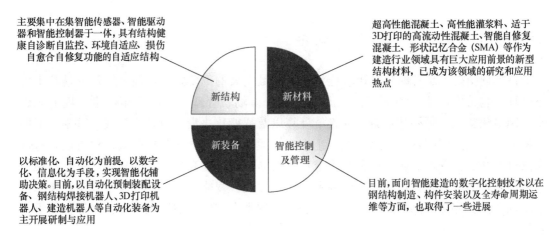

图 16.1.2　"实物＋数字"产品

16.1.3　推动经营理念变革

随着产业边界的相互融合，会催生出新的业态和服务内容。一方面，以数字技术为支撑，工程建设领域的企业将从单纯的生产性建造活动拓展为提供更多的增值服务，类似于制造业里的制造服务化以及软件行业所推行的 SaaS 模式（"软件即服务"模式）。如 2014 年成立的 Uptake 公司，通过工程机械物联网和大数据为客户提供工程机械设备的远程监控服务、维修预测服务和生产优化服务。成立仅一年，Uptake 公司就登上了全球最佳创业公司榜首。另一方面，也会使得更多的技术、知识性服务价值链融合到工程建造过程中。技术、知识型服务将在工程建造活动中提供越来越重要的价值，进而形成工程建造服务网络，推动工程建造向服务化方向转型。建设企业不仅需要提供安全、绿色、智能的实物产品，还应当着眼于面向未来的运营和使用，提供各种各样的服务，保证建设目标的实现和用户的舒适体验，从而拓展建设企业的经营模式和范围。智能建筑、绿色建筑和智能家居等都是典型的应用场景，如面向医养结合的智能住宅，可以通过优化建筑功能设计、增加智能传感设备更好地满足人们对健康生活和家庭养老，尤其是独居老人的需求。

16.1.4　推动行业管理变革

信息社会条件下，建筑行业的管理模式也将从"管理"转向"治理"。智能建造将以开放的工程大数据平台为核心，推动工程行业管理理念从"单向监管"向"共生治理"转变，管理体系从"封闭碎片化"向"开放整体性"发展，管理机制从"事件驱动"向"主动服务"升级，治理能力从以"经验决策"为主向以"数据驱动"为主提升。2019 年政府工作报告中，李克强总理明确提出要改善我国的营商环境，其中一项重要任务就是将建设项目的平均报建手续减少到 120 天。实现这一目标的重要支撑就是互联网平台，把后台的串联式的项目审批变成平台式的协同审批，实现"让群众少跑路，让信息多跑腿"。从管理到治理，行业管理从指导思想、技术手段和实施模式等方面都将产生深刻的改变。

16.1.5　推动市场形态变革

从产品交易到平台经济。当今世界经济发展的最大趋势就是从产品经济走向平台经济，利用各种各样的平台实现资源的共享和增值。美国苹果公司、谷歌公司、微软公司，我国的腾讯公司、阿里巴巴公司、小米公司都是平台经济下催生的典型企业。建筑行业也已经出现工程信息资源平台、工程外包项目聚合平台、综合众包服务平台等各类工程资源组织与配置服务平台。智能建造将不断拓展、丰富工程建造价值链，越来越多的工程建造参与主体将通过信息网络连接起来。在以"麦特卡夫定律"为特征的网络效应驱使下，工程建造价值链将不断重构、优化，催生出工程建造平台经济形态，大幅降低市场交易成本，改变工程建造市场资源配置方式，丰富工程建造的产业生态，实现工程建造的持续增值。

16.2 智能建造发展前景

智能建造技术的发展在我国尚处于起步状态，多为通过引进国外核心技术，学习国外先进企业的创新建造技术来加快国内智能建造技术的发展，但缺少基础技术的理论支持及理论上更深层次的探讨，因此需寻求核心关键技术的突破和各技术之间融合发展，开拓全新的技术领域，打造符合我国发展的智能建造技术体系，完善技术的创新方案。智能建造在未来将在以下几个方面获得巨大发展：

1. 建造全系统、全过程应用建模与仿真技术

建模与仿真技术是建造业不可或缺的工具与手段。基于建模的工程、基于建模的建造、基于建模的维护作为单一数据源的数字化企业系统建模中的三个主要组成部分，涵盖从产品设计、建造到服务完整的建筑全生命周期业务，从虚拟的工程设计到现实的施工现场直至建筑的运营，建模与仿真技术始终服务于建筑生命周期的每个阶段。

2. 重视使用机器人和柔性化建造

柔性与自动建造线和机器人的使用可以积极应对劳动力短缺和用工成本上涨。同时，利用机器人高精度施工，提高建筑品质和作业安全，是市场竞争的取胜之道。以工业机器人为代表的自动化建造装备在施工过程中的应用日趋广泛。

3. 物联网和务联网在建造业中作用日益突出

通过虚拟网络——实体物理系统，整合职能机器、储存系统和生产设施。通过物联网、服务计算、云计算等信息技术与建造技术融合，构成建造务联网，实现软硬件制造资源和能力的全系统、全生命周期、全方位的感知、互联、决策、控制、执行和服务化，使得从规划设计到施工、运维管理，实现人、机、物、信息的集成、共享、协同与优化的云建造。

我国在智能建造技术方面已经取得了一些基础研究成果，智能建造装备产业体系也已初步形成，国家对智能建造的扶持力度不断加大，智能建造正在引领着未来建筑的建造方式。

人工智能、数据经济、创新驱动、"一带一路"、智慧城市等国家倡议的技术正在助推建设工程行业从工业化、信息化到智能化进行转型升级。云计算、物联网、大数据、人工智能、虚拟现实、3D打印、智慧传感等新技术正在重构建筑生产体系——智能建造。

对建设工程行业来说，信息技术应用能提高建设工程行业的管理能力和水平，大大提高了生产力和效率，是促进建设工程行业供给侧改革的必要手段，能推动建设工程行业的跨越式发展。对于建筑工程方向来说，智能建造概念的提出可以使建筑工程朝着智能化、信息化的方向发展。建筑工程从设计到施工到后期运营维护都可以进行精细化管理。工程建设中的机械设备可以在 BIM 等系统的辅助下进行模拟建造。建筑内的各类设备可以接入物联网，方便管理和运维。建设工程行业将与互联网、人工智能等行业结合得更加紧密。

智能建造的兴起必将会引领整个建筑行业的变革，进一步解放劳动力，全面提高施工的效率。智能建造是建筑行业的发展趋势，有着十分广阔的前景。

课 后 习 题

1. 简述智能建造技术带来的行业变革。
2. 简述智能建造如何推动行业管理变革。
3. 建筑智能建造的发展前景。

课后习题参考答案

第1章课后习题参考答案

1. 所谓智能建造，是新一代信息技术与工程建造融合形成的工程建造创新模式，是利用数字化、网络化和智能化（三化）和算据、算力、算法（三算）为特征的新一代信息技术。智能建造是以 BIM、区块链、物联网等技术的应用为实现基础，面向项目全生命周期，实现项目信息的集成化、系统化、智慧化管理，以满足项目参与方的个性化信息管理需求的技术。

2. 2020 年开年，中央密集部署"新基建"，发力于科技端和战略新兴领域，打造集约高效、经济适用、智能绿色、安全可靠的现代化建筑基础设施体系。新型基础设施是以新发展理念为引领，以技术创新为驱动，以信息网络为基础，面向高质量发展需要，提供数字转型、智能升级、融合创新等服务的基础设施体系。建筑业作为国民经济的支柱性产业，其落后的生产方式，粗放式的管理水平已经远远不能满足日益发展的需求，因此建筑业信息化转型升级、节能减排、降本增效迫在眉睫。在建筑行业以往的不断探索以及最新的新基建政策形势推动下，促进了智能建造的孕育诞生和发展壮大。

3. （1）智能建造以工程信息平台为基础，集成了建筑工程项目各种相关信息的工程数据模型，可以对施工过程以及各项功能进行智能化实现。

（2）智能建造通过对多项先进技术的互联、集成，把解决建设工程项目各阶段的重难点以及满足业主方的需求作为主要目标。

（3）智能建造是推动建筑业数字化转型的重要途径，随着经济结构模式不断优化，依靠钢筋混凝土等资源消耗、环境污染和劳动密集型的传统建造模式面临着转型升级的压力，智能建造作为新型现代化的建造模式，是建造行业实现跨越和发展的必由之路。

（4）智能建造是结合全生命周期和精益建造理念，利用先进的信息技术和建造技术，对建造的全过程进行技术和管理的创新，实现建设过程数字化、自动化向集成化、智慧化的变革，进而实现优质、高效、低碳、安全的工程建造模式和管理模式。

4. 智能建造的特点包括：智慧性、便利性、集成性、协同性、可持续性。

5. 智能建造从范围上来讲，包含了建设项目建造的全生命周期，既有勘察、规划、设计，也有施工与运营管理等。

6. 从内容上来讲，智能建造通过互联网和物联网来传递数据，这些信息与数据往往蕴含着大量的知识，借助于云平台的大数据挖掘和处理能力，建设项目参建方可以实时清晰地了解项目运行的方方面面，对项目的组织协调、计划管理将会有更好地把控作用。

7. 智能建造的形式包括离散型智能建造、流程型智能建造、网络协同建造、大规模个性化建造。

8. （1）要有一个信息化平台驱动；

（2）要实现互联网传输；

（3）要进行数字化设计；

（4）机器人要能够代替人完成全部或部分施工，机器人完成的作业越多，智能建造的水平就越高。

9.（1）信息化

随着信息技术的发展，我们国家各个领域都已经走向了信息化，在土木工程领域也不例外。信息技术在土木工程的发展上起到了重大的推动作用，在土木工程中，工作人员可以通过信息技术把人和物联系在一起，并且通过信息化来控制一些比较难的工作环节，形成智能化的管理模式，通过这样的工作模式不仅可以大大提高工作效率，更重要的是可以一定程度上解放人力，减少施工安全事故的出现，这样就可以有效地提高工作效率。

（2）科技化

伴随着国家经济的不断发展，人们的经济生活水平有了极大地提高，这就使得人们对社会设施有了更高的希望和要求。人们不仅希望有某种设施的出现，还希望这个设施的质量要好，这样就无形中给土木工程带来了更高的挑战。面对这种现状，土木工程的专业人员就应该逐渐丢弃传统的工作理念和工作方法，不断进行创新，研究新的技术，把土木工程和其他领域的技术不断结合和创新，逐渐走向科技化道路。

（3）生态化

说到底，土木工程就是对自然环境进行改造和利用。随着社会的进步和发展，人们对自然环境有了更多的关注，环保意识也不断提高，这就为我们土木工程的发展指明了道路和发展方向，土木工程逐渐向生态化靠拢，节能环保材料的大力推广就是很好的例子。

10. 智慧建造技术的发展在国外已经得到了普遍的推广与应用，在国内也正处在推广应用的火热阶段，这个技术体系分为四个阶层：

（1）第一层是处于底层的是新材料、信息通信技术和生物技术等通用技术，这一层的技术为基础技术，是上层技术的支撑技术，为更高级的技术提供技术支持；

（2）第二层是传感器、3D打印、工业机器人等智能建造装备和方法，该层为设备、设施技术，使建筑在施工过程中更加智能化；

（3）第三层是广泛应用了智能建造装备的智能工厂，在这一层将建筑的一些构件放到工厂里，通过智能建造技术和智能装备将建筑构件更快更好的制作完成；

（4）第四层是处于智慧建造技术系统最高层次的数字物理系统或产业互联网，这个层面的技术是真正系统层面的应用。

第2章课后习题参考答案

1. 智能建造专业是以土木工程专业为基础，面向国家战略需求和建设工程行业的转型升级，融合机械设计制造及其自动化、电子信息及其自动化、工程管理等专业发展而成的新工科专业，体现了智能时代建筑业的发展新动向。

2. 智能建造专业包括四大模块：

（1）智能规划与设计，凭借人工智能、数学优化，以计算机模拟人脑进行满足用户友好与特质需求的智能型城市规划和建筑设计。

（2）智能装备与施工，凭借重载机器人、3D打印和柔性制造系统研发，使建筑施工从劳动密集型向技术密集型转化。

（3）智能设施与防灾，凭借智能传感设备、自我修复材料研发，实现智能家居、智能基础设施、智慧城市运行与防灾。

（4）智能运维与服务，凭借智能传感、大数据、云计算、物联网等技术集成与研发，实现单体建筑和城市基础设施的全寿命智能运维管理。

3.（1）科学方法及思维能力。

（2）专业知识与能力。

（3）基本身心素质。

（4）表达与沟通能力。

（5）学习能力。

4. 智能建造促进建筑产业发生深刻的变革，支撑这一变革的关键因素是高水平的专业人才。智能建造背景下，对专业人才的知识结构、知识体系和专业能力等各方面也必然会提出新的要求。

（1）具有 T 形知识结构。

（2）突出工程建造能力。

（3）具有工程社会意识。

5. 根据应用领域不同可将智能建造工程师主要分为智能建造标准管理类、智能建造工具研发类、智能建造工程应用类及智能建造教育类等。

（1）智能建造标准管理类：即主要负责智能建造标准研究管理的相关工作人员，可分为智能建造基础理论研究人员及智能建造标准研究人员等。

（2）智能建造工具研发类：即主要负责智能建造工具的设计开发工作人员，可分为智能建造产品设计人员及智能建造软件开发人员等。

（3）智能建造工程应用类：即应用智能建造支持和完成工程项目生命周期过程中各种专业任务的专业人员，包括业主和开发商里面的设计、施工、成本、采购、营销管理人员；设计机构里面的建筑、结构、给排水、暖通空调、电气、消防、技术经济等设计人员；施工企业里面的项目管理、施工计划、施工技术、工程造价人员；物业运维机构里面的运营、维护人员，以及各类相关组织里面的专业智能建造应用人员等。智能建造工程师应用类又可分为智能建造模型生产工程师、智能建造专业分析工程师、智能建造信息应用工程师、智能建造系统管理工程师、智能建造数据维护工程师等。

（4）智能建造教育类：即在高校或培训机构从事智能建造教育及培训工作的相关人员，主要可分为高校教师及培训机构讲师等。

6. 智能建造工程师是为适应不同用户的需求，融合现代计算机技术、现代通信技术、BIM 技术、互联网技术、人工智能技术、虚拟现实等技术的人员。应具有数字化设计、精益化施工、智慧化运维的技术基础及全过程项目管理能力，具备家国情怀、国际视野、创新精神、团队合作的智能建造领域的技术人才。

7. 智能建造工程师的基本能力要求包括专业素养和基本素质。智能建造工程师的专业知识能力是确保工程师能按要求完成项目的最大依仗，因此智能建造工程师应具备强大的专业业务能力。智能建造工程师基本素质是职业发展的基本要求，同时也是智能建造工程师专业素质的基础。专业素质构成了工程师的主要竞争实力，而基本素质奠定了工程师的发展潜力与空间。智能建造工程师基本素质主要体现在职业道德、健康素质、团队协作及沟通协调等方面。

8. 智慧城市的要素包括智能建造、智慧医疗和智慧物流。

9. 智能建造的优势有更高的产量、更高的精度、更好的定义化和个性化和更高的盈利回报。

10. 智能建造的发展历史包含机械化建造阶段、数字化建造阶段、信息化建造阶段和智能建造阶段。

第 3 章课后习题参考答案

1. 凭借人工智能、BIM 技术，以计算机模拟人脑满用户友好与特质需求的智能型城市规划和建筑设计，包括以下内容：

（1）通过系统运用理论、方法和技术来模拟、扩展人类智能从而实现机器代替人进行思考和工作。大数据分析、神经网络和深度学习算法的优化，使人工智能在建设工程行业项目管理、结构分析、风险评估和设计等领域中脱颖而出。

（2）建筑信息模型（BIM）：BIM 以电脑辅助设计为基础，对建筑工程的物理特征以及功能特性的数字化承载与可视表达。

2.（1）智能化工程勘测设计数据库。

（2）智能规划和设计。

（3）数字化建模技术。

（4）基于 BIM 的协同设计。

（5）基于 3D 打印技术的规划与设计。

（6）基于虚拟现实技术的工程测量设计。

（7）智能大型铁路建设。

3. 凭借重载机器人、3D 打印和柔性制造系统研发，使建筑施工从劳动密集型向技术密集型转化，从而提高效率和减少实施成本，主要包括以下几个方面：

（1）智能装备：智能装备拥有感知、分析、推理、决策、控制等功能，是先进的制造技术与信息技术与智能技术的集成的深度融合。先进制造技术和先进核心技术的机械装备智能化是一个工业发达国家的重要标志。

（2）机器人：机器人在智能施工中起着极为重要的作用，对于某些空间复杂与有着表皮渐变特征的建筑设计，可以解决对传统手工建造为主的模式来说的难题。

4.（1）智能机器臂研发。使用工业机器臂进行建筑构件加工及建筑现场施工，包括机器臂切削各种材料成型、机器臂叠层或空间打印构件、机器臂热线切割泡沫作为模具、机器臂多臂协同编织物件。在施工现场，机械臂自动砌筑墙体、机械臂绑扎钢筋、机械臂焊接作业、机械臂喷抹工作等，这些自动或智能加工和建造项目可以提升建筑质量，可以大大节省加工及建造过程中人力成本的付出，可以提高复杂形体加工的精度和效率。更重要的是智能建造可以把工人从繁重的体力劳动中解放出来，进一步实现社会的平等与公平。

（2）机器臂自动砌筑系统。清华大学等机构首次把机器臂自动砌砖与砂浆打印结合在一起，形成全自动砌砖及 3D 打印砂浆一体化智能建造系统；并在世界上首次把"自动砌筑系统"运用于实际施工现场，建成一座"砖艺迷宫花园"。在迷宫花园的设计及砌筑打印过程中，首先在软件里生成曲面墙体并布置砖块，接着设计出机械臂运动轨迹，并使用语言将其导出为机械臂可识别的程序语句；机械臂的动作包括用真空吸盘取砖、在指定位置放砖、翻转机械臂前端、根据砖块排布在砖面上打印砂浆等几个操作，运动轨迹命令中整合了机械臂对气泵等外部设备发出的控制指令，并经过避障设计；在程序中模拟后，导出程序用于机械臂执行，从而实现从数字模型到实际建造物的精确转化；这一自动砌筑系统的实际工作过程只需两人进行操作，一人控制键盘及程序输入，另一人准备砖块及砂浆材料，可大大减少人工的投入。

（3）基于 BIM 的数字化施工。通过将信息封装在 BIM 模型，随着施工过程推进，实时增减信息量，在信息产生源头采集—传输—分析—应用—反馈这一信息流的大闭环过程中，依托 BIM 模型的流转，使施工过程可视化、信息透明化。数字化施工将拓展管理维度，从二维到三维、四维、五维，是智能建造发展的必然方向。在建造阶段通过 4D 施工模拟，结合智能测绘、IoT 等技术可以针对施工现场进行精准定位，预演复杂的形体放样，利用自动安装机器人可以高效完成复杂施工作业，同时还可以实现对施工期的实时动态监测等。

5. 人工智能技术已应用于施工图生成和施工现场安排、建筑工程预算、建筑效益分析等。工作人员在以往开展建筑工程施工管理工作的时候，主要是依靠手写、手绘的方式来完成有关施工档案的记录和施工平面图的绘制，而随着人工智能技术在建筑领域里应用范围的不断扩大，综合采用数理逻辑学、运筹学、人工智能等手段来进行施工管理已经得到了认可和普及。目前比较流行的基于 C/S 环境开发的建筑施工管理系统，已经涵盖了包括分包合同管理、施工人员管理、原材料供应商管理、固定资产管理、企业财务管理、员工考勤管理、施工进度管理等方方面面，使对供应商和分包商的管理工作得到了进一步的细化，从而使原材料的进离场、分包商及员工管理工作更加科学、准确、快捷，实现了资金流、物资流、业务流的有机结合。另外，建筑施工管理系统的数据库也非常强大，具有极为强劲的数据处理和储存能力，不仅性能稳定，升级和日常维护也非常快捷方便。另外，针对建筑施工人流复杂、密集的特点，系统还相应设置了权限管理功能，保障了施工管理数据的安全和准确性。

6.（1）更高的产量

智能建造通过更好的控制方法来控制生产施工，效率比传统制造业更高。另外，智能建造中大数据的应用可以帮助各参与方更有效了解生产流程，也有利于改进生产运营。因此，智能建造会带来更高的产量。

（2）更高的精度

在施工流程上，利用机器视觉等方式能够带来更高精度的辨别能力；另外，整个施工流程中，传统建造业一般通过使用更好的设备、定期培训操作人员等方式来减少失败率，而智造建造的大数据技术能够通过数据分析来减少失败率。

（3）更好的自定义和个性化

自定义和个性化是智能建造的一大魅力所在，传统建造业的工作流程难以实现客户的自定义或个性化定制，而智能建造的工作流程能够实现实时控制，根据客户需求随时调整工作进程从而让自定义和个性化的操作更为容易。与传统建造模式相比，智能建造的自定义和个性化能够利用大数据整理工作数据，带来新的自定义和个性化产品，也可以帮助参与方采取逆向工程，为熟悉的问题提出新的解决方案。

（4）更高的盈利回报

更高的产量能够更好满足生产需求，更高的精度能够保证产品的质量，更好的自定义和个性化则会扩大市场。利用智能建造的大数据技术，可以更好地了解建造运营的效率，同时也可以统计智能升级转型过程的投资回报率（ROI），建造业可以更好地制定未来建造计划。

7. 在未来，计算机全面梳理所有设计规则，根据周边环境、功能等输入条件并自动生成推荐设计方案，同时人工指定有限条件来自动优化设计模型，实现参数快速化修改。基于海量 BIM 数据和算法为基础的机器学习，通过构件库数量增加、设计案例推演学习，不断优化设计模型；根据现场实际施工数据反馈，自动调整模型，保证模型与现场实体一致，得出后续更优设计模型；最大限度将设计工作由设计人员转变为软件，根据相关设计规则进行智能分析设计，大大减少人力劳动，提高设计效率和设计质量。

8. 通过采用 RFID 技术对材料进行编码，实现建筑原材料的供应链的透明管理，可以便于消费单位选取最合适的材料，省去中间环节，减少材料的浪费。在物联网技术的支持下，材料成本可以达到最大限度的控制。物联网技术可以实现对人和机械的系统化管理，使得施工过程井井有条，有效地缩短了工期。

9. （1）基础理论、标准、体系不完善。由于智能建造是一个新兴的概念，从智能建造的概念内涵到应用标准再到框架体系多由个别学者自行建立，在业内还没有形成一套标准化实施流程；另外，政府方面也缺少出台相关的针对性标准规范，如基础性标准、技术标准、评价标准等。这在一定程度上导致了智能建造发展缓慢。

（2）以单点应用为主，缺乏技术的集成化应用。尽管新兴信息技术发展迅速，建造技术也日渐成熟，但就目前的建造过程来看，多是单一技术的研究应用，缺乏多种技术的相互融合或信息技术与建造技术的集成应用；目前的信息化技术往往针对建造过程的某一环节，或参与建造的某一专业，或项目运行周期的某一阶段进行应用，缺乏从单点应用到整体应用的过渡。

（3）以局部的系统为主，缺乏子系统间的集成。目前已经出现了一些局部化的智能建造系统，如智慧工地平台、安全监控平台、信息化管理平台等，但是各个系统之间的数据资源得不到及时的沟通传递共享，无法形成完整、可靠的数据集，进而制约着工程项目的整体信息化水平。

10. （1）基础理论和框架体系的突破。智能建造涉及全生命周期理论、项目管理理论、精益建造理论等，需要在以上理论的基础上形成针对智能建造的理论创新，并搭建包含 BIM 技术、物联网、大数据、云计算、移动互联网相互渗透融合的智能建造整体框架。虽然随着科技的发展智能建造的内涵不会是一成不变的，但相关基础理论和框架体系的突破会为后续研究提供理论依据。

（2）新兴信息技术一体化集成应用。各项新兴信息技术之间既相互独立又相互联系，BIM 技术是工程建造信息最佳的传递载体，物联网通过感知获得丰富的数据源，大数据对工程建造过程产生的海量数据进行分析处理，云计算提供便捷的访问共享资源池的计算模式，移动互联网提供了实时交换信息的途径。在未来，5G 技术、人工智能、区块链等技术也将为智能建造提供技术支撑。各项技术的交叉融合可以真正实现建造过程数字化、自动化向集成化、智慧化的变革。

（3）形成智能建造一体化系统。未来将有更多的局部化系统涌现出来，从而提高对整个建造过程的覆盖度；各个系统之间通过相关数据接口可实现资源的共享与系统之间的集成，进而形成智能建造一体化系统。

第 4 章课后习题参考答案

1. 智能建造的提出来源于两个方面的支持，即理论基础、技术支撑。传统项目管理理论、工程全生命周期理论（BLM）及精益建造理论是智能建造的理论基础，而 BIM、建造技术、区块链、物联网、人工智能等新兴现代信息化技术则是实现智能建造的技术支撑。

2. 建筑信息模型（building information modeling，BIM），是指在建设工程及设施全生命期内，对其物理和功能特性进行数字化表达，并依此设计、施工、运营的过程和结果的总称，简称模型。BIM 在智能建造中的应用如下：

（1）信息整合。BIM 技术是智能建造的核心技术，以信息技术作为载体，建立完整过程的数据流与数据库，从而提升整个项目周期的整合度，为项目的广泛意义上的"管理"提升效率。

（2）协同工作。在设计阶段采用 BIM 技术，各个设计专业可以协同设计，可以减少缺漏碰缺等设计缺陷。施工阶段管理阶段，各个专业经由 BIM 平台进行协同工作，实现智能建造。

3. GIS 又称为地理信息系统，它是一种空间信息系统，是对整个或部分表层空间中有关空间分布的数据信息进行采集、运算、分析和显示等功能的系统，它为我们提供了客观定性的原始数据。

GIS 技术在智能建造中的应用如下：

（1）GIS 侧重于对建筑物地理信息的表达，多用于建筑物的地理位置定位和空间信息分析，能很好地展示建筑物的外部环境，确保信息的完整性，运用 GIS 技术可以呈现清晰的地理信息。

（2）运用 GIS 技术对信息进行管理、分析与处理。GIS 可以提供整个空间的三维可视化分析功能，改善了建设空间上的数据表达与性能分析，为建造设计人员提供更加直观、科学的设计方式。

4. 物联网指的是将各种信息传感设备，如射频识别（RFID）装置、红外感应器、全球定位系统、激光扫描器等种种装置与互联网结合起来而形成的一个巨大网络。将物—物与互联网连接起来，进行物体与网络间的信息交换和通信，以实现物体智能识别、定位、跟踪、监控和管理。

物联网在智能建造中的应用如下：

（1）物联网是一个高度互联的信息网络，为使用者提供施工过程中各个施工对象的个体信息（包括人员、设备、结构、资产等）。

（2）物联网是一个精确的管理平台，通过点对点式的信息获取，能够实现对整个网络内的个体进行全周期、全要素、迅速反馈等管理方式，提高了资源利用率和生产力水平，改善人与物的关系。

5. 数字孪生是一种集成多物理、多尺度、多学科属性，具有实时同步、忠实映射、高保真度特性，能够实现物理世界与信息世界交互与融合的技术手段。

6. 云计算是分布式计算的一种，指的是通过网络"云"将巨大的数据计算处理程序分解成无数个小程序，然后，通过多部服务器组成的系统进行处理和分析这些小程序得到结果并返回给用户。

应用于智能化的云计算具有以下技术特点：

（1）服务虚拟化：基于云平台的各子系统软件平台和运行于各独立服务器的软件完全相同。

（2）资源弹性伸缩：系统可根据各子系统对存储及计算力的需要实时灵活配置资源，使系统的负荷效率较高。

（3）集成便利：通过软件接口将各子系统集成到统一平台，轻松实现数据和信息的共享。

（4）快速部署：借助云平台，可构建高效、快捷、灵活、稳定的新一代建筑智能节能管理平台，该平台可根据需求对各子系统进行快速调整、增加或减少。

（5）桌面虚拟化：只需提供给客户一个终端，客户可按需定制所需的云桌面，所有数据资料存放在云端，方便统一管理，并且可随时随地登录自己的桌面。

（6）业务统一部署：现有的应用平台可迁移至云平台统一管理，今后的系统调整和升级可统一进行，可靠性高。

7. 大数据是需要新处理模式才能具有更强的决策力、洞察发现力和流程优化能力来适应海量、高增长率和多样化的信息资产。

大数据技术有如下四个方面的特点：

（1）体量大：指大数据技术的集体量比较大，一般其单位都是 TB 或者 PB 级别的，远远的超出了传统数据的处理能力。

（2）多样性：指大数据的来源比较广泛，大数据库中的数据包含了结构化、半结构化和非结构化形式的数据。

（3）高速性：指在处理信息的速度很快，同时能够实时的更新数据库中的信息。

（4）价值性：大数据中的价值是指通过挖掘大数据中的数据可以发现隐藏在数据中有价值的信息，这些信息的价值是通过传统分析数据的手段得不到的。

8.5G 技术有如下特点：

（1）5G 网络具有数据传输速率高、延迟低、节能和支持大规模组网的特点。

（2）5G 网络更方便、更广泛的推广智能建造的功能实现，对建筑物全生命周期及施工过程都提供了动态智能的辅助办法。

9. 人工智能（缩写为 AI）亦称智械、机器智能，指由人制造出来的机器所表现出来的智能。

人工智能技术对智能建造的提升作用：

（1）重大建筑结构故障诊断方法普遍存在受到结构复杂、信号微弱等因素影响导致其精度与准确性不高的问题。

（2）新一代人工智能技术在特征挖掘、知识学习与智能程度所表现出显著优势，为智能诊断运维提供了新途径。

（3）新一代人工智能运维技术是提高设备安全性、可用性和可靠性的重要技术手段，有利于制造项目智能化升级并提高企业效益，得到国际学术界与商业组织的重点投入与密切关注。

智能设备是指在建筑施工过程中应用的智能化建筑设备包括：智能安全帽，智能塔吊，智能施工机器人等，智能设备减轻了在施工过程中工人进行的体力劳动以及在危险区域工作的风险，也是智能建造的前端基础。

第 5 章课后习题参考答案

单选题 1-5 DABAA

多选题 1 ABCD 2 ABDE 3 ACDEF

简答题

1.（1）BIM 是以三维数字技术为基础，集成了建筑工程项目各种相关信息的工程数据模型，是对工程项目设施实体与功能特性的数字化表达。

（2）BIM 是一个完善的信息模型，能够连接建筑项目生命期不同阶段的数据、过程和资源，是对工程对象的完整描述，能够提供可自动计算、查询、组合拆分的实时工程数据，可被建设项目各参与方普遍使用。

（3）BIM 具有单一工程数据源，可解决分布式、异构工程数据之间的一致性和全局共享问题，支持建设项目生命期中动态的工程信息创建、管理和共享，是项目实时的共享数据平台。

2. 方案策划、招投标阶段、设计阶段、施工阶段、竣工交付阶段、运维阶段。

3.（1）可视化设计交流。可视化设计交流贯穿于整个设计过程中，典型的应用包括三维设计与效果图及动画展示。

（2）设计分析。设计分析是初步设计阶段主要的工作内容，一般情况下，当初步设计展开之后，每个专业都有各自的设计分析工作，设计分析主要包括结构分析、能耗分析、光照分析、安全疏散分析等。这些设计分析是体现设计在工程安全、节能、节约造价、可实施性方面重要作用的。

（3）协同设计与冲突检查。BIM 为工程设计的专业协调提供了两种途径，一种是在设计过程中通过有效的、适时的专业间协同工作避免产生大量的专业冲突问题，即协同设计；另一种是通过对 3D 模型的冲突进行检查，查找并修改，即冲突检查。至今，冲突检查已成为人们认识 BIM 价值的代名词，实践证明，BIM 的冲突检查已取得良好的效果。

（4）设计阶段造价控制。基于 BIM 模型实进行设计过程的造价控制具有较高的可实施性。由于 BIM 模型中不仅包括建筑空间和建筑构件的几何信息，还包括构件的材料属性，可以将这些信息传递到专业化的工程量统计软件中，由工程量统计软件自动产生符合相应规则的构件工程量。

（5）施工图生成。BIM 模型是完整描述建筑空间与构件的 3D 模型，基于 BIM 模型自动生成 2D 图纸是一种理想的 2D 图纸产出方法，理论上，基于唯一的 BIM 模型数据源，任何对工程设计的实质性修改都将反映在 BIM 模型中，软件可以依据 3D 模型的修改信息自动更新所有与该修改相关的 2D 图纸，由 3D 模型到 2D 图纸的自动更新将为设计人员节省大量的图纸修改时间。

第 6 章课后习题参考答案

单选题 1-5 DBDDC
多选题 1 ABC　2 ABC　3 ABC
简答题

1.（1）分布式存储与管理。传统关系数据库的集中存储方式对大数据逐渐失效。大规模分布式存储系统。这些存储技术被大数据 GIS 综合用于 PB 级矢量数据、文件型数据和百亿级瓦片等异构数据的存储，并在内核上扩展了大数据引擎，提供统一的管理接口。

（2）分布式计算与空间分析。利用 RDD 基础接口从空间、时间、属性多个维度扩展或建立分布式的空间计算与空间分析模型，如属性汇总、要素连接、轨迹重建、热点分析、聚合分析、密度分析等，支持面向大数据的分析与挖掘。分析结果可以通过热力图、格网图、散点图、密度图、OD 图等表达大数据空间分析对象的聚合程度、变化趋势和关联关系等，直观呈现数据隐藏的价值。

（3）流数据处理。在环境监测、车辆位置监控、流动人口行为分析等应用场景下，数据一般持续到达、规模庞大，且状态变化不可预测，要求处理技术具备增量计算、时间窗口、横向扩展且高容错性的处理能力。如采用模型化的方式，在 Spark Streaming 上封装了空间流数据分析模型，如地理围栏、路况计算等，并提供可视化的建模工具进行模型实现。

2. 地理信息作为一种特殊的信息，它同样来源于地理数据。地理数据是各种地理特征和现象间关系的符号化表示，是指表征地理环境中要素的数量、质量、分布特征及其规律的数字、文字、图像等的总和。地理数据主要包括空间位置数据、属性特征数据及时域特征数据三个部分。空间位置数据描述地理对象所在的位置，这种位置既包括地理要素的绝对位置（如大地经纬度坐标），也包括地理要素间的相对位置关系（如空间上的相邻、包含等）。属性数据有时又称非空间数据，是描述特定地理要素特征的定性或定量指标，如公路的等级、宽度、起点、终点等。时域特征数据是记录地理数据采集或地理现象发生的时刻或时段。时域特征数据对环境模拟分析非常重要，正受到地理信息系统学界越来越多的重视。空间位置、属性及时域特征构成了地理空间分析的三大基本要素。

地理信息是地理数据中包含的意义，是关于地球表面特定位置的信息，是有关地理实体的性质、特征和运动状态的表征和一切有用的知识。作为一种特殊的信息，地理信息除具备一般信息的基本特征外，还具有区域性、空间层次性和动态性特点。

目前，GIS 软件多达 400 余种。国外较为流行的有 ARC/INFO、MAP/INFO、TI-GRIS 等；国内应用较广的有 MAP/GIS、SUPERMAP 等。GIS 当前的发展方向是产业化，并且已经应用在多个领域，具有以下四个方面的特点：

（1）三维 GIS 的出现和应用。随着三维理论和技术的发展成熟，二维 GIS 在描述现实世界时二维投影的不足被三维 GIS 所克服，当前，三维 GIS 已经由以前的科研展示或只能于某一特定领域使用，进步到了全面应用和易用阶段。国内外近年来涌现出了大量三维 GIS 软件，例如，Google Earth、iTelluro、GeoGlobe 等。

（2）组件式 GIS。由组件式 GIS 采用了组件式软件和面向对象技术，将 GIS 各大功能模块之下的每个组件与非 GIS 组件集成，并由此形成了 GIS 基础平台及应用系统，其功能和使用便捷性得到了进一步的提升和发挥。这一技术上的进步代表了 GIS 当今的发展潮流。在全球较为著名的有：美国环境研究所 ESRI 推出的 MapObjects1.2、美国 MapInfo 公司推出的 MapX3.0 等。除此之外，还有中国科学院地理科学与资源研究所的 ActiveMap。

（3）WebGIS。WebGIS 是通过整合 www 技术、GIS 技术及数据库技术所建立的网络 GIS。WebGIS 的优点很多，一是功能多，可以使用通用型的浏览器进行查询和浏览，降低客户的技术与经济负担；二是具备良好的可扩展性，能够在 Web 中与其他信息服务进行集成，可以灵活的进行 GIS 应用；三是可以实现一次编成，多处运行，WEBGIS 这种跨平台的特性能够基于 JAVA 技术之上实现。

（4）移动 GIS。集 GIS、GPS、移动通信技术于一身的系统即为移动 GIS。移动 GIS 基于移动互联网为支撑，以北斗、GPS 或移动基站为定位手段，以平板电脑或者智能手机为移动终端，成为 GIS、WEBGIS 之后新的技术热点，其在野外数据采集、定位、移动办公等方面的便利性和高效性，能够满足政府机构、企事业单位或个人在这方面的需求。

3.（1）资源清查与管理

资源的清查、管理与分析是 GIS 应用最广泛且趋于成熟的应用领域，也是 GIS 最基本的职能，包括土地资源、森林资源和矿产资源的清查、管理，土地利用规划、野生动植物保护等。

（2）区域规划

区域规划具有高度的综合性，涉及资源、环境、人口、交通、经济、教育、文化、通信和金融等众多要素，要把这些信息进行筛选并转换成可用的形式并不容易，规划人员需要切实可行的技术和实时性强的信息，而 GIS 能为规划人员提供功能强大的工具。

（3）灾害监测

借助遥感监测数据和 GIS 技术可有效地进行森林火灾的预测预报、洪水灾情监测和洪水淹没损失的估算及抗震救灾等工作，为救灾抢险和决策提供及时准确的信息。此外，RS 与 GIS 技术在抗震救灾中也有广泛应用。

（4）土地调查和地籍管理

随着国民经济的发展，地籍管理工作的重要性正变得越来越明显，土地调查的工作量变得越来越大，以往传统的手工方法已不能胜任。GIS 为解决这一问题提供了先进的技术手段。借助 GIS 可以进行地籍数据的管理、更新，开展土地质量评价和经济评价，输出地籍图，同时还可为有关的用户提供所需的信息，为土地的科学管理和合理利用提供依据。

（5）环境管理

GIS 技术可为环境评价、环境规划管理等工作提供有力工具，如环境监测和数据收集、建立基础数据库和环境动态数据库、建立环境污染的有关模型、提供环境管理的统计数据和报表输出、环境作用分析和环境质量评价、环境信息传输和制图等。

（6）城市管理

城市管理是一项内容广泛、涉及面宽的复杂管理，不但需要各级政府之间的协调，更需要各部门之间的协作。同时，还需要处理各种统计数据与信息，查阅并分析许多与空间位置相关的信息，如城市自然要素的空间分布，基础设施中管线的布设，公共事业中设施的建设和布局，社会管理中流动人口的来源、分布、就业分布、社会治安因素分析、社区管理设施与服务分布等。这些工作都需要能够专门处理空间数据和进行空间分析的 GIS 作为技术手段。

（7）作战指挥

军事领域中运用 GIS 技术最成功的例子当属 1991 年海湾战争。美国国防制图局为满足战争需要，在工作站上建立了 GIS 与遥感的集成系统，它能用自动影像匹配和自动目标识别技术处理卫星和高低空侦察机实时获得的战场数字影像，及时（不超过 4h）将反映战场现状的正射影像图叠加到数字地图上，并将数据直接传送到海湾前线指挥部和五角大楼，为军事决策提供 24h 的实时服务。通过利用 GPS（全球定位系统）、GIS、RS（遥感）等高新尖端技术迅速集结部队及武器装备，以较低的代价取得了极大的胜利。

（8）辅助决策

GIS 利用特有的数据库，通过一系列决策模型的构建和比较分析，可为国家宏观决策提供依据。例如，系统支持下的土地承载力研究，可解决土地资源与人口容量的规划。在我国三峡地区，通过利用 GIS 和机助制图方法建立的环境监测系统，为三峡宏观决策提供了建库前后环境变化的数量、速度和演变趋势等可靠的数据。美国伊利诺伊州某煤矿区由于采用房柱式开采引起地面沉陷，为避免沉陷对建筑物的破坏，减少经济赔偿和对新建房屋的破坏，煤矿公司通过对该煤矿 GIS 数据库中岩性、构造及开采状况等数据的分析，利用图形叠置功能对地面沉陷的分布和塌陷规律进行了分析与预测，指出地面建筑的危险地段和安全地段，为合理部署地面的房屋建筑提供了依据，取得了较好的经济效果。

第 7 章课后习题参考答案

单选题 1-5 CBABA

多选题 1 ABCD 2 BCD 3 ABC

简答题

1.（1）促进实现施工作业的系统管理。

（2）提高施工质量。

（3）保证施工安全。

（4）具有可观的经济效益。

2. 特点：全面感知、可靠传递、智能处理与决策。

优势：数据实时采集、智能数据存取、智能清单和采买、与信息技术结合性高、与各行业结合性高。

3.（1）二维码技术：安全管理、质量管理、物资管理、后勤保卫管理。

（2）RFID 技术：该技术具有自动识别、追踪定位的特点，可以将其应用在人员、材料、机具设备等管理、质量管理、安全管理等施工各方面。（3）多媒体采集：施工过程的日常监控、对重大危险源的监控、对施工现场安全防护情况监控。

（3）多媒体采集：施工过程的日常监控、对重大危险源的监控、对施工现场安全防护情况监控。

（4）定位系统：既有建筑安全检测中的应用、施工过程中的应用、建筑安全监测中。

（5）传感系统：可用于施工阶段与运维阶段。施工过程中，可对施工环境监控、对施工设备运行情况的监测和引导、对施工过程中的人员、危险源等进行监测；在运维阶段，可应用于智能监控与安全管理、建筑设备监控系统、结构健康监测。

（列举三种技术，每种技术列举三个方面即可）

第 8 章课后习题参考答案

单选题 1-5 CAACC

多选题 1 ABCD　2 ABCDE　3 ABC

简答题

1.（1）数据驱动：数字孪生的本质是在比特的汪洋中重构原子的运行轨道，以数据的流动实现物理世界的资源优化。

（2）模型支撑：数字孪生的核心是面向物理实体和逻辑对象建立机理模型或数据驱动模型，形成物理空间在赛博空间的虚实交互。

（3）软件定义：数字孪生的关键是将模型代码化、标准化，以软件的形式动态模拟或监测物理空间的真实状态、行为和规则。

（4）精准映射：通过感知、建模、软件等技术，实现物理空间在赛博空间的全面呈现精准表达和动态监测。

（5）智能决策：未来数字孪生将融合人工智能等技术，实现物理空间和赛博空间的虚实互动辅助决策和持续优化。

2. 基于数字孪生的智能建造框架包括物理空间、虚拟空间、信息处理层、系统层四部分，他们之间的关系如下：物理空间提供包含"人机料法环"在内的建造过程多源异构数据并实时传送至虚拟空间；虚拟空间通过建立起物理空间所对应的全部虚拟模型完成从物理空间到虚拟空间的真实映射，虚拟空间的交互、计算、控制属性可以实现对物理空间建造全过程的实时反馈控制；信息处理层采集物理空间与虚拟空间的数据并进行一系列的数据处理操作，提高数据的准确性、完整性和一致性，作为调控建造活动的决策性依据；系统层通过分析物理空间的实际需求，依靠虚拟空间算法库、模型库和知识库的支撑和信息层强大的数据处理能力，进行建筑工程数字孪生的功能性调控。

3. 数据处理层是沟通物理空间与虚拟空间的桥梁，主要包括数据采集，数据预处理，数据挖掘，数据融合四个步骤。首先，来自物理空间与虚拟空间的海量多源异构原始数据被实时采集，这些数据包括物理空间的五大要素数据、施工质量数据、施工安全数据、施工进度数据、项目成本数据、施工监测数据，以及虚拟空间的模型数据、仿真数据、管理数据、评估数据等。其次对这些原始数据进行数据预处理，包括数据清洗、数据集成、数据转换、数据规约等，提高数据的准确性、完整性和一致性。再次利用人工神经网络、

APRIORI 等算法进行数据分析挖掘，达到分类、预测、聚类的效果。最后，在数据采集、预处理、分析挖掘的基础上，从数据库和知识库中提取相应参数进行特征级和决策级的数据融合，从而作为调控建设活动的决策性依据。

第 9 章课后习题参考答案

单选题 1-5 DCBDC

多选题 1 ABC　2 ABCD　3 AD

简答题

1. 云计算技术是指将庞大的数据计算处理程序利用网络自动拆分成无数个小程序，然后通过多部服务器组成的系统进行分析和处理这些小程序得到结果并将结果返回给用户。云计算技术能够把数据通过互联网进行传输分配。云计算技术具有超大规模；虚拟化；高可靠性、通用性、高可扩展性；按需服务；高性价比；潜在的危险性等特点。

2. 公有云的使用十分便捷，可以实现工作负载的即时部署，可以省去大量的成本费用；私有云是运用虚拟化等云计算技术的专有网络或数据中心，其提供的数据、安全性和服务质量更好；混合云将公有云和私有云进行混合和匹配，其具有降低成本、增加存储和可扩展性、提高可用性和访问能力、提高敏捷性和灵活性、获得应用集成优势。

3. 基于云计算技术强大的计算能力，可将 BIM 技术中计算量大且复杂的工作转移到云端，以提升计算效率，云计算技术的发展将会为建筑信息化的发展提供新的机会；在建筑监测领域，通过在监测系统中引入云计算技术进行对于大量数据的处理和计算，可以进行复杂建筑的实时监测；在工程质量监管中可以保障精准建造的检测数据真实可靠，有效的杜绝检测数据造假（可进行扩展，思路正确合理即可）。

第 10 章课后习题参考答案

单选题 1-5 AAADB

多选题 1 ABC　2 ABC　3 ABCD

简答题

1. （1）容量（Volume）：庞大的数据数量；

（2）速度（Velocity）：数据产生迅速；

（3）种类（Varity）：数据类型多样；

（4）价值（Value）：数据价值密度低。

2. 大数据技术的一般流程可分为数据采集与预处理，数据存储与管理，计算模式与系统以及数据分析与挖掘。

（1）数据采集与预处理主要实现对数据的集成、转换与清洗等操作。

（2）数据存储与管理主要实现对数据的分布式存储。

（3）计算模式与系统基于大数据特征和计算特征，从多样性的大数据计算问题和需求中提炼并建立的各种高层抽象和模型。

（4）数据分析与挖掘基于搜集来的数据，应用数学、统计、计算机等技术抽取出数据中的有用信息，进而为决策提供依据和指导方向。

3. 大数据驱动下的智能制造技术体系能帮助改善施工建设项目中多阶段资源优化、技术优化，达到安全、优质、绿色、智能地建设产品和运营企业的战略效果。将大数据智能制造技术体系应用到建造项目和建造企业中，能更好地驱动建造业向着"安全建造、优质建造、绿色建造、智能建造"的理念发展。

第 11 章课后习题参考答案

单选题 1-5 ADDBD

多选题 1 AC　2 AD　3 ACD

简答题

1. 5G 概念可由"标志性能力指标"和"一组关键技术"来共同定义。其中，标志性能力指标为"Gbps 用户体验速率"，一组关键技术包括大规模天线阵列、超密集组网、新型多址、全频谱接入和新型网络架构。

2. 高速度，泛在网，低功耗，低时延。万物互联，重构安全。

3. 包括帧结构、双工、波形、多址、调制编码、天线、协议等基础技术模块。

第 12 章课后习题参考答案

单选题：1-5 DCCDC

多选题：1 ABD　2 ABCDE　3 AB

简答题

1. 区块链（Blockchain）是一种由多方共同维护，使用密码学保证传输和访问安全，能够实现数据一致存储、难以篡改、防止抵赖的记账技术，也称为分布式账本技术（Distributed Ledger Technology）。

2.（1）区块链技术在工程数据采集与存储上的应用

全站仪是工程测量的重要设备，通过在全站仪上配置区块链装置，实时获取全站仪捕捉的方位和标高数据，区块链装置可以将获取的第一手基础数据实时上链，当区块链上的节点完成了数据同步后，该数据就实现了不可篡改性，并且永久可验真。

（2）区块链技术在工程资料存证上的应用

对于过程中的电子文档，像各类别合同、协议书、图纸会审记录、工程质量验收记录、各种报告和各单位来往信件也可以配合手机移动认证应用，形成具有法律公信力的基础电子资料，有效解决项目实施过程中的信任问题，同时实现文件的防伪和永久存储。

（3）区块链技术在点工数量及机械台班计量上的应用

区块链结合物联网技术，对于点工和现场台班，可以通过携带区块链装置，将行动轨迹的 GPS 数据、功率输出数据等足以证明人力和设备工作情况的数据实施完成上链统计。对于土方运距的问题，同样可以通过给载重车辆安装区块链装置的方法解决，时间、地点、载重、运动轨迹等数据实施上链后形成了无法篡改的基础数据，通过这些数据的分析可以验证渣土车何时装载，何时卸载，通过何种路线行驶，以此便于过程管理和后续结算。

（4）区块链技术在工程现场数据存证上的应用

将相机和区块链技术整合，把拍得的照片通过无线通信技术即时上传至区块链网络，这样就可以通过上链照片的时间戳和坐标信息等内容充分证明照片的真实性。同理现场会议纪要录音和录像的资料也可以用类似的办法进行存证并验证使用。

（5）区块链技术在建筑产品供应链上的应用

通过区块链技术可溯源和永久验证的特点，将商品有关生产、交易、中间加工和流转的信息实时记录在区块链上，保证商品信息在任何环节都是公开透明的，各企业和个人均能及时了解物流的最新进展，最重要的是由于验证信息一直是同步上链的，使得篡改验证信息的可能性几乎为零。

3.（1）从项目立项开始直至竣工验收完成结束，整个建筑活动中形成了一系列的工程文件，这些工程资料是设计方、施工方和建设方等集体智慧的结晶，是一个企业或国家的知识产权、宝贵财富和核心秘密。为了保护工程资料的安全性，目前的解决办法是采用联盟链结合公链的方式，即联盟链同步完整数据，公链同步验证数据，这样可以在一定程度上解决上述问题。

（2）区块链应用了各种算法高度密集的密码学技术，这在实现上往往比较容易出错。现阶段情况下，多种基于区块链的共识机制，像 Pow、Pos 等已被提出，但上述共识机制能否真正安全地用于实际场景，目前仍缺乏严格的证明与试验。对于关系国计民生的重要项目，如果系统的共识机制被恶意破解，损失将会是巨大的，如何保障共识机制的安全是一大挑战，因此区块链技术也是一个需要与时俱进的领域。

（3）一项技术能否用于实际，最直接的考量是其带来的收益是否会大于成本，如果不能定量分析区块链技术能节省下来的资金和创造的价值，那么我们花大量的时间和精力来研究是毫无意义和不值得的。区块链的机制在于去中心化，由于用户之间的相互不信任，每个用户必须将所有的数据存储下来，致使区块链的存储成本非常高，传统的中心化数据库只需要写入/检验/传输一次，而区块链需要被写入/检验/传输成千上万次，区块链的使用频率越高，所记录的数据存储成本也越高。

（4）在建筑行业的各项应用中，物联网技术与区块链技术的结合显得格外重要，区块链相机、区块链全站仪、区块链录音笔、区块链摄像机，都是区块链技术与物联网结合的产物，目前很多区块链平台已经提供了现成的接入标准接口，仅需要对原有的数据进行编译并通过通信设备实施完成与接口的链接，即可实现上链，当然为了证据链较强的可溯性，还需对装置进行封装和破坏验证失效设置。虽然技术上各个节点都是比较成熟的，但是目前可用的成熟产品并不多见，从另一个角度看，这也是一个新的商机。

第 13 章课后习题参考答案

单选题 1-5 ABBCC

多选题 1 ABCD　2 ABCD　3 ABD

简答题

1. 略

2. 工程造价估算、施工现场管理、施工现场安全风险识别、结构损伤识别

3. 决策树算法、朴素贝叶斯算法、支持向量机算法、随机森林算法、人工神经网络算法、Boosting 与 Bagging 算法、关联规则算法、EM（期望最大化）算法、深度学习

第 14 章课后习题参考答案

单选题 1-5 BABAC

多选题 1 ACD 2 ACD 3 ABC

简答题

1. VR 虚拟现实技术是一种可以创建和体验虚拟世界的计算机仿真系统。它利用计算机生成一种模拟环境，使用户沉浸到该环境中。它是一种多源信息融合的、交互式的三维动态视景和实体行为的系统仿真。虚拟现实具备沉浸性，所追求的是尽可能将用户的五官感觉置于计算机系统的控制之下，切断他们与真实世界的联系。

AR（Augmented Reality）增强现实是一种实时地计算摄影机影像的位置及角度并加上相应图像的技术，这种技术的目标是在屏幕上把虚拟世界套在现实世界并进行互动。这种技术最早于 1990 年提出。随着随身电子产品运算能力的提升，增强现实的用途越来越广。增强现实指的是将动态的、背景专门化的信息加在用户的视觉域之上。它是以真实世界为本位，强调让虚拟技术服务于真实现实。

MR（Mixed Reality）混合现实技术是虚拟现实技术的进一步发展，该技术通过在虚拟环境中引入现实场景信息，在虚拟世界、现实世界和用户之间搭起一个交互反馈的信息回路，以增强用户体验的真实感。混合现实则允许用户同时保持与真实世界及虚拟世界的联系，并根据自身的需要及所处情境调整上述联系。混合现实的极境是真实世界和虚拟世界天衣无缝的融合，亦虚亦实，亦幻亦真。混合现实与增强现实也有所区别。混合现实对真实世界和虚拟世界一视同仁，不论是将虚拟物体融入真实环境，或者是将真实物体融入虚拟环境，都是允许的。

2.（1）虚拟现实技术（VR）的优势：①体验真实；②模式多样；③无需物理实物的参与；④降低制造成本。

（2）增强现实技术（AR）的优势：AR 增强现实技术主要的技术特点及优势主要集中在两方面，一是虚拟与现实共存；二是交互性和趣味性。具体包括：①AR 技术成本相对于 VR 来说价格低廉；②AR 技术研发门槛低；③AR 技术运用范围广阔；④AR 技术为商业提供便捷的销售方式。

（3）混合现实技术（MR）的优势：①虚实融合；②深度互动；③异时空场景共存。

3.（1）虚拟现实技术在建筑的应用

虚拟现实技术目前与建筑行业的结合较少，主要是应用于建筑的设计领域以及精装修的设计方面。具体包括：①虚拟现实技术在设计方面的应用；②虚拟现实技术在施工模拟过程方面的应用；③虚拟现实技术在测量方面的应用；④虚拟现实技术在成果展示中的应用；⑤虚拟现实技术在安全管理方面的应用；⑥BIM＋VR 技术在质量控制方面的应用。

（2）增强现实技术在建筑中的应用

随着建筑、工程建设以及设备管理行业逐渐朝着数字化信息管理的方向发展，必须要有更为直观的视觉化平台来有效地使用这些信息。增强现实技术（AR），这种将相应的数字信息植入到虚拟现实世界界面的技术，将有力地填补这一可视化管理平台的缺失。具体包括：①AR与建筑设计；②AR与现场施工管理；③AR在运营管理及建筑全生命周期其他环节的应用；④AR与建筑领域其他新技术的结合；⑤AR与建筑相关领域的学科教学活动及培训；

（3）混合现实技术在建筑中的应用

混合现实技术不仅应用在教育、医学、工业设计领域，而且在智能建造领域应用广泛，具体包括：①虚拟管道检查；②虚拟隐蔽验收；③虚拟运维后期；④定位功能；⑤协同工作模式。

扩展现实技术的应用价值：①对项目进行技术论证：一般来说，除了在教学过程中建筑设计与其他教学方式有所不同，在建筑行业也存在着很大的差异性，一个建筑物的诞生对于当地社会以及用户安全来说，都起着至关重要的作用。此外，我国在建筑设计和施工过程中存在着一个很大的经济压力问题，对于一些大型的建筑物或者体育馆等，前期设计图纸过程中一个细微的失误都可能对接下来的施工环节造成极大的麻烦，并且即使完成之后，对于建筑功能性以及安全性都需要很长的一段时间进行评估。而扩展现实技术可以将前期设计的图纸进行三维立体呈现，让设计人员在施工之前对发现的问题进行修改，把经济压力降到了最低，在节省人力物力的同时对后期的建筑施工也能起到很好的保障作用。②改善建筑设计架构：建筑设计相对来说是一个极具科学性、逻辑性、严密性的一个过程，它不仅需要在建筑设计中对设计方案的可行性进行细致分析，还需要对一些细节精益求精。扩展现实技术可以为设计师提供一个省事省力的方法，还可以实现设计方案的更优选择。在虚拟现实技术中，建筑设计人员可以把它作为评定设计方案是否可行的测量工具，利用三维立体效果的展示对设计中出现的问题进行修补，并且可以模拟出各种不同效果，选择其最优的设计方案作为最终作品。所以扩展现实技术可以在改善设计方案过程中大幅度降低投资成本。③节省投资和运行费用：在基于扩展现实技术的效果展示之下，建筑设计人员对其中不合理的细节做适当调整，对于施工方来说，可以减少预算的投资成本，保质保量地完成建筑物的施工。与此同时，在演示过程中，如果发现一些较为明显的设计问题，可以做到及时调整或者更换设计方案，能有效避免建筑物在建造完成之后发现问题再重新返工的浪费。此外，虚拟现实技术也可以降低施工中材料的运费，如果在施工之前对整个方案进行调整，就可以减少很多不必要的经济损失，包括材料运输的一系列费用。

第15章课后习题参考答案

单选题 1-5 DAACD
多选题 1 ACD 2 ABC 3 BCD
简答题
1. 优点：

（1）最直接的好处就是节省材料，不用剔除边角料，提高材料利用率，通过摒弃生产线而降低了成本。

（2）3D打印机能做到很高的精度和复杂程度，可以表现出外形曲线上的设计。

（3）3D打印机出现后，不再需要传统的刀具、夹具和机床或任何模具，就能直接从计算机图形数据中生成任何形状的零件。

（4）3D打印可以自动、快速、直接和精确地将计算机中的设计转化为模型，甚至直接制造零件或模具从而有效的缩短产品研发周期。

（5）3D打印能在数小时内成形，它让设计人员和开发人员实现了从平面图到实体的飞跃；它能打印出组装好的产品，因此它大大降低了组装成本，它甚至可以挑战大规模生产方式。

2. 缺点：

任何一个产品都应该具有功能性，而如今由于受材料等因素限制，通过3D打印制造出来的产品在实用性上要打一个问号。

首先，3D打印机在一定程度上存在强度问题，房子、车子固然能"打印"出来，但是否能抵挡得住风雨，是否能在路上顺利跑起来，还需要进行反复试验和确认。

其次，3D打印机存在精度问题。由于分层制造存在"台阶效应"，每个层次虽然很薄，但在一定微观尺度下，仍会形成具有一定厚度的一级级"台阶"，如果需要制造的对象表面是圆弧形，那么就会造成精度上的偏差。

此外，3D打印机的材料有一定的局限性。目前供3D打印机使用的材料非常有限，无外乎石膏、无机粉料、光敏树脂、塑料等。能够应用于3D打印的材料还是很单一，以塑料为主，并且打印机对单一材料也非常挑剔。

最后，3D打印机在打印速度、规模化打印、消耗成本上存在问题。现在大多打印机打印的速度还不够快，比较耗时。单体的一体化成型的效率，肯定是比不上"行业内分级零件加工＋组装"的效率的，而单体的一体化成型，工作流程是完全固定的，无法形成产业效应。且单体机做生产，维护费用和难度是远远高出传统工艺把产业链平摊开的做法。

建筑机器人应用在四个方面：设计、建造、破拆、运维。设计方面，涉及所有工艺的机械化、自动化与智能化。建造分为工厂和现场两个领域。运维方面是建筑机器人的持久性应用领域，涉及管道检测、安防、清洁、管理等众多运行维护的场合。破拆方面是除了爆破以外，未来大型建筑的破拆、资源再利用将是未来巨量建筑的一个难题，机器人将派上用场。

进入21世纪以来，我国城市化与城镇化发展持续提速，带动了建筑行业的整体发展。然而，建筑行业施工安全风险大、生产效率低等弊病依然存在，科技水平也基本上停留在自动化、机械化阶段，距离智能化、数字化还有很大差距，对于年轻劳动力的吸引力越发变弱。

在这一背景下，推动建筑行业加速转型升级已然迫在眉睫。当前，以人工智能、5G、工业互联网、物联网等为代表的"新基建"迎来了快速落地，机器人、无人机等智能设备应用愈发广泛，为传统建筑行业向智能化、数字化、网联化升级提供了重要支撑。

建筑机器人是一个大范畴，其中包括了工地搬运机器人、地砖铺贴机器人、墙纸铺贴机器人、砌砖机器人等一众细分领域。仅就砌砖机器人来说，近些年来市场热度便不断升温，获得了建筑行业的高度关注。

以地砖铺贴机器人为例：每家要装修房子的时候都会有铺地砖这个必备的工程，但是传统的铺地板不仅需要浪费大量的人力和时间，还特别考验工作人员的技术，有了地砖铺设机器人不仅节省很多时间，还解放了工人的双手，让工人不用自己动手就能够铺设好地砖，而且操作起来也是非常简单。只需要坐在电脑前，用电脑操控机械臂就能完成工作，我们在操作的时候需要提前通过电脑程序，设置好瓷砖的尺寸等数据，这个机器人的机械臂前方有一个小吸盘，方便在铺设地砖的时候吸起瓷片然后更好的铺放，因为是提前输入的数据，所以这个机器人在工作时能够做到分毫不差的把瓷砖贴好，有了这个铺地砖机器人，铺设一块地砖仅需要两分钟，跟人工相比效率提高了 3 倍以上。

3. 智能传感器的功能是通过模拟人的感官和大脑的协调动作，结合长期以来测试技术的研究和实际经验而提出来的。是一个相对独立的智能单元，它的出现对原来硬件性能的苛刻要求有所减轻，而靠软件帮助来使传感器的性能大幅度提高。智能传感器通常可以实现以下功能：

（1）复合敏感功能

人们观察周围的自然现象，常见的信号有声、光、电、热、力和化学等。敏感元件测量一般通过两种方式：直接和间接的测量。而智能传感器具有复合功能，能够同时测量多种物理量和化学量，给出能够较全面反映物质运动规律的信息。如美国加利弗尼亚大学研制的复合液体传感器，可同时测量介质的温度、流速、压力和密度。美国 EG&GIC Sensors 公司研制的复合力学传感器，可同时测量物体某一点的三维振动加速度、速度、位移等。

（2）自补偿和计算功能

多年来，从事传感器研制的工程技术人员一直为传感器的温度漂移和输出非线性作大量的补偿工作，但都没有从根本上解决问题。而智能传感器的自补偿和计算功能为传感器的温度漂移和非线性补偿开辟了新的道路。这样，放宽传感器加工精密度要求，只要能保证传感器的重复性好，利用微处理器对测试的信号通过软件计算，采用多次拟合和差值计算方法对漂移和非线性进行补偿，从而能获得较为精确的测量结果。

（3）自检、自校、自诊断功能

普通传感器需要定期检验和标定，以保证它在正常使用时足够的准确度，这些工作一般要求将传感器从使用现场拆卸送到实验室或检验部门进行，对于在线测量传感器出现异常则不能及时诊断。采用智能传感器时，情况则大有改观。首先，自诊断功能在电源接通时进行自检，诊断测试以确定组件有无故障。其次，根据使用时间可以在线进行校正，微处理器利用存在 E2PROM 内的计量特性数据进行对比校对。

（4）自学习与自适应功能

传感器通过对被测量样本值学习，处理器利用近似公式和迭代算法可认知新的被测量值，即有再学习能力。同时，通过对被测量和影响量的学习，处理器利用判断准则自适应地重构结构和重置参数。

（5）信息存储和传输功能

随着全智能集散控制系统（Smart Distributed System）的飞速发展，对智能单元要求具备通信功能，用通信网络以数字形式进行双向通信，这也是智能传感器关键标志之一。智能传感器通过测试数据传输或接收指令来实现各项功能。如增益的设置、补偿参数的设置、内检参数设置、测试数据输出等。

（6）数据处理功能

智能传感器可以根据内部程序，自动处理数据，并且能够完成多传感器多参数混合测量，从而进一步拓宽了其探测和应用领域，而微处理器的介入使得智能传感器能够更加方便地对多种信号进行实时处理。此外，其灵活的配置功能既能够使相同类型的传感器实现最佳的工作性能，也能使它们适合于各不相同的工作环境。

（7）双向通信功能

智能传感器有一个数字式通信接口，通过此接口可以直接与其所属计算机进行通信联络和交换信息。微处理器和基本传感器之间构成闭环，微处理器不但接收、处理传感器的数据，还可以将信息反馈至传感器，对测量过程进行调节和控制。

（8）数字和模拟输出功能

许多带微处理器的传感器能通过编程提供模拟输出、数字输出或同时提供两种输出，并且各自具有独立的检测窗口。最新的智能传感器都能提供两个互不影响的输出通道，具有独立的组态设备点

第16章课后习题参考答案

1.（1）推动生产方式变革；

（2）推动产品形态变革；

（3）推动产品形态变革；

（4）推动行业管理变革；

（5）推动市场形态变革。

2. 信息社会条件下，建筑行业的管理模式也将从"管理"转向"治理"。智能建造将以开放的工程大数据平台为核心，推动工程行业管理理念从"单向监管"向"共生治理"转变，管理体系从"封闭碎片化"向"开放整体性"发展，管理机制从"事件驱动"向"主动服务"升级，治理能力从以"经验决策"为主向以"数据驱动"为主提升。

3.（1）建造全系统、全过程应用建模与仿真技术

建模与仿真技术是建造业不可或缺的工具与手段。基于建模的工程、基于建模的建造、基于建模的维护作为单一数据源的数字化企业系统建模中的三个主要组成部分，涵盖从产品设计、建造到服务完整的建筑全生命周期业务，从虚拟的工程设计到现实的施工现场直至建筑的运营，建模与仿真技术始终服务于建筑生命周期的每个阶段。

（2）重视使用机器人和柔性化建造

柔性与自动建造线和机器人的使用可以积极应对劳动力短缺和用工成本上涨。同时，利用机器人高精度施工，提高建筑品质和作业安全，是市场竞争的取胜之道。以工业机器人为代表的自动化建造装备在施工过程中的应用日趋广泛。

（3）物联网和务联网在建造业中作用日益突出

通过虚拟网络——实体物理系统，整合职能机器、储存系统和生产设施。通过物联

网、服务计算、云计算等信息技术与建造技术融合，构成建造务联网，实现软硬件制造资源和能力的全系统、全生命周期、全方位的感知、互联、决策、控制、执行和服务化，使得从规划设计到施工、运维管理，实现人、机、物、信息的集成、共享、协同与优化的云建造。

主要参考文献

[1] 李飚，过俊，林秋达，等. 中国建筑学会建筑师分会数字建筑论坛（DADA2019）[J]. 当代建筑，
     2020(2)：6-16.

[2] 徐卫国. 数字建筑设计与建造的发展前景[J]. 当代建筑，2020(2)：20-22.

[3] 袁烽，朱蔚然. 数字建筑学的转向——数字孪生与人机协作[J]. 当代建筑，2020(2)：27-32.

[4] 袁烽，朱蔚然，宋雅楠. 数字纤维建造[J]. 艺术当代，2020，19(1)：54-56.

[5] 刘卉卉，赵福君. BIM云技术的智能建造分析[J]. 住宅与房地产，2019(25)：203.

[6] 刘占省，刘诗楠，赵玉红，等. 智能建造技术发展现状与未来趋势[J]. 建筑技术，2019，50(7)：
     772-779.

[7] 买亚锋，张琪玮，沙建奇. 基于BIM＋物联网的智能建造综合管理系统研究[J]. 建筑经济，
     2020，41(6)：61-64.

[8] 鲍跃全，李惠. 人工智能时代的土木工程[J]. 土木工程学报，2019，52(5)：1-11.

[9] 苏世龙，雷俊，马栓棚，等. 智能建造机器人应用技术研究[J]. 施工技术，2019，48(22)：16-18＋
     25.

[10] 丁烈云. 助力"新基建"，提升"老基建"[J]. 建筑，2020(10)：20-22.

[11] 木林隆，钱建固，吕玺琳，等. 智能建造背景下《基坑工程》课程知识要求[J]. 教育现代化，
      2020，7(9)：126-127＋143.

[12] 刘世平，骆汉宾，孙峻，等. 关于智能建造本科专业实践教学方案设计的思考[J]. 高等工程教
      育研究，2020(1)：20-24.

[13] 顾颖. 绿色建筑与智能建造工程实训中心建设方案初探[J]. 教育现代化，2019，6(83)：316-317＋
      320.

[14] 丁烈云. 智能建造创新型工程科技人才培养的思考[J]. 高等工程教育研究，2019(5)：1-4＋29.

[15] 张雷，王德东，郝怀杰，等. 基于智能建造的工程管理专业BIM课程体系研究[J]. 齐鲁师范学
      院学报，2020，35(3)：38-46＋58.

[16] 袁烽，金晋磎. 数字设计与智能建造实践——上海西岸人工智能峰会B馆[J]. 建筑技艺，2019
      (2)：86-93.

[17] 丁烈云，徐捷，覃亚伟. 建筑3D打印数字建造技术研究应用综述[J]. 土木工程与管理学报，
      2015，32(3)：1-10.

[18] 张卫华，李照广，隋智力，等. 新工科背景下智能建造专业集群建设探析——以北京城市学院为
      例[J]. 高教学刊，2020(21)：96-98.

[19] 张永涛. 科技创新引领智能建造[J]. 施工企业管理，2019(9)：39-41.

[20] 袁烽，周渐佳，闫超. 数字工匠：人机协作下的建筑未来[J]. 建筑学报，2019(4)：1-8.

[21] 刘亚龙，干英俊. 绿色施工技术探究[J]. 中国建材科技，2020，29(3)：137-138.

[22] 陈应. 融合创新绿色建造与智能建筑共赢新时代[J]. 智能建筑，2020(1)：45-46.

[23] 程琳. 建筑工业化与信息化融合发展应用研究[D]. 长春工程学院，2020.

[24] 王可飞，郝蕊，卢文龙，等. 智能建造技术在铁路工程建设中的研究与应用[J]. 中国铁路，2019
      (11)：45-50.

[25] 刘卉卉，赵福君. 基于BIM5D的工程智能建造管理应用分析[J]. 大众标准化，2019(15)：

58-59.

[26] 连翊含. 以科技创新为载体引领绿色建造和智能建筑发展——中国建筑业协会绿色建造与智能建筑分会领导工作会在京召开[J]. 智能建筑, 2019(11): 4-5.

[27] 胡跃军, 罗坤, 乔鸣宇. 基于 BIM 的智能建造技术探索[J]. 中国建设信息化, 2019(16): 52-53.

[28] 李倩文. 基于 BIM5D 的工程智能建造管理应用研究[J]. 城市道桥与防洪, 2019(8): 197-199+233+25.

[29] 袁烽, 罗又源. 混合增强, 孪生共造——面向历史与未来的智能建造[J]. 建筑实践, 2019(7): 192-199.

[30] 丁烈云. 智能建造推动建筑产业变革[N]. 中国建设报, 2019-06-07(008).

[31] 徐卫国. 走向建筑工业的"智能建造"[N]. 中国建设报, 2019-06-07(008).

[32] 樊启祥, 林鹏, 魏鹏程, 等. 智能建造闭环控制理论[J/OL]. 清华大学学报(自然科学版): 1-11 [2020-07-28]. https://doi.org/10.16511/j.cnki.qhdxxb.2020.26.023.

[33] 袁烽, 郭喆. 智能建造产业化和传统营造文化的融合创新与实践道明竹艺村[J]. 时代建筑, 2019(1): 46-53.

[34] 孙群. 简析物联网技术在土木工程施工中的实施要点[J]. 四川水泥, 2016(8): 219.

[35] 倪杨. 建筑工程施工管理中 BIM+GIS 技术的应用研究[J]. 福建建设科技, 2019(6): 112-113+116.

[36] 邹宇. 浅析"GIS+BIM"技术在智慧校园中的应用[J]. 智能城市, 2019, 5(19): 9-10.

[37] 张东杰. GIS+BIM 技术在地下综合管廊中的应用[J]. 低温建筑技术, 2019, 41(11): 121-123+133.

[38] 丁伦. 基于云计算的管理平台在建筑智能化中的应用[J]. 数字通信世界, 2018(10): 187.

[39] 郑侃. 大数据技术及其在土木工程中的应用[J]. 电子世界, 2019(19): 195-196.

[40] 谭春, 李金晖, 安建月. 达实大厦: 移动互联网下的智慧建筑[J]. 建材与装饰, 2019(18): 291-293.

[41] 杨德钦, 岳奥博, 杨瑞佳. 智慧建造下工程项目信息集成管理研究——基于区块链技术的应用[J]. 建筑经济, 2019, 40(2): 80-85.

[42] 张文昌, 白青松. 基于 BIM 技术下的装配式建筑智慧建造分析[J]. 智能建筑与智慧城市, 2020(7): 71-73.

[43] 文新鹏, 王颢然, 白骁骑, 等. 基于知识图谱的建筑科学与工程人工智能研究趋势分析[J]. 江西建材, 2020(6): 86+88.

[44] 孙澄, 曲大刚, 黄茜. 人工智能与建筑师的协同方案创作模式研究: 以建筑形态的智能化设计为例[J]. 建筑学报, 2020(2): 74-78.

[45] 梁晏恺. 浅谈人工智能技术在建筑设计中的应用——以小库 xkool 为例[J]. 智能建筑与智慧城市, 2019(1): 43-45.

[46] 黄欢. 虚拟现实技术在土木工程中的应用分析[J]. 四川水泥, 2019(10): 162-163.

[47] 崔晓强. 智慧建造的系统构建和设计[J]. 建筑施工, 2013, 35(2): 146-147+150.

[48] 梁宏生, 蒋安桐, 路玉武, 等. BIM 轻量化技术在京杭运河枢纽港扩容提升工程绿色智能运维管理平台开发中的应用[J]. 建筑技术, 2020, 51(1): 64-68.

[49] 罗钢, 邢泽众, 李欣宇, 等. 基于 BIM 的京杭运河枢纽港扩容提升工程绿色智能运维管理平台开发[J]. 建筑技术, 2020, 51(1): 69-73.

[50] 王泽强, 卫启星, 刘占省, 等. 三维扫描与 BIM 技术在巴基斯坦真纳墓吊灯复原中的应用[J]. 施工技术, 2019, 48(24): 33-36.

[51] 刘占省，孙佳佳，杜修力，等. 智慧建造内涵与发展趋势及关键应用研究[J]. 施工技术，2019，48(24)：1-7+15.

[52] 刘占省，刘习美，刁志刚. BIM 在花都大道扩建改造项目施工过程中的应用[C]. 天津大学、天津市钢结构学会. 第十九届全国现代结构工程学术研讨会论文集. 天津大学、天津市钢结构学会：全国现代结构工程学术研讨会学术委员会，2019：493-497.

[53] 张兆钦，刘占省，黄春，等. BIM+GIS 技术在城市地下综合管廊全生命周期中的协同应用[J]. 建筑技术，2019，50(7)：805-808.

[54] 张维廉，刘占省，薛素铎，等. 基于 BIM 技术某车辐式索桁架数字模拟预拼装技术研究[J]. 施工技术，2019，48(3)：102-106.

[55] 刘占省，李轩直. BIM+智能建造面面观[J]. 施工企业管理，2018(11)：85-87.

[56] 刘占省，汤红玲，王泽强，等. 基于 BIM 技术的大跨弦支梁屋盖施工过程仿真分析[C]. 中国图学学会 BIM 专业委员会. 第二届全国 BIM 学术会议论文集. 中国图学学会 BIM 专业委员会：中国建筑工业出版社数字出版中心，2016：45-49.

[57] 赵雪锋，顾龙，刘占省，等. 基于 BIM 技术的叶盛黄河公路大桥智慧建造应用研究[J]. 铁路技术创新，2016(3)：94-97.

[58] 刘占省. 装配式建筑 BIM 技术应用[M]. 北京：中国建筑工业出版社，2018.

[59] 刘占省. BIM 基本理论[M]. 北京：机械工业出版社，2019.

[60] 刘占省. BIM 实操技术[M]. 北京：机械工业出版社，2019.

[61] 刘占省. 装配式建筑 BIM 操作实务[M]. 北京：机械工业出版社，2019.

[62] 刘占省. 装配式建筑 BIM 技术概论[M]. 北京：中国建筑工业出版社，2019.

[63] 刘占省. BIM 项目管理[M]. 北京：机械工业出版社，2019.

[64] 刘占省. BIM 案例分析[M]. 北京：机械工业出版社，2019.

[65] 张春霞. BIM 技术在我国建筑行业的应用现状及发展障碍研究[J]. 建筑经济，2011(9)：96-98.

[66] 贺灵童. BIM 在全球的应用现状[J]. 工程质量，2013，31(3)：12-19.

[67] National Building Information Modeling Standard[S]. National Institute of Building Sciences，2007.

[68] 朱洪波，杨龙祥，朱琦. 物联网技术进展与应用[J]. 南京邮电大学学报(自然科学版)，2011，31(1)：1-8.

[69] 沈苏彬，范曲立，宗平，等. 物联网的体系结构与相关技术研究[J]. 南京邮电大学学报(自然科学版)，2009，29(6)：1-11.

[70] 乐明. 物联网在国内的发展现状及思考[J]. 无线互联科技，2013(10)：19.

[71] 张林，王兴伟，申张鹏. 浅析二维码在建筑工地中的应用[J]. 建设科技，2016(23)：126-127.

[72] 姚德利. RFID 在施工管理中的应用研究[J]. 施工技术，2012，41(S1)：326-327.

[73] 罗军，顾陈飞，曹建平. 视频监控管理系统在施工管理中的应用[J]. 江苏建筑，2018(3)：116-120.

[74] 孟辉，汤春妮. 远程视频监控在海外工程项目管理上的应用[J]. 价值工程，2018，37(8)：169-170.

[75] 邢雨，梁慧，连俊英. 物联网技术在土木工程施工中的应用分析[J]. 河南科技，2012(9)：57-58.

[76] 刘云浩. 物联网导论[M]. 北京：科学出版社，2017

[77] 高建华，胡振宇. 物联网技术在智能建筑中的应用[J]. 建筑技术，2013，44(2)：136-137.

[78] 王建华. 物联网技术在建筑节能管理中的应用[J]. 建筑电气，2017，36(6)：69-72.

[79] 莫祥亮. 物联网技术在建筑消防设施管理上的应用[J]. 无线互联科技，2013(9)：37.

［80］ 肖嘉池. 物联网的发展及展望［J］. 科技创新导报，2018，15(26)：247＋249.

［81］ 郭浩宇，郭文. 浅谈高精度定位技术在建筑安全监测中的应用［J］. 居舍，2018(16)：43.

［82］ 韦乐平. 物联网的特征、内涵、发展策略和挑战［J］. 电信工程技术与标准化，2011，24(7)：1-6.

［83］ 刘占省，张安山，王文思，等. 数字孪生驱动的冬奥场馆消防安全动态疏散方法［J］. 同济大学学报(自然科学版)，2020，48(7)：962-971.

［84］ Rosen R，Wichert G V，Lo G，et al. About The Importance of Autonomy and Digital Twins for the Future of Manufacturing. 15th IFAC Symposium on Information Control Problems in Manufacturing，Ottawa，CANADA，2015［C］. 48(3)：567-572.

［85］ CRIEVES M. Product lifecycle management：the new paradigm for enterprises［J］. International Journal of Product Development，2005，2(1/2)：71-84.

［86］ GRIEVES M. Product lifecycle management：driving the next generation of lean thinking［M］. New York：McGraw-Hill，2006.

［87］ GRIEVES M. Virtually perfect：driving innovative and lean products through product lifecycle management. Cocoa Beach，Fla. USA；Space Coast Press，2011.

［88］ Elisa Negri，Luca Fumagalli，Marco Macchi. A Review of the Roles of Digital Twin in CPS-based Production Systems［J］. Procedia Manufacturing，2017，11.

［89］ TUEGEL. EJ，INGRAFFEA AR，EASON TG，et al. Reengineering aircraft structural life prediction using a digital twin［J］. International Journal of Aerospace Engineering，2011.

［90］ Greyce N. Schroeder，Charles Steinmetz，Carlos E. Pereira，Danubia B. Espindola. Digital Twin Data Modeling with Automation ML and a Communication Methodology for Data Exchange［J］. 4th IFAC Symposium on Telematics Applications TA 2016，Porto Alwegre，Brasil，2016［C］. 49(30).

［91］ J. Rios，J. C. Hernandez，M. Oliva，F. Mas，Product Avatar as Digital Counterpart of a Physical Individual Product：Literature Review and &nplications in an Aircraft［J］，ISPE CE，2015［C］. 657-666.

［92］ 庄存波，刘检华，熊辉，等. 产品数字孪生体的内涵、体系结构及其发展趋势［J］. 计算机集成制造系统，2017，23(4)：753-768.

［93］ Wen J R，Mu-Qing W U，Jing-Fang S U. Cyber-physical System［J］. Acta Automatica Sinica，2012，38(4)：507-517.

［94］ 于勇，胡德雨，戴晟，等. 数字孪生在工艺设计中的应用探讨［J］. 航空制造技术，2018，61(18)：26-33.

［95］ FOURGEAU E，GOMEZ E，ADLI H，et al. System engineering workbench for multi-views systems methodology with 3DEXPERIENCE Platform. the aircraft radar use case［M］. Complex Systems Design & Management Asia. Berlin，Germany：Springer International Publishing，2016.

［96］ SIEMENS. The digital twin［EB/OL］.（2015-11-17）. http：//www. siemens. com/customer-magazine/en/home/i-ndustry/digitalization-in-machine-building/the-digital-twin. html.

［97］ 陶飞，张萌，程江峰，等. 数字孪生车间——一种未来车间运行新模式［J］. 计算机集成制造系统，2017，23(1)：1-9.

［98］ 陶飞，程颖，程江峰，等. 数字孪生车间信息物理融合理论与技术［J］. 计算机集成制造系统，2017，23(8)：1603-1611.

［99］ 陶飞，刘蔚然，张萌，等. 数字孪生五维模型及十大领域应用［J］. 计算机集成制造系统，2019，25(1)：1-18.

［100］ 周悦芝，张迪. 近端云计算：后云计算时代的机遇与挑战［J］. 计算机学报，2020(4)：677-700.

[101] 刘金钊，周悦芝，张尧学. 基于小波分析的云计算在线业务异常负载检测方法[J]. 2017(5)：550-554.

[102] 王庭凯. 云计算技术在智慧城市中的应用研究[J]. 智慧城市. 2020(7)：27-28.

[103] 王磊. 云计算技术在油田生产中的应用[J]. 信息系统工程. 2020(6)：73-74.

[104] 陶雪娇，胡晓峰，刘洋. 大数据研究综述[J]. 系统仿真学报，2013，25(S1)：142-146.

[105] 涂新莉，刘波，林伟伟. 大数据研究综述[J]. 计算机应用研究，2014，31(6)：1612-1616＋1623.

[106] 方巍，郑玉，徐江. 大数据：概念、技术及应用研究综述[J]. 南京信息工程大学学报（自然科学版），2014，6(5)：405-419.

[107] 刘亮，谢根. 大数据智能制造在建造业应用及发展对策研究[J]. 科技管理研究，2019，39(8)：103-109.

[108] 顾荣. 大数据处理技术与系统研究[D]. 南京大学，2016.

[109] S. H. Han, S. H. Lee, F. Peña-Mora, A Machine-Learning Classification Approach to Automatic Detection of Workers' Actions for Behavior-Based Safety Analysis[C]. International Conference on Computing in Civil Engineering，2012，65-72.

[110] Y. C. Zhang, H. B. Luo, Y. He, A System for Tender Price Evaluation of Construction Project Based on Big Data[C]. Procedia Engineering，2015，123：606-614.

[111] 项立刚. 5G 时代：什么是 5G，他讲如何改变世界？［M］. 北京：中国人民大学出版社，2019.05.

[112] 胡金泉. 5G 系统的关键技术及其国内外发展现状[J]. 电信快报，2017(1)：10-14.

[113] 郑杰，吴世永，毕小青. 人工智能在建筑行业的应用分析[J]. 中国市场，2019(35)：54-58.

[114] 郭思壮，梁华站，郭建宏，等. 建筑施工企业在大数据与人工智能时代中的转型分析[J]. 城市住宅，2019，26(9)：127-128.

[115] 王凯，王小军，马娜，等. 基于人工智能的图像识别技术在抽水蓄能电站中的应用研究[J]. 水电与抽水蓄能，2019，5(4)：18-20＋46.

[116] 刘占省，刘诗楠，赵玉红，等. 智能建造技术发展现状与未来趋势[J]. 建筑技术，2019，50(7)：772-779.

[117] 冷烁，胡振中. 基于 BIM 的人工智能方法综述[J]. 图学学报，2018，39(5)：797-805.

[118] 梁晏恺. 人工智能在建筑领域的应用探索[J]. 智能城市，2018，4(16)：14-15.

[119] 鞠松，杨晓东. 国内外人工智能技术在建筑行业的研究与应用现状[J]. 价值工程，2018，37(4)：225-228.

[120] 杨娥，谢佳元. 基于人工智能技术的建筑工程造价估算研究[J]. 价值工程，2018，37(4)：57-58.

[121] 佟瑞鹏，陈策，崔鹏程，等. 基于深度学习的施工安全泛场景数据获取方法[J]. 中国安全科学学报，2017，27(5)：1-6.

[122] 熊燕. 基于人工智能技术的建筑工程造价估算研究[D]. 华东交通大学，2009.

[123] 王英. 基于人工智能方法的预应力混凝土梁式桥损伤识别研究[D]. 西南交通大学，2009.

[124] 楚荣珍，周向宁，李顺刚. 人工神经网络及在建筑施工中应用[J]. 工业建筑，2006(S1)：962-964＋967.

[125] 王波，蒋鹏，卿晓霞. 人工智能技术及其在建筑行业中的应用[J]. 微型机与应用，2004(8)：4-7.

[126] 沈艳霞，纪志成，姜建国. 电机故障诊断的人工智能方法综述[J]. 微特电机，2004(2)：39-42.

[127] 程朴，张建平，江见鲸. 施工现场管理中人工智能技术应用研究[J]. 工程设计 CAD 与智能建

筑，2001(9)：13-15＋18.

[128] 李昊朋. 基于机器学习方法的智能机器人探究[J]. 通讯世界，2019，26(4)：241-242.

[129] E. Z. Naeini，K. Prindle，汪忠德. 机器学习和向机器学习[J]. 世界地震译丛，2019，50(5)：442-452.

[130] 周昀锴. 机器学习及其相关算法简介[J]. 科技传播，2019，11(6)：153-154＋165.

[131] 顾润龙. 大数据下的机器学习算法探讨[J]. 通讯世界，2019，26(5)：279-280.

[132] 邱茂林，马颂德，李毅. 计算机视觉中摄像机定标综述[J]. 自动化学报(1)：43-55.

[133] 贾慧星，章毓晋. 车辆辅助驾驶系统中基于计算机视觉的行人检测研究综述[J]. 自动化学报，2007(1)：86-92.

[134] 陈强，孙振国. 计算机视觉传感技术在焊接中的应用[J]. 焊接学报，2001(1).

[135] 陈佳娟，赵学笃. 采用计算机视觉进行棉花虫害程度的自动测试[J]. 农业工程学报，2001，17(2)：157-160.

[136] VR 技术的发展现状及应用领域研究实践[J]. 电子技术与软件工程，2018(17)：147-148.

[137] 李良志. 虚拟现实技术及其应用探究[J]. 中国科技纵横，2019(3)：30-31.

[138] 刘存海，张勇，张纪磊. 虚拟现实技术在军事装备培训中的应用研究[J]. 技术在线，2017(14)：44-45.

[139] 王瑞发，陶宁薇，彭旭，等. 虚拟现实在心理战中的应用及展望[J]. 国防科技，2018，39(6)：32-36.

[140] 张量，金益，刘媛霞，等. 虚拟现实(VR)技术与发展研究综述[J]. 信息与电脑(理论版)，2019，31(17)：126-128.

[141] 曹凡. 国内外 VR 技术研发现状综述[J]. 中国科技信息，2019(5)：36-37.

[142] 宜宾职业技术学院. 中国 VR/AR 市场产品逐渐迭代将逐步释放潜能[N]. 电子报，2019-07-21(6).

[143] 韦智勇，李红卫. 虚拟现实技术在建筑设计方面的实践应用探究[J]. 建材与装饰，2019(14)：103-104.

[144] 蒋卫平. 虚拟现实在房地产项目中的设计与应用——格林世家楼盘建筑动画漫游[D]. 山东大学，2016.

[145] 任华楠. 建筑室内设计中虚拟现实技术的应用[J]. 居舍，2019(32)：111＋121.

[146] 张吉. 虚拟现实技术在土木建筑工程中的应用研究[J]. 建材与装饰，2018(48)：296.

[147] 李长宁，王伟杰，段仕伟，等. BIM＋VR 技术在建筑工程安全和质量管理方面的应用[J]. 住宅与房地产，2019(21)：115-116＋122.

[148] 韦智勇，李红卫. 虚拟现实技术在建筑设计方面的实践应用探究[J]. 建材与装饰，2019(14)：103-104.

[149] 欧进萍. 重大工程结构智能传感网络与健康监测系统的研究与应用[J]. 中国科学基金，2005，19(1)：8-12.

[150] 顾燕. 智能传感器发展现状探究[J]. 无线互联科技，2017(21)：12-13.

[151] 任海峰，徐继威，吕游. 智能传感技术在建筑工程中的应用[J]. 电子技术与软件工程，2014(4)：123-123.

[152] 王飞，聂世涛. 预应力智能张拉千斤顶位移传感器结构改进研究[J]. 微计算机信息，2018，000(11)：54-55.

[153] 魏颖琪，林玮平，李颖. 物联网智能终端技术研究[J]. 电信科学，2015，31(8)：132-138.

[154] 同悦，许蓁. 机器臂技术在智能建造中的应用[J]. 共享·协同——2019 全国建筑院系建筑数字技术教学与研究学术研讨会论文集，2019.

[155]　熊剑，汤浪洪. 基于 BIM 云技术的智能建造[J]. 建筑，2015，24：8-15.

[156]　高治军. 基于无线传感器网络的建筑安全监测技术研究[D]. 大连理工大学，2014.

[157]　周冲，董作见，黄轶群. 装配式建筑智能制造和智能建造的创新需求[J]. 建设科技，2019，17（23）：28-31.

[158]　Shrouf F，Ordieres J，Miragliotta G. Smart factories in Industry 4. 0：A review of the concept and of energy management approached in production based on the Internet of Things paradigm[C]// 2014 IEEE international conference on industrial engineering and engineering management. IEEE，2014：697-701.

[159]　Li B，Hou B，Yu W，et al. Applications of artificial intelligence in intelligent manufacturing：a review[J]. Frontiers of Information Technology & Electronic Engineering，2017，18(1)：86-96.

[160]　Fan H，AbouRizk S，Kim H. Building intelligent applications for construction equipment management[M]//Computing in Civil Engineering (2007). 2007：192-199.

[161]　尚天龙. 浅析土木工程现状与发展趋势[J]. 科技经济导刊，2020，28(4)：68.

[162]　王健. 机械设计制造及其自动化技术在现代企业中的发展探讨[J]. 造纸装备及材料，2020，49（03）：11.

[163]　董佩. 机械设计制造及其自动化的发展方向探析[J]. 现代制造技术与装备，2020(06)：191+193.

[164]　戴泽根，邓鑫，秦万辉，张霖，熊伟. 提高机械设计制造及其自动化水平的有效途径[J]. 湖北农机化，2020(12)：143-144.

[165]　段雷. 建筑工程管理的现状分析及控制措施[J]. 砖瓦，2020(9)：109-110.

[166]　丁烈云. 赋能融合基建　发展新兴业态[J]. 建筑，2020(19)：18-19.

[167]　李君先. 新基建下的智慧建筑新内涵[J]. 中国建设信息化，2020(17)：36.